Kegelräder

Jan Klingelnberg (Hrsg.)

Kegelräder

Grundlagen, Anwendungen

Springer

Jan Klingelnberg
Klingelnberg GmbH
Peterstraße 45
42499 Hückeswagen
Deutschland

ISBN 978-3-540-71859-8 ISBN 978-3-540-71860-4 (eBook)

DOI 10.1007/978-3-540-71860-4

Bibliografische Information der Deutschen Nationalbibliothek
Die Deutsche Nationalbibliothek verzeichnet diese Publikation in der Deutschen Nationalbibliografie; detaillierte bibliografische Daten sind im Internet über http://dnb.d-nb.de abrufbar.

Satz: digitale Druckvorlage des Autors
Herstellung: le-tex publishing services oHG, Leipzig, Deutschland
Einbandgestaltung: eStudio Calamar S.L., F. Steinen-Broo, Girona, Spanien

Gedruckt auf säurefreiem Papier

9 8 7 6 5 4 3 2 1

springer.com

Herausgeber:

Jan Klingelnberg
Klingelnberg GmbH, Peterstraße 45, 42499 Hückeswagen

Redaktion:

Carsten Hünecke
Klingelnberg GmbH, Peterstraße 45, 42499 Hückeswagen

Roger Kirsch
Klingelnberg GmbH, Im Stöck 2, 76275 Ettlingen

Andreas Montag
Klingelnberg GmbH, Peterstraße 45, 42499 Hückeswagen

Hartmuth Müller
Klingelnberg GmbH, Peterstraße 45, 42499 Hückeswagen

Joachim Thomas
Klingelnberg GmbH, Lichtenbergstraße 8, 85748 Garching

Hans-Jürgen Trapp
Klingelnberg GmbH, Peterstraße 45, 42499 Hückeswagen

Mitwirkende Autoren:

Christian Brecher
Professor Dr.-Ing., Lehrstuhl für Werkzeugmaschinen, RWTH Aachen

Markus Brumm
Dipl.-Ing., Lehrstuhl für Werkzeugmaschinen, RWTH Aachen

Uwe Epler
Dipl.-Ing., Klingelnberg GmbH, Hückeswagen

Adam Gacka
Dipl.-Ing., Lehrstuhl für Werkzeugmaschinen, RWTH Aachen

Bernd-Robert Höhn
Professor Dr.-Ing., Lehrstuhl für Maschinenelemente, TU München

Carsten Hünecke
Dr.-Ing., Klingelnberg GmbH, Hückeswagen

Roger Kirsch
Dipl.-Ing., Klingelnberg GmbH, Ettlingen

Markus Klein
Dipl.-Ing., Lehrstuhl für Maschinenelemente, TU München

Alexander Landvogt
Dr.-Ing., Klingelnberg AG, Zürich

Jürg Langhart
Dipl.-Ing., Klingelnberg AG, Zürich

Klaus Michaelis
Dr.-Ing., Lehrstuhl für Maschinenelemente, TU München

Hartmuth Müller
Dr.-Ing., Klingelnberg GmbH, Hückeswagen

Karl-Martin Ribbeck
Dipl.-Ing., Klingelnberg GmbH, Hückeswagen

Berthold Schlecht
Professor Dr.-Ing., Institut für Maschinenelemente und Maschinenkonstruktion, TU Dresden

Frank Seibicke
Dipl.-Ing., Klingelnberg GmbH, Ettlingen

Michael Senf
Dr.-Ing, Institut für Maschinenelemente und Maschinenkonstruktion, TU Dresden

Joachim Thomas
Dr.-Ing., Klingelnberg GmbH, Garching

Hans-Jürgen Trapp
Dr.-Ing., Klingelnberg GmbH, Hückeswagen

Olaf Vogel
Dr. rer. nat., Klingelnberg GmbH, Ettlingen

Christian Wirth
Dipl.-Ing., Lehrstuhl für Maschinenelemente, TU München

Vorwort

Bei einem Lehrbuch zur Zahnradtechnik denkt man zunächst an Stirnräder. Weil Stirnräder die am meisten verbreiteten Zahnräder sind, wird diesen Maschinenelementen in der Literatur die größte Aufmerksamkeit geschenkt, während Kegelräder nur am Rande erwähnt sind. Meist werden sie als Sonderform einer Verzahnung in einem mehr oder weniger ausführlichen Kapitel erwähnt, welches tiefer gehende Fragen eines interessierten Lesers nicht aufgreift. Obwohl stets die wesentlichen Unterschiede zu Stirnrädern dargestellt sind, wird das eigentliche Charakteristikum der Kegelräder, nämlich das einer „räumlichen" Verzahnung, die sich entlang der Zahnbreite ändert, nicht hinreichend gewürdigt.

Mit diesem Buch bemüht sich ein Autorenkollektiv aus Wissenschaft und Industrie um ein ganzheitliches Lehrbuch zu Kegelrädern. Zunächst werden die Einsatzgebiete dieser Maschinenelemente aufgezeigt, um dann ausgehend von der Verzahnungstheorie die geometrischen Merkmale der Kegelräder sowie die unterschiedlichen Verzahnverfahren darzustellen. Der Aspekt der räumlichen Verzahnung wird bei der Zahnflankengestaltung, der Tragfähigkeit und dem Geräuschverhalten ausführlich gewürdigt. Die Fertigungsprozesse mit den erforderlichen Technologien verschaffen eine Wissensbasis, auf welcher fundierte Entscheidungen getroffen werden können.

Das Ziel dieses Lehrbuches ist es, den Leser in die komplexe Welt der Kegelräder umfassend einzuführen und das Ergebnis der rasanten Weiterentwicklung der letzten Jahre detailliert und nachvollziehbar darzustellen.

Allen Mitautoren danke ich für ihre Beiträge und die Mitteilung ihres Wissens aus langjähriger Berufserfahrung.

Jan Klingelnberg

Hückeswagen, im Juni 2008

Inhaltsverzeichnis

Symbole und Einheiten

Symbole	Definition	Einheiten
A	Hilfsgröße für den Dynamikfaktor	- -
AE	Abstand der Berührpunkte A und E (gesamte Eingriffsstrecke)	mm
A_m	Fläche der Halbellipse der Pressungsverteilung über einer Berührlinie	mm^2
A_r	Fläche der Halbellipse der Pressungsverteilung über einer Berührlinie	mm^2
A_t	Fläche der Halbellipse der Pressungsverteilung über einer Berührlinie	mm^2
a	Hypoid-Achsversatz	mm
a_p	Achsversatz in der Teilebene	mm
a_v	Achsabstand der Ersatz-Stirnradverzahnung	mm
B	Qualitätsstufe nach ISO 17485	- -
B	Hilfsgröße für den Dynamikfaktor	- -
B_M	Thermischer Kontaktkoeffizient des Werkstoffs	$\frac{N}{mm^{1/2}\, m^{1/2}\, s^{1/2}\, K}$
b	kleine Halbachse der Berührellipse	mm
b	Zahnbreite	mm
b_{2eff}	effektive Tragbildbreite am Tellerrad	mm
b_e	Zahnbreite vom Berechnungspunkt bis zur Außenseite (Ferse)	mm
b_H	halbe Hertzsche Abplattungsbreite	mm
b_i	Zahnbreite vom Berechnungspunkt bis zur Innenseite (Zehe)	mm
b_v	Zahnbreite der Ersatz-Stirnradverzahnung nach FVA411	mm
b_{veff}	effektive Zahnbreite der Ersatz-Stirnradverzahnung nach FVA411	mm
C_a	Kopfrücknahme bzw. Balligkeit	µm
C_{eff}	Wirksame Kopfrücknahme	µm
C_{Zl},C_{ZR},C_{ZV},	Faktoren für die Bestimmung des Schmierfilmfaktors	- -
$C_{1,2}$, C_{2H}	Experimentelle Gewichtungsfaktoren für die Berechnung der Massentemperatur	- -
c	Komponente der Umfangsgeschwindigkeit in der Eingriffsebene	m/s
c	Kopfgrundspiel	mm
c_{be2}	Zahnbreitenfaktor	- -
c_{ham}	mittlerer Zahnhöhenfaktor des Tellerrades	- -
c_M	spezifische Wärmekapazität je Masse	N m / kg K
c_α	Komponente der Umfangsgeschwindigkeit in der Eingriffsebene in Zahnhöhenrichtung	m/s
c_β	Komponente der Umfangsgeschwindigkeit in der	m/s

Symbole	Definition	Einheiten
	Eingriffsebene in Zahnlängsrichtung	
c_γ	Eingriffsfedersteifigkeit	N / (mm ·µm)
D	Schädigungssumme	- -
D_1, D_2, D_3	Konstanten für die Integration der Gleitgeschwindigkeit über der Eingriffsstrecke	- -
d_a	Kopfkreisdurchmesser der Ersatz- Schraubradverzahnung	mm
d_{ae}	äußerer Durchmesser	mm
d_b	Grundkreisdurchmesser der Ersatz-Schraubradverzahnung	mm
d_e	äußerer Teilkegel-Durchmesser	mm
d_m	mittlerer Teilkegel-Durchmesser	mm
d_s	Teilkreis-Durchmesser der Ersatz-Schraubradverzahnung	mm
d_T	Toleranzdurchmesser	mm
d_v	Teilkreis-Durchmesser der Ersatz-Stirnradverzahnung	mm
d_{va}	Kopfkreis-Durchmesser der Ersatz-Stirnradverzahnung	mm
d_{van}	Kopfkreis-Durchmesser der Ersatz-Stirnradverzahnung im Normalschnitt	mm
d_{vb}	Grundkreis-Durchmesser der Ersatz-Stirnradverzahnung	mm
d_{vbn}	Grundkreis Durchmesser der Ersatz-Stirnradverzahnung im Normalschnitt	mm
d_{vn}	Bezugs-Teilkreis-Durchmesser der Ersatz-Stirnradverzahnung im Normalschnitt	mm
d^*_v	Teilkreis-Durchmesser der Ersatz-Stirnradverzahnung nach FVA411	mm
E	Elastizitätsmodul	N/mm²
E	Hilfsgröße für den Zahnformfaktor	- -
e_{fn}	Zahnlückenweite im Zahngrund	mm
F	Hilfsgröße für den Mittelzonenfaktor	- -
F_{ax}	Axialkraft	N
F_{mt}	Tangentialkraft im mittleren Durchmesser, Nennumfangskraft am Teilkegel	N
F_{mtv}	mittlere Umfangskraft an der Ersatz-Stirnradverzahnung nach FVA411	N
F_n	Normalkraft	N
F_p	Teilungs-Gesamtabweichung	µm
F_{pT}	Teilungs-Gesamtabweichungs-Toleranz	µm
F_R	Reibkraft	N
F_r	Rundlaufabweichung	µm
F_{rad}	Radialkraft	N
F_{rT}	Rundlauf-Toleranz	µm
F_t	Umfangskraft	N
F_x	Teilungsabweichung	µm
F_I	Hilfsgröße zur Berechnung der Berührlinienlänge	- -
F_{II}	Hilfsgröße zur Berechnung der Berührlinienlänge	- -
F'_i	Einflankenwälzabweichung	µrad/µm
F''_i	Zweiflankenwälzabweichung	µm
F''_r	Wälz-Rundlaufabweichung	µm
f	Abstand der Berührlinie vom Mittelpunkt M	mm
f_H	Hypoidfaktor	- -
f_m	Abstand der mittleren Berührlinie vom Mittelpunkt M	mm
f_{max}	größter Abstand der Berührungslinie vom Mittelpunkt M	mm
f_{pt}	Teilungs-Einzelabweichung	µm

Symbole	Definition	Einheiten
f_{ptT}	Teilungs-Einzelabweichungs-Toleranz	µm
$f_{\alpha lim}$	Grenzeingriffswinkel-Einflussfaktor	- -
f_r	Abstand zur Berührlinie am Fuß vom Mittelpunkt M	mm
f_t	Abstand zur Berührlinie vom Kopf vom Mittelpunkt M	mm
f'_i	Einflankenwälzsprung	µrad/µm
f'_k	kurzwelliger Anteil der Einflankenwälzabweichung	µrad/µm
f'_l	langwelliger Anteil der Einflankenwälzabweichung	µrad/µm
f''_i	Zweiflankenwälzsprung	µm
f''_e	Exzentrizität der Zweiflankenwälzabweichung	µm
G	Achsbewegung beim Gleiten	mm
G	Hilfsgröße für den Zahnformfaktor	N
G	Hilfsgröße bei der Integration der Gleitgeschwindigkeit über der Eingriffsstrecke	- -
g_{an}	Kopfeingriffsstrecke im Normalschnitt	mm
g_{fn}	Fußeingriffsstrecke im Normalschnitt	mm
g_n	Abstand eines beliebigen Berührpunkts zum Wälz- bzw. Schraubpunkt auf der Eingriffslinie im Normalschnitt	mm
g_t	Abstand eines beliebigen Berührpunkts zum Wälz- bzw. Schraubpunkt auf der Eingriffslinie im Stirnschnitt	mm
$g_{v\alpha}$	Länge der Eingriffsstrecke der Ersatz-Stirnradverzahnung	mm
$g_{v\alpha n}$	Länge der Eingriffsstrecke der Ersatz-Stirnradverzahnung im Normalschnitt	mm
H	Hilfsgröße für den Zahnformfaktor	- -
HB	Brinell-Härte	- -
HRC	Rockwell-Härte	- -
HV	Vickers-Härte	- -
H_V	Zahnverlustfaktor	- -
h_{ae}	äußere Zahnkopfhöhe	mm
h_{am}	mittlere Zahnkopfhöhe	mm
h_{amc}	mittlere Zahnkopfhöhe (Sehnenmaß)	mm
h_{a0}	Werkzeug-Zahnkopfhöhe	mm
h_{fe}	äußere Zahnfußhöhe	mm
h_{fi}	innere Zahnfußhöhe	mm
h_{fm}	mittlere Zahnfußhöhe	mm
h_{Fa}	Biegehebelarm für die Zahnfußspannung (Kraftangriff am Zahnkopf)	mm
h_m	mittlere Zahnhöhe	mm
h_{mw}	mittlere Eingriffstiefe (oder: wirksame Zahnhöhe)	mm
h_{t1}	Ritzelzahnhöhe	mm
h_1, h_2	Hilfsgrößen zur Bestimmung der Gleitgeschwindigkeit	- -
I	Integrale des Gleitgeschwindigkeitsverlaufs	- -
j_{en}	äußeres Verdrehflankenspiel in Normalschnittrichtung	mm
j_{et}	äußeres Verdrehflankenspiel in Stirnschnittrichtung	mm
j_{mn}	mittleres Verdrehflankenspiel in Normalschnittrichtung	mm
j_{mt}	mittleres Verdrehflankenspiel in Stirnschnittrichtung	mm
K_A	Anwendungsfaktor	- -
$K_{B\alpha}$	Stirnfaktor Fressen	- -
$K_{B\beta}$	Lastverteilungsfaktor (Breitenfaktor) Fressen	- -
K_{F0}	Breitenkrümmungsfaktor für die Biegespannung	- -
$K_{F\alpha}$	Stirnfaktor für die Zahnfußbeanspruchung	- -

Symbole	Definition	Einheiten
$K_{F\beta}$	Lastverteilungsfaktor (Breitenfaktor) für die Zahnfußbeanspruchung	- -
K_{gm}	Gleitfaktor für die Reibungszahlberechnung	- -
$K_{H\alpha}$	Stirnfaktor für die Zahnflankenbeanspruchung	- -
$K_{H\beta}$	Lastverteilungsfaktor (Breitenfaktor) für die Zahnflankenbeanspruchung	- -
K_{mp}	Anzahl der Eingriffe an einem Rad	- -
K_v	Dynamikfaktor	- -
k_c	Kopfspielfaktor	- -
k_d	Zahntiefenfaktor	- -
k_{hap}	Zahnkopfhöhenfaktor des Bezugsprofils (bezogen auf m_{mn})	- -
k_{hfp}	Zahnfußhöhenfaktor des Bezugsprofils (bezogen auf m_{mn})	- -
k_t	Zahndickenfaktor (im Bogen gemessen)	- -
k_1, k_2, k_3, k_4	Hilfsgrößen zur Berechnung des Zahnverlustfaktors	- -
L	Hilfsgröße bei der Berechnung der Dimensionen der Berührellipse	- -
L_a	Hilfsgröße zur Bestimmung von Y_{Sa}	- -
l_b	Länge einer Berührlinie	mm
l_{bm}	Länge der mittleren Berührlinie	mm
l'_{bm}	projizierte Länge der mittleren Berührlinie	mm
m_{et}	äußerer Stirnmodul	mm
m_{mn}	mittlerer Normalmodul	mm
m_{mt}	mittlerer Stirnmodul	mm
m_{sn}	Normalmodul der Ersatz-Schraubradverzahnung	mm
N_L, N_I	Lastspielzahl	- -
n	Drehzahl	1/min
n_I	Lastspielzahl der Klasse I	- -
n_p	Anzahl der kämmenden Verzahnungen	- -
P	Leistung	W
p_e	Eingriffsteilung	mm
p_{en}	Eingriffsteilung im Normalschnitt	mm
p_{et}	Eingriffsteilung im Stirnschnitt	mm
p*	bezogene Spitzenlast	- -
q_s	Kerbparameter	- -
R	Achsbewegung beim Rollen	mm
Ra	Arithmetischer Mittenrauhwert	µm
R_e	äußere Teilkegellänge	mm
R_i	innere Teilkegellänge	mm
R_m	mittlere Teilkegellänge	mm
Rz	gemittelte Rauhtiefe	µm
R	Abstand des betrachteten Berührpunkts auf der Eingriffslinie von der Schraubradachse	mm
r_{c0}	Werkzeugradius	mm
r_s	halber Schraubraddurchmesser	mm
SA	Abstand der Berührpunkte S und A auf der Eingriffsstrecke der Ersatz-Schraubradverzahnung	mm
S_B	Fresssicherheit	- -
SE	Abstand der Berührpunkte S und E auf der Eingriffsstrecke der Ersatz-Schraubradverzahnung	mm
S_F	Sicherheitsfaktor gegen Zahnfußdauerbruch	- -

Symbole	Definition	Einheiten
$S_{F\,min}$	Mindest-Sicherheitsfaktor gegen Zahnfußdauerbruch	- -
S_{FZG}	Schadenskraftstufe im FZG-A/8,3/90-Test	- -
$S_{H\,min}$	Mindest-Sicherheitsfaktor für die Flankenpressung	- -
$S_{int\,s}$	Fresssicherheit nach der Integraltemperaturmethode	- -
$S_{S\,min}$	Mindestsicherheit Fressen	- -
S_{SI}	Fresssicherheit nach der Integraltemperaturmethode („Kraftsicherheit“)	- -
s_{Fn}	Zahnfußsehne an der 30°-Tangente	mm
s_{mn}	mittlere Normalzahndicke (im Bogen gemessen)	mm
s_{mnc}	mittlere Normalzahndicke (Sehnenmaß)	mm
s_{pr}	Protuberanzbetrag	mm
T	Drehmoment	Nm
T_{1T}	Drehmoment der Schadenslaststufe im Fresstest	Nm
t_B	Einbaumaß	mm
t_{xi}	Abstand innere Kopfkegelkante zum Kreuzungspunkt	mm
t_{xo}	Abstand äußere Kopfkegelkante zum Kreuzungspunkt (Hypoid)	mm
t_z	Abstand Teilkegelspitze zum Kreuzungspunkt	mm
t_{zF}	Abstand Kopfkegelspitze zum Kreuzungspunkt	mm
t_{zi}	Abstand Kreuzungspunkt zum inneren Teilkegelpunkt, entlang der Radachse	mm
t_{zm}	Abstand Kreuzungspunkt zum mittleren Teilkegelpunkt, entlang der Radachse	mm
t_{zR}	Abstand Fußkegelspitze zum Kreuzungspunkt	mm
U	Spannung	V
u	Getriebeübersetzung, Zähnezahlverhältnis	- -
u_a	Äquivalente Getriebeübersetzung	- -
V_L	Schmierstofffaktor für die Reibungszahlberechnung	- -
V_R	Rauheitsfaktor für die Reibungszahlberechnung	- -
V_S	Schmierungsfaktor für die Reibungszahlberechnung	- -
V_Z	Viskositätsfaktor	- -
v_{Bel}	Winkel zwischen Summengeschwindigkeit und Teilkegel	°
v_F	Flankentangentialgeschwindigkeit	m/s
v_g	Gleitgeschwindigkeit	m/s
$v_{g,par}$	Gleitgeschwindigkeit parallel zur Berührlinie	m/s
$v_{g\alpha}$	Gleitgeschwindigkeit in Zahnhöhenrichtung	m/s
$v_{g\beta}$	Gleitgeschwindigkeit in Zahnlängsrichtung	m/s
$v_{g\gamma}$	Gesamtgleitgeschwindigkeit	m/s
v_{mt}	Umfangsgeschwindigkeit am Teilkegel in der Mitte der Zahnbreite	m/s
v_t	Umfangsgeschwindigkeit in beliebigem Berührpunkt	m/s
$v_{\Sigma,C}$	Summengeschwindigkeit im Wälzpunkt C	m/s
$v_{\Sigma,h}$	Summengeschwindigkeit in Zahnhöhenrichtung	m/s
$v_{\Sigma,m}$	mittlere Summengeschwindigkeit	m/s
$v_{\Sigma,s}$	Summengeschwindigkeit in Zahnlängsrichtung	m/s
$v_{\Sigma,senk}$	Summengeschwindigkeit senkrecht zur Berührlinie	m/s
$v_{\Sigma\alpha}$	Summengeschwindigkeit in Zahnhöhenrichtung	m/s
$v_{\Sigma\beta}$	Summengeschwindigkeit in Zahnlängsrichtung	m/s
$v_{\Sigma\gamma}$	Gesamtsummengeschwindigkeit	m/s
W_{m2}	mittlere Zahnlückenweite des Tellerrades (Normalschnitt)	mm

Symbole	Definition	Einheiten
w	Komponente der Umfangsgeschwindigkeit in der Flankentangentialebene	m/s
w_{Bel}	Winkel zwischen Berührlinie und Teilkegel	°
w_{Bn}	Linienlast inkl. Lastfaktoren im Normalschnitt	N / mm
w_{Bt}	Linienlast inkl. Lastfaktoren im Stirnschnitt	N / mm
$w_{Bt\,eff}$	effektive Linienlast inkl. Lastfaktoren im Stirnschnitt	N / mm
$w_{Bt\,max}$	maximale Linienlast inkl. Lastfaktoren im Stirnschnitt	N / mm
w_{α}	Komponente der Umfangsgeschwindigkeit in der Flankentangentialebene in Zahnhöhenrichtung	m/s
w_{β}	Komponente der Umfangsgeschwindigkeit in der Flankentangentialebene in Zahnlängsrichtung	m/s
X_{BE}	Geometriefaktor	- -
X_{Ca}	Kopfrücknahmefaktor	- -
X_E	Einlauffaktor	- -
X_G	Geometriefaktor	- -
X_J	Eingriffsfaktor	- -
X_L	Schmierstofffaktor	- -
X_M	Blitzfaktor	$\frac{K \cdot mm}{N^{3/4} \cdot s^{1/2} \cdot m^{1/2}}$
X_{mp}	Faktor zur Berücksichtigung der Anzahl der Zahnkontakte	- -
X_Q	Eingriffsfaktor zur Berücksichtigung des Eingriffsstoßes am Kopf des getriebenen Rades	- -
X_R	Rauheitsfaktor	- -
X_S	Schmierungsfaktor zur Berücksichtigung der Schmierungsart	- -
X_W	Gefügefaktor	- -
X_{WrelT}	relativer Gefügefaktor	- -
X_{Γ}	Kraftaufteilungsfaktor	- -
$X_{\alpha\beta}$	Winkelfaktor zur Berücksichtigung von Eingriffs- und Spiralwinkel	- -
X_{ε}	Überdeckungsfaktor	- -
x_{hm}	Profilverschiebungsfaktor	- -
x_{sm}	Profilseitenverschiebungsfaktor (beinhaltet Verdrehflankenspiel)	- -
x_{smn}	theoretischer Profilseitenverschiebungsfaktor (ohne Verdrehflankenspiel)	- -
Y_{Fa}	Formfaktor für Kraftangriff am Zahnkopf	- -
Y_K	Kegelradfaktor	- -
Y_{LS}	Lastverteilungsfaktor (Fuß)	- -
Y_{NT}	Lebensdauerfaktor für die Referenz-Prüfbedingung	- -
$Y_{R\,rel\,T}$	relativer Oberflächenfaktor, bezogen auf die gekerbte, raue Probe	- -
Y_{Sa}	Spannungskorrekturfaktor für den Kraftangriff am Zahnkopf	- -
Y_{ST}	Spannungskorrekturfaktor für die Abmessungen des Standard-Referenz-Prüfrades	- -
Y_X	Größenfaktor	- -
Y_{ε}	Überdeckungsfaktor	- -
$Y_{\sigma\,rel\,T}$	Stützziffer bezogen auf Standard-Referenz-Prüfrad	- -
Z_E	Elastizitätsfaktor	- -
Z_F	Materialfaktor zur Berechnung der	$(N/mm^2)^{-1/3}$

Symbole	Definition	Einheiten
	Hertzschen Abplattungsbreite	
Z_H	Zonenfaktor	- -
Z_{Hyp}	Hypoidfaktor	- -
Z_K	Kegelradfaktor (Flanke)	- -
Z_L	Schmierstofffaktor	- -
Z_{LS}	Lastverteilungsfaktor (Flanke)	- -
$Z_{M\text{-}B}$	Mittelzonenfaktor	- -
Z_{NT}	Lebensdauerfaktor des Standard-Referenz-Prüfrades (Flanke)	- -
Z_R	Rauheitsfaktor für Flankenbeanspruchung	- -
Z_v	Geschwindigkeitsfaktor	- -
Z_W	Werkstoffpaarungsfaktor	- -
Z_X	Größenfaktor für Flankenpressung	- -
Z_β	Schrägungswinkelfaktor (Schrägenfaktor) für die Flankenbeanspruchung	- -
z_0	Messergruppenzahl	- -
z	Zähnezahl	- -
z_p	Planradzähnezahl	- -
z_v	Zähnezahl der Ersatz-Stirnradverzahnung	- -
z_{vn}	Zähnezahl der Ersatz-Stirnradverzahnung im Normalschnitt	- -
α_{an}	Kopfeingriffswinkel im Normalschnitt	°
α_{dC}	Nenneingriffswinkel an der Schubseite	°
α_{dD}	Nenneingriffswinkel an der Zugseite	°
α_e	effektiver Normaleingriffswinkel nach [ISO23509]	°
α_{eC}	effektiver Eingriffswinkel an der Schubseite	°
α_{eD}	effektiver Eingriffswinkel an der Zugseite	°
α_{et}	effektiver Stirneingriffswinkel nach [ISO23509]	°
α_{Fan}	Lastangriffwinkel am Kopfkreis	°
$\alpha_{Fan\Delta}$	Hilfswinkel zur Berechnung des Biegehebelarms am Zahnkopf	°
α_{lim}	Grenzeingriffswinkel	°
α_n	Normaleingriffswinkel	°
α_{nD}	Erzeugungsrad-Flankenwinkel an der Zugseite	°
α_{nC}	Erzeugungsrad-Flankenwinkel an der Schubseite	°
α_{sn}	Normaleingriffswinkel der Ersatz-Schraubradverzahnung	°
α_{st}	Stirneingriffswinkel der Ersatz-Schraubradverzahnung	°
α_t	Stirneingriffswinkel	°
α_{vt}	Eingriffswinkel der Ersatz-Stirnradverzahnung im Stirnschnitt	°
α_{wn}	wirksamer Eingriffswinkel im Normalschnitt	°
α_{wt}	wirksamer Eingriffswinkel im Stirnschnitt	°
β_b	Grundkreisschrägungswinkel	°
β_B	Winkel zwischen Flanken- und Berührlinie	°
β_e	äußerer Spiralwinkel	°
β_i	innerer Spiralwinkel	°
β_m, β_s, β_v	mittlerer Spiralwinkel	°
β_s	Schrägungswinkel der Ersatz-Schraubradverzahnung	°
β_{vb}	Grundkreisschrägungswinkel der Ersatz-Stirnradverzahnung	°

Symbole	Definition	Einheiten
β_w	wirksamer Schrägungswinkel	°
Γ	Parameter auf der Eingriffslinie	- -
γ	Winkel der Flankentangentialgeschwindigkeit zur Berührlinie	°
γ	Hilfswinkel für die Berechnung der Zahnbreite der Ersatzverzahnung	°
γ_α	Hilfswinkel für Zahnform- und Zahnkorrekturfaktor	°
Δa	Achsabstandsänderung	µrad
$\Delta a''$	Wälzachsabstandsänderung	µrad
Δb_{x1}	Ritzelzahnbreiten Inkrement	mm
Δg_{xi}	Inkrement entlang der Ritzelachse vom Berechnungspunkt zum inneren Punkt	mm
Δg_{xe}	Inkrement entlang der Ritzelachse vom Berechnungspunkt zum äußeren Punkt	mm
ΔH	Ritzeleinbaumaßänderung	mm
ΔJ	Tellerradeinbaumaßänderung	mm
ΔV	Achsversatzänderung	mm
$\Delta\varphi$	Drehfehler, Übersetzungsschwankung	µrad
δ_a	Kopfkegelwinkel	°
δ_f	Fußkegelwinkel	°
δ	Teilkegelwinkel	°
ε_a	Austrittsüberdeckung	- -
ε_f	Eintrittsüberdeckung	- -
ε_n	Überdeckung im Normalschnitt	- -
ε_v	Kopfüberdeckung der Ersatz-Stirnradverzahnung	- -
ε_{vmax}	Kopfüberdeckung der Ersatz-Stirnradverzahnung (größerer Wert von Ritzel und Rad)	- -
$\varepsilon_{v\alpha}$	Profilüberdeckung der Ersatz-Stirnradverzahnung im Normalschnitt	- -
$\varepsilon_{v\alpha n}$	Profilüberdeckung der Ersatz-Stirnradverzahnung im Normalschnitt	- -
$\varepsilon_{v\beta}$	Sprungüberdeckung der Ersatz-Stirnradverzahnung im Normalschnitt	- -
$\varepsilon_{v\gamma}$	Gesamtüberdeckung der Ersatz-Stirnradverzahnung im Normalschnitt	- -
ε_α	Profilüberdeckung	- -
ε_β	Sprungüberdeckung	- -
$\varepsilon_{\beta,Hyp}$	Sprungüberdeckung der Ersatz-Stirnradverzahnung nach FVA411	- -
ε_γ	Gesamtüberdeckung	- -
$\varepsilon_{\gamma w}$	wirksame Gesamtüberdeckung	- -
ζ_o	Achsversatzwinkel des Ritzels in Kopfkegelebene	°
ζ_m	Achsversatzwinkel des Ritzels in der Axialebene	°
ζ_{mp}	Achsversatzwinkel des Ritzels in Teilebene	°
ζ_R	Achsversatzwinkel des Ritzels in Fußkegelebene	°
η	Achsversatzwinkel des Rades im Axialebene	°
η	Wirkungsgrad	- -
η	Halbachsenbeiwert der Berührellipse	- -
$\eta_{Öl}$	Viskosität bei Öltemperatur	mPas

Symbole	Definition	Einheiten
θ_{a1}, θ_{a2}	Zahnkopfwinkel	°
θ_{f1}, θ_{f2}	Zahnfußwinkel	°
ϑ	Hilfsgröße bei der iterativen Bestimmung des Formfaktors	- -
ϑ	Hertzscher Hilfswinkel der Berührellipse	°
ϑ_{Bmax}	maximale Kontakttemperatur	°C
ϑ_{fl}	Blitztemperatur	°C
$\vartheta_{fl\,max}$	maximale Blitztemperatur	°C
$\vartheta_{fla\,int}$	gewichtete, mittlere Flankentemperatur	°C
$\vartheta_{fla\,int\,T}$	gewichtete, mittlere Flankentemperatur im Fresstest	°C
$\vartheta_{fla\,int,h}$	gewichtete, mittlere Flankentemperatur bei Hypoidverzahnungen	°C
ϑ_{flaE}	Flankentemperatur im Punkt E ohne Berücksichtigung der Lastaufteilung	°C
ϑ_{flm}	mittlere Blitztemperatur	°C
ϑ_{int}	Integraltemperatur	°C
$\vartheta_{int\,S}$	zulässige Integraltemperatur	°C
ϑ_{M}	Massentemperatur	°C
ϑ_{MT}	Massentemperatur im Fresstest	°C
$\vartheta_{Öl}$	Öltemperatur	°C
ϑ_{S}	zulässige Kontakttemperatur	°C
λ	Lastaufteilungsfaktor	- -
λ_{M}	Wärmeleitfähigkeit	N / s K
μ_{m}	mittlere Verzahnungsreibungszahl	- -
μ_{mC}	mittlere Verzahnungsreibungszahl im Wälzpunkt	- -
μ_{mZ}	mittlere Verzahnungsreibungszahl nach Wech	- -
υ	Querkontraktionszahl	- -
ν	Messerkopf-Steigungswinkel	°
ξ	Halbachsenbeiwert der Berührellipse	- -
ρ	Krümmungsradius	mm
ρ_{a0}	Werkzeug-Kopfrundungsradius	mm
ρ_{b}	Grundkreisradius der Epizykloide	mm
ρ_{C}	Ersatzkrümmungsradius im Wälzpunkt	mm
ρ_{Cn}	Ersatzkrümmungsradius im Wälzpunkt C im Normalschnitt	mm
ρ_{E}	Krümmungsradius am Ritzelkopf	mm
ρ_{ers}	Ersatzkrümmungsradius	mm
ρ_{F}	Fußrundungsradius	mm
ρ_{lim}	Grenzkrümmungsradius	mm
ρ_{M}	Dichte	kg / mm^3
ρ_{n}	Krümmungsradius im Normalschnitt	mm
ρ_{P0}	Abstand Planrad- zum Werkzeug-Mittelpunkt	mm
ρ_{red}	Ersatzkrümmungsradius	mm
ρ_{Yn}	Krümmungsradius im Berührpunkt Y im Normalschnitt	mm
σ_{F}	Zahnfußspannung	N/mm^2
$\sigma_{F\,lim}$	Dauerfestigkeitswert für Zahnfußbiegespannung	N/mm^2
σ_{F0}	Örtliche Zahnfußspannung	N/mm^2
σ_{FE}	Zahnfuß-Grundfestigkeit	N/mm^2
σ_{FP}	zulässige Zahnfußspannung	N/mm^2

Symbole	Definition	Einheiten
σ_H	auftretende Flankenpressung	N/mm²
$\sigma_{H\,lim}$	Dauerfestigkeitswert für die Flankenpressung	N/mm²
σ_{H0}	Nenn-Flankenpressung	N/mm²
σ_{HP}	zulässige Flankenpressung	N/mm²
Σ	Achswinkel	°
$\Sigma\theta_f$	Summe der Zahnfußwinkel	°
$\Sigma\theta_{fC}$	Summe der Zahnfußwinkel für Zahnform mit konstanter Lückenweite	°
$\Sigma\theta_{fS}$	Summe der Zahnfußwinkel für eine „Standard" Zahnform	°
$\Sigma\theta_{fM}$	Summe der Zahnfußwinkel für eine Zahnform mit veränderlicher Lückenweite	°
$\Sigma\theta_{fU}$	Summe der Zahnfußwinkel für konstante Zahnhöhe	°
φ	Winkel zwischen den beiden Berührlinien	°
φ	Drehwinkel	µrad
ω	Winkelgeschwindigkeit, Kreisfrequenz	1/s

Typische Indizes

Index	Definition
A, B, D, E	Charakteristische Punkte auf der Eingriffslinie
a	Zahnkopf
b	Grundkreis
C	auf der Seite der Schubflanke („Coast Side")
C, S, M	Wälz-, Schraub-, Mittelpunkt
D	auf der Seite der Zugflanke („Drive Side")
e	äußere Teilkegellänge (Ferse) oder „effektiv"
f	Zahnfuß
i	innere Teilkegellänge (Zehe)
m	mittlere Teilkegellänge (Zahnmitte)
N	Normalschnitt
P	Bezugsprofil oder Planrad
s	Ersatz-Schraubradverzahnung
t	Stirnschnitt
v	Ersatz-Stirnradverzahnung
x	beliebiger Punkt
Y	beliebiger Punkt auf der Eingriffslinie
y	beliebiger Punkt
0	erzeugendes Werkzeug
1	Ritzel
2	Tellerrad

Typische Abkürzungen

Abk.	Definition
A	Beginn der Eingriffsstrecke
B	innerer Einzeleingriffspunkt
C	Wälzpunkt
D	äußerer Einzeleingriffspunkt
E	Ende der Eingriffsstrecke
EWP	Einflankenwälzprüfung

Abk.	Definition
FH	Face Hobbing (kontinuierliches Teilverfahren)
FM	Face Milling (Einzelteilverfahren)
KS	Körperschall
KSP	Körperschallprüfung
ZWP	Zweiflankenwälzprüfung
2F	Zwei-Flankenschliff
3F	Drei-Flankenschliff

1 Einsatzgebiete von Kegelrädern

1.1 Geschichtliches

Mit der Mechanisierung der Werkstätten im 17. Jahrhundert wurden die Voraussetzungen für einen heute bedeutenden Wirtschaftszweig geschaffen, die Antriebstechnik. Konnte man zu Beginn der Industrialisierung noch überall Riementriebe erfolgreich einsetzen, so wurde mit den steigenden Leistungen und Drehzahlen der Dampfmaschinen der Wunsch nach leistungsfähigeren Antrieben immer stärker. So entwickelte sich ab Mitte des 19. Jahrhunderts der Maschinenbau für Zahnräder. Dazu wurde für jedes Zahnrad ein spezieller hinterdrehter Scheibenfräser verwendet, der die Form der Zahnlücken erzeugte.

Obwohl der Schweizer Mathematiker und Physiker Leonard Euler eine für die drehfehlerfreie Übertragung geeignete Zahnform, die Kreisevolvente, bereits 1765 gefunden hatte, war es noch ein weiter Weg bis zu den Verzahnmaschinen, welche ein evolventisches Zahnhöhenprofil erzeugen konnten. Christian Schiele erhielt 1856 ein Patent auf einen schraubenförmigen Fräser zur Herstellung von Zahnrädern, dem Vorläufer des heutigen Wälzfräsers.

Heinrich Schicht übernahm die Idee des Wälzfräsens und übertrug sie auf kegelige Zahnräder. Statt eines zylindrischen, schraubenförmigen Werkzeugs verwendete er einen kegeligen Wälzfräser zur Herstellung spiralverzahnter Kegelräder. Diese Idee wurde von Schicht und Preis 1921 zum Patent angemeldet.

Einen anderen Weg ging Oscar Beale, der ein Fräsverfahren für Kegelräder mit zwei scheibenförmigen Fräsern um 1900 entwickelte, welches beide Zahnflanken gleichzeitig bearbeiten konnte. Paul Böttcher entwickelte diese Idee weiter und stellte 1910 das Messerkopfsystem vor, welches spiralförmige Zähne auf Kegelrädern erzeugt [KRUM50].

1.2 Fahrzeuggetriebe

Von wesentlicher Bedeutung wurden Kegelräder erst mit dem Aufblühen der Automobilindustrie zu Beginn des 20. Jahrhunderts. Damals war der Hinterachsantrieb mit dem Differenzialgetriebe das übliche Konzept im Antriebsstrang jedes Fahrzeuges.

In Abb. 1.1 ist ein typisches Achsgetriebe samt seiner schematischen Darstellung des Getriebezuges zu sehen. Das kleinere Kegelrad, welches durch die Kardanwelle angetrieben ist, wird Ritzel genannt, das größere Kegelrad, welches vom Ritzel angetrieben wird, heißt Tellerrad.

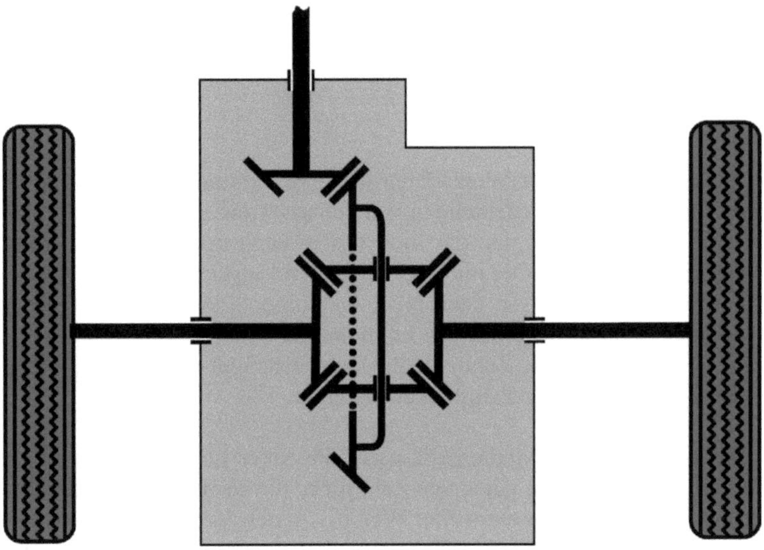

Abb. 1.1 Prinzipskizze eines Hinterachsgetriebes

Das Tellerrad ist mit dem Träger der vier Ausgleichskegelräder verbunden. Die beiden horizontalen Ausgleichskegelräder, deren Achse immer parallel zur Tellerradachse verläuft, sind mit den beiden Achswellen verbunden, welche jeweils ein Rad der Achse antreiben. Dreht sich eines der beiden Räder langsamer als das Tellerrad, so dreht sich das andere Rad mit einer um den Differenzbetrag höheren Drehzahl, da der Träger der Differenzialkegelräder fest mit dem Tellerrad verbunden ist. Damit werden die Differenzialkegelräder für den Ausgleich der Drehzahldifferenz der beiden Räder der Achse benötigt, während der spiralverzahnte Kegelradsatz für die eigentliche Übertragung der Antriebsleistung an die Räder vorgesehen ist.

Dieses Konstruktionsprinzip ist bis heute im Wesentlichen unverändert bei allen schweren und mittelschweren Nutzfahrzeugen erhalten geblieben. Bei PKW-Antriebskonzepten gibt es zwei unterschiedliche Konstruktionsprinzipien, eines mit quer zur Fahrrichtung eingebautem Motor und Frontantrieb und das andere mit längs zur Fahrrichtung eingebautem Motor und Front- oder Heckantrieb. Fahrzeuge mit Quermotor und Frontantrieb gestatten eine sehr effiziente Ausnutzung des Bauraumes und benötigen außer den Ausgleichskegelrädern des Differenzialgetriebes keine weiteren Kegelräder.

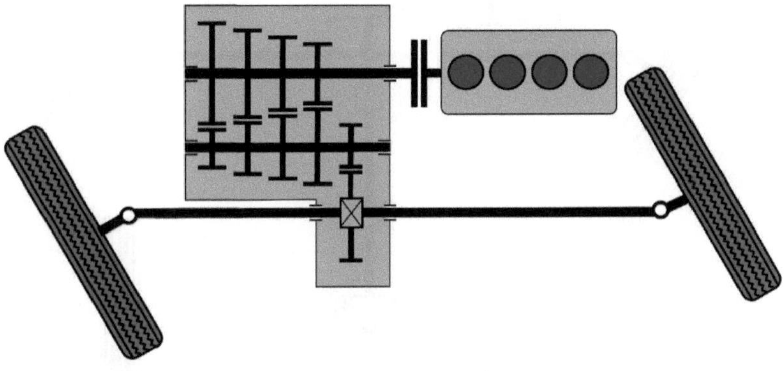

Abb. 1.2 Prinzipskizze eines Frontantriebes bei Quermotor

Wie in Abb. 1.2 zu sehen ist, liegen der Motor und das Getriebe nebeneinander quer zur Fahrtrichtung. Der Einfachheit halber ist das Differenzialgetriebe mit einem X dargestellt. Der zur Verfügung stehende Bauraum begrenzt die mögliche Länge der Motor-Getriebe-Einheit. Eine andere Grenze dieses Konzeptes liegt im Traktionsvermögen des Frontantriebs und dessen Einfluss auf die Lenkung des Fahrzeuges. Je höher die Antriebsmomente werden, desto mehr zerren diese Kräfte an der Lenkung und beeinflussen den Komfort und die Fahrsicherheit.

Um das Traktionsvermögen und die Fahrsicherheit weiter zu verbessern, setzt sich auch bei Personenkraftwagen der Allradantrieb immer mehr durch. Abbildung 1.3 zeigt ein Quermotorkonzept mit Allradantrieb. An der Abtriebswelle des Getriebes ist ein Kegelradsatz angeordnet, welcher über eine Kardanwelle und ein weiteres Achsgetriebe mit Differenzial die Hinterräder antreibt. Die beiden Achsantriebe sind über ein Mittendifferenzial miteinander verbunden, so dass Drehzahlunterschiede zwischen der Vorder- und der Hinterachse ausgeglichen werden.

Allen Konzepten mit Quermotor ist die Position des Antriebes vor der Vorderachse gemeinsam. Dem Vorteil bei der Ausnutzung des Bauraumes steht ein höheres Gewicht auf der Vorderachse entgegen, so dass sich bei höherwertigen Fahrzeugen wieder das Konzept mit Längsmotor und Heck- oder Allradantrieb durchgesetzt hat. Die bessere Gewichtsverteilung begünstigt die Fahrdynamik und den Komfort sowie die Fahrsicherheit bei schlechter Traktion.

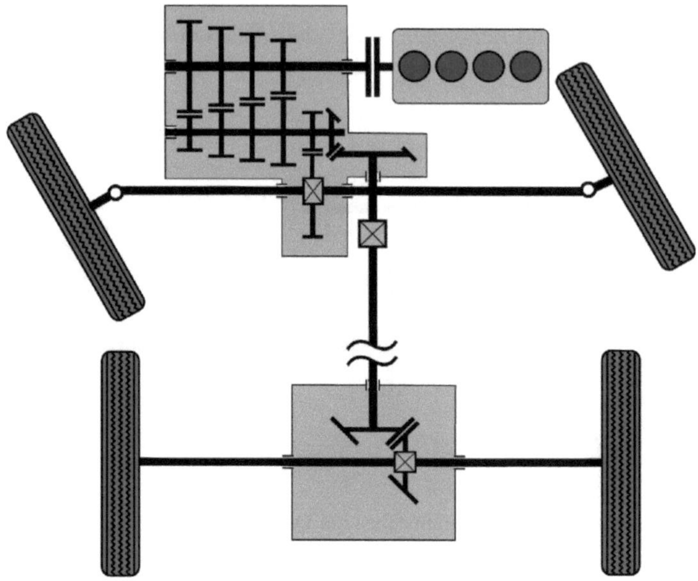

Abb. 1.3 Prinzipskizze eines Allradantriebes bei Quermotor

Abbildung 1.4 zeigt dieses Konzept bestehend aus längs zur Fahrtrichtung angeordnetem Motor mit Heck- und Frontantrieb. Es ist festzuhalten, dass der Motor auf der Vorderachse und das Vorderachsgetriebe neben oder unter dem Motor liegt. Dieses Konzept bringt im Karosserie-Design Vorteile beim Fußgänger-Unfallschutz, da der massive Motor weiter hinten im Fahrzeugbug untergebracht ist und damit die Fahrzeugfront nachgiebiger gestaltet werden kann.

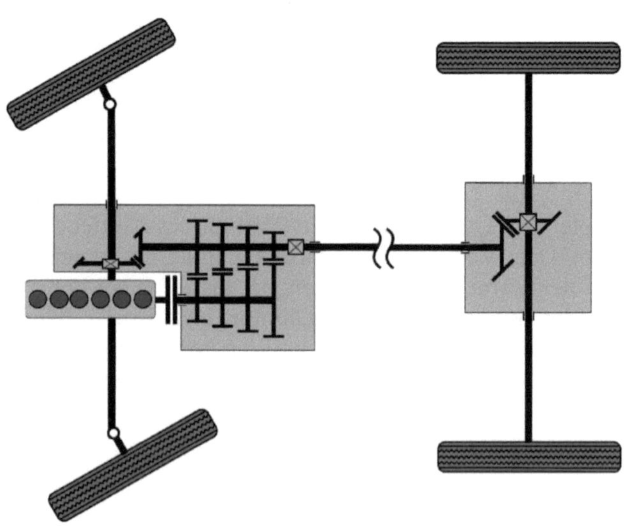

Abb. 1.4 Prinzipskizze eines Allradantriebes bei Längsmotor

1.3 Luftfahrtgetriebe

Obwohl das weltweite Volumen an Kegelrädern im Fahrzeugbereich mit Abstand am größten ist, spielen sie auch bei Anwendungen im Bereich Luftfahrt eine unverzichtbare Rolle. Wenn Drehbewegungen zwischen zwei nicht parallelen Achsen zu übertragen sind, kommen Kegelräder zum Einsatz. Typische Anwendungsfälle sind Haupt- und Heckrotorantrieb für Helikopter, Starter- und Hydraulikantriebe für Flugzeugturbinen oder Klappenantriebe für Tragflächen.

1.3.1 Flugzeugturbinen

Seit vielen Jahrzehnten werden Gasturbinen zum Antrieb von Flugzeugen eingesetzt. Beim sogenannten Turboprob-Triebwerk bewegt die Welle der Gasturbine mittels eines Getriebes einen Propeller, während beim Turbofan-Triebwerk die Gasturbine einen Ventilator (Fan) antreibt. Turbofan-Triebwerke für große Verkehrsflugzeuge haben Fandurchmesser bis zu 3 m. Obwohl reine Strahltriebwerke eine sehr hohe Leistungsdichte besitzen, werden sie in der zivilen Luftfahrt nicht eingesetzt, da sie einen schlechten Wirkungsgrad haben und darüber hinaus sehr laut sind.

Der eigentliche Motor, die Gasturbine, ist eine Verbrennungskraftmaschine, die kontinuierlich von einem Gas durchströmt wird. Bei diesem Vorgang wird Luft über die Beschaufelung einer oder mehrerer Verdichterstufen komprimiert und dann in der Brennkammer mit Kerosin gemischt, gezündet und verbrannt. Zur Kühlung wird zusätzlich Luft eingesetzt. Dabei entsteht ein Heißgas, welches sich im nachfolgenden Turbinenteil entspannt. Die thermische Energie wird so in mechanische Energie gewandelt. Sie dient zunächst dem Antrieb des Verdichters vor der Brennkammer. Bei einem reinen Strahltriebwerk wird, außer der mechanischen Energie für den Verdichter vor der Brennkammer, die gesamte restliche Energie zur Beschleunigung des heißen Gasstromes eingesetzt und so in Schub verwandelt. Bei einem Turboprop- oder einem Turbofan-Triebwerk wird die restliche Energie in mechanische Energie gewandelt, die entweder dem Antrieb des Propellers oder dem Antrieb des Fan dient.

Ein kleiner Teil der Energie der Turbinenwelle wird für den Betrieb eines Generators oder einer Hydraulikpumpe abgezweigt. In Abb. 1.5 ist der schematische Getriebezug zu erkennen. Auf der Turbinenwelle, unmittelbar vor der Brennkammer, ist ein erster Kegelradsatz zu erkennen, welcher eine senkrecht zur Turbine angeordnete Welle antreibt. Am unteren Ende dieser Welle ist ein weiterer Kegelradsatz angeordnet, der über mehrere Stirnräder den jeweiligen Verbraucher antreibt. Im Falle eines Generators wird dieser als Elektromotor für den Start der Turbine genutzt. Wegen der hohen Drehzahlen und der vergleichsweise geringen Drehmomente unterliegen diese Kegelräder ganz anderen Anforderungen als beispielsweise Kegelräder in Fahrzeug-Achsgetrieben.

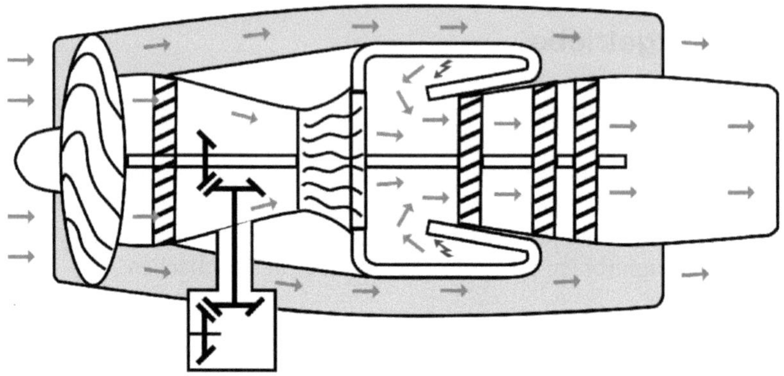

Abb. 1.5 Schema einer Gasturbine mit Getriebezug

1.3.2 Helikoptergetriebe

Wie auch beim Flugzeug ist das Triebwerk eines Helikopters in aller Regel eine Gasturbine. Sie liefert die Leistung für den Antrieb des Haupt- und Heckrotors, darüber hinaus wird der Abgasstrahl zur Unterstützung des Vortriebes im Flug benutzt. Da die Welle der Gasturbine stets horizontal angeordnet ist, wird ein Winkelgetriebe benötigt, um mit der Welle der Gasturbine den Rotor zu bewegen. Das damit erzeugte Gegendrehmoment um die Hochachse des Helikopters wird durch einen Heckrotor ausgeglichen (Abb. 1.6).

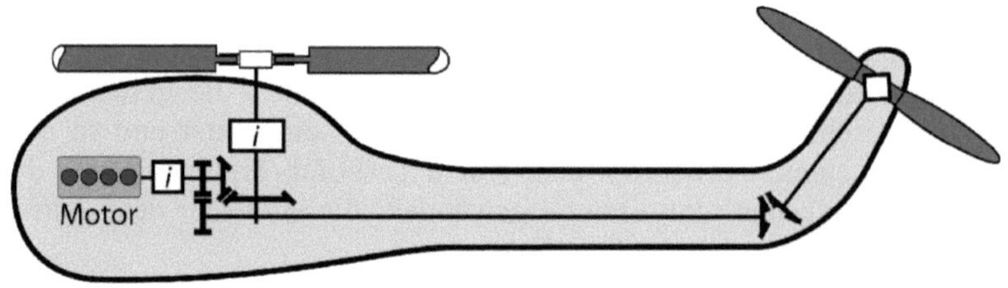

Abb. 1.6 Prinzipskizze eines Helikopterantriebes

Die Drehzahl des Hauptrotors wird stets so gewählt, dass die Blattspitzengeschwindigkeit bei maximaler Vorwärtsgeschwindigkeit unterhalb der Schallgeschwindigkeit liegt. Je nach Rotordurchmesser ergeben sich Rotordrehzahlen, die unter 500 1/min liegen. Die typische Drehzahl der Turbine liegt oberhalb 8000 1/min und ist deutlich größer, so dass ein Untersetzungsgetriebe mit einem großen Übersetzungsverhältnis erforderlich ist. Für solche Bedingungen sind Planetengetriebe prädestiniert. Das Kegelradgetriebe ist vor der Eingangsstufe des Planetengetriebes angeordnet, so dass man, statt größerer Drehmomente, höhere Drehzahlen bei der Verzahnungsauslegung berücksichtigen muss.

Für den Antrieb des Heckrotors sind weitere Kegelradsätze erforderlich. Sofern konstruktiv eine durchgehende Welle vom Hauptgetriebe zum Heckrotor vorgesehen ist, wird ein Kegelradgetriebe benötigt, um mit der Welle in Längsrichtung des Helikopters den senkrecht dazu drehenden Heckrotor anzutreiben. Ist keine durchgehende Welle möglich, sind mehrere Wellenabschnitte erforderlich. Für die Drehbewegung zwischen den einzelnen Abschnitten des Heckrotorantriebes wird je ein weiterer Kegelradsatz benötigt.

1.3.3 Klappenantriebe in Flugzeugtragflächen

Neben schnelldrehenden Kegelradgetrieben in Triebwerken gibt es eine weitere unverzichtbare Anwendung im Bereich der Klappensteuerung von Flugzeugtragflächen. Neben den Klappen zur Querruder-Steuerung um die Längsachse des Flugzeugs, besitzen die Tragflächen Klappen zur Veränderung der Flügeltiefe und der Veränderung der Profilwölbung. Sie verlaufen am hinteren Ende des Tragflächenprofils und werden sowohl in Richtung der Profilachse des Tragflügels verfahren als auch im Winkel verändert. Zur Sicherheit ist eine zwangsweise mechanische Kopplung aller Klappenbewegungen unverzichtbar. Dazu dient eine zentrale Welle, die über einzelne Winkelgetriebe und ein Kulissensystem die Klappen horizontal nach hinten verfährt und gleichzeitig den Anstellwinkel zur Luftströmung vergrößert.

Aus aerodynamischen Gründen sind die Tragflügel eines modernen Flugzeuges nach hinten gepfeilt und mit unterschiedlicher Tiefe über die Spannweite versehen. Aus Gründen der Flugsicherheit werden diese Klappen alle von einer zentralen Welle ausgehend bewegt. Bei einer nicht geraden Tragflügel-Hinterkante führt das dazu, dass die zentrale Welle zum Antrieb der Klappen mehrfach unterbrochen werden muss. In Abb. 1.7 ist, neben den Kegelrädern, der Drehmechanismus samt Kulissen schematisch dargestellt, welcher die Klappen verfährt. An jeder Knickstelle der zentralen Welle überträgt ein Kegelradsatz die Drehbewegung zum Verfahren der Klappen. Im Gegensatz zu schnell drehenden Kegelrädern in der Turbine, müssen die Kegelräder für Klappenantriebe nur Stellbewegungen durchführen, so dass hier eine ganz andere Verzahnungsauslegung erforderlich ist.

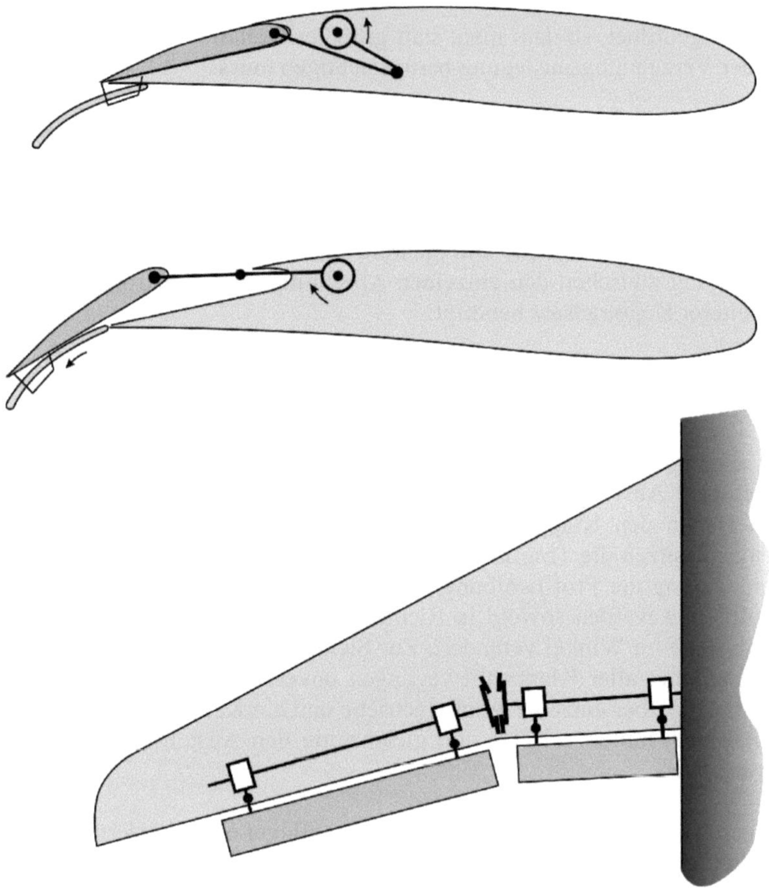

Abb. 1.7 Schematische Darstellung eines Klappenantriebes

1.4 Schiffsgetriebe

Die klassische Antriebskonzeption bei großen Schiffen mit Welle, Schiffsschraube und dahinterliegender Ruderanlage findet immer seltener Anwendung. Der Wunsch nach verbesserter Manövrierfähigkeit führte zunächst zur Entwicklung der Bugstrahlruder. Dabei handelt es sich um einen rohrförmigen Durchgang durch die gesamte Schiffsbreite unterhalb der Wasserlinie im vorderen Bereich des Schiffes. In diesem Rohr befindet sich eine Propelleranlage, welche im Stillstand oder bei geringer Fahrt den Bug des Schiffes nach Backbord oder Steuerbord bewegen kann. Dies geschieht durch Ändern der Drehrichtung oder Verstellen der Propellerflügel. Angetrieben wird der Propeller durch einen im Schiff installierten Elektro- oder Hydraulikmotor.

In Abb. 1.8 ist das Schema eines Bugstrahlruders zu sehen. Der im Inneren des Schiffes liegende Motor treibt über ein Kegelradgetriebe die Propellerwelle an. Alternative Konzepte sehen einen Direktantrieb für das Bugstrahlruder vor. Obwohl dieses Konzept zunächst durch seine Einfachheit bestiсht, sind die technischen Probleme im Bereich der nachhaltigen Abdichtung des Direktantriebes unter Wasser nicht einfach zu lösen. Besonders im Hinblick auf Zuverlässigkeit und Notlaufeigenschaften ist das klassische Getriebe immer noch im Vorteil. Im Falle eines Versagens der Dichtung ist ein Bugstrahlruder, bei geeignetem Öldruck im Getriebe, über mehrere Wochen noch funktionsfähig, während ein Direktantrieb zu einer unmittelbaren Havarie führt.

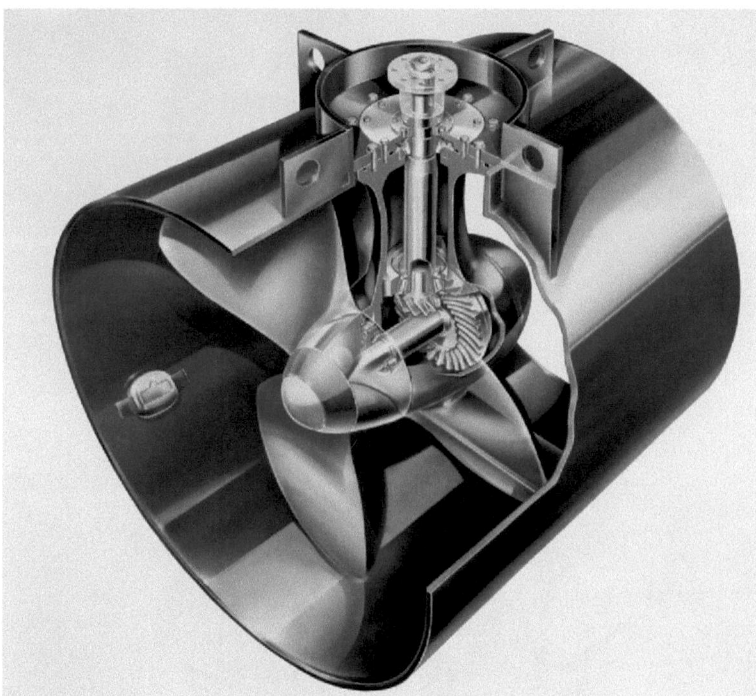

Abb. 1.8 Schema eines Bugstrahlruders

Das Optimum an Manövrierbarkeit bieten Strahlruder-Antriebe. Dabei handelt es sich um 360 Grad drehbare Antriebseinheiten unter dem Rumpf. In Abb. 1.9 ist eine derartige Antriebseinheit dargestellt. Bei diesem Beispiel handelt es sich um einen Doppelpropeller-Antrieb. Zur Erhöhung des Wirkungsgrades werden zwei gegenläufige Propeller eingesetzt, die den jeweiligen Drall des Wasserstroms kompensieren. Der Getriebezug sieht zwei Tellerräder vor, die von einem gemeinsamen Ritzel angetrieben werden.

Die meisten Strahlruder-Antriebe sehen nur einen Propeller vor. Für einen 10-MW-Antrieb liegt der Propellerdurchmesser bei ca. 5 m. Die maximal mögliche Leistung bei diesem Konzept ist durch die derzeit erhältlichen Kegelräder begrenzt und liegt bei 15 MW. Für Antriebe von Eisbrechern eignen sich Strahlruder besonders gut, da mit ihnen die gebrochenen Eisbrocken unter die Eisdecke geschoben werden können und somit der Bug bei erneutem Auflaufen auf eine angehobene Eisdecke trifft, die keinen flächigen Kontakt zur Wasseroberfläche mehr hat. Wegen der zu erwartenden Stöße des Propellers auf Eis sind derzeit Strahlruder-Antriebe für Eisbrecher nur bis ca. 7,5 MW möglich [ROLLS].

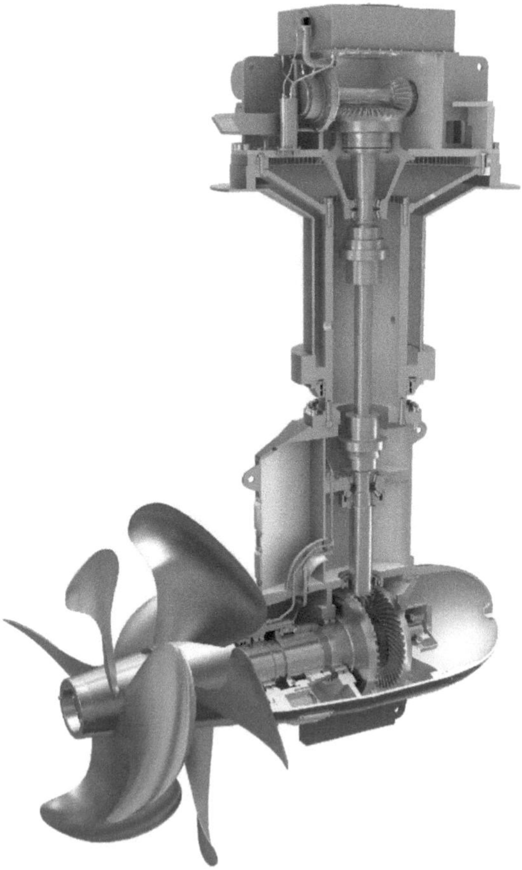

Abb. 1.9 Prinzipskizze eines Strahlruder-Antriebes

Um eine weitere Leistungssteigerung dieses Antriebskonzeptes zu realisieren, werden Direktantriebe eingesetzt. Statt eines Kegelrad-Getriebezuges vom Motor oberhalb der Wasserlinie bis zum Propeller unter Wasser, wird im Unterwassergetriebegehäuse ein Elektromotor eingesetzt, der ohne Getriebe direkt den Propeller antreibt. Derartige Antriebe sind bis 20 MW Leistung möglich [SCHOT]. Neben der bereits angeführten Dichtungsproblematik unterscheiden sie sich von den Getriebevarianten durch eine wesentlich höhere Masse. Hat beispielsweise ein 10-MW-Getriebe-Strahlruder eine Masse von ungefähr 70 Tonnen, so wiegt ein gleich leistungsfähiges Direktantriebs-Konzept 170 Tonnen [SCHOT]. Damit sind die Biegebelastungen für den Schiffsrumpf um ein Vielfaches höher, was sich in einer wesentlich komplexeren Rumpfstruktur und einem wesentlich aufwendigeren Azimut-Lager niederschlägt.

1.5 Industriegetriebe

Im allgemeinen Getriebebau sind die Einsatzgebiete von Kegelrädern sehr vielfältig. Immer wenn eine Drehbewegung zwischen zwei nicht parallelen Achsen übertragen werden muss, kommen meist entweder Schnecke und Schneckenrad oder Kegelräder zum Einsatz. Vergleicht man Kegelradgetriebe mit anderen Wälz-Schraub-getrieben, so sind der höhere Wirkungsgrad und die relativ einfachere Herstellung oft entscheidend.

Bei Übersetzungsverhältnissen von 1:1 bis 1:10 sind Kegelräder das bevorzugte Maschinenelement. Je höher das Übersetzungsverhältnis wird, desto mehr kommen Kegelräder an ihre Grenzen. In einigen Anwendungen werden Übersetzungsverhältnisse von 1:20 und mehr realisiert. Dies ist nur möglich, wenn ein vergleichsweise hoher Achsversatz vorgesehen wird. Das Ritzel ist in solchen Fällen schneckenförmig mit zwei oder drei Zähnen, welche sich praktisch nicht mehr auf einem Radkörper abstützen können. Die übertragbaren Drehmomente solcher Getriebe sind dann erheblich eingeschränkt.

1.6 Literatur

[KRUM50] Krumme, W.: Klingelnberg Spiralkegelräder, Springer Verlag Heidelberg, zweite Auflage, 1950

[ROLLS] Rolls Royce Marine, Internet: www.rolls-royce.com/marine

[SCHOT] Schottel GmbH, Internet: www.schottel.de

2 Grundlagen der Kegelradverzahnung

2.1 Klassifizierung von Kegelrädern

Kegelräder können nach verschiedenen Merkmalen klassifiziert werden.

Diese betreffen:

- den Verlauf der Zahnhöhe entlang der Zahnbreite,
- die Art der Flankenlängslinie, d.h. gerade- oder gekrümmte Zähne,
- die Kurvenform der Flankenlängslinie,
- den Achsversatz
- die Art des Teilverfahrens, kontinuierlich oder einzelteilend,
- das Erzeugungsverfahren, Wälzen oder Tauchen,
- das Herstellverfahren.

Beim Verlauf der Zahnhöhe entlang der Zahnbreite wird zwischen konstanter und veränderlicher Zahnhöhe differenziert. Bei konstanter Zahnhöhe sind der Kopfkegelwinkel und der Fußkegelwinkel gleich groß, so dass die Zahnhöhe über die Zahnbreite konstant bleibt. Kopf- und Fußkegelwinkel weichen bei Kegelrädern mit veränderlicher Zahnhöhe voneinander ab, somit ergibt sich eine über die Zahnbreite proportionale Veränderung der Zahnhöhe. Der Zahn ist dann am kleinen Durchmesser des Kegelrades (Zehe) kleiner als am großen Durchmesser (Ferse). Die konstante Zahnhöhe kann als Sonderfall der veränderlichen Zahnhöhe angesehen werden (Abb. 2.1).

Abb. 2.1 Kegelrad mit veränderlicher und konstanter Zahnhöhe

Weitere Unterscheidungskriterien sind die Art und Form der Flankenlängslinie der Kegelradverzahnung auf dem sogenannten Planrad (siehe 2.2.2). Nach der Art der Flankenlängslinie werden Kegelräder gemäß Abb. 2.2 unterschieden:

- geradverzahnte Kegelräder
- schrägverzahnte Kegelräder
- spiralverzahnte Kegelräder

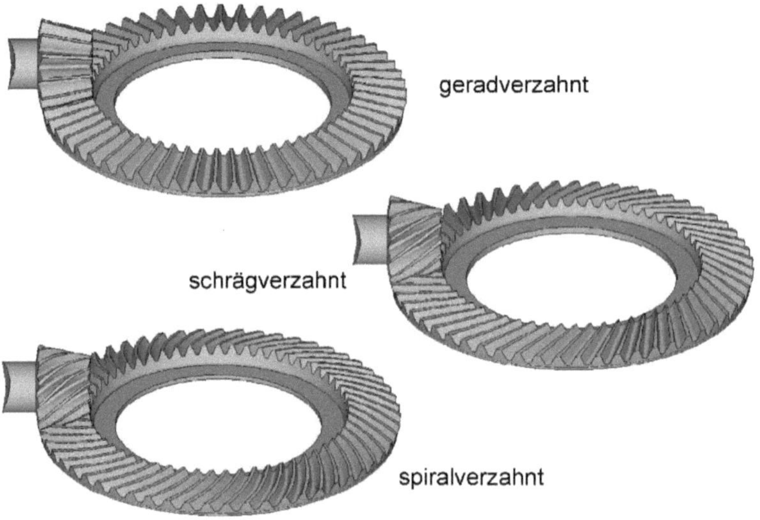

Abb. 2.2 Gerad-, schräg- und spiralverzahnte Kegelräder

Bei spiralverzahnten Kegelrädern ist eine weitere Unterteilung im Hinblick auf die Form der Flankenlängslinie möglich:

- Kreisbogen
- verlängerte Epizykloide
- Evolvente
- verlängerte Hypozykloide

Weiterhin kann man Kegelräder hinsichtlich des Achsversatzes unterscheiden. Kegelräder ohne Achsversatz besitzen sich schneidende Achsen, während sich bei Kegelrädern mit Achsversatz, sogenannten Hypoidrädern, die Achsen kreuzen. In diesem Fall wird zwischen solchen mit positivem oder negativem Achsversatz unterschieden (siehe Abb. 2.3).

Positiver Achsversatz:

- die Ritzelachse ist in Spiralrichtung des Tellerrades verschoben,
- der mittlere Spiralwinkel des Ritzels ist größer als der des Tellerrades,
- der Durchmesser des Ritzels nimmt gegenüber einem nichtachsversetzten zu.

Negativer Achsversatz:

- die Ritzelachse ist gegen die Spiralrichtung des Tellerrades verschoben,
- der mittlere Spiralwinkel des Ritzels ist kleiner als der des Tellerrades,
- der Durchmesser des Ritzels nimmt gegenüber einem nichtachsversetzten ab.

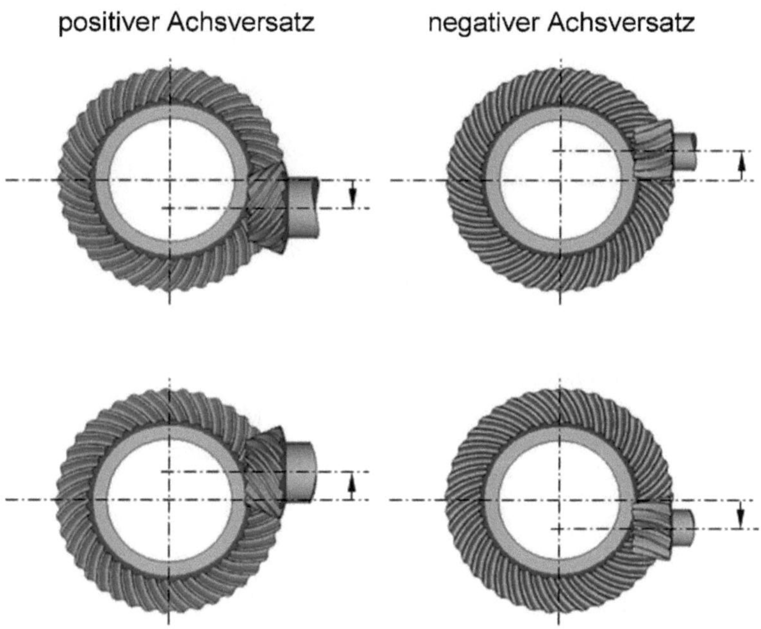

Abb. 2.3 Definition Achsversatz

Spiralkegelräder können bei spanender Herstellung, z. B. Fräsen, grundsätzlich im Einzelteilverfahren oder im kontinuierlichen Teilverfahren erzeugt werden. Daraus ergibt sich die Form der Flankenlängslinie: Beim Einzelteilen wird eine Zahnlücke erzeugt und dann – nach Drehung des zu bearbeitenden Kegelrades um eine Zahnteilung – die nächste Lücke erzeugt, bis alle Lücken vorhanden sind. Da die Schneiden des Werkzeugs kreisförmig angeordnet sind, z. B. bei einem Stirnmesserkopf, hat die Flankenlängslinie, die beim Einzelteilen erzeugt wird, die Form eines Kreisbogens. Beim kontinuierlichen Teilverfahren sind die Drehung des Messerkopfes und die des zu bearbeitenden Kegelrades so gekoppelt, dass sich jeweils nur eine Messergruppe durch eine Zahnlücke bewegt und sich die nächste Messergruppe durch die nächste Lücke bewegt (siehe Abb. 2.4). Die Teilung erfolgt also kontinuierlich und alle Lücken werden quasi gleichzeitig erzeugt. Durch diese Bewegungen ergibt sich eine verlängerte Epizykloide als Flankenlängslinie auf dem Planrad. Bei der Erzeugung der Epizykloide entspricht das Verhältnis von Zähnezahl zu Gangzahl des Messerkopfes (Anzahl der Messergruppen) dem Verhältnis von Grundkreis- und Rollkreisradius. Man spricht von einer verlängerten Epizykloide, wenn der Radius, auf dem die Schneiden sitzen, größer als der des Rollkreises ist.

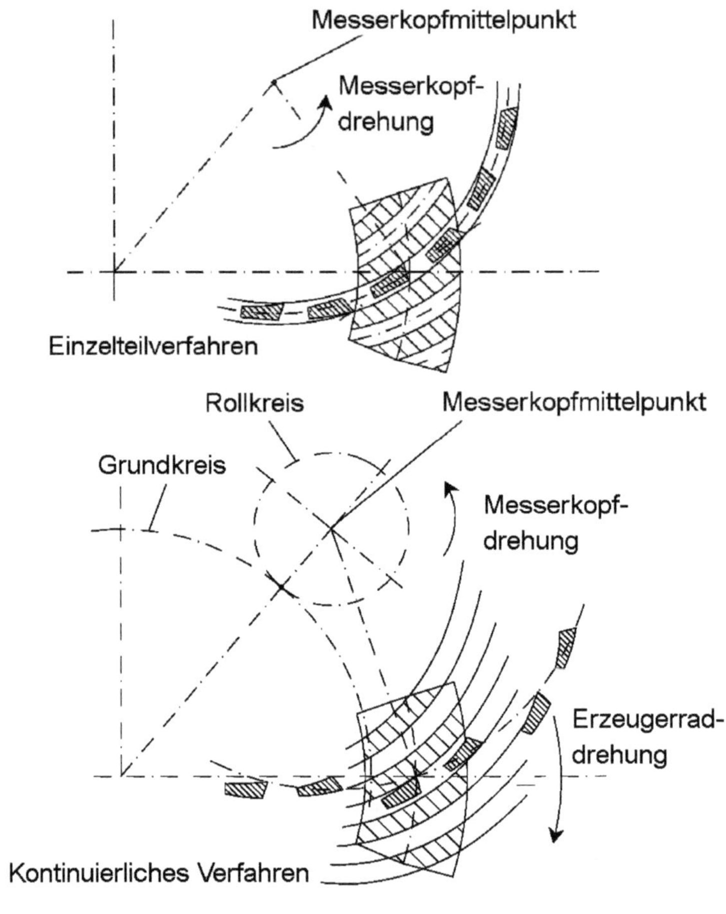

Abb. 2.4 Einzelteil- und kontinuierliches Teilverfahren

Neben der Herstellung von spiralverzahnten Kegelrädern in einem wälzenden Verfahren, wodurch beide Zahnräder der Paarung ein gekrümmtes Zahnhöhenprofil erhalten, besteht auch die Möglichkeit, das Tellerrad nicht zu wälzen, sondern die Zahnlücken nur einzustechen. Man spricht hierbei von einem Formverfahren oder auch von einer FORMATE®-Verzahnung. Diese Vorgehensweise spart Zeit bei der Fertigung des Tellerrades und kann etwa ab einem Übersetzungsverhältnis größer 2,5 angewendet werden. Da keine Wälzbewegung erfolgt, bildet sich das Werkzeugprofil in der Tellerradlücke ab. Das Tellerrad besitzt dann das Profil des Werkzeuges. Das zugehörige Ritzel muss in einem modifizierten Wälzverfahren (siehe Kap. 3.2.2) hergestellt werden, damit Ritzel und Tellerrad korrekt miteinander laufen können.

Die Zahngeometrie spiralverzahnter Kegelräder hängt vom verwendeten Herstellverfahren ab und dies nicht nur hinsichtlich der angeführten Klassifizierungskriterien, sondern auch hinsichtlich der letztendlich erzeugten Flanken- und Fußgeometrie. Es ist z.B. nicht möglich, ein im Zyklo-Palloid-Verfahren hergestelltes Ritzel mit einem im Spiroflex-Verfahren gefertigten Tellerrad zu paaren, obwohl beide in einem kontinuierlichen Wälzverfahren hergestellt wurden und bezüglich der Zahnmakrogeometrie (z. B. Normalmodul und verlängerter Epizykloide) übereinstimmen.

Zyklo-Palloid®-Verfahren Es handelt sich hierbei um ein kontinuierliches Verfahren, wobei immer beide Kegelräder, Ritzel und Tellerrad, gewälzt werden. Die Verzahnung besitzt eine konstante Zahnhöhe und eine verlängerte Epizykloide als Flankenlängslinie. Die Besonderheit dieses Verfahrens ist der zweiteilige Messerkopf (siehe Abb. 6.4). Von den ineinander geschachtelten Messerkopfteilen trägt einer die Innenmesser, die die konvexen Flanken erzeugen, und der andere die Außenmesser, die die konkaven Flanken erzeugen. Die Höhenballigkeit wird durch ein sphärisches Profil der Messer (Messerprofilmodifikation) erzeugt, die Längsballigkeit durch Radiendifferenzen zwischen den beiden Messertypen. Der zweiteilige Messerkopf gestattet eine Herstellung im Zweiflankenschnitt, was bedeutet, dass beide Flanken des Kegelrades in einem Schnitt gefertigt werden, bei gleichzeitiger einfacher Erzeugung und stufenloser Einstellung der Längsballigkeit ohne Messerkopfneigung (siehe 3.2.1). Die Messer sind standardisiert und jeweils für einen bestimmten Modulbereich einsetzbar. Das Zyklo-Palloid-Verfahren wird sowohl für die Weich- als auch die Hartbearbeitung eingesetzt. Die Hartbearbeitungsverfahren tragen die Bezeichnung HPG-S für kleine Module ($\leq$ 8 mm) und HPG für größere. Für Spiralkegelräder über einem Durchmesser von 1200 mm ist das Zyklo-Palloid-Verfahren derzeit das einzige, das überhaupt eine Hartfeinbearbeitung ermöglicht (siehe 6.4). Die Weichbearbeitung erfolgt immer mit Kühlöl, während die Hartbearbeitung ein Trockenfräsen ist.

Palloid®-Verfahren Dieses Verfahren unterscheidet sich durch sein Werkzeug grundlegend von allen anderen hier angeführten Verfahren. Es handelt sich dabei nicht um einen Stirnmesserkopf, sondern um einen kegeligen Wälzfräser, der auch als „Tannenbaumfräser" bezeichnet wird (siehe Abb. 6.6). Mit diesem Verfahren werden Spiralkegelräder mit konstanter Zahnhöhe und einer Evolvente als Flankenlängslinie in einem kontinuierlichen Wälzfräsprozess erzeugt. Im Normalschnitt sind Zahndicke und Zahnlückenweite sowie die Fußausrundung über die Zahnbreite konstant. Diese Form führt zu einer sehr geringen Empfindlichkeit des Tragbildes gegen Relativverlagerungen der beiden Kegelräder (siehe 3.4.4), was Palloid-Verzahnungen gegenüber allen anderen Spiralkegelradverzahnungen auszeichnet. Die Längsballigkeit sowie Anteile der Profilmodifikationen werden durch Verändern des Werkzeugs erzeugt. Weitere Flankenmodifikationen erfolgen durch die Herstellkinematik. Ein Nachteil des Verfahrens liegt in dem speziellen Werkzeug, welches für viele Flankenmodifikationen angepasst werden muss. Zum Beispiel erfordert eine veränderte Zahndickenmodifikation ein anderes Werkzeug. Der größte verfügbare Fräsermodul beträgt derzeit 8 mm. Ein weiterer Nachteil ist die gegenüber modernen Trockenbearbeitungsverfahren geringere Produktivität. Auch ist das Verfahren hinsichtlich des maximal möglichen Achsversatzes sowie der Wahl des Spiralwinkels stärker eingeschränkt. Für die Hartfeinbearbeitung als Messerkopfverfahren wird nur das Läppen eingesetzt.

Zyklomet®-Verfahren Hierbei handelt es sich um die Sonderform des Zyklo-Palloid-Verfahrens, bei dem die Lücken des Tellerrades mit dem Messerkopf eingestochen werden, während allein das Ritzel mit einem aus der Wälzebene geneigten Messerkopf (siehe 3.2.1) gewälzt wird. Die Längsballigkeit wird vollständig ins Tellerrad gelegt, die Höhenballigkeit durch ein sphärisches Messerprofil erzeugt. Die Messerköpfe sind beim Ritzel immer einteilig und beim Tellerrad einteilig oder zweiteilig sowie teilweise auch mit einer größeren Anzahl an Messergruppen versehen. Bei einteiligem Messerkopf muss das längsballige Tellerrad im einzelseitigen Verfahren hergestellt werden. Hierzu wurden speziell Kegelradverzahnmaschinen mit 2 Messerköpfen auf der Wälztrommel entwickelt. Das Verfahren befindet sich nur in sehr geringem Umfang im Einsatz.

N-Verfahren Hierbei handelt es sich um ein kontinuierliches Verfahren, das im Zweiflankenschnitt arbeitet. Die Verzahnung besitzt eine verlängerte Epizykloide als Flankenlängslinie und eine konstante Zahnhöhe. Es werden sowohl Ritzel als auch Tellerrad gewälzt. Die Besonderheit der Verzahnung ist, dass die Längskrümmung im Auslegungspunkt der einer Evolvente entspricht. Man spricht dabei auch vom evolventischen Fall oder rechtwinkligen Fall (siehe 3.4.4). Dadurch ist es möglich, die Längsballigkeit durch Kombination von Messerköpfen mit unterschiedlichen Folgewinkeln der einzelnen Messer zu erzeugen. Nachteilig ist jedoch, dass sich der Spiralwinkel dann aus der mittleren Teilkegellänge und dem gewählten Messerkopfdurchmesser ergibt und nicht mehr frei gewählt werden kann. Es können also mit den vorhandenen Messerköpfen, die 3 Messer pro Messergruppe (Innen-, Mitten- und Außenmesser) besitzen, nicht alle Spiralwinkel für eine Verzahnung erzeugt werden. Die Höhenballigkeitserzeugung erfolgt durch sphärische Messerprofile. Das Verfahren wird inzwischen nur noch in geringem Umfang eingesetzt.

Spiroflex-Verfahren Dies ist ein kontinuierlich teilendes Wälzverfahren, d.h. Ritzel und Rad werden gewälzt. Die Kegelradverzahnung besitzt konstante Zahnhöhe und eine verlängerte Epizykloide als Flankenlängslinie. Ritzel und Tellerrad werden im Zweiflankenschnitt erzeugt. Die Höhenballigkeit liegt im Werkzeug, die Messer besitzen ein sphärisches Profil. Die Längsballigkeit wird durch Messerkopfneigung erzeugt (siehe 3.2.1). Um die vorgegebenen Eingriffswinkel zu erzeugen, müssen die Messereingriffswinkel angepasst werden. Das Verfahren wird sowohl zur Nass- als auch zur Trockenbearbeitung eingesetzt. Es finden Messerköpfe mit 3 (mit Vorschneider) und mit 2 Messern pro Messergruppe Verwendung. Bei den Messerköpfen mit 2 Messern pro Gruppe (nur Innen- und Außenschneider) handelt es sich um die neuere Entwicklung, die eine höhere

Gängigkeit (Messergruppenanzahl) bei gleichem Messerquerschnitt und Messerkopfradius zulässt. Das Verfahren befindet sich in großem Umfang in der Großserienfertigung für Kraftfahrzeuge im Einsatz. Als Hartbearbeitung wird das Läppen eingesetzt (siehe 6.5).

Spirac®-Verfahren Spirac bezeichnet die Variante des Spiroflex-Verfahrens, bei der das Tellerrad nur getaucht wird. Es handelt sich auch um eine Kegelradverzahnung mit konstanter Zahnhöhe und verlängerter Epizykloide als Flankenlängslinie. Es kommen die gleichen Werkzeuge wie beim Spiroflex-Verfahren zur Anwendung. Die Erzeugung der Längs- und Höhenballigkeit findet auch auf die gleiche Weise statt. Da Formverfahren ab einem Übersetzungsverhältnis von ca. 2,5 angewendet werden können, kommt das Verfahren in großem Umfang in der Automobilindustrie zum Einsatz.

TRI-AC® / PENTAC®-FH-Verfahren Diese kontinuierlichen Verfahren entsprechen dem Spiroflex bzw. Spirac-Verfahren. Sie unterscheiden sich lediglich in den verwendeten Messern und Messerköpfen, die ein Innen- und Außenmesser pro Messergruppe besitzen. Es handelt sich um ein kontinuierliches Verfahren, bei welchem Kegelradverzahnungen mit konstanter Zahnhöhe und einer verlängerten Epizykloide als Flankenlängslinie erzeugt werden. Die Balligkeitserzeugung erfolgt durch Messerkopfneigung und sphärische Messer. Auch findet das Verfahren im gleichen Bereich der Großserienfertigung Anwendung.

Kurvex-Verfahren Die Kurvex-Verzahnung besitzt konstante Zahnhöhe und einen Kreisbogen als Flankenlängslinie. Der Messerkopf ist ähnlich dem Zyklo-Palloid-Verfahren zweigeteilt, wobei nur Innen- und Außenmesser vorhanden sind, es gibt keine Vor- bzw. Mittenschneider. Dieser geteilte Messerkopf ist zur Erzeugung eines exakten konischen Zahnlückenweiten-Verlaufs erforderlich. Sowohl Ritzel als auch Tellerrad werden gewälzt. Die Längsballigkeit wird durch die Radiendifferenz erzeugt, wobei die Differenz fest vorgegeben ist. Das Verfahren zeichnet sich durch einen hohen Grad an Standardisierung aus, hierdurch kann mit einer geringen Anzahl von Werkzeugen ein großer Verzahnungsbereich abgedeckt werden. Diese Standardisierung führt aber auch dazu, dass z. B. die Längsballigkeit sich aus der Wahl der Messerkopfgröße ergibt und nicht frei gewählt werden kann. Inzwischen werden keine Maschinen für dieses Verfahren mehr produziert.

5-Schnitt-Verfahren Die Bezeichnung 5-Schnitt leitet sich aus der Herstellung der Verzahnung ab. Ursprünglich wurde das Tellerrad auf beiden Flanken gleichzeitig in 2 Schnitten (Schruppen und Schlichten) und das Ritzel in 3 Schnitten (beide Flanken Schruppen, Schlichten der konvexen Flanke und Schlichten der konkaven Flanke) hergestellt. Bei dem Verfahren handelt es sich um ein Einzelteilverfahren, somit besitzt die Verzahnung einen Kreisbogen als Flankenlängslinie. Weiterhin hat sie eine veränderliche Zahnhöhe. Allerdings erfolgt die Wälzbewegung meist relativ zum Fußkegel und nicht zum Teilkegel, wie es kinematisch korrekt wäre. Kennzeichnend ist, dass das Tellerrad im Zweiflankenschnitt und das Ritzel im Einflankenschnitt fertiggestellt werden. Die Maschinen- und Werkzeugeinstellungen der einen Flanke des Ritzels sind unabhängig von denen der anderen. Ein Vorteil des Verfahrens ist somit die voneinander unabhängige Geometrie der konkaven und konvexen Ritzelflanke, da eine Veränderung der Maschinenkinematik der einen Seite keinen Einfluss auf die andere Seite hat. Die Längsballigkeit wird üblicherweise durch Radiendifferenzen erzielt, während für die Erzeugung der Höhenballigkeit Modifikationen der Maschinenkinematik genutzt werden. Das Verfahren wird sowohl für gewälzte Kegelradverzahnungen als auch für Kegelradverzahnungen mit getauchtem Tellerrad verwendet. Das Verfahren findet noch in großem Umfang in der Luftfahrtindustrie Anwendung, wurde in anderen Bereichen aber inzwischen überwiegend durch das Completing-Verfahren ersetzt.

Completing-Verfahren Hierbei handelt es sich um ein in der Großserie eingesetztes Einzelteilverfahren. Die Kegelradverzahnung besitzt eine veränderliche Zahnhöhe und einen Kreisbogen als Flankenlängslinie. Die Längsballigkeit wird durch Messerkopfneigung erzielt, während für die Höhenballigkeitserzeugung Modifikationen der Maschinenkinematik und/oder sphärische Werkzeuge eingesetzt werden. Tellerrad und Ritzel werden im Zweiflankenschnitt komplett fertig bearbeitet (Completing). Gegenüber anderen Einzelteilverfahren zeichnet sich das Verfahren durch höhere Produktivität aus, jedoch ist eine Veränderung der Flankenform schwieriger, da Veränderungen der Maschinenkinematik, wie bei allen Verfahren mit Zweiflankenschnitt, immer Einfluss auf beide Flanken haben. Aufgrund der sich ergebenden konstanten Zahnlückenweiten im Zahngrund von Ritzel und Tellerrad sind die Fuß- und Kopfkegelwinkel der Verzahnung abhängig vom gewählten Messerkopf und können nicht frei gewählt werden. Die Zahnhöhenform wird als Duplexkegel (siehe Abb. 2.13) bezeichnet. Als Fräswerkzeuge finden sowohl Profil- als auch Stabmesser Anwendung. Beim Fräsen kann Completing als Trocken- oder Nassbearbeitung durchgeführt werden. Zur Hartbearbeitung wird meist das Schleifen eingesetzt. Für geschliffene Kegelradsätze hat sich dieses Verfahren in der Automobilindustrie durchgesetzt.

Arcoid-Verfahren Dieses ist ein mit den 5-Schnitt- und Completing-Verfahren vergleichbares Verfahren. Es wird eine Kegelradverzahnung mit veränderlicher Zahnhöhe und einem Kreisbogen als Flankenlängslinie im Einzelteilverfahren erzeugt. Unterschiede betreffen die verwendeten Messerköpfe, die Frästechnologien und ursprünglich angewendeten Zusatzbewegungen zur Modifikation der Flanken. Hier wurde nur der sogenannte Schraubvorschub (Helical Motion) angewendet (siehe 3.3.3), da die Maschinen nur für diese Zusatzbewegung mit entsprechenden Einrichtungen versehen waren.

Wiener-2-Spur-Verfahren Im 2-Spur-Verfahren nach Wiener erzeugte Kegelradverzahnungen besitzen konstante Zahnhöhe und einen Kreisbogen als Flankenlängslinie. Es ist ein Einzelteilverfahren, das vor allem als Schleifverfahren in der Kleinserie Anwendung findet. Die Bezeichnung 2-Spur ergibt sich daher, dass die Flanken von Ritzel und Tellerrad jeweils einzeln mit getrennten Werkzeugen und Maschineneinstellungen gefertigt werden. Daher besitzen für dieses Verfahren vorgesehene Schleifmaschinen eine Doppelspindel für 2 Schleifscheiben, um das Verfahren möglichst produktiv durchzuführen. Ritzel und Tellerrad werden im Wälzprozess erzeugt, wobei die Längsballigkeit sich durch entsprechend gewählte Radiendifferenzen und die Höhenballigkeit durch ein sphärisches Werkzeugprofil ergeben. Das Verfahren wird auch dazu genutzt, um im Zyklo-Palloid-Verfahren vorgefräste Verzahnungen zu schleifen. Dabei wird der Kreisbogen so weit der verlängerten Epizykloide angepasst, dass wegen der unterschiedlichen Flankenlängslinien eine möglichst geringe Varianz des Schleifaufmaßes entsteht.

Wiener-1-Spur-Verfahren Hierbei handelt es sich ebenfalls um ein Einzelteilverfahren für Kegelradverzahnungen mit konstanter Zahnhöhe. Im Unterschied zum Wiener-2-Spur-Verfahren wird das Tellerrad im Zweiflankenschnitt hergestellt, die Geometrie der weiterhin einzeln gefertigten Ritzelflanken wird daran angepasst (z. B. wird die Zahnlücke stärker konisch als beim 2-Spur-Verfahren). Das Verfahren wird für Wälzverfahren und Formverfahren (d.h. Tellerrad nur getaucht) angewendet.

Semi-Completing Hierbei handelt es sich um ein Verfahren, das zum Schleifen im Einzelteilverfahren von im Zyklo-Palloid-Verfahren vorgefrästen Verzahnungen eingesetzt wird. Mit diesem Verfahren fertiggestellte Kegelradverzahnungen besitzen konstante Zahnhöhe und einen Kreisbogen als Flankenlängslinie. Bei diesem Verfahren werden sowohl Ritzel als auch Tellerrad gewälzt. Kennzeichnend für das Verfahren ist, dass die beiden Flanken des Kegelrades zwar mit getrennten Maschineneinstellungen, jedoch mit dem gleichen Werkzeug bearbeitet werden. Das heißt, im Unterschied zum Wiener-2-Spur-Verfahren kann der für die Bearbeitung der konkaven und konvexen Flanke erforderliche Werkzeugradius auf einer Schleifscheibe untergebracht werden. Um dies zu erreichen, werden Modifikationen der Maschinenkinematik eingesetzt, entweder Tilt oder Helical Motion und Modified Roll (siehe 3.3.3), wobei Letzteres üblicher ist. Da nur ein Werkzeug erforderlich ist, wird eine Flanke beim Wälzen in einer Richtung fertiggestellt und die andere Flanke beim Zurückwälzen in der anderen Richtung. Am Umkehrpunkt werden die Maschineneinstellungen geändert. Das Verfahren nutzt somit die erforderliche Rückwälzbewegung zur Erzeugung der anderen Flanke, hierdurch ergeben sich Produktivitätsvorteile gegenüber dem Wiener-2-Spur-Verfahren. Die Längsballigkeit wird üblicherweise durch Radiendifferenzen und die Höhenballigkeit durch sphärisches Werkzeugprofil erzeugt.

Tabelle 2.1 Übersicht der wichtigsten Verzahnverfahren für Spiralkegelräder

Verfahrensbezeichnung	Teilverfahren	Zahnlängslinie	Zahnhöhenverlauf	Verlauf der Zahnlückenweite [1] Ritzel	Verlauf der Zahnlückenweite [1] Tellerrad	Höhenballigkeit	Längsballigkeit
Zyklo-Palloid® / Zyklomet®	kontinuierlich	Epizykloide	konstant	veränderlich	veränderlich	im Werkzeug	Radiendifferenz
Palloid®	kontinuierlich	Evolvente	konstant	konstant	konstant	- [2]	im Werkzeug
N-Verfahren	kontinuierlich	Epizykloide	konstant	veränderlich	veränderlich	im Werkzeug	Folgewinkeldifferenz
Spiroflex / Spirac®	kontinuierlich	Epizykloide	konstant	veränderlich	veränderlich	im Werkzeug	Messerkopfneigung
TRI-AC® / PENTAC®-FH	kontinuierlich	Epizykloide	konstant	veränderlich	veränderlich	im Werkzeug	Messerkopfneigung
Kurvex	einzelteilend	Kreisbogen	konstant	veränderlich	veränderlich	- [3]	Radiendifferenz
Arcoid	einzelteilend	Kreisbogen	veränderlich	veränderlich	veränderlich / konstant	Maschinenkinematik	Messerkopfneigung
5-Schnitt	einzelteilend	Kreisbogen	veränderlich	veränderlich	konstant	Maschinenkinematik	Radiendifferenz
Completing	einzelteilend	Kreisbogen	veränderlich	konstant	konstant	Maschinenkinematik	Messerkopfneigung
Wiener 2-Spur	einzelteilend	Kreisbogen	konstant	veränderlich	veränderlich	im Werkzeug	Radiendifferenz
Wiener 1-Spur	einzelteilend	Kreisbogen	konstant	veränderlich	konstant	im Werkzeug	Radiendifferenz
Semi-Completing	einzelteilend	Kreisbogen	konstant	veränderlich	veränderlich	im Werkzeug	Radiendifferenz

[1] auf Fußkegel im Normalschnitt, [2] Werkzeug mit Kopfrücknahme, [3] Werkzeug mit Protuberanz

2.2 Verzahnungsgeometrie

2.2.1 Allgemein

Dieses Kapitel beschäftigt sich mit der Makrogeometrie der Kegelräder. Dabei werden die mikrogeometrischen Modifikationen, die den Zahnkontakt beschreiben (siehe 3.3), außer Acht gelassen. Da sich bei Kegelrädern aufgrund der Teilkegel auch die Makrogeometrie über der Zahnbreite kontinuierlich verändert, lässt sie sich nicht generell so vereinfacht beschreiben, wie bei Stirnzahnrädern. Selbst die Berechnung der Teilkegel ist nicht eindeutig, wenn es sich um eine Hypoidverzahnung (siehe Abb. 2.3) handelt. Viele der Definitionen wurden in der Vergangenheit nach unterschiedlichen Sichtweisen behandelt. Unter anderem wurde die Hauptgeometrie zum Teil in der Verzahnungsmitte, zum Teil aber auch am äußeren Zahnende beschrieben. Seit 1997 hat sich eine Expertengruppe innerhalb der ISO mit der Verzahnungsgrundgeometrie von Kegelrädern intensiv auseinandergesetzt. Dabei entstand die [ISO23509] „Bevel and Hypoid Gear Geometry", mit dem Ziel, alle üblichen Wege der Geometrieberechnung für Kegel- und Hypoidräder einheitlich zu fassen.

Unter anderem ergab sich daraus für dieses Buch, eingeführte Fachausdrücke der angelsächsischen Kegelrad-Nomenklatur zu übernehmen, statt sie umständlich ins Deutsche zu übersetzen. Außerdem soll hier wie dort gelten, dass „Kegelräder" als Oberbegriff verwendet wird, der alle Arten, wie Spiralkegelräder, gerad- oder schrägverzahnte sowie nichtachsversetzte Kegelräder, Zerol®- und Hypoidräder umfasst. Bezieht sich der folgende Text auf eine oder mehrere Arten, aber nicht auf alle, dann werden die speziellen Unterbegriffe verwendet.

2.2.2 Grundgeometrie

Zu jedem nichtachsversetzten Kegelradpaar gibt es zwei Kegel, die ohne zu gleiten genauso aufeinander abrollen wie Ritzel und Tellerrad. Diese sogenannten Grundkörper oder Ersatzwälzkegel treffen mit ihren Spitzen im Achsenschnittpunkt zusammen und berühren sich entlang einer gemeinsamen Mantellinie. Ihre Achsen schließen den Achswinkel Σ ein und ihre Wälzkegelwinkel sind gleich den Teilkegelwinkeln $\delta_{1,2}$ des Kegelradpaares.

Die Erzeugung einer Stirnradverzahnung lässt sich mit einer gedachten (virtuellen) Zahnstange veranschaulichen. Dieser Zahnstange entspricht beim Kegelrad das meist ebene, virtuelle Planrad, sein Teilkegelwinkel ist $\delta_P = 90°$. Abbildung 2.5 zeigt ein Kegelradpaar mit dem Achswinkel $\Sigma = 90°$ und dem zugehörigen Planrad. Abbildung 2.6 beschreibt 3 Kegelradpaare mit gleichen Außendurchmessern, aber unterschiedlichen Achswinkeln, sowie das jeweils zugehörige Planrad.

Abb. 2.5 Paarung Kegelrad mit Planrad

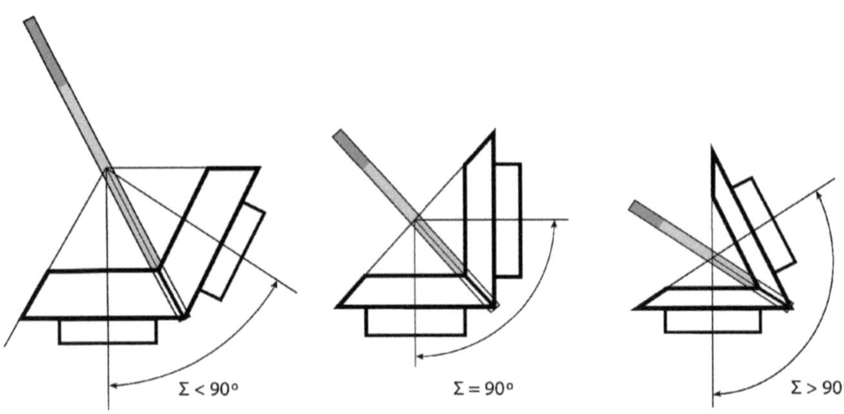

Abb. 2.6 Paarungsmöglichkeiten bei unterschiedlichen Achswinkeln

2.2.3 Verzahnungsabmessungen

Die Verzahnungsmaße von nicht achsversetzten Kegelrädern sind im Axialschnitt in Abb. 2.7 dargestellt und ihre Bezeichnungen in Tabelle 2.2 aufgeführt. Abbildung 2.8 gibt den Schnitt A – A von Abb. 2.7 wieder. Bei Kegelrädern ist dies ein Stirnschnitt, der immer senkrecht zum Teilkegel verläuft. Es ist also kein ebener Schnitt, sondern entspricht dem sogenannten Ergänzungskegel an der betrachteten Stelle. In der Darstellung ist der Ergänzungskegel in die Bildebene abgewickelt, wobei aus dem ursprünglichen Teilkegel-Durchmesser d_m der Teilkreis-Durchmesser $d_v = d_m / \cos \delta$ wird; alle Maße aus Abb. 2.8 werden in Tabelle 2.3 einzeln bezeichnet. Für Hypoidräder sind die entsprechenden Hauptmaße in Abb. 2.9 wiedergegeben und in Tabelle 2.4 beschrieben.

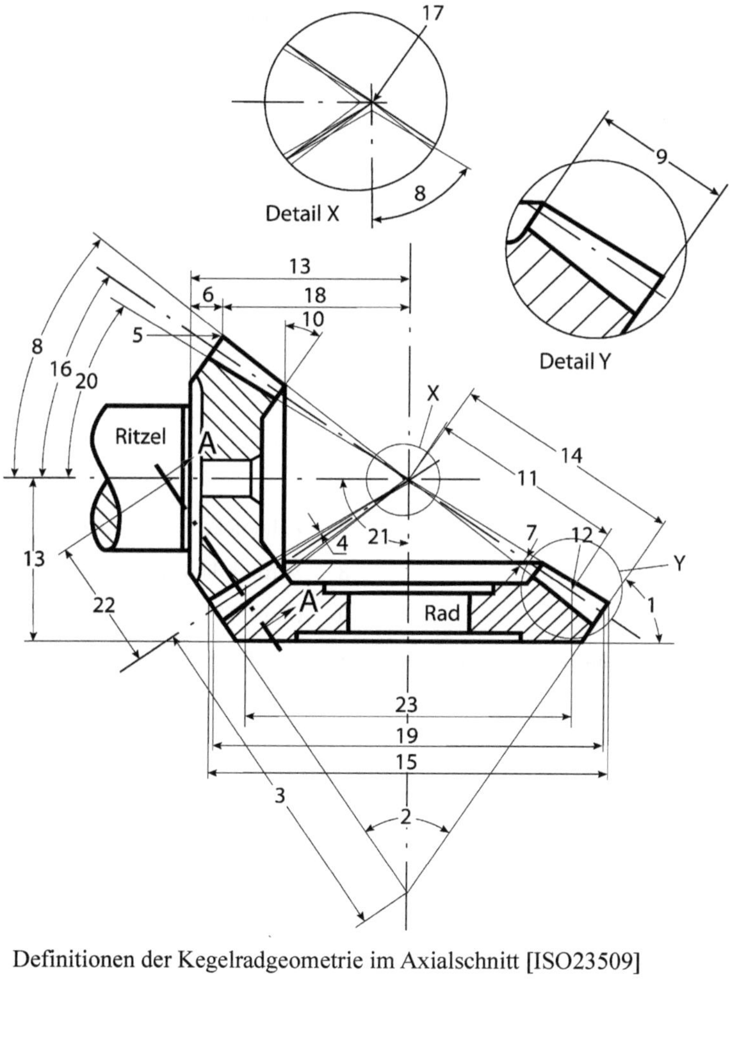

Abb. 2.7 Definitionen der Kegelradgeometrie im Axialschnitt [ISO23509]

Tabelle 2.2 Erläuterung von **Abb. 2.7**

Nr.		Nr.	
1	Winkel der Fersenkante	13	Einbaumaß t_{B1}, t_{B2}
2	Rückenkegelwinkel	14	äußere Teilkegellänge, R_e
3	Rückenkegellänge	15	äußerer Durchmesser, d_{ae1}, d_{ae2}
4	Kopfgrundspiel, c	16	Teilkegelwinkel, δ_1, δ_2
5	Kopfkonturpunkt Ferse	17	Berührungspunkt der Teilkegelspitzen
6	Abstand äußere Kopfkegelkante zur Einbaufläche	18	Abstand äußere Kopfkegelkante zum Kreuzungspunkt, t_{xo1}, t_{xo2}
7	Zahnfußwinkel, θ_{f1}, θ_{f2}	19	äußerer Teilkreisdurchmesser, d_{e1}, d_{e2}
8	Kopfkegelwinkel δ_{a1}, δ_{a2}	20	Fußkegelwinkel, δ_{f1}, δ_{f2}
9	Zahnbreite, b	21	Achswinkel, Σ
10	Winkel der Zehenkante	22	äquivalenter Teilkreisradius
11	mittlere Teilkegellänge, R_m	23	mittlerer Teilkegel-Durchmesser, d_{m1}, d_{m2}
12	Auslegungspunkt		

HINWEIS: Siehe Abb. 2.8. für den Stirnschnitt, A-A.

Tabelle 2.3 Erläuterung von **Abb. 2.8** (Schnitt A-A in **Abb. 2.7**)

Nr.		Nr.	
1	Zahnhöhe, h_m	7	Zahndicke s_c (Sehnenmaß)
2	Wälzpunkt	8	Verdrehflankenspiel
3	Kopfgrundspiel, c	9	Eingriffstiefe, h_{mw}
4	Zahndicke, s_t (im Bogen gemessen)	10	Zahnkopfhöhe, h_{am}
5	Kreisteilung	11	Zahnfußhöhe, h_{fm}
6	Zahnkopfhöhe h_{amc} (Sehnenmaß)	12	äquivalenter Teilkreisradius

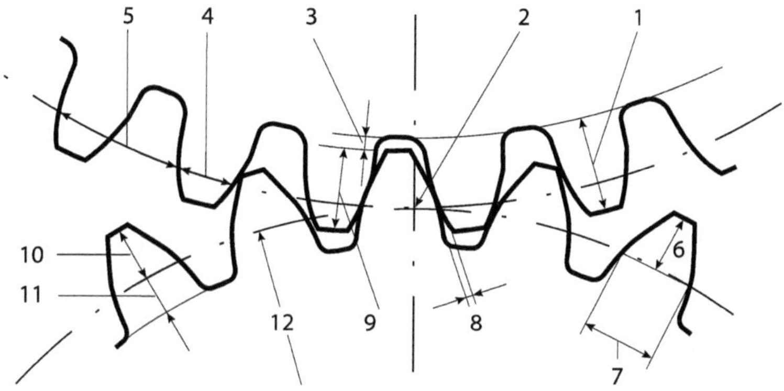

Abb. 2.8 Definitionen der Kegelradgeometrie im Stirnschnitt [ISO23509]

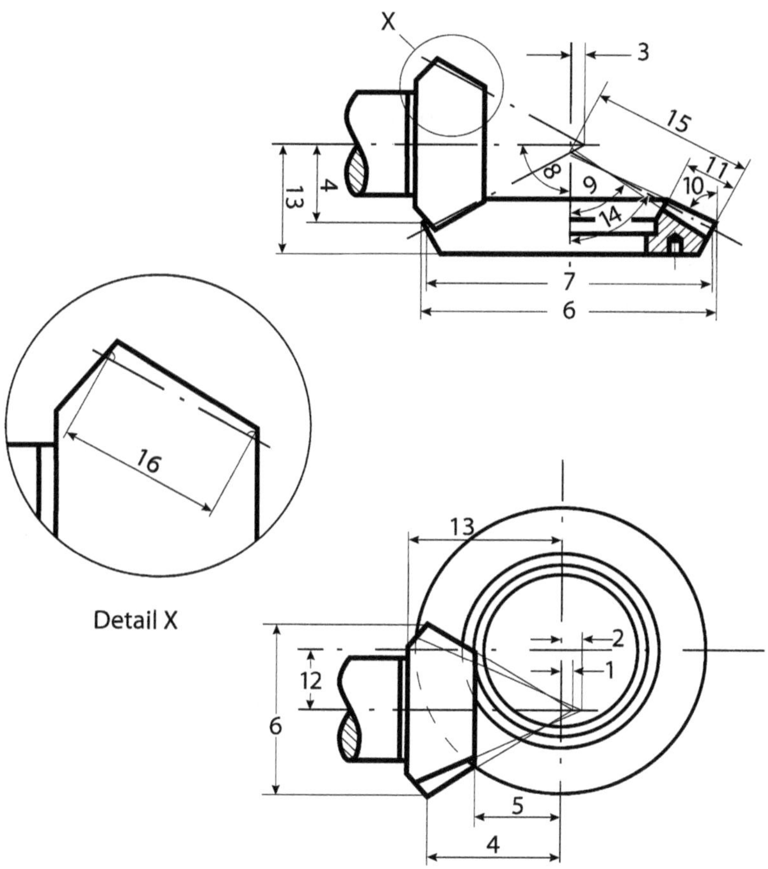

Abb. 2.9 Definitionen der Hypoidradgeometrie im Axialschnitt [ISO23509]

Tabelle 2.4 Erläuterung von **Abb. 2.9**

Nr.		**Nr.**	
1	Abstand Kopfkegelspitze zum Kreuzungspunkt, t_{zF1}	9	Fußwinkel, δ_{f1}, δ_{f2}
2	Abstand Fußkegelspitze zum Kreuzungspunkt, t_{zR1}	10	Kopfkegelwinkel, δ_{a1}, δ_{a2}
3	Abstand Teilkegelspitze zum Kreuzungspunkt, t_{z1}	11	Zahnbreite des Rades, b_2
4	Abstand äußere Kopfkegelkante zum Kreuzungspunkt, t_{xo1}, t_{xo2}	12	Hypoid-Achsversatz, a
5	Abstand innere Kopfkegelkante zum Kreuzungspunkt, t_{xi1}	13	Einbaumaß t_{B1}, t_{B2}
6	äußerer Durchmesser, d_{ae1}, d_{ae2}	14	Teilkegelwinkel, δ_2
7	äußerer Teilkegel-Durchmesser, d_{e1}, d_{e2}	15	äußere Teilkegellänge, R_e
8	Achswinkel, Σ	16	Zahnbreite des Ritzels, b_1

BEACHTE: Abstände hinter der Mittellinie des korrespondierenden Rades bekommen positive, Abstände vor der Mittellinie negative Vorzeichen!

2.2.4 Zahnform

2.2.4.1 Zahnprofil

Wenn man ein nicht achsversetztes Kegelrad auf dem feststehenden Gegenrad abrollt, so bewegt sich ein beliebiger Punkt der Zahnflanke auf einer Kugeloberfläche, deren Mittelpunkt der Achsenschnittpunkt ist. Das zugehörige Zahnprofil erhält man aus dem Schnitt der Kegelradverzahnung mit der Kugeloberfläche [NIEM86.3] oder hinreichend genau aus dem abgewickelten Ergänzungskegel (siehe 2.2.3).

Bei Kegelrädern bevorzugt man, wie auch bei Stirnrädern, ein Trapezprofil als Bezugsprofil, d.h. als Zahnprofil der Planverzahnung (siehe Abb. 2.20). Das Planrad besitzt also im Normalschnitt gerade Flanken, die bei der Kegelradfertigung im Wälzverfahren als Werkzeugschneide längs der jeweiligen Flankenlinie bewegt wird. Die Zahnflanken der so entstehenden Oktoidenverzahnung sind identisch mit den Hüllflächen, die von den Zahnflanken des Planrades mit Trapezprofil am Kegelrad erzeugt werden, wenn die Teilkegel von Planrad und Kegelrad aufeinander abwälzen. Die Erzeugung der Oktoidenverzahnung entspricht damit der Erzeugung der Evolventen-Zahnflanke bei Stirnrädern. Das Abwälzen am Kegel bringt es aber mit sich, dass die Eingriffslinie der Oktoidenverzahnung in der Projektion geringfügig von der Geraden abweicht. Sie erscheint auf der betrachteten Kugeloberfläche als 8-förmige Kurve (siehe Abb. 2.10). Die Oktoidenverzahnung ist trotz der von der Geraden abweichenden Eingriffslinie (E) kinematisch exakt.

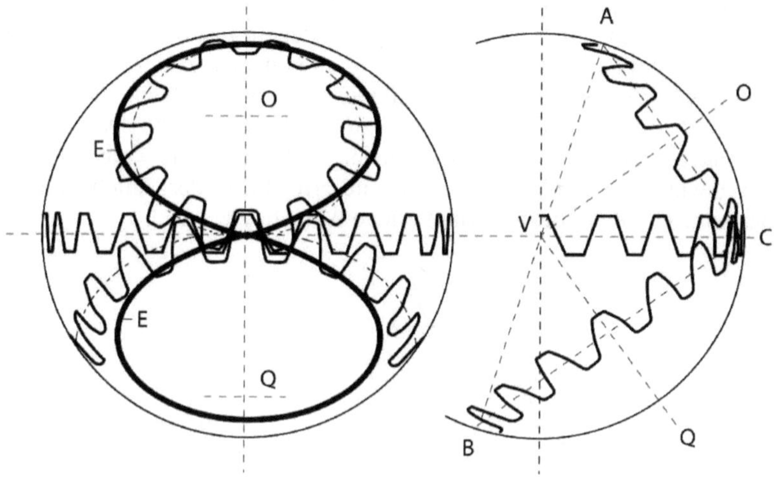

Abb. 2.10 Definition einer Oktoidenverzahnung [NIEM86]

Als Zahnprofil für Kegelräder wäre auch die sogenannte Kugel-Evolvente geeignet. Diese Verzahnung besitzt ein Planrad mit gekrümmtem Flankenprofil, deren Krümmungsrichtung auf der Wälzebene wechselt. Die Zahnflanken entstehen aus der Abwicklung eines Kegelmantels vom Grundkegel, sie können aber nur punktweise hergestellt werden, weshalb diese Verzahnung keine praktische Bedeutung besitzt.

2.2.4.2 Zahnhöhen und Rohteilgeometrie

Der Verlauf der Zahnhöhe über der Zahnbreite und die Rohteilgeometrie sind bei Kegelrädern wesentlich von der Herstellmethode abhängig (siehe Tabelle 2.1). Ohne die Kenntnis des gewählten Verzahnverfahrens kann auch die Geometrie nicht festgelegt werden. In Abb. 2.11 werden anhand einer vereinfachten Darstellung einer Kegelrad-Geradverzahnung die wichtigsten Zahnformgrößen definiert:

- Die Zahnhöhe kann über die Zahnbreite hinweg konstant sein oder sie nimmt von der Zehe zur Ferse kontinuierlich zu. Sie wird senkrecht zur Teilebene gemessen. Aus der Zahnhöhe und dem Fußkegelwinkel leitet sich letztendlich die Rohlingsform des Kegelrades ab.
- Die Zahndicke ist über die Zahnbreite hinweg veränderlich und wird auf den Teilkegel im Stirnschnitt oder Normalschnitt gemessen.
- Die Zahnlückenweite im Zahngrund ist abhängig vom Herstellverfahren und meistens konisch. Nur beim Palloid®-Verfahren im kontinuierlichen Teilprozess und beim Completing-Verfahren im Einzelteilprozess (siehe 2.1) ist sie im Normalschnitt über die Zahnbreite konstant. Für das Completing-Verfahren wird dies durch eine bestimmte Neigung der Zahnfußlinie (Tilted

Root Line) erreicht, wie in Abb. 2.12 anhand einer vereinfachten Darstellung einer Geradzahn-Kegelradlücke zu sehen ist. Ansonsten wird die Zahnlückenweite im Zahngrund vom Aufbau der Werkzeuge und deren Spitzenweiten und Werkzeug-Kopfrundungsradien bestimmt.

– In der Teilebene eines Kegelrades (Planradebene) ist der Verlauf der Zahnlückenweite im Normalschnitt generell nicht konstant. Die Ausnahme bildet die Palloidverzahnung, die als Flankenlängslinie eine Evolvente hat und daher in jedem Normalschnitt äquidistant zu sich selbst ist. Das Completing-Verfahren hat durch die speziell geneigte Zahnfußlinie zwar im Zahngrund die gewünschte konstante Lückenweite erreicht, in der Teilebene bleibt aber der konische Zahnlückenverlauf (siehe Abb. 2.12).

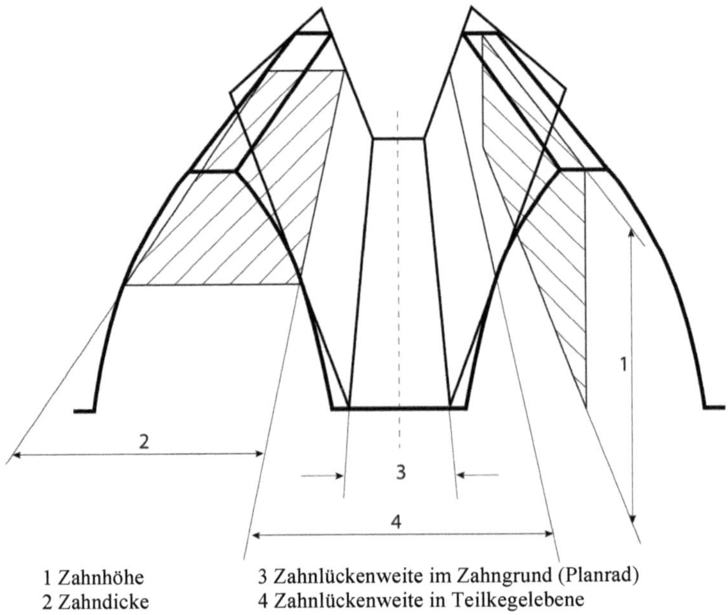

Abb. 2.11 Zahnformgrößen [ISO23509]

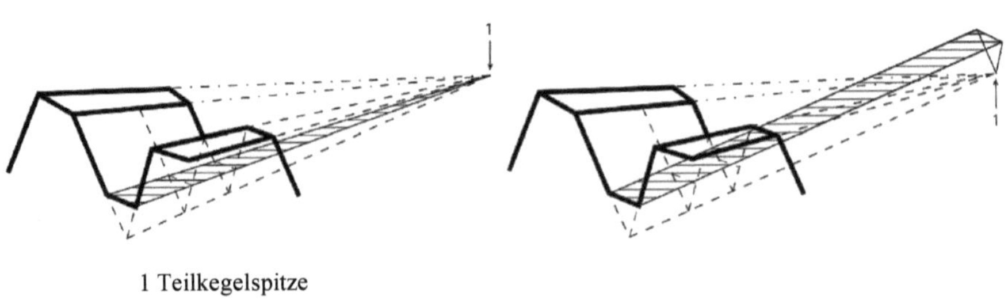

Abb. 2.12 Prinzip der Neigung der Zahnfußlinie [ISO23509]

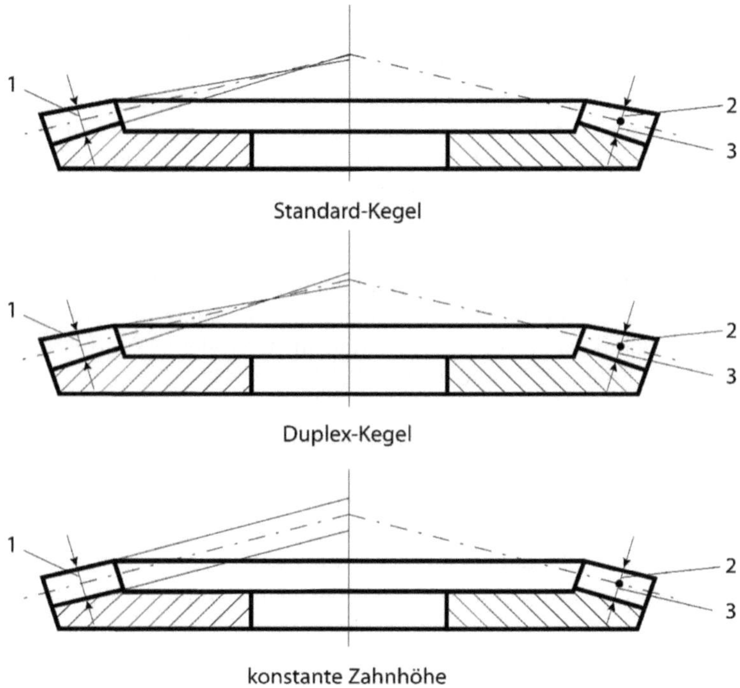

1 Mittlere Zahnhöhe 2 Mittlere Zahnkopfhöhe 3 Mittlere Zahnfußhöhe

Abb. 2.13 Zahnhöhenformen

Abbildung 2.13 zeigt die gebräuchlichen Ausführungsformen der Zahnhöhe (Zahnhöhenformen), die im Folgenden kurz beschrieben werden. Die Formeln für die dazugehörigen Winkel sind in Tabelle 2.12 und in Tabelle 2.13 wiedergegeben.

Standard-Kegel Beim Standard-Kegel ändert sich die Zahnfußhöhe direkt proportional zur Teilkegellänge des betrachteten Stirnschnitts. Die verlängerte Zahnfußlinie schneidet also die Achse des Kegelrades in dem Punkt, der mit der Teilkegelspitze zusammenfällt. Die verlängerte Zahnkopflinie schneidet die Achse in einem anderen Punkt, der sich aus der Zahnfußlinie des Gegenrades plus einem konstanten Kopfgrundspiel ergibt. Die Summe der Zahnfußwinkel von Ritzel und Tellerrad hängen nicht vom Werkzeugradius ab. Die meisten geradverzahnten Kegelräder weisen den Standard-Kegel auf.

Duplex-Kegel Diese Zahnhöhenform ergibt sich, wenn die Zahnfußlinie zusätzlich geneigt werden muss, wie es für das Completing-Verfahren erforderlich ist, um eine im Normalschnitt konstante Lückenweite im Zahngrund von Ritzel und Tellerrad zu bekommen (siehe Abb. 2.12). Die in Tabelle 2.12 und Tabelle 2.13 angegebenen Formeln zeigen, dass der Werkzeugradius r_{c0} einen entscheidenden

Einfluss auf den Neigungswinkel der Zahnfußlinie hat. Ein zu großer Werkzeugradius führt zu unsinnig kleinen Zahnhöhen an der Zehe und zu großen Zahnhöhen an der Ferse. Dadurch werden die Zahnköpfe an der Ferse zu dünn und am Fuß besteht die Gefahr von Unterschnitt. Deshalb wird empfohlen, den Werkzeugradius r_{c0} nicht größer als die mittlere Teilkegellänge des Tellerrades R_{m2} zu wählen. Bei einem zu kleinen Werkzeugradius kommt es zum gegenteiligen Effekt, weshalb dieser nicht kleiner als das 1,1fache von R_{m2} sin β_{m2} gewählt werden sollte (siehe auch 3.4.4).

Modifizierter Kegel Bei dieser Zahnhöhenform weist das Tellerrad wie beim Duplex-Kegel eine konstante Zahnlückenweite im Zahngrund auf, das Ritzel jedoch nicht. Damit kann nur das Tellerrad im Completing-Verfahren hergestellt werden (siehe Tabelle 2.12 und Tabelle 2.13).

Konstante Zahnhöhe Wenn der Kegelradzahn über der Zahnbreite eine konstante Zahnhöhe aufweist, müssen der Kopf- und Fußkegelwinkel gleich groß sein, und beide haben ohne eine Winkelkorrektur den gleichen Wert wie der Teilkegelwinkel. Die Zahnkopflinie verläuft damit parallel zur Zahnfußlinie. Wenn die Zahnköpfe an der Zehe dünner werden als der zulässige Wert, bei dem Durchhärten oder Rissbildung beginnt, wird eine sogenannte Kopfkürzung ausgeführt (siehe Abb. 2.14).

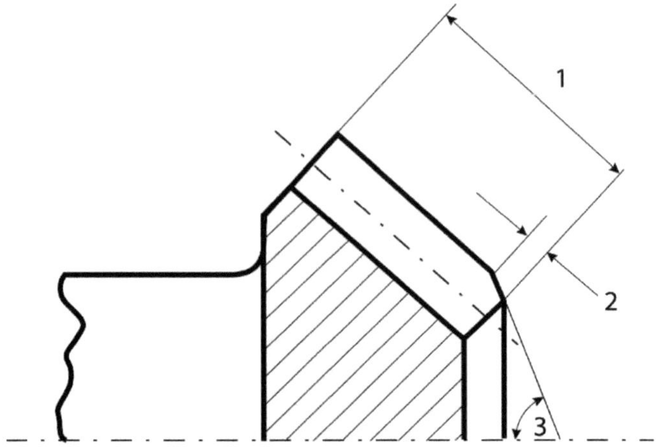

1 Zahnbreite b 2 Länge der Kopfkürzung 3 Winkel der Kopfkürzung

Abb. 2.14 Kopfkürzung

Um ein Verschneiden des Werkzeuges mit einem Zapfen oder der Radwelle zu vermeiden, kann eine Winkelkorrektur ausgeführt werden (siehe Abb. 2.15). Dabei handelt es sich um eine Verdrehung der Zahnfuß- und Zahnkopflinie um den Verzahnungsmittelpunkt (= Auslegungspunkt), die im Allgemeinen einen Betrag von 5° nicht übersteigen sollte. In Abweichung zu allen anderen Kegelradverzahnungen werden bei winkelkorrigierter, konstant hoher Verzahnung die Zahnhöhen senkrecht zum Fußkegel und nicht senkrecht zum Teilkegel angegeben.

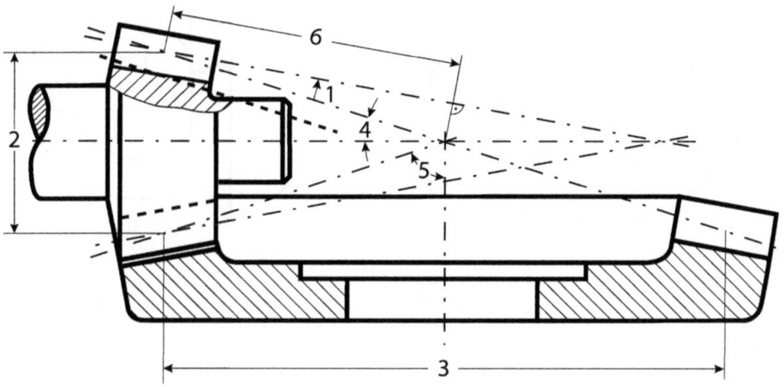

1 Winkelkorrektur
2 Mittlerer Teilkegel-Durchmesser d_{m1} am Ritzel
3 Mittlerer Teilkegel-Durchmesser d_{m2} am Rad
4 Teilkegelwinkel δ_1 am Ritzel
5 Teilkegelwinkel δ_2 am Tellerrad
6 Erzeugungsplanrad-Radius R_{mP}

Abb. 2.15 Winkelkorrektur

2.2.4.3 Zahnlängsform

Die verschiedenen Zahnlängsformen wurden bereits in 2.1 beschrieben. Die heute gebräuchlichsten Formen sind der Kreisbogen, der beim Einzelteilverfahren entsteht, und die verlängerte Epizykloide, die beim kontinuierlichen Teilverfahren entsteht. Im angelsächsischen Sprachraum wird das erstgenannte Verfahren Face Milling (FM) und das zweite Face Hobbing (FH) genannt.

2.2.4.4 Spiralrichtung

Um die Spiral- bzw. Schrägungsrichtung von Kegelrädern zu definieren, schaut man von der Spitze des Teilkegels aus auf den Zahn, der sich in 12-Uhr-Stellung befindet. Verläuft der Zahn, von vorn nach hinten betrachtet, nach rechts, ist die Spiralrichtung rechts und umgekehrt. Im Normalfall ist die konkave Flanke bei rechtsspiraligen Kegelrädern auf der rechten Seite, bei linksspiraligen auf der linken Seite des Zahnes (siehe Abb. 2.16). Im Sonderfall einer inversen Spirale sind diese Verhältnisse umgekehrt [SEIB03].

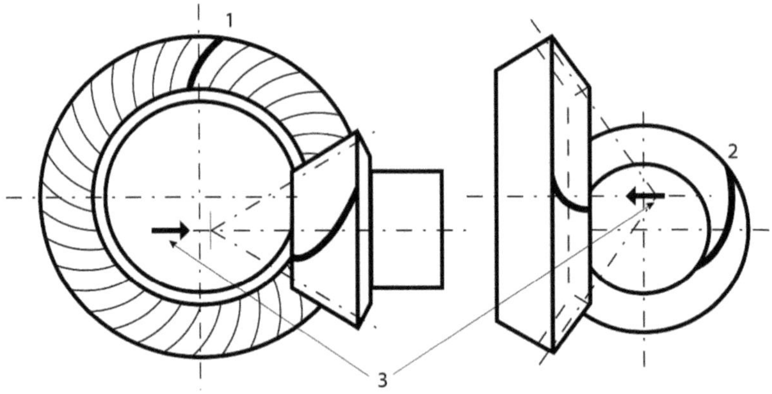

1 Rechtsspirale 2 Linksspirale 3 Blickrichtung von der Teilkegelspitze

Abb. 2.16 Definition der Spiralrichtung

2.2.4.5 Zug- und Schubflanke

Bei Spiralkegelrädern mit positivem Achsversatz liegen günstigere Beanspruchungsverhältnisse vor, wenn die konkave Ritzelflanke das Tellerrad antreibt (siehe 3.4.2). Der Einsatz in Achsgetrieben von Kraftfahrzeugen hat dazu geführt, diese Flanke des Ritzelzahnes für den sogenannten Zugbetrieb zu wählen, d.h., wenn der Motor das Fahrzeug vorwärts antreibt. Die konvexe Ritzelflanke wird belastet, wenn das rollende Fahrzeug im sogenannten Schubbetrieb den Motor antreibt und dadurch gebremst wird. Davon ausgehend bezeichnet man inzwischen generell bei allen Spiralkegelradsätzen mit und ohne Achsversatz

am Ritzel	die konkave Flanke	als Zugflanke (Drive Flank),
	die konvexe Flanke	als Schubflanke (Coast Flank),
am Tellerrad	die konvexe Flanke	als Zugflanke (Drive Flank),
	die konkave Flanke	als Schubflanke (Coast Flank).

2.2.4.6 Überdeckung

Die Überdeckung beschreibt – wie auch bei Stirnrädern – die Anzahl der Zähne, die im Mittel gleichzeitig im Eingriff sind. Man unterscheidet dabei die Profilüberdeckung ε_α, die sich aus der Profilform ergibt, und die Sprungüberdeckung ε_β, die sich aus dem Spiralwinkel ergibt. Die Gesamtüberdeckung ε_γ ist die Summe dieser beiden Teilüberdeckungen. In Abb. 2.17 sind die Zusammenhänge erläutert. Die Summe der beiden Teilüberdeckungen ist nur dann tatsächlich die Gesamtüberdeckung, wenn die Zahnflanken zueinander konjugiert sind. Diese kann mit Hilfe der Ersatz-Stirnradverzahnung im Normalschnitt berechnet werden (siehe Tabelle 4.3). Da Kegelradverzahnungen aufgrund der Betriebsbedingungen immer ballig ausgeführt sind (siehe 3.1), ist ihre Gesamtüberdeckung jedoch immer etwas kleiner. Legt man ein ellipsenförmiges Eingriffsfeld zugrunde, so kann man die Gesamtüberdeckung auch als Wurzel aus der Summe der Quadrate der Teilüberdeckungen berechnen [COLE52]. Diese Formel wird üblicherweise bei den genormten Tragfähigkeitsberechnungen (siehe Tabelle 4.2) verwendet und stellt eine gute Näherung dar. Eine genauere Bestimmung der Gesamtüberdeckung kann noch mit Hilfe der Zahnkontaktanalyse erfolgen (siehe 3.3). Die tatsächliche, effektive Gesamtüberdeckung, im Folgenden die wirksame Gesamtüberdeckung genannt (siehe Abb. 5.4), ist von der ausgeführten Balligkeit und zusätzlich, aufgrund der Abplattung des Kontaktes unter Last, deutlich von der Belastung abhängig. Sie lässt sich also nur mit Analyseverfahren für den Lastfall berechnen, die diese Abplattung, die Abdrängung der Zähne, die aufgrund der Zahnpaarsteifigkeit auftreten, und gegebenenfalls auch die Abdrängungen der Radachsen berücksichtigt. Dazu eigenen sich am besten die heute üblichen Berechnungsverfahren, die FEM- bzw. BEM-Methoden zur Zahnkontaktanalyse unter Last nutzen (siehe 4.4).

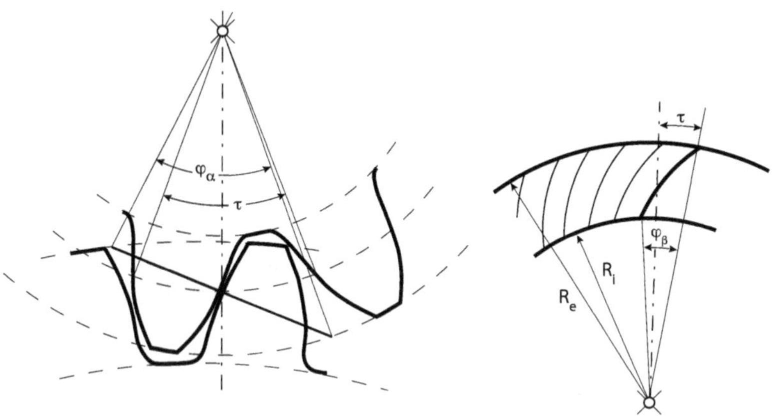

Abb. 2.17 Überdeckung

Profilüberdeckung $$\varepsilon_\alpha = \frac{\text{Eingriffsstreckenwinkel}}{\text{Eingriffsteilungswinkel}} \quad \frac{\varphi_\alpha}{\tau} \tag{2.1}$$

Sprungüberdeckung $$\varepsilon_\beta = \frac{\text{Zahnbreitenwinkel}}{\text{Axialteilungswinkel}} \quad \frac{\varphi_\beta}{\tau} \tag{2.2}$$

Gesamtüberdeckung $$\varepsilon_\gamma = \varepsilon_\alpha + \varepsilon_\beta \quad \text{gültig für konjugierte Flanken} \tag{2.3}$$

Gesamtüberdeckung $$\varepsilon_\gamma = \sqrt{\varepsilon_\alpha^{\,2} + \varepsilon_\beta^{\,2}} \quad \text{für elliptisches Tragbild} \tag{2.4}$$

2.2.5 Hypoidräder

2.2.5.1 Achsversatz

Führt man bei einer Kegelradverzahnung einen Achsversatz ein, so geht man meist von einem gegebenen Tellerrad aus und ordnet das Ritzel im gewünschten Achsversatz so an, dass sich die Teilkegel der beiden Räder in der Mitte der Zahnbreite in der gemeinsamen Planradebene berühren. Die Richtung des Achsversatzes ergibt sich dabei aus der Spiralrichtung des Tellerrades, abhängig davon, ob ein sogenannter positiver Achsversatz (Ritzeldurchmesser wird größer) oder ein negativer Achsversatz (Ritzeldurchmesser wird kleiner) vorgenommen wird (siehe dazu 2.1 und Abb. 2.3).

Der Achsversatz ist unter anderem ein konstruktives Element, um Bodenfreiheit, Getriebebauraum, Tragfähigkeit und das Geräuschverhalten abzustimmen. Für die Bewertung des Achsversatzes ist die Einführung eines Hypoidfaktors f_H sinnvoll. Unabhängig von der Größe des Tellerrades lassen sich mit Hilfe des Hypoidfaktors die Verzahnungseigenschaften einfacher bewerten.

$f_H = 2a / d_{m2}$
$f_H = 0$ gilt für Kegelräder ohne Achsversatz
$f_H = 1$ gilt z.B. für Stirnschraubgetriebe

Das Vorzeichen ergibt sich dabei entsprechend der Vorzeichenregel für den Achsversatz (siehe Abb. 2.3). Mit positiv steigendem Hypoidfaktor nehmen nicht nur der Durchmesser, der Spiralwinkel und der Teilkegelwinkel des Ritzels zu, sondern damit steigen auch gleichzeitig die Sprungüberdeckung und die Axialkraft. Bei negativem Hypoidfaktor verhalten sich alle Parameter genau umgekehrt, bis das Ritzel im Extremfall ($f_H = -1$) zylindrisch wird. Die Auswirkungen auf die Tragfähigkeit, den Wirkungsgrad und das Geräuschverhalten werden in den Kapiteln 4 und 5 beschrieben.

2.2.5.2 Hypoidgeometrie

„Grundkörper" der achsversetzten Kegelräder, die als Kegelschraubgetriebe den allgemeinen Fall für Kegelräder darstellen, sind statt der Wälzkegel zwei einschalige Hyperboloide (daher „Hypoidräder", siehe Abb. 2.18). Sie berühren sich entlang einer Geraden, der Schraubachse, und rollen bei gleichzeitigem Gleiten in Zahnlängsrichtung aufeinander ab (Schraubbewegung). Da diese Räder wirtschaftlich herstellbar sein sollen und Kegelräder ohnehin mit Längs- und Höhenballigkeit ausgeführt werden, um Kantentragen zu vermeiden, hat man die hyperbolischen Schraubwälzflächen durch Kegelflächen angenähert. Somit erfüllt nur noch ein mittlerer Berührpunkt P auf Ritzel und Tellerrad exakt die Bedingung, die die Schraubwälzbewegung fordert. Daraus ergibt sich ein Grundgerüst für das Hypoidgetriebe, bei dem vom mittleren Berührpunkt P ausgehend die Teilkegel von Ritzel und Tellerrad eine gemeinsame Berührebene aufspannen, wobei sich die Radachsen mit dem Achsabstand a kreuzen (siehe Abb. 2.19). Die dazugehörigen Teilkegelwinkel hängen nicht nur – wie beim Sonderfall des nicht achsversetzten Kegelrades – von Übersetzungsverhältnis und Achswinkel ab, sondern auch von Achsversatz, Werkzeugradius und anderen Faktoren. Die Berechnung der Teilkegelwinkel kann nur mit Hilfe einer Iteration durchgeführt werden (siehe 2.3.2). Der Berührpunkt P wird auch Berechnungspunkt oder Auslegungspunkt genannt.

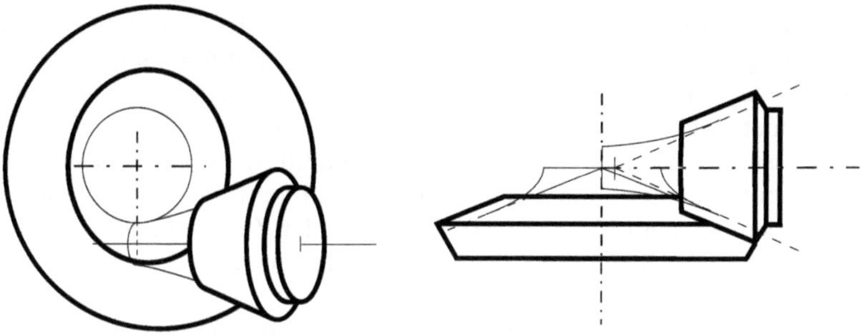

Abb. 2.18 Hypoidgetriebe

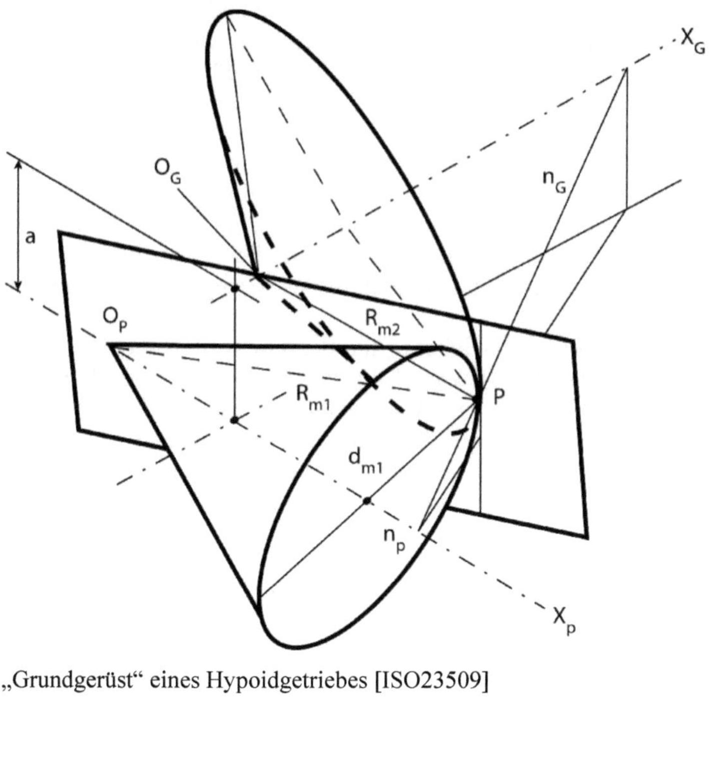

Abb. 2.19 „Grundgerüst" eines Hypoidgetriebes [ISO23509]

2.2.5.3 Eingriffswinkel

Die für eine Kegelradauslegung gewählten Eingriffswinkel (siehe 3.1.1) werden nachfolgend als Nenneingriffswinkel α_d („design"-Eingriffswinkel) bezeichnet. Sie müssen nicht auf beiden Zahnflanken gleich groß sein. Insbesondere Hypoidräder werden mit ungleichen Eingriffswinkeln an Zug- und Schubflanken (Definition siehe 2.2.4.5) ausgeführt, um die Gleitverhältnisse auf beiden Flanken anzugleichen. Bei Hypoidrädern ergibt sich im Allgemeinen als kleinster verzahnungstheoretisch realisierbarer Eingriffswinkel nicht 0°, wie bei Stirn- und nichtachsversetzten Kegelrädern, sondern der sogenannte Grenzeingriffswinkel α_{lim}. Er ist unter anderem stark abhängig von Achsversatz, Spiralwinkel und auch vom Werkzeugradius (siehe Formel (2.35)). In dieser Formel kann für bestimmte Hypoidradauslegungen der Ausdruck (R_{m1} sin β_{m1} – R_{m2} sin β_{m2}) zu null werden, dann erhält man auch einen Grenzeingriffswinkel von α_{lim}= 0°. Sobald α_{lim} jedoch ungleich 0° ist, ergeben sich ungleiche Gleitverhältnisse und Eingriffsstrecken an Zug- und Schubflanken. Sie lassen sich durch Addition bzw. Subtraktion des vollen Betrags von α_{lim} zum Nenneingriffswinkel an der Zugflanke bzw. vom Nenneingriffswinkel an der Schubflanke vollständig ausgleichen.

Um bei der Berechnung der Flankenwinkel am Werkzeug nicht immer den vollen Betrag des Grenzeingriffswinkels berücksichtigen zu müssen, wird der sogenannte Grenzeingriffswinkel-Einflussfaktor $f_{\alpha lim}$ eingeführt. Zum einen lassen sich, z.B. beim Einsatz von genormten Werkzeugen oder Formmessern, deren Flankenwinkel nicht ohne Weiteres ändern. Zum anderen werden Stabmesser und Schleifscheiben eingesetzt, deren Flankenwinkel zwar unterschiedlich sein können, aber einen Mindestwert nicht unterschreiten dürfen, damit diese Werkzeuge noch in ihrer Längsrichtung nachschärfbar sind. Bei Formmessern wird also $f_{\alpha lim}$ = 0 verwendet, d.h., dass kein Ausgleich der Eingriffswinkel und damit der Gleitverhältnisse erfolgt; ist $f_{\alpha lim}$ = 1, so erfolgt der volle Ausgleich. Beim Completing-Verfahren wird meist $f_{\alpha lim} \approx 0{,}5$ verwendet, da eine große Werkzeugneigung benötigt wird. Dieser Neigungswinkel muss noch an beiden Flankenwinkeln des Werkzeugs berücksichtigt werden, wodurch es bei einem Flankenwinkel zu sehr kleinen Werten kommen könnte und dieses Werkzeug nicht nachschärfbar wäre.

Wenn der Nenneingriffswinkel α_d um den Grenzeingriffswinkel α_{lim} , multipliziert mit dem Grenzeingriffswinkel-Einflussfaktor $f_{\alpha lim}$, modifiziert wird, so ergibt sich der Flankenwinkel α_n des Erzeugungsrades (siehe Formeln (2.55) und (2.56)). Der in Bezug auf die Gleitverhältnisse wirksame Eingriffswinkel wird „effektiver" Eingriffswinkel α_e genannt und ist stets der Erzeugungsrad-Flankenwin-kel α_n plus bzw. minus Grenzeingriffswinkel (siehe Formeln (2.57) und (2.58)).

Alle diese Zusammenhänge sind formelmäßig in Tabelle 2.10 wiedergegeben.

2.3 Berechnung der Kegelradgeometrie

2.3.1 Struktur der Berechnungsmethode

Nach Festlegung der Eingabedaten können die Geometrien der Teilkegel von Ritzel und Rad berechnet werden. Entweder erfolgt die Berechnung eines nicht achsversetzten Kegelradpaares oder eines Hypoidradpaares. Für die Berechnung der Teilkegelparameter von Hypoidrädern gibt es prinzipiell verschiedene Methoden, z.B. die in [AGMA2005] beschriebene Methode, das Oerlikon-Verfahren und das Verfahren nach der Klingelnberg Werknorm [KN3029]. Trotzdem sind ihre Ergebnisse nicht sehr weit voneinander entfernt.

Die iterative Berechnung der Geometriedaten einer Hypoidverzahnung geht von gegebenen, bzw. aufgrund von Überlegungen zur Tragfähigkeit (siehe 3.1) gewählten Geometrieparametern aus. Dazu gehören je nach gewählter Methode der Achswinkel Σ, der Achsversatz a, die Zähnezahlen von Ritzel und Tellerrad $z_{1/2}$, der mittlere oder der äußere Teilkegel-Durchmesser d_{m2} oder d_{e2}, der Spiralwinkel von Ritzel oder Rad $\beta_{m1/2}$, der Werkzeugradius r_{c0} sowie die Messergruppenzahl z_0. Anhand dieser Eingabeparameter werden die Geometriedaten der Teilkegel von Ritzel und Rad berechnet, so dass das „Grundgerüst" eines Hypoidgetriebes, wie in Abb. 2.19 dargestellt, aufgebaut werden kann. Die Gleichungen zur Geometrieberechnung von Kegelrädern ohne Achsversatz sind geschlossen lösbar, d.h., auch ausgehend von anderen Geometriedaten ist eine vollständige Geometrieberechnung möglich.

In beiden Fällen kann mit den Parametern der Teilkegel die verbleibende Verzahnungsgeometrie geschlossen berechnet werden. Die dazu nötigen zusätzlichen Geometrieeingaben sind nach dem typischerweise in Europa verwendeten System mit Profilfaktoren („Datentyp A") oder dem AGMA-System („Datentyp B") vorgebbar. Die entsprechenden Faktoren können ineinander umgerechnet werden, so dass mit ihnen dieselbe Verzahnungsgeometrie beschrieben werden kann.

Sowohl die einzelnen Methoden zur Ermittlung der Teilkegeldaten, als auch die verschiedenen Datentypen bei der Berechnung der verbleibenden Verzahnungsgeometrie, können prinzipiell vollkommen unabhängig miteinander kombiniert werden und sind nicht vom verwendeten Verzahnverfahren abhängig.

2.3.2 Berechnung der Teilkegelparameter

Eingabedaten Im Folgenden wird jeweils nur eine Methode für die Berechnung von Kegelrädern ohne Achsversatz und für die Berechnung von Hypoidrädern wiedergegeben. Andere Methoden können in der ISO 23509 nachgelesen werden.

In Tabelle 2.5 sind die notwendigen Eingabedaten zusammengestellt. Diese Eingaben müssen so gewählt sein, dass sich eine tragfähige Verzahnung ergibt (siehe 3.1).

Die nachfolgend beschriebenen Formeln führen zu den Teilkegelparametern R_{m1}, R_{m2}, δ_1, δ_2, β_{m1}, β_{m2} und c_{be2}. Der Parameter c_{be2}, (Zahnbreitenfaktor) beschreibt das Verhältnis $(R_{e2}\text{-}R_{m2})/b_2$. Dieser Faktor wird benötigt, da der Berechnungspunkt nicht immer in die Mitte der Zahnbreite des Tellerrades gelegt wird. Der Einfachheit halber wird jedoch empfohlen, diesen Faktor $c_{be2} = 0{,}5$ zu setzen, so dass der Berechnungspunkt exakt auf der halben Zahnbreite des Tellerrades zu liegen kommt und nicht noch mehr Parameter die Berechnungsergebnisse beeinflussen können.

Tabelle 2.5 Eingabedaten für die Berechnung der Teilkegelparameter

Symbol	Beschreibung	Methode 0 (Kegelräder)	Methode 1 (Hypoidräder)
Σ	Achswinkel	X	X
a	Achsversatz	0,0	X
$z_{1,2}$	Zähnezahl	X	X
d_{e2}	Äußerer Teilkegel-Durchmesser des Tellerrades	X	X
b_2	Zahnbreite des Tellerrades	X	X
$ß_{m1}$	mittlerer Spiralwinkel des Ritzels	–	X
$ß_{m2}$	mittlerer Spiralwinkel des Tellerrades	X	–
r_{c0}	Werkzeugradius	X	X
z_0	Anzahl der Messergruppen (nur für kontinuierliche Fräsverfahren)	X	X

In Tabelle 2.6 werden die Formeln zur Berechnung der Teilkegelparameter für Kegelräder ohne Achsversatz wiedergegeben. Die Formeln können leicht so angepasst werden, dass man auch mit anderen Eingabedaten als mit denen aus Tabelle 2.5 die Ergebnisse erreichen kann. Für nicht achsversetzte Kegelräder wird der Zahnbreitenfaktor auf jeden Fall auf $c_{be2} = 0{,}5$ gesetzt.

Tabelle 2.6 Berechnung der Teilkegelparameter für Kegelräder ohne Achsversatz

Bezeichnung	**Formel**	**Nr.**
Übersetzung	$u = \frac{z_2}{z_1}$	(2.5)
Teilkegelwinkel, Ritzel	$\delta_1 = \arctan\left(\frac{\sin\Sigma}{\cos\Sigma + u}\right)$	(2.6)
Teilkegelwinkel, Rad	$\delta_2 = \Sigma - \delta_1$	(2.7)
äußere Teilkegellänge	$R_{e1,2} = \frac{d_{e2}}{2\sin\delta_2}$	(2.8)
mittlere Teilkegellänge	$R_{m1,2} = R_{e2} - \frac{b_2}{2}$	(2.9)
Spiralwinkel, Ritzel	$\beta_{m1} = \beta_{m2}$	(2.10)
Zahnbreitenfaktor	$c_{be2} = 0,5$	(2.11)

In Tabelle 2.7 werden die Formeln zur Berechnung der Teilkegelparameter für Hypoidräder wiedergegeben. Da die Berechnung nur mit Hilfe einer Iteration durchgeführt werden kann, müssen innerhalb des Berechnungsweges einige Hilfswerte bestimmt werden.

Tabelle 2.7 Berechnung der Teilkegelparameter für Hypoidräder

Bezeichnung	**Formel**	**Nr.**
Übersetzung	$u = \frac{z_2}{z_1}$	(2.12)
angestrebter Ritzel-Spiralwinkel	$\beta_{\Delta 1} = \beta_{m1}$	(2.13)
angenäherter Teilkegelwinkel, Rad	$\delta_{\text{int}2} = \arctan\left(\frac{u\sin\Sigma}{1{,}2\left(1 + u\cos\Sigma\right)}\right)$	(2.14)
mittlerer Teilkegelradius, Rad	$r_{mpt2} = \frac{d_{e2} - b_2 \sin\delta_{\text{int}2}}{2}$	(2.15)
angenäherter Ritzel-Achsversatzwinkel, in Teilebene	$\varepsilon'_i = \arcsin\left(\frac{a\sin\delta_{\text{int}2}}{r_{mpt2}}\right)$	(2.16)
angenäherter Hypoid-abmessungsfaktor	$K_1 = \tan\beta_{\Delta 1}\sin\varepsilon'_i + \cos\varepsilon'_i$	(2.17)
angenäherter mittlerer Teilkegelradius, Ritzel	$r_{mn1} = \frac{r_{mpt2}K_1}{u}$	(2.18)
Achsversatzwinkel, Rad, in Axialebene	$\eta = \arctan\left[\frac{a}{r_{mpt2}\left(\tan\delta_{\text{int}2}\sin\Sigma + \cos\Sigma\right) + r_{mn1}}\right]$	(2.19)
	Beginn der Iteration	

Tabelle 2.7 (Fortsetzung)

Zwischenwert Achsversatzwinkel, Ritzel, in Axialebene	$\varepsilon_2 = \arcsin\left(\dfrac{a - r_{mn1}\sin\eta}{r_{mpt2}}\right)$	(2.20)
Zwischenwert Teilkegelwinkel, Ritzel	$\delta_{\text{int}1} = \arctan\left(\dfrac{\sin\eta}{\tan\varepsilon_2\sin\Sigma} - \dfrac{\cos\eta}{\tan\Sigma}\right)$	(2.21)
Zwischenwert Ritzel-Achsversatzwinkel, in Teilebene	$\varepsilon'_2 = \arcsin\left(\dfrac{\sin\varepsilon_2\sin\Sigma}{\cos\delta_{\text{int}1}}\right)$	(2.22)
Zwischenwert mittlerer Spiralwinkel, Ritzel	$\beta_{\text{m int}1} = \arctan\left(\dfrac{K_1 - \cos\varepsilon'_2}{\sin\varepsilon'_2}\right)$	(2.23)
Inkrement Hypoid-abmessungsfaktor	$\Delta K = \sin\varepsilon'_2\left(\tan\beta_{\Delta1} - \tan\beta_{\text{m int}1}\right)$	(2.24)
Inkrement mittlerer Teilkegelradius, Ritzel	$\Delta r_{\text{mpt}1} = r_{\text{mpt}2}\dfrac{\Delta K}{u}$	(2.25)
Achsversatzwinkel, Ritzel, in Axialebene	$\varepsilon_1 = \arcsin\left(\sin\varepsilon_2 - \dfrac{\Delta r_{\text{mpt}1}}{r_{\text{mpt}2}}\sin\eta\right)$	(2.26)
Teilkegelwinkel, Ritzel	$\delta_1 = \arctan\left(\dfrac{\sin\eta}{\tan\varepsilon_1\sin\Sigma} - \dfrac{\cos\eta}{\tan\Sigma}\right)$	(2.27)
Achsversatzwinkel, Ritzel, in Teilebene	$\varepsilon'_1 = \arcsin\left(\dfrac{\sin\varepsilon_1\sin\Sigma}{\cos\delta_1}\right)$	(2.28)
mittlerer Spiralwinkel, Ritzel	$\beta_{\text{m}1} = \arctan\left(\dfrac{K_1 + \Delta K - \cos\varepsilon'_1}{\sin\varepsilon'_1}\right)$	(2.29)
mittlerer Spiralwinkel, Rad	$\beta_{\text{m}2} = \beta_{\text{m}1} - \varepsilon'_1$	(2.30)
Teilkegelwinkel, Rad	$\delta_2 = \arctan\left(\dfrac{\sin\varepsilon_1}{\tan\eta\sin\Sigma} - \dfrac{\cos\varepsilon_1}{\tan\Sigma}\right)$	(2.31)
mittlere Teilkegellänge, Ritzel	$R_{\text{m}1} = \dfrac{r_{\text{mn}1} + \Delta r_{\text{mpt}1}}{\sin\delta_1}$	(2.32)
mittlere Teilkegellänge, Rad	$R_{\text{m}2} = \dfrac{r_{\text{mpt}2}}{\sin\delta_2}$	(2.33)

Tabelle 2.7 (Fortsetzung)

mittlerer Teilkegelradius, Ritzel	$r_{mpt1} = R_{m1} \sin \delta_1$	(2.34)
Grenzeingriffswinkel	$\alpha_{\lim} = \arctan\left[- \dfrac{\tan \delta_1 \tan \delta_2}{\cos \varepsilon_1'} \left(\dfrac{R_{m1} \sin \beta_{m1} - R_{m2} \sin \beta_{m2}}{R_{m1} \tan \delta_1 + R_{m2} \tan \delta_2} \right) \right]$	(2.35)
Grenzkrümmungsradius	$\rho_{\lim} = \dfrac{\sec \alpha_{\lim} \left(\tan \beta_{m1} - \tan \beta_{m2} \right)}{- \tan \alpha_{\lim} \left(\dfrac{\tan \beta_{m1}}{R_{m1} \tan \delta_1} + \dfrac{\tan \beta_{m2}}{R_{m2} \tan \delta_2} \right) + \dfrac{1}{R_{m1} \cos \beta_{m1}} - \dfrac{1}{R_{m2} \cos \beta_{m2}}}$	(2.36)

Die Formeln (2.37) bis (2.42) gelten nur für kontinuierlich gefräste Getriebe:

Planradzähnezahl	$z_P = \dfrac{z_2}{\sin \delta_2}$	(2.37)
Messerkopf-Steigungswinkel	$\nu = \arcsin\left(\dfrac{R_{m2} z_0}{r_{c0} z_P} \cos \beta_{m2} \right)$	(2.38)
erster Hilfswinkel	$\lambda = 90° - \beta_{m2} + \nu$	(2.39)
Abstand Planrad- zum Werkzeugmittelpunkt	$\rho_{P0} = \sqrt{R_{m2}^2 + r_{c0}^2 - 2 R_{m2} r_{c0} \cos \lambda}$	(2.40)
zweiter Hilfswinkel	$\eta_1 = \arccos\left[\dfrac{R_{m2} \cos \beta_{m2}}{\rho_{P0} z_P} \left(z_P + z_0 \right) \right]$	(2.41)
mittlerer Zahnkrümmungsradius	$\rho_{m\beta} = R_{m2} \cos \beta_{m2} \left[\tan \beta_{m2} + \dfrac{\tan \eta_1}{1 + \tan \nu \left(\tan \beta_{m2} + \tan \eta_1 \right)} \right]$	(2.42)

Die Formel (2.43) gilt für einzelteilend hergestellte Getriebe:

mittlerer Zahnkrümmungsradius	$\rho_{m\beta} = r_{c0}$	(2.43)

Die Iterationsrechnung wird erst mit einem 1,1fachen η und dann mit interpolierten Werten für η von Gleichung (2.20) bis (2.43) wiederholt,
bis die Bedingung $\left| \dfrac{\rho_{m\beta}}{\rho_{\lim}} - 1 \right| \le 0{,}01$ erfüllt ist.

Ende der Iteration

Zahnbreitenfaktor	$c_{be2} = \dfrac{\dfrac{d_{e2}}{2 \sin \delta_2} - R_{m2}}{b_2}$	(2.44)

2.3.3 Berechnung der Verzahnungsabmessungen

Zusätzliche Eingabedaten Nachdem die Teilkegelparameter bestimmt wurden, sind einige zusätzliche Eingabedaten notwendig, um die Verzahnungsabmessungen berechnen zu können (siehe Tabelle 2.8). Die Daten für die Kegel- und Hypoidräder können entweder im „Datentyp A“ oder im „Datentyp B“ gegeben sein.

Tabelle 2.8 Zusätzliche Eingabedaten zur Berechnung der Verzahnungsabmessungen

Datentyp A		Datentyp B	
Symbol	**Beschreibung**	**Symbol**	**Beschreibung**
α_{dD}	Nenneingriffswinkel – Zugseite[1)]	α_{dD}	Nenneingriffswinkel – Zugseite[1)]
α_{dC}	Nenneingriffswinkel – Schubseite[1)]	α_{dC}	Nenneingriffswinkel – Schubseite[1)]
$f_{\alpha lim}$	Grenzeingriffswinkel-Einflußfaktor[1)]	$f_{\alpha lim}$	Grenzeingriffswinkel-Einflußfaktor[1)]
x_{hm1}	Profilverschiebungsfaktor [2)]	c_{ham}	mittlerer Zahnhöhenfaktor [2)] am Tellerrad
k_{hap}	Zahnkopfhöhenfaktor [2)] des Bezugsprofils	k_d	Zahnhöhenfaktor [2)]
k_{hfp}	Zahnfußhöhenfaktor [2)] des Bezugsprofils	k_c	Kopfgrundspielfaktor [2)]
x_{smn}	Profilseitenverschiebungsfaktor [2)]	k_t	Zahndickenfaktor [2)] oder
		W_{m2}	mittlere Zahnlückenweite am Tellerrad
Für den Datentyp A und B gelten:			
j_{mn}, j_{mt2}, j_{en}, j_{et2}	Verdrehflankenspiel (eins von vier)		
θ_{a2}	Zahnkopfwinkel, Tellerrad, oder Zahnhöhenform		
θ_{f2}	Zahnfußwinkel, Tellerrad, oder Zahnhöhenform		

1) Typischerweise werden die Eingriffswinkel von Zug- und Schubseite bei Hypoidrädern ausgeglichen. Einige Anwendungen können jedoch auch ohne diesen Ausgleich ausgeführt werden (siehe 2.2.5.3).
2) Alle dimensionslosen Faktoren sind auf den mittleren Normalmodul m_{mn} bezogen.

Sinnvolle Daten für die Werte in Tabelle 2.8 werden bei der Dimensionierung festgelegt (siehe 3.1). Dazu können sowohl die Daten nach „Datentyp A” in die nach „Datentyp B” umgerechnet werden, als auch umgekehrt.

In Tabelle 2.9 sind die Beziehungsgleichungen zwischen beiden Datentypen zusammengefasst. In Abb. 2.20 sind das Tellerrad-Bezugsprofil und das profilverschobene Zahnprofil dargestellt. Hier sind alle Größen der beiden Datentypen eingezeichnet.

Tabelle 2.9 Beziehungsgleichungen zwischen „Datentyp A" und „Datentyp B"

Datentyp A	Datentyp B	Nr.
$x_{hm1} = k_d\left(\frac{1}{2} - c_{ham}\right)$	$c_{ham} = \frac{1}{2}\left(1 - \frac{x_{hm1}}{k_{hap}}\right)$	(2.45)
$k_{hap} = \frac{k_d}{2}$	$k_d = 2k_{hap}$	(2.46)
$k_{hfp} = k_d\left(k_c + \frac{1}{2}\right)$	$k_c = \frac{1}{2}\left(\frac{k_{hfp}}{k_{hap}} - 1\right)$	(2.47)
$x_{smn} = \frac{k_t}{2} = \frac{1}{2}\left(\frac{W_{m2}}{m_{mn}} + k_d\left(k_c + \frac{1}{2}\right)(\tan\alpha_{nD} + \tan\alpha_{nC}) - \frac{\pi}{2}\right)$	$k_t = 2x_{smn}$	(2.48)

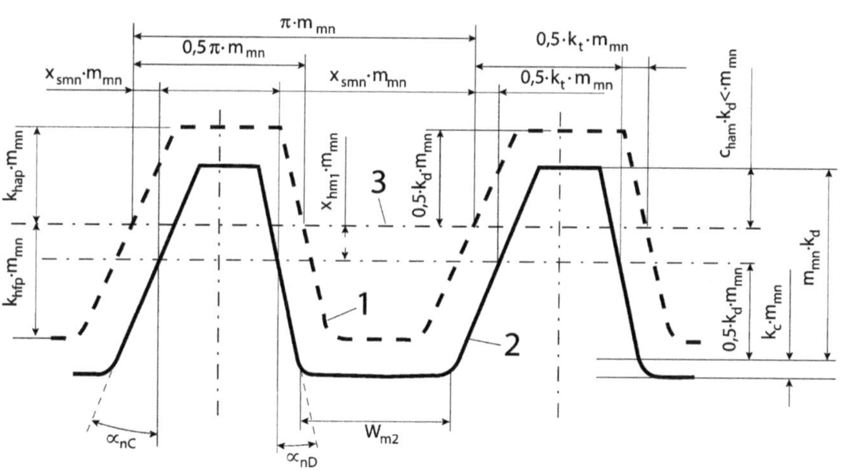

1 Bezugsprofil 2 Zahnprofil mit Profil- und Profilseitenverschiebung 3 Referenzlinie

Abb. 2.20 Tellerrad-Bezugsprofil [ISO23509]

Berechnung der Grunddaten und der Zahnhöhen im Berechnungspunkt In Tabelle 2.10 sind die Grunddaten der Verzahnungsabmessungen zusammengefasst. Die Berechnungsformeln für die Zahnhöhen im Berechnungspunkt sind in Tabelle 2.11 wiedergegeben.

Tabelle 2.10 Berechnung der Grunddaten

Bezeichnung	Formel	Nr.
mittlerer Teilkreisdurchmesser, Ritzel	$d_{m1} = 2R_{m1}\sin\delta_1$	(2.49)
mittlerer Teilkreisdurchmesser, Tellerrad	$d_{m2} = 2R_{m2}\sin\delta_2$	(2.50)
Achsversatzwinkel in der Axialebene	$\zeta_m = \arcsin\left(\dfrac{2a}{d_{m2} + d_{m1}\dfrac{\cos\delta_2}{\cos\delta_1}}\right)$	(2.51)
Achsversatzwinkel in der Teilebene	$\zeta_{mp} = \arcsin\left(\dfrac{\sin\zeta_m \sin\Sigma}{\cos\delta_1}\right)$	(2.52)
Achsversatz in der Teilebene	$a_p = R_{m2}\sin\zeta_{mp}$	(2.53)
mittlerer Normalmodul	$m_{mn} = \dfrac{2R_{m2}\sin\delta_2\cos\beta_{m2}}{z_2}$	(2.54)
Erzeugungsrad-Flankenwinkel an der Zugseite	$\alpha_{nD} = \alpha_{dD} + f_{\alpha\lim}\alpha_{\lim}$	(2.55)
Erzeugungsrad-Flankenwinkel an der Schubseite	$\alpha_{nC} = \alpha_{dC} - f_{\alpha\lim}\alpha_{\lim}$	(2.56)
effektiver Eingriffswinkel an der Zugseite	$\alpha_{eD} = \alpha_{nD} - \alpha_{\lim}$	(2.57)
effektiver Eingriffswinkel an der Schubseite	$\alpha_{eC} = \alpha_{nC} + \alpha_{\lim}$	(2.58)
äußere Teilkegellänge, Tellerrad	$R_{e2} = R_{m2} + c_{be2}b_2$	(2.59)
innere Teilkegellänge, Tellerrad	$R_{i2} = R_{e2} - b_2$	(2.60)
äußerer Teilkegel-Durchmesser, Tellerrad	$d_{e2} = 2R_{e2}\sin\delta_2$	(2.61)
innerer Teilkegel-Durchmesser, Tellerrad	$d_{i2} = 2R_{i2}\sin\delta_2$	(2.62)
äußerer Stirnmodul, Tellerrad	$m_{et2} = \dfrac{d_{e2}}{z_2}$	(2.63)

Tabelle 2.10 (Fortsetzung)

Bezeichnung	Formel	Nr.
Zahnbreite vom Berechnungspunkt bis zur Ferse, Tellerrad	$b_{e2} = R_{e2} - R_{m2}$	(2.64)
Zahnbreite vom Berechnungspunkt bis zur Zehe, Tellerrad	$b_{i2} = R_{m2} - R_{i2}$	(2.65)
Abstand Kreuzungspunkt zum mittleren Teilkegelpunkt, entlang der Tellerradachse	$t_{zm2} = \dfrac{d_{m1} \sin \delta_2}{2 \cos \delta_1} + \dfrac{a}{\tan \zeta_m \tan \Sigma}$	(2.66)
Abstand Kreuzungspunkt zum mittleren Teilkegelpunkt, entlang der Ritzelachse	$t_{zm1} = \dfrac{d_{m2}}{2} \cos \zeta_m \sin \Sigma + t_{zm2} \cos \Sigma$	(2.67)
Abstand Teilkegelspitze zum Kreuzungspunkt	$t_{z1,2} = R_{m1,2} \cos \delta_{1,2} - t_{zm1,2}$	(2.68)

Tabelle 2.11 Berechnung der Zahnhöhen am Berechnungspunkt

Bezeichnung	Formel	Nr.
mittlere wirksame Zahnhöhe	$h_{mw} = 2 m_{mn} k_{hap}$	(2.69)
mittlere Zahnkopfhöhe, Tellerrad	$h_{am2} = m_{mn} \left(k_{hap} - x_{hm1} \right)$	(2.70)
mittlere Zahnfußhöhe, Tellerrad	$h_{fm2} = m_{mn} \left(k_{hfp} + x_{hm1} \right)$	(2.71)
mittlere Zahnkopfhöhe, Ritzel	$h_{am1} = m_{mn} \left(k_{hap} + x_{hm1} \right)$	(2.72)
mittlere Zahnfußhöhe, Ritzel	$h_{fm1} = m_{mn} \left(k_{hfp} - x_{hm1} \right)$	(2.73)
Kopfgrundspiel	$c = m_{mn} \left(k_{hfp} - k_{hap} \right)$	(2.74)
mittlere Zahnhöhe	$h_m = h_{am1,2} + h_{fm1,2}$	(2.75)
	$h_m = m_{mn} \left(k_{hap} + k_{hfp} \right)$	(2.76)

Berechnung der Zahnkopf- und Zahnfußwinkel Wenn die Zahnhöhenform gegeben ist, kann die Summe der Zahnfußwinkel nach Tabelle 2.12 und die Zahnkopf- und Zahnfußwinkel nach Tabelle 2.13 bestimmt werden.

Tabelle 2.12 Summe der Zahnfußwinkel, $\Sigma\theta_f$

Zahnhöhenform	Summe der Zahnfußwinkel (°)	Nr.
Standard-Kegel	$\Sigma\theta_{fS} = \arctan\left(\frac{h_{fm1}}{R_{m2}}\right) + \arctan\left(\frac{h_{fm2}}{R_{m2}}\right)$	(2.77)
konstante Zahnhöhe	$\Sigma\theta_{fU} = 0$	(2.78)
Duplex-Kegel	$\Sigma\theta_{fC} = \left(\frac{90 m_{et}}{R_{e2}\tan\alpha_n \cos\beta_m}\right)\left(1 - \frac{R_{m2}\sin\beta_{m2}}{r_{c0}}\right)$	(2.79)
modifizierter Kegel	der kleinere Wert von $\Sigma\theta_{fM} = \Sigma\theta_{fC}$ oder $\Sigma\theta_{fM} = 1{,}3\Sigma\theta_{fS}$	

Tabelle 2.13 Zahnkopfwinkel, θ_{a2} und Zahnfußwinkel, θ_{f2}, Tellerrad

Zahnhöhenform	Winkel (°)	
Standard-Kegel	$\theta_{a2} = \arctan\left(\frac{h_{fm1}}{R_{m2}}\right)$	(2.80)
	$\theta_{f2} = \Sigma\theta_{fS} - \theta_{a2}$	(2.81)
konstante Zahnhöhe	$\theta_{a2} = \theta_{f2} = 0$	(2.82)
Duplex-Kegel	$\theta_{a2} = \Sigma\theta_{fC}\frac{h_{am2}}{h_{mw}}$	(2.83)
	$\theta_{f2} = \Sigma\theta_{fC} - \theta_{a2}$	(2.84)
modifizierter Kegel	$\theta_{a2} = \Sigma\theta_{fM}\frac{h_{am2}}{h_{mw}}$	(2.85)
	$\theta_{f2} = \Sigma\theta_{fM} - \theta_{a2}$	(2.86)

Kegelwinkel und Kegelspitzenabstände (siehe Tabelle 2.14) Zur Berechnung aller Kegelwinkel und Abstände der Kegelspitzen zum Achskreuzungspunkt werden auch die Achsversatzwinkel ζ_R und ζ_0 benötigt.

Tabelle 2.14 Kegelwinkel und Kegelspitzenabstände

Bezeichnung	**Formel**	**Nr.**
Kopfkegelwinkel, Tellerrad	$\delta_{a2} = \delta_2 + \theta_{a2}$	(2.87)
Fußkegelwinkel, Tellerrad	$\delta_{f2} = \delta_2 - \theta_{f2}$	(2.88)
Hilfswinkel zur Berechnung des Achsversatzs des Ritzels in Fußkegelebene	$\varphi_R = \arctan\left(\dfrac{-a \cot\Sigma \cos\delta_{f2}}{R_{m2}\cos\theta_{f2} - t_{z2}\cos\delta_{f2}}\right)$	(2.89)
Hilfswinkel zur Berechnung des Achsversatzs des Ritzels in Kopfkegelebene	$\varphi_o = \arctan\left(\dfrac{-a \cot\Sigma \cos\delta_{a2}}{R_{m2}\cos\theta_{a2} - t_{z2}\cos\delta_{a2}}\right)$	(2.90)
Achsversatzwinkel des Ritzels in Fußkegelebene	$\zeta_R = \arcsin\left(\dfrac{a\cos\varphi_R \sin\delta_{f2}}{R_{m2}\cos\theta_{f2} - t_{z2}\cos\delta_{f2}}\right) - \varphi_R$	(2.91)
Achsversatzwinkel des Ritzels in Kopfkegelebene	$\zeta_o = \arcsin\left(\dfrac{a\cos\varphi_o \sin\delta_{a2}}{R_{m2}\cos\theta_{a2} - t_{z2}\cos\delta_{a2}}\right) - \varphi_o$	(2.92)
Kopfkegelwinkel, Ritzel	$\delta_{a1} = \arcsin\left(\sin\Sigma\cos\delta_{f2}\cos\zeta_R - \cos\Sigma\sin\delta_{f2}\right)$	(2.93)
Fußkegelwinkel, Ritzel	$\delta_{f1} = \arcsin\left(\sin\Sigma\cos\delta_{a2}\cos\zeta_o - \cos\Sigma\sin\delta_{a2}\right)$	(2.94)
Kopfwinkel, Ritzel	$\theta_{a1} = \delta_{a1} - \delta_1$	(2.95)
Fußwinkel, Ritzel	$\theta_{f1} = \delta_1 - \delta_{f1}$	(2.96)
Abstand Kopfkegelspitze zum Kreuzungspunkt, Tellerrad	$t_{zF2} = t_{z2} - \dfrac{R_{m2}\sin\theta_{a2} - h_{am2}\cos\theta_{a2}}{\sin\delta_{a2}}$	(2.97)
Abstand Fußkegelspitze zum Kreuzungspunkt	$t_{zR2} = t_{z2} + \dfrac{R_{m2}\sin\theta_{f2} - h_{fm2}\cos\theta_{f2}}{\sin\delta_{f2}}$	(2.98)
Abstand Kopfkegelspitze zum Kreuzungspunkt, Ritzel	$t_{zF1} = \dfrac{a\sin\zeta_R\cos\delta_{f2} - t_{zR2}\sin\delta_{f2} - c}{\sin\delta_{a1}}$	(2.99)
Abstand Fußkegelspitze zum Kreuzungspunkt, Ritzel	$t_{zR1} = \dfrac{a\sin\zeta_o\cos\delta_{a2} - t_{zF2}\sin\delta_{a2} - c}{\sin\delta_{f1}}$	(2.100)

Berechnung der Ritzelzahnbreite (siehe Tabelle 2.15 und Abb. 2.21) Während für nichtachsversetzte Kegelräder die Berechnung der Ritzelzahnbreite trivial ist, da diese im Allgemeinen gleich der Zahnbreite des Tellerrades ausgeführt wird, muss bei Hypoidrädern die Ritzelzahnbreite in Abhängigkeit des Achsversatzes erst berechnet werden. Dafür werden drei verschiedene Methoden (A bis C) wiedergegeben.

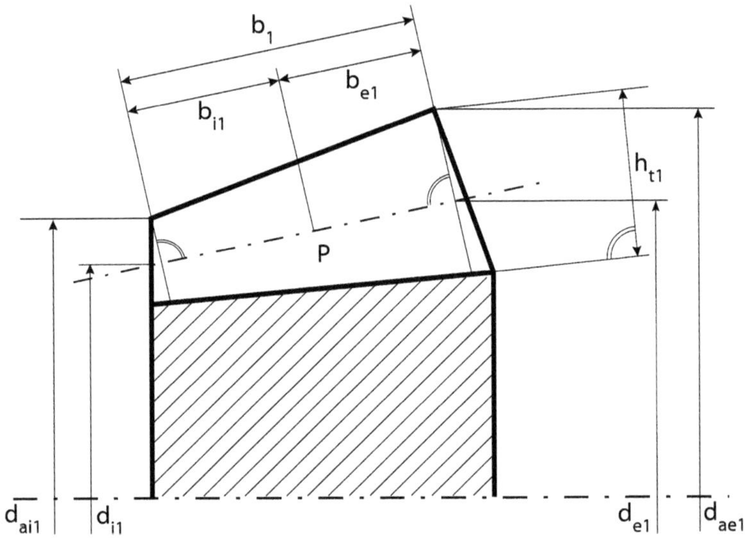

Abb. 2.21 Ritzel: Zahnbreite, innere und äußere Durchmesser [ISO23509]

Tabelle 2.15 Berechnung der Ritzelzahnbreite

Bezeichnung	Formel	Nr.
Zahnbreite des Ritzels in Teilkegelebene	$b_{p1} = \sqrt{R_{e2}^2 - a_p{}^2} - \sqrt{R_{i2}^2 - a_p{}^2}$	(2.101)
Zahnbreite vom Berechnungspunkt bis zur inneren Kopfkegelkante	$b_{1A} = \sqrt{R_{m2}^2 - a_p{}^2} - \sqrt{R_{i2}^2 - a_p{}^2}$	(2.102)
Die Formeln (2.103) bis (2.105) gelten für nicht achsversetzte Kegelräder:		
Zahnbreite, Ritzel	$b_1 = b_2$	(2.103)
Zahnbreite vom Berechnungspunkt zur Außenseite (Ferse), Ritzel	$b_{e1} = c_{be2} b_1$	(2.104)
Zahnbreite vom Berechnungspunkt zur Innenseite (Zehe), Ritzel	$b_{i1} = b_1 - b_{e1}$	(2.105)

Tabelle 2.15 (Fortsetzung)

Bezeichnung	**Formel**	**Nr.**
Folgende Formeln gelten für Hypoidräder. Alternativ gibt es drei Methoden:		
	Methode A	
Hilfswinkel	$\lambda' = \arctan\left(\dfrac{\sin\zeta_{mp}\cos\delta_2}{u\cos\delta_1 + \cos\delta_2\cos\zeta_{mp}}\right)$	(2.106)
Startwert für die Zahnbreite, Ritzel	$b_{reri1} = \dfrac{b_2\cos\lambda'}{\cos(\zeta_{mp} - \lambda')}$	(2.107)
Zahnbreitenvergrößerung entlang der Ritzelachse	$\Delta b_{x1} = h_{mw}\sin\zeta_R\left(1 - \dfrac{1}{u}\right)$	(2.108)
Zahnbreitenvergrößerung entlang der Ritzelachse vom Berechnungspunkt zur Außenseite	$\Delta g_{xe} = \dfrac{c_{be2}b_{reri1}}{\cos\theta_{a1}}\cos\delta_{a1} + \Delta b_{x1} - \left(h_{fm2} - c\right)\sin\delta_1$	(2.109)
Zahnbreitenvergrößerung entlang der Ritzelachse vom Berechnungspunkt zur Innenseite	$\Delta g_{xi} = \dfrac{\left(1 - c_{be2}\right)b_{reri1}}{\cos\theta_{a1}}\cos\delta_{a1} + \Delta b_{x1} + \left(h_{fm2} - c\right)\sin\delta_1$	(2.110)
Zahnbreite vom Berechnungspunkt zur Außenseite (Ferse), Ritzel	$b_{e1} = \dfrac{\Delta g_{xe} + h_{am1}\sin\delta_1}{\cos\delta_{a1}}\cos\theta_{a1}$	(2.111)
Zahnbreite vom Berechnungspunkt zur Innenseite (Zehe), Ritzel	$b_{i1} = \dfrac{\Delta g_{xi} - h_{am1}\sin\delta_1}{\cos\delta_1 - \tan\theta_{a1}\sin\delta_1}$	(2.112)
Zahnbreite entlang des Teilkegels, Ritzel	$b_1 = b_{i1} + b_{e1}$	(2.113)
	Methode B	
Zahnbreite entlang des Teilkegels, Ritzel	$b_1 = b_2\left(1 + \tan^2\zeta_{mp}\right)$	(2.114)
Zahnbreite vom Berechnungspunkt zur Außenseite (Ferse), Ritzel	$b_{e1} = c_{be2}b_1$	(2.115)
Zahnbreite vom Berechnungspunkt zur Innenseite (Zehe), Ritzel	$b_{i1} = b_1 - b_{e1}$	(2.116)
	Methode C	
Zahnbreite entlang des Teilkegels, Ritzel	$b_1 = \mathrm{int}\left(b_{p1} + 3m_{mn}\tan\left\|\zeta_{mp}\right\| + 1\right)$	(2.117)
Zahnbreitenerhöhung, Ritzel	$b_x = \dfrac{b_1 - b_{p1}}{2}$	(2.118)
Zahnbreite vom Berechnungspunkt zur Innenseite (Zehe), Ritzel	$b_{i1} = b_{1A} + b_x$	(2.119)
Zahnbreite vom Berechnungspunkt zur Außenseite (Ferse), Ritzel	$b_{e1} = b_1 - b_{i1}$	(2.120)

Berechnung der inneren und äußeren Spiralwinkel (siehe Tabelle 2.16) Da sich bei bogenverzahnten Kegelrädern (Spiralkegelräder) der Spiralwinkel über der Zahnbreite kontinuierlich ändert, müssen die Spiralwinkel innen und außen aus den Werten in der Mitte berechnet werden. Bei Geradzahn-Kegelrädern entfällt diese Berechnung.

Tabelle 2.16 Berechnung der inneren und äußeren Spiralwinkel (nur für Spiralkegelräder)

Bezeichnung	**Formel**	**Nr.**
	Die Formeln (2.121) bis (2.135) gelten für die Berechnung des Ritzels:	
Teilkegellänge des Planrades zum äußeren Grenzpunkt des Ritzels (evtl. größer als R_{e2})	$R_{e21} = \sqrt{R_{m2}^2 + b_{e1}^2 + 2R_{m2}b_{e1}\cos\zeta_{mp}}$	(2.121)
Teilkegellänge des Planrades zum inneren Grenzpunkt des Ritzels (evtl. kleiner als R_{i2})	$R_{i21} = \sqrt{R_{m2}^2 + b_{i1}^2 - 2R_{m2}b_{i1}\cos\zeta_{mp}}$	(2.122)
Messerkopf-Steigungswinkel	$\nu = \arcsin\left(\dfrac{z_0 m_{mn}}{2r_{c0}}\right)$	(2.123)
Abstand Planrad- zum Messerkopf-Mittelpunkt	$\rho_{P0} = \sqrt{R_{m2}^2 + r_{c0}^2 - 2R_{m2}r_{c0}\sin\left(\beta_{m2} - \nu\right)}$	(2.124)
Epizykloiden-Grundkreisradius	$\rho_b = \dfrac{\rho_{P0}}{1 + \dfrac{z_0}{z_2}\sin\delta_2}$	(2.125)
Hilfswinkel	$\varphi_{e21} = \arccos\left(\dfrac{R_{e21}^2 + \rho_{P0}^2 - r_{c0}^2}{2R_{e21}\rho_{P0}}\right)$	(2.126)
Hilfswinkel	$\varphi_{i21} = \arccos\left(\dfrac{R_{i21}^2 + \rho_{P0}^2 - r_{c0}^2}{2R_{i21}\rho_{P0}}\right)$	(2.127)
Spiralwinkel Tellerrad am äußeren Grenzpunkt	$\beta_{e21} = \arctan\left(\dfrac{R_{e21} - \rho_b\cos\varphi_{e21}}{\rho_b\sin\varphi_{e21}}\right)$	(2.128)
Spiralwinkel Tellerrad am inneren Grenzpunkt	$\beta_{i21} = \arctan\left(\dfrac{R_{i21} - \rho_b\cos\varphi_{i21}}{\rho_b\sin\varphi_{i21}}\right)$	(2.129)
Die Formeln (2.130) und (2.131) ergeben sich für das Einzelteilverfahren durch Einsetzen von $z_0 = 0$ in die Formeln (2.120) bis (2.129):		
Spiralwinkel Tellerrad am äußeren Grenzpunkt	$\beta_{e21} = \arcsin\left(\dfrac{2R_{m2}r_{c0}\sin\beta_{m2} - R_{m2}^2 + R_{e21}^2}{2R_{e21}r_{c0}}\right)$	(2.130)
Spiralwinkel Tellerrad am inneren Grenzpunkt	$\beta_{i21} = \arcsin\left(\dfrac{2R_{m2}r_{c0}\sin\beta_{m2} - R_{m2}^2 + R_{i21}^2}{2R_{i21}r_{c0}}\right)$	(2.131)

Tabelle 2.16 (Fortsetzung)

Bezeichnung	**Formel**	**Nr.**
Die folgenden Formeln gelten für beide Teilverfahren:		
Achsversatzwinkel, Ritzel am äußeren Grenzpunkt, in Teilkegelebene	$\zeta_{ep21} = \arcsin\left(\frac{a_p}{R_{e21}}\right)$	(2.132)
Achsversatzwinkel, Ritzel am inneren Grenzpunkt, in Teilkegelebene	$\zeta_{ip21} = \arcsin\left(\frac{a_p}{R_{i21}}\right)$	(2.133)
äußerer Spiralwinkel, Ritzel	$\beta_{e1} = \beta_{e21} + \zeta_{ep21}$	(2.134)
innerer Spiralwinkel, Ritzel	$\beta_{i1} = \beta_{i21} + \zeta_{ip21}$	(2.135)
Die Formeln (2.136) bis (2.139) gelten für die Berechnung des Tellerrades nach beiden Teilverfahren (für das Einzelteilverfahren gilt z_0=0).		
Hilfswinkel	$\varphi_{e2} = \arccos\left(\frac{R_{e2}^2 + \rho_{P0}^2 - r_{c0}^2}{2R_{e2}\rho_{P0}}\right)$	(2.136)
Hilfswinkel	$\varphi_{i2} = \arccos\left(\frac{R_{i2}^2 + \rho_{P0}^2 - r_{c0}^2}{2R_{i2}\rho_{P0}}\right)$	(2.137)
äußerer Spiralwinkel, Tellerrad	$\beta_{e2} = \arctan\left(\frac{R_{e2} - \rho_b \cos\varphi_{e2}}{\rho_b \sin\varphi_{e2}}\right)$	(2.138)
innerer Spiralwinkel, Tellerrad	$\beta_{i2} = \arctan\left(\frac{R_{i2} - \rho_b \cos\varphi_{i2}}{\rho_b \sin\varphi_{i2}}\right)$	(2.139)

Berechnung der Zahnhöhen und Zahndicken Die Zahnhöhen werden nach den Formeln aus Tabelle 2.17 berechnet (siehe Abb. 2.22), die Zahndicken nach Tabelle 2.18.

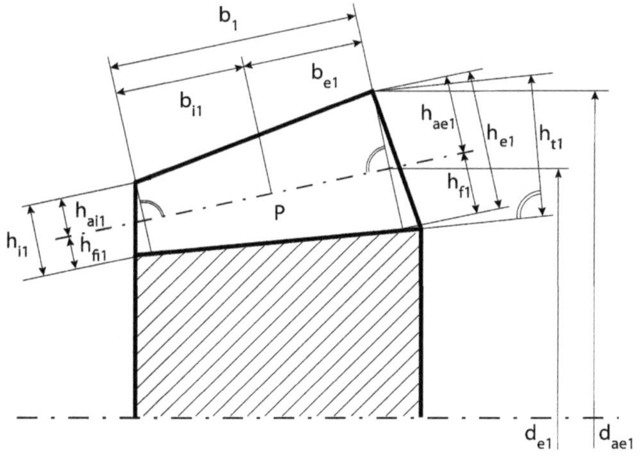

Abb. 2.22 Zahnhöhen am Ritzel

Tabelle 2.17 Berechnung der Zahnhöhen

Bezeichnung	Formel	Nr.
äußere Zahnkopfhöhe	$h_{ae1,2} = h_{am1,2} + b_{e1,2} \tan\theta_{a1,2}$	(2.140)
äußere Zahnfußhöhe	$h_{fe1,2} = h_{fm1,2} + b_{e1,2} \tan\theta_{f1,2}$	(2.141)
äußere Zahnhöhe	$h_{e1,2} = h_{ae1,2} + h_{fe1,2}$	(2.142)
innere Zahnkopfhöhe	$h_{ai1,2} = h_{am1,2} - b_{i1,2} \tan\theta_{a1,2}$	(2.143)
innere Zahnfußhöhe	$h_{fi1,2} = h_{fm1,2} - b_{i1,2} \tan\theta_{f1,2}$	(2.144)
innere Zahnhöhe	$h_{i1,2} = h_{ai1,2} + h_{fi1,2}$	(2.145)

Tabelle 2.18 Berechnung der Zahndicken

Bezeichnung	Formel	Nr.
gemittelter Eingriffswinkel	$\alpha_n = \dfrac{\alpha_{nD} + \alpha_{nC}}{2}$	(2.146)
Profilseitenverschiebungsfaktor, Ritzel, berechnet mit:		
...dem äußeren Verdrehflankenspiel im Normalschnitt	$x_{sm1} = x_{smn} - j_{en} \dfrac{1}{4m_{mn} \cos\alpha_n} \dfrac{R_{m2} \cos\beta_{m2}}{R_{e2} \cos\beta_{e2}}$	(2.147)
...dem äußeren Verdrehflankenspiel im Stirnschnitt	$x_{sm1} = x_{smn} - j_{et2} \dfrac{R_{m2} \cos\beta_{m2}}{4m_{mn} R_{e2}}$	(2.148)
...dem mittleren Verdrehflankenspiel im Normalschnitt	$x_{sm1} = x_{smn} - j_{mn} \dfrac{1}{4m_{mn} \cos\alpha_n}$	(2.149)
...dem mittleren Verdrehflankenspiel im Stirnschnitt	$x_{sm1} = x_{smn} - j_{mt2} \dfrac{\cos\beta_{m2}}{4m_{mn}}$	(2.150)
mittlere Normalzahndicke, Ritzel	$s_{mn1} = 0,5 m_{mn}\pi + 2m_{mn} \left(x_{sm1} + x_{hm1} \tan\alpha_n\right)$	(2.151)
Profilseitenverschiebungsfaktor, Tellerrad, berechnet mit:		
...dem äußeren Verdrehflankenspiel im Normalschnitt	$x_{sm2} = -x_{smn} - j_{en} \dfrac{1}{4m_{mn} \cos\alpha_n} \dfrac{R_{m2} \cos\beta_{m2}}{R_{e2} \cos\beta_{e2}}$	(2.152)
...dem äußeren Verdrehflankenspiel im Stirnschnitt	$x_{sm2} = -x_{smn} - j_{et2} \dfrac{R_{m2} \cos\beta_{m2}}{4m_{mn} R_{e2}}$	(2.153)
...dem mittleren Verdrehflankenspiel im Normalschnitt	$x_{sm2} = -x_{smn} - j_{mn} \dfrac{1}{4m_{mn} \cos\alpha_n}$	(2.154)
...dem mittleren Verdrehflankenspiel im Stirnschnitt	$x_{sm2} = -x_{smn} - j_{mt2} \dfrac{\cos\beta_{m2}}{4m_{mn}}$	(2.155)
mittlere Zahndicke, Tellerrad, im Normalschnitt	$s_{mn2} = 0,5 m_{mn}\pi + 2m_{mn} \left(x_{sm2} - x_{hm1} \tan\alpha_n\right)$	(2.156)
mittlere Zahndicke, im Stirnschnitt	$s_{mt1,2} = s_{mn1,2} / \cos\beta_{m1,2}$	(2.157)

Tabelle 2.18 (Fortsetzung)

mittlerer Durchmesser für den Normalschnitt	$d_{\mathrm{mn}1,2} = \dfrac{d_{m1,2}}{\left(1-\sin^2\beta_{m1,2}\cos^2\alpha_n\right)\cos\beta_{m1,2}\cos\delta_{1,2}}$	(2.158)
mittlere Zahndickensehne im Normalschnitt	$s_{\mathrm{mnc}1,2} = d_{\mathrm{mn}1,2}\sin(s_{\mathrm{mn}1,2}/d_{\mathrm{mn}1,2})$	(2.159)
mittlere Zahnkopfhöhe (Sehnenmaß)	$h_{\mathrm{amc}1,2} = h_{am1,2} + 0,5d_{\mathrm{mn}1,2}\cos\delta_{1,2}\left[1-\cos\left(\dfrac{s_{mn1,2}}{d_{mn1,2}}\right)\right]$	(2.160)

Berechnung weiterer Dimensionen Die Berechnung weiterer Dimensionen am Innen- und Außenkegel, wie die Teilkegellängen, Kopf- und Fußkegeldurchmesser, wird in Tabelle 2.19 wiedergegeben (siehe auch Abb. 2.21 und Abb. 2.22).

Tabelle 2.19 Berechnung weiterer Dimensionen

Bezeichnung	**Formel**	**Nr.**
äußere Teilkegellänge, Ritzel	$R_{e1} = R_{m1} + b_{e1}$	(2.161)
innere Teilkegellänge, Ritzel	$R_{i1} = R_{m1} - b_{i1}$	(2.162)
äußerer Teilkegel-Durchmesser, Ritzel	$d_{e1} = 2R_{e1}\sin\delta_1$	(2.163)
innerer Teilkegel-Durchmesser, Ritzel	$d_{i1} = 2R_{i1}\sin\delta_1$	(2.164)
Außendurchmesser (äußerer Kopfkegeldurchmesser)	$d_{ae1,2} = d_{e1,2} + 2h_{ae1,2}\cos\delta_{1,2}$	(2.165)
äußerer Fußkegeldurchmesser	$d_{fe1,2} = d_{e1,2} - 2h_{fe1,2}\cos\delta_{1,2}$	(2.166)
innerer Kopfkegeldurchmesser	$d_{ai1,2} = d_{i1,2} + 2h_{ai1,2}\cos\delta_{1,2}$	(2.167)
innerer Fußkegeldurchmesser	$d_{fi1,2} = d_{i1,2} - 2h_{fi1,2}\cos\delta_{1,2}$	(2.168)
Abstand äußere Kopfkegelkante zum Kreuzungspunkt	$t_{xo1,2} = t_{zm1,2} + b_{e1,2}\cos\delta_{1,2} - h_{ae1,2}\sin\delta_{1,2}$	(2.169)
Abstand Kreuzungspunkt zum mittleren Teilkegelpunkt, entlang der Radachse	$t_{xi1,2} = t_{zm1,2} - b_{i1,2}\cos\delta_{1,2} - h_{ai1,2}\sin\delta_{1,2}$	(2.170)
Zahnhöhe Ritzel, senkrecht zum Fußkegel gemessen	$h_{t1} = \dfrac{t_{zF1} + t_{xo1}}{\cos\delta_{a1}}\sin\left(\theta_{a1} + \theta_{f1}\right) - \left(t_{zR1} - t_{zF1}\right)\sin\delta_{f1}$	(2.171)

2.3.4 Prüfung auf Unterschnitt

Abhängig von den gewählten Profilparametern kann es wie bei Stirnrädern auch bei Kegelrädern zu Unterschnitt kommen. Im Folgenden werden Formeln wiedergegeben, die eine Überprüfung ermöglichen, ob Unterschnitt an den Verzahnungen auftritt und welche Bereiche über der Zahnbreite gefährdet sind. Prinzipiell besteht beim Ritzel das größere Risiko. Dort kann die Unterschnittfreiheit, insbesondere bei Kegelrädern mit konstanter Zahnhöhe, das bestimmende Kriterium für die Wahl einer adäquaten Profilverschiebung werden (siehe 3.1).

Da die Profilverschiebung bei Kegelrädern praktisch immer eine „V-Null-Verschiebung"[1] ist, $x_{hm2} = -x_{hm1}$, muss nach Sicherstellung der Unterschnittfreiheit des Ritzels (siehe Tabelle 2.20) für gewälzte Tellerräder stets auch eine Unterschnittprüfung erfolgen (siehe Tabelle 2.21). Für Verzahnungen, bei denen das Tellerrad nur durch Tauchen hergestellt wird (Formverfahren siehe 2.1), gelten die folgenden Tabellen nicht. Für das Ritzel kann jedoch als erste Näherung ebenfalls die Tabelle 2.20 verwendet werden. Für getauchte Tellerräder entfällt die Prüfung auf Unterschnitt.

Tabelle 2.20 Prüfung auf Unterschnitt beim Ritzel

Bezeichnung	Formel	Nr.
Die Stelle der Zahnbreite, an der die Prüfung auf Unterschnitt erfolgen soll, wird in der Folge mit x bezeichnet. Alle weiteren Formeln beziehen sich auf diesen Punkt.		
Teilkegellänge bis zu dem zu überprüfenden Punkt, Ritzel	$R_{i1} \le R_{x1} \le R_{e1}$	(2.172)
Teilkegellänge am korrespondierenden Tellerradpunkt (kann kleiner sein als R_{i2} bzw. größer als R_{e2})	$R_{x2} = \sqrt{R_{m2}^2 + \left(R_{m1} - R_{x1}\right)^2 - 2R_{m2}\left(R_{m1} - R_{x1}\right)\cos\zeta_{mp}}$	(2.173)
Die Formeln (2.174) und (2.175) gelten für beide Teilverfahren (für das Einzelteilverfahren gilt $z_0 = 0$):		
Hilfswinkel	$\varphi_{x2} = \arccos\left(\dfrac{R_{x2}^2 + \rho_{P0}^2 - r_{c0}^2}{2R_{x2}\rho_{P0}}\right)$	(2.174)
Spiralwinkel des Tellerrades	$\beta_{x2} = \arctan\left(\dfrac{R_{x2} - \rho_b \cos\varphi_{x2}}{\rho_b \sin\varphi_{x2}}\right)$	(2.175)

[1] Andere Profilverschiebungssummen kommen in der Praxis nur vor, wenn für Ritzel und Tellerrad dasselbe Werkzeug verwendet wird. Dabei weist die sich tatsächlich im Eingriff befindliche Verzahnung von der Wirkung her jedoch wieder eine V-Null-Verschiebung auf.

Tabelle 2.20 (Fortsetzung)

Bezeichnung	Formel	Nr.
Achsversatzwinkel des Ritzels in Teilkegelebene	$\zeta_{xp2} = \arcsin\left(\frac{a_p}{R_{x2}}\right)$	(2.176)
Spiralwinkel Ritzel	$\beta_{x1} = \beta_{x2} + \zeta_{xp2}$	(2.177)
Teilkegel-Durchmesser Ritzel	$d_{x1} = 2R_{x1} \sin\delta_1$	(2.178)
Teilkegel-Durchmesser Tellerrad	$d_{x2} = 2R_{x2} \sin\delta_2$	(2.179)
Normalmodul	$m_{xn} = \frac{d_{x2}}{z_2} \cos\beta_{x2}$	(2.180)
effektiver Durchmesser	$d_{Ex1} = d_{x2} \frac{z_1 \cos\beta_{x2}}{z_2 \cos\beta_{x1}}$	(2.181)
korrespondierende Teilkegellänge	$R_{Ex1} = \frac{d_{Ex1}}{2\sin\delta_1}$	(2.182)
Zwischenwert	$z_{nx1} = \frac{z_1}{\left(1-\sin^2\beta_{x1}\cos^2\alpha_n\right)\cos\beta_{x1}\cos\delta_1}$	(2.183)
Grenzeingriffswinkel	$\alpha_{\lim x} = -\arctan\left[\frac{\tan\delta_1 \tan\delta_2}{\cos\zeta_{mp}}\left(\frac{R_{Ex1}\sin\beta_{x1} - R_{x2}\sin\beta_{x2}}{R_{Ex1}\tan\delta_1 + R_{x2}\tan\delta_2}\right)\right]$	(2.184)
effektiver Eingriffswinkel (Zugflanke)	$\alpha_{eDx} = \alpha_{nD} - \alpha_{\lim x}$	(2.185)
effektiver Eingriffswinkel (Schubflanke)	$\alpha_{eCx} = \alpha_{nC} + \alpha_{\lim x}$	(2.186)
Für die folgenden Berechnungen wird der kleinere der effektiven Eingriffswinkel verwendet:		
	wenn $\alpha_{eCx} < \alpha_{eDx}$: $\alpha_{e\min x} = \alpha_{eCx}$	(2.187)
	wenn $\alpha_{eCx} \geq \alpha_{eDx}$: $\alpha_{e\min x} = \alpha_{eDx}$	(2.188)
Berechnung des minimalen Profilverschiebungsfaktors am Ritzel		
wirksame Zahnkopfhöhe des erzeugenden Werkzeugs	$k_{hapx} = k_{hap} + \frac{\left(R_{x2} - R_{m2}\right)\tan\theta_{a2}}{m_{mn}}$	(2.189)
minimale Profilverschiebung, Ritzel	$x_{hx1} = 1{,}1k_{hapx} - \frac{z_{nx1} m_{xn} \sin^2\alpha_{e\min x}}{2m_{mn}}$	(2.190)
minimale Profilverschiebung am Berechnungspunkt, Ritzel	$x_{hm\min x1} = x_{hx1} + \frac{\left(d_{Ex1} - d_{x1}\right)\cos\delta_1}{2m_{mn}}$	(2.191)
Unterschnitt am überprüften Punkt der Zahnbreite am Ritzel ist dann vermieden, wenn gilt:	$x_{hm1} > x_{hm\,min\,x1}$	

Tabelle 2.21 Prüfung auf Unterschnitt bei gewälztem Tellerrad

Bezeichnung	Formel	Nr.
Die Stelle der Zahnbreite, an der die Prüfung auf Unterschnitt erfolgen soll, wird in der Folge mit x bezeichnet. Alle weiteren Formeln beziehen sich auf diesen Punkt.		
Teilkegellänge bis zu dem zu überprüfenden Punkt, Tellerrad	$R_{i2} \le R_{x2} \le R_{e2}$	(2.192)
Die Formeln (2.193) und (2.194) gelten für beide Teilverfahren (für das Einzelteilverfahren gilt $z_0 = 0$):		
Hilfswinkel	$\varphi_{x2} = \arccos\left(\frac{R_{x2}^2 + \rho_{P0}^2 - r_{c0}^2}{2R_{x2}\rho_{P0}}\right)$	(2.193)
Spiralwinkel des Tellerrades	$\beta_{x2} = \arctan\left(\frac{R_{x2} - \rho_b \cos\varphi_{x2}}{\rho_b \sin\varphi_{x2}}\right)$	(2.194)
Teilkegel-Durchmesser Tellerrad	$d_{x2} = 2R_{x2}\sin\delta_2$	(2.195)
Normalmodul	$m_{xn} = \frac{d_{x2}}{z_2}\cos\beta_{x2}$	(2.196)
Zwischenwert	$z_{nx2} = \frac{z_2}{\left(1-\sin^2\beta_{x2}\cos^2\alpha_n\right)\cos\beta_{x2}\cos\delta_2}$	(2.197)
Für die folgenden Berechnungen wird der kleinere der effektiven Eingriffswinkel verwendet:		
	wenn $\alpha_{nC} < \alpha_{nD}$: $\alpha_{e\min x} = \alpha_{nC}$	(2.198)
	wenn $\alpha_{nC} \ge \alpha_{nD}$: $\alpha_{e\min x} = \alpha_{nD}$	(2.199)
Berechnung des maximalen Profilverschiebungsfaktors am Tellerrad (Diese Prüfung ist notwendig, da bei Kegelrädern stets gilt: $x_{hm2} = -x_{hm1}$)		
wirksame Zahnkopfhöhe des erzeugenden Werkzeugs	$k_{hapx} = k_{hap} + \frac{\left(R_{x2} - R_{m2}\right)\tan\theta_{f2}}{m_{mn}}$	(2.200)
maximale Profilverschiebung am Berechnungspunkt, Ritzel	$x_{hm\max x1} = -\left(1{,}1k_{hapx} - \frac{z_{nx2}m_{xn}\sin^2\alpha_{e\min x}}{2m_{mn}}\right)$	(2.201)
Unterschnitt am überprüften Punkt der Zahnbreite am Tellerrad ist dann vermieden, wenn gilt: $x_{hm1} < x_{hm\,max\,x1}$		

2.4 Summen- und Gleitgeschwindigkeiten

2.4.1 Allgemein

In diesem Kapitel werden ausgehend von der Getriebekinematik die Geschwindigkeitsverhältnisse in einem beliebigen Berührpunkt auf der Ritzel- und Radflanke abgeleitet. Diese beeinflussen maßgeblich die Schmierungs- und Reibungsverhältnisse auf der Flanke und dadurch auch direkt die Tragfähigkeit sowie den Wirkungsgrad der Verzahnung.

Für die nachfolgenden Ableitungen wird das Koordinatensystem nach Abb. 2.23 definiert.

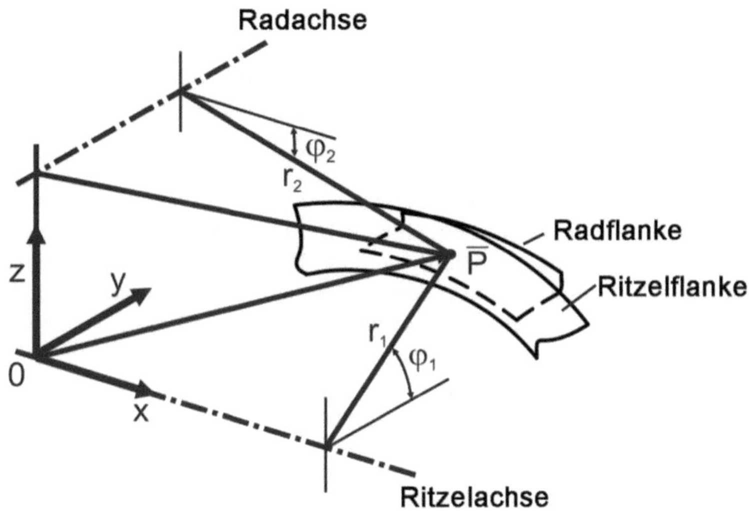

Abb. 2.23 Koordinatensystem für die Berechnung der Geschwindigkeitsverhältnisse

2.4.2 Absolutgeschwindigkeiten

Die Absolutgeschwindigkeiten der Flankenoberflächen in einem Berührpunkt auf der Ritzel- bzw. Radflanke entsprechen den Umfangsgeschwindigkeiten um die jeweilige Achse. Über die Abstände zu den Drehachsen sowie mit den entsprechenden Winkelgeschwindigkeiten können diese nach Tabelle 2.22 berechnet werden.

Tabelle 2.22 Berechnung der Umfangsgeschwindigkeit

Bezeichnung	Formel	Nr.
Betrag der Umfangsgeschwindigkeit	$v_{t1,2} = \left\lvert \bar{v}_{t1,2} \right\rvert = r_{1,2}\omega_{1,2}$	(2.202)
Umfangsgeschwindigkeit, Ritzel	$\bar{v}_{t1} = v_{t1}\begin{pmatrix} 0 \\ \sin\varphi_1 \\ -\cos\varphi_1 \end{pmatrix}$	(2.203)
Umfangsgeschwindigkeit, Rad	$\bar{v}_{t2} = v_{t2}\begin{pmatrix} -\sin\varphi_2 \\ 0 \\ -\cos\varphi_2 \end{pmatrix}$	(2.204)

2.4.3 Gleitgeschwindigkeiten

Die Gleitgeschwindigkeit entspricht der Differenz der Absolut- bzw. der Umfangsgeschwindigkeiten der Flanken im betrachteten Berührpunkt. Abbildung 2.24 zeigt die vektoriellen Zusammenhänge.

Die Gleitgeschwindigkeit nach Tabelle 2.23 liegt immer senkrecht zu den Normalenvektoren der Flanken im betrachteten Berührpunkt. Bei Kegelrädern ohne Achsversatz tritt zwischen den Zahnflanken auf Höhe der Teilkegel reines Wälzen ohne Gleiten auf. Analog zu Stirnrädern ergibt sich in den restlichen Flankenbereichen ein Zahnhöhengleiten. Dieses wird bei Hypoidrädern von einem Zahnlängsgleiten überlagert, welches durch den Achsversatz bedingt ist.

Tabelle 2.23 Berechnung der Gleitgeschwindigkeit

Bezeichnung	Formel	Nr.
Gleitgeschwindigkeit	$\bar{v}_{g1} = \bar{v}_{t1} - \bar{v}_{t2}$; $\quad \bar{v}_{g2} = \bar{v}_{t2} - \bar{v}_{t1}$	(2.205)

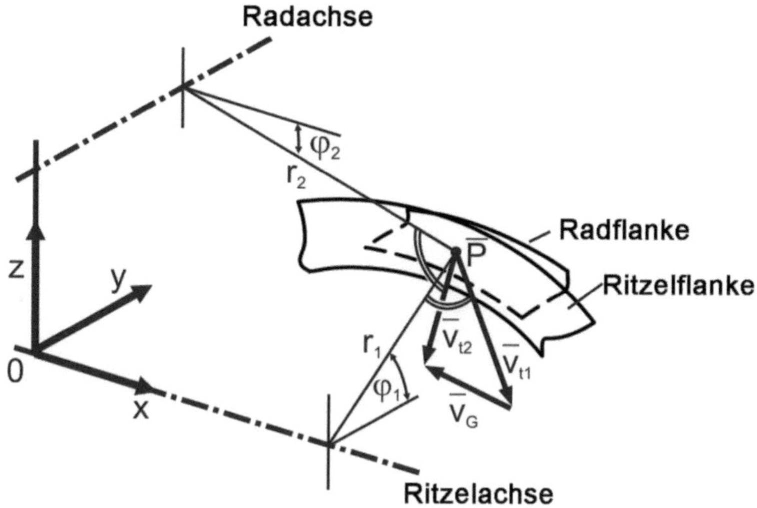

Abb. 2.24 Geschwindigkeitsverhältnisse im betrachteten Berührpunkt

2.4.4 Summengeschwindigkeiten

Unter der Summengeschwindigkeit versteht man die Summe der Oberflächengeschwindigkeiten der Ritzel- und Radflanke in einem Berührpunkt. Die Summengeschwindigkeit kann als Transportgeschwindigkeit für den auf der Flanke anliegenden Schmierfilm in den Berührpunkt betrachtet werden und steht somit direkt mit dem Schmierfilmaufbau in Beziehung. Daher fließt die Summengeschwindigkeit beispielsweise in die Berechnung der Reibungszahl (siehe 4.2.6 und 4.3.3) und der Schmierfilmdicke ein.

Abbildung 2.25 a) zeigt die Geschwindigkeitsverhältnisse an der Ritzelflanke, Abb. 2.25 b) an der korrespondierenden Tellerradflanke. Der Vektor $\overline{n_P}$ steht im Berührpunkt $\overline{P}$ senkrecht auf der Tangentialebene T. In der betrachteten Eingriffsstellung hat der Berührpfad in $\overline{P}$ eine Tangente $t-t$. Als Berührlinie wird dabei die lange Halbachse der lang gestreckten Berührellipse angesehen. Die Flankentangentialgeschwindigkeit $\overline{w_t}$ ist die in der Tangentialebene liegende Komponente der Umfangsgeschwindigkeit $\overline{v_t}$. Somit gibt es für Ritzel und Rad jeweils eine Flankentangentialgeschwindigkeit $\overline{w_{t1}}$ und $\overline{w_{t2}}$.

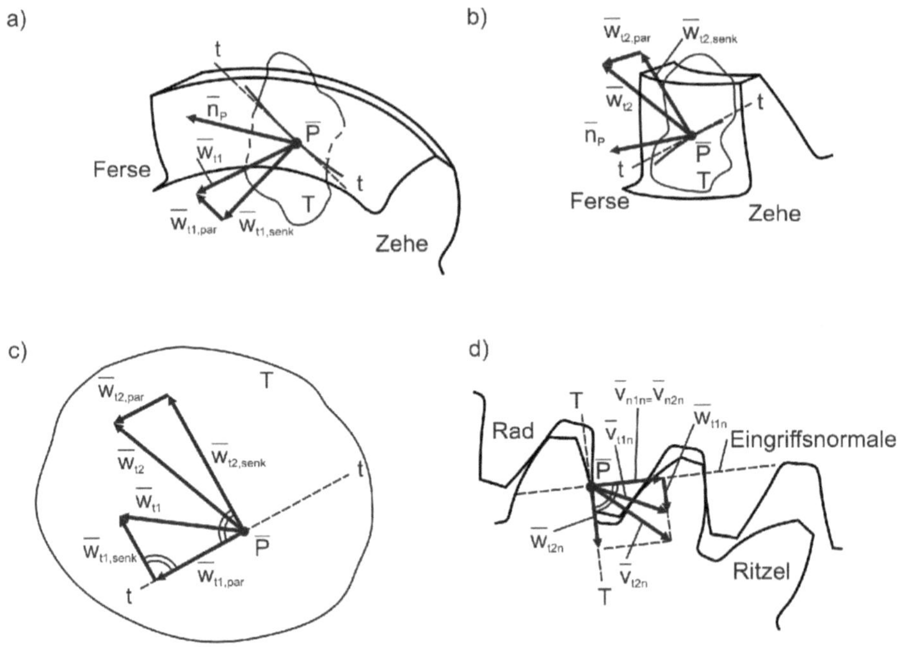

Abb. 2.25 Geschwindigkeitsverhältnisse zur Bestimmung der Summengeschwindigkeit

Für die Ableitung des spezifischen Gleitens in Kapitel 2.4.5 werden die Anteile der Flankentangentialgeschwindigkeiten senkrecht zur Berührlinie benötigt. Zur Berechnung u.a. der Flankentragfähigkeit nach 4.2.5 werden außerdem die Anteile der Tangentialgeschwindigkeit parallel zur Berührlinie sowie die Summengeschwindigkeitsanteile senkrecht zur Berührlinie benötigt. Abbildung 2.25 c) zeigt die in der Tangentialebene T liegenden Geschwindigkeitsvektoren von Ritzel und Rad. Die entsprechenden Zusammenhänge zur Berechnung sind in Tabelle 2.24. aufgeführt. Der Richtungsvektor $\bar{t}_B$ der Berührlinie in einem Punkt lässt sich näherungsweise durch die Differenz der Koordinaten eines weiteren Punktes der Berührlinie und dem aktuellen Berührpunkt berechnen.

Die Geschwindigkeitsverhältnisse sind, wie in Abb. 2.25 d) dargestellt, auch in den Normalschnitt projiziert darstellbar. Die Umfangsgeschwindigkeiten $\bar{v}_{t1,2n}$ lassen sich in einen Anteil $\bar{w}_{t1,2n}$ senkrecht und $\bar{v}_{n1,2n}$ parallel zur Eingriffsnormalen zerlegen. Da sich die Flanken beim Abwälzen nicht durchdringen, muss $\bar{v}_{n1n} = \bar{v}_{n2n}$ gelten.

Tabelle 2.24 Berechnung der Tangential- und Summengeschwindigkeiten

Bezeichnung	Formel	Nr.
Hilfsvektor	$\bar{h}_{1,2} = \left(\bar{n}^0 \circ \bar{v}_{1,2}\right)$	(2.206)
Flankentangentialgeschwindigkeit	$\bar{w}_{t1,2} = \bar{v}_{t1,2} - \bar{h}_{1,2}$	(2.207)
Flankentangentialgeschwindigkeit parallel zur Berührlinie	$\bar{w}_{t,par1,2} = \dfrac{\bar{w}_{t1,2} \circ \bar{t}_B}{\bar{t}_B^{\,2}} \bar{t}_B$	(2.208)
Flankentangentialgeschwindigkeit senkrecht zur Berührlinie	$\bar{w}_{t,senk1,2} = \bar{w}_{t1,2} - \bar{w}_{tpar1,2}$	(2.209)
Summengeschwindigkeit	$\bar{v}_{\Sigma} = \bar{w}_{t1} + \bar{w}_{t2}$	(2.210)
Summengeschwindigkeit senkrecht zur Berührlinie	$\bar{v}_{\Sigma,senk} = \bar{w}_{t1,senk} + \bar{w}_{t2,senk}$	(2.211)

2.4.5 Spezifisches Gleiten

Da bei Hypoidrädern die Flankentangentialgeschwindigkeiten und die Gleitgeschwindigkeit nicht kolinear sind, ist eine eindeutige Definition des spezifischen Gleitens wie an Stirn- und Kegelrädern nicht möglich. Für die Berechnung des Einflusses des spezifischen Gleitens auf die Flankentragfähigkeit nach 4.2 werden daher die Geschwindigkeitsverhältnisse in einer Ebene senkrecht zur Berührlinie betrachtet (siehe Tabelle 2.25). Diese Definition entspricht an Kegelrädern ohne Achsversatz der gängigen Definition an Stirnrädern. Das bei Hypoidrädern vorhandene spezifische Gleiten längs der Berührlinie und der entsprechende Einfluss auf die Tragfähigkeit wird nach 4.2.5 berücksichtigt.

Tabelle 2.25 Berechnung des spezifischen Gleitens

Bezeichnung	Formel	Nr.
spezifisches Gleiten senkrecht zur Berührlinie, Ritzel	$\zeta_{1,senk} = 1 - \dfrac{\bar{w}_{t2,senk}}{\bar{w}_{t1,senk}}$	(2.212)
spezifisches Gleiten senkrecht zur Berührlinie, Rad	$\zeta_{2,senk} = 1 - \dfrac{\bar{w}_{t1,senk}}{\bar{w}_{t2,senk}}$	(2.213)

2.5 Zahnkräfte

2.5.1 Zahnkraftanalyse

Die Zahnkräfte, die aus der Verzahnungsgeometrie und dem Drehmoment resultieren, lassen sich in tangentiale, axiale und radiale Komponenten zerlegen. Diese werden benötigt, um die Kräfte zu errechnen, die aus den anliegenden Kräften und Momenten resultierend auf die Wellen und Lager wirken. Die Axial- und Radialkräfte hängen von der Zahngeometrie der belasteten Flanke ab.

2.5.2 Berechnung der Zahnkräfte

Die Berechnung der Zahnkräfte erfolgt mit Hilfe der Formeln aus Tabelle 2.26. Die Richtung der Zahnkräfte ist u.a. stark vom Spiralwinkel abhängig und in Abb. 2.26 dargestellt.

Tabelle 2.26 Berechnung der Zahnkräfte

Bezeichnung	Formel	Nr.
Tangentialkraft: am Tellerrad	$F_{mt2} = \frac{2 \cdot T_2}{d_{m2}} \cdot 1000$	(2.214)
am Ritzel	$F_{mt1} = \frac{F_{mt2} \cos \beta_{m1}}{\cos \beta_{m2}} = \frac{2 \cdot T_1}{d_{m1}} \cdot 1000$	(2.215)
	Der Faktor 1000 ergibt sich aus der Umrechnung Nm in Nmm. Die Einheiten sind im Kapitel Symbole und Einheiten definiert.	
Axialzahnkraft:	**Belastete Flanke: Zugflanke**	
am Ritzel	$F_{\mathrm{ax1},D} = \left(\tan \alpha_{\mathrm{nD}} \frac{\sin \delta_1}{\cos \beta_{m1}} + \tan \beta_{\mathrm{m1}} \cos \delta_1 \right) F_{mt1}$	(2.216)
am Tellerrad	$F_{\mathrm{ax2},D} = \left(\tan \alpha_{\mathrm{nD}} \frac{\sin \delta_2}{\cos \beta_{m2}} - \tan \beta_{\mathrm{m2}} \cos \delta_2 \right) F_{mt2}$	(2.217)
Axialzahnkraft:	**Belastete Flanke: Schubflanke**	
am Ritzel	$F_{\mathrm{ax1},C} = \left(\tan \alpha_{\mathrm{nC}} \frac{\sin \delta_1}{\cos \beta_{m1}} - \tan \beta_{\mathrm{m1}} \cos \delta_1 \right) F_{mt1}$	(2.218)
am Tellerrad	$F_{\mathrm{ax2},C} = \left(\tan \alpha_{\mathrm{nC}} \frac{\sin \delta_2}{\cos \beta_{m2}} + \tan \beta_{\mathrm{m2}} \cos \delta_2 \right) F_{mt2}$	(2.219)

Positive Axialzahnkräfte (+) sind Zahnkräfte, die das Kegelrad vom Achskreuzungspunkt weg und damit aus dem Zahneingriff drängen. Negative Axialzahnkräfte (-) sind Zahnkräfte, die das Kegelrad in Richtung des Achskreuzungspunktes und damit in den Zahneingriff hineinziehen (siehe Abb. 2.26).

Tabelle 2.26 (Fortsetzung)

Radialzahnkraft:	**Belastete Flanke: Zugflanke**	
am Ritzel	$F_{\mathrm{rad1},D} = \left(\tan\alpha_{\mathrm{nD}} \dfrac{\cos\delta_1}{\cos\beta_{m1}} - \tan\beta_{\mathrm{m1}} \sin\delta_1 \right) F_{mt1}$	(2.220)
am Tellerrad	$F_{\mathrm{rad2},D} = \left(\tan\alpha_{\mathrm{nD}} \dfrac{\cos\delta_2}{\cos\beta_{m2}} + \tan\beta_{\mathrm{m2}} \sin\delta_2 \right) F_{mt2}$	(2.221)
Radialzahnkraft:	**Belastete Flanke: Schubflanke**	
am Ritzel	$F_{\mathrm{rad1},C} = \left(\tan\alpha_{\mathrm{nC}} \dfrac{\cos\delta_1}{\cos\beta_{m1}} + \tan\beta_{\mathrm{m1}} \sin\delta_1 \right) F_{mt1}$	(2.222)
am Tellerrad	$F_{\mathrm{rad2},C} = \left(\tan\alpha_{\mathrm{nC}} \dfrac{\cos\delta_2}{\cos\beta_{m2}} - \tan\beta_{\mathrm{m2}} \sin\delta_2 \right) F_{mt2}$	(2.223)

Positive Radialzahnkräfte (+) sind Zahnkräfte, die das Kegelrad aus dem Zahneingriff drängen. Negative Radialzahnkräfte (-) sind Zahnkräfte, die das Kegelrad in den Zahneingriff hineinziehen (siehe Abb. 2.26).

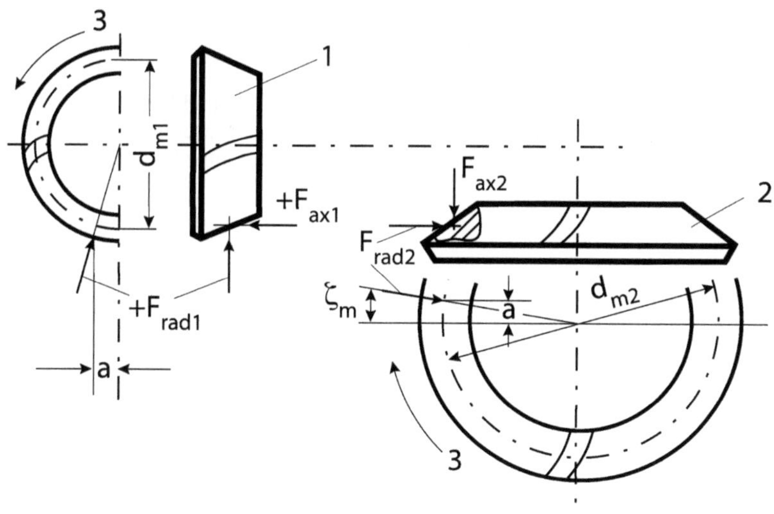

1 Ritzel 2 Tellerrad 3 Drehrichtung

Abb. 2.26 Zahnkräfte

2.5.3 Lagerkräfte

Die Lagerkräfte können aus den Zahnkräften und den zusätzlich einwirkenden äußeren Kräften berechnet werden. Die Radialkraft auf die Lager enthält dabei Komponenten aus der Tangentialkraft, der Axialzahnkraft und der Radialzahnkraft sowie der zusätzlich von außen einwirkenden Kraftanteile. Die Axialkraft auf die Lager ist die Axialzahnkraft zuzüglich der von außen einwirkenden Kraftanteile.

2.6 Literatur

[AGMA2005] ANSI/AGMA 2005-D03 „Design Manual for Bevel Gears“, 2003

[COLE52] Coleman, W.: Improved Method for Estimating Fatigue Life of Bevel and Hypoid Gears; SAE Quarterly Transactions 6, 2; S. 314 – 331,1952

[ISO23509] ISO 23509, “Bevel and Hypoid Gear Geometry”, 2006

[KN3029] Auslegung von Hypoid-Getrieben mit Klingelnberg Zyklo-Palloid-Verzahnung, Klingelnberg GmbH, 1995

[NIEM86.3] Niemann, G.; Winter, H.: Maschinenelemente Band III, Springer Verlag, 1986

[SEIB03] Seibicke, F.: Dimensionierung, Auslegung und Herstellung von Kegelradsätzen mit inverser Spirale; Dresdner Maschinenelemente Kolloquium 2003, Tagungsband; Verlagsgruppe Mainz GmbH, 2003

3 Auslegung

3.1 Startwerte für die Geometrie

An heutige Kegelradgetriebe werden neben einer hohen Funktionssicherheit beträchtliche Forderungen hinsichtlich übertragbarer Drehmomente, geringer Masse, geringen Fertigungskosten und Geräuschanregung gesetzt.

Die wichtigsten, die geometrische Grundauslegung der Kegelradverzahnung beeinflussenden Startwerte sind:

- Übersetzungsverhältnis u
- Achswinkel Σ
- Achsversatz a
- Drehmoment T
- Bauraum und damit der äußere Tellerrad-Durchmesser d_{ae2}

Hierbei beeinflussen sich natürlich Drehmoment und erforderlicher Bauraum, da mit einer bestimmten Verzahnungsgröße abhängig von der Auslegung (Geometrie und Werkstoff) nur ein bestimmtes maximales Drehmoment übertragen werden kann.

Die Größen, die die Grundgeometrie beschreiben, stehen in einem Zusammenhang, der aus nachfolgender Gleichung erkennbar ist.

$$d_{e2} - b_2 \cdot \sin\delta_2 = u \cdot z_1 \cdot \frac{m_{mn}}{\cos\beta_{m2}} \tag{3.1}$$

Sind die Grunddaten aus früheren Getrieben oder anderen Erfahrungen bekannt, dann sollte der Entwurf auf diesen Grundlagen erfolgen.

Äußerer Teilkegel-Durchmesser d_{e2} Mit dem äußeren Teilkegel-Durchmesser des Tellerrades wird die Baugröße des Getriebes bestimmt. Meist ist der verfügbare Bauraum auch eine Größe aus dem Pflichtenheft. Der notwendige Teilkegeldurchmesser ist abhängig vom zu übertragenden Drehmoment, dem Übersetzungsverhältnis und dem verwendeten Werkstoff.

In [NIEM86.3] wird vorgeschlagen, auf der Basis bekannter Auslegungen über die Ersatzverzahnung einen Faktor K_K* zu ermitteln und mit diesem in der nachfolgenden Entwurfsformel den äußeren Teilkegel-Durchmesser des Ritzels zu bestimmen.

$$K_K^* = \left(\frac{F_{mt}}{b_1 \cdot d_{v1}}\right) \cdot \left(\frac{u_v + 1}{u_v}\right) \tag{3.2}$$

$$d_{e1} = \sqrt[3]{\frac{18500 \cdot T_1}{u \cdot K_K^*}} \tag{3.3}$$

Wenn keine Erfahrungswerte vorliegen, liefert die Gleichung 3.4 nach [KN3028] gute Anhaltswerte für eine Auslegung auf der sicheren Seite.

$$d_{e2} = \sqrt[2{,}8]{1000 \cdot T_1 \cdot \left(\frac{u^3}{u^2 + 1}\right) \cdot \sqrt[5]{60 \cdot n_1}} \tag{3.4}$$

Zahnbreite b Bei der Wahl der Zahnbreite hat sich die Einhaltung bestimmter Größenverhältnisse als sinnvoll erwiesen. Hierzu können zwei Kriterien verwendet werden:

das Verhältnis von äußerer Teilkegellänge des Rades zu seiner Zahnbreite ($3.0 \leq R_{e2}/b_2 \leq 5.0$)

und das Verhältnis der Zahnbreite des Rades zum mittleren Normalmodul. ($7.0 \leq b_2/m_{mn} \leq 14.0$).

Das erste Kriterium ist nur bei Kegelradverzahnungen mit einem Achswinkel von ca. 90° sinnvoll, in anderen Fällen ist das Kriterium für b_2/m_{mn} zu beachten, da sonst zu breite Zähne entstehen.

Zähnezahl z Bei der Wahl der Zähnezahl von Ritzel und Tellerrad sind verschiedene Gesichtspunkte zu beachten. Durch die Zähnezahl werden neben der Profilkrümmung und Zahnhöhe auch die Herstellbarkeit der Verzahnung hinsichtlich Unterschnitt und spitzer Zähne beeinflusst. Wie auch bei Stirnrädern bekannt, sinkt bei gleichem Zähnezahlverhältnis mit steigender Zähnezahl die erforderliche Profilverschiebung zur Vermeidung von Unterschnitt.

Zur Wahl der Ritzelzähnezahl sind verschiedene Ansätze möglich. Ein erster besteht darin, eine bestimmte Mindest-Planradzähnezahl $z_{Pmin} \geq 25 \ldots 35$ einzuhalten.

$$z_1 = \frac{z_{P\min} \cdot \sin\Sigma}{\sqrt{1 + u^2 - 2 \cdot \cos\Sigma}} \tag{3.5}$$

Für Kegelräder ohne Achsversatz und 90° Achswinkel lässt sich bei vorgegebenem Verhältnis R_{e2}/b_2 die folgende Überschlagsformel zur Bestimmung der Ritzelzähnezahl herleiten.

$$z_1 = \frac{d_{e2} \cdot \left(2 \cdot \frac{R_{e2}}{b_2} - 1\right) \cdot \cos\beta_{m2}}{2 \cdot u \cdot m_{mn} \cdot \left(\frac{R_{e2}}{b_2}\right)} \tag{3.6}$$

Hierbei kann der Normalmodul überschlagsmäßig aus den Verhältnissen R_{e2}/b_2 und b_2/m_{mn} bestimmt werden.

$$m_{mn} = \frac{R_{e2}}{\frac{R_{e2}}{b_2} \cdot \frac{b_2}{m_{mn}}} \tag{3.7}$$

Weiterhin müssen bei der Wahl der Zähnezahlen Grenzen der Verzahnmaschinen im Hinblick auf herstellbare Minimal- und Maximalzähnezahlen und auch maximal zu realisierende Übersetzungsverhältnisse beachtet werden. Bei kontinuierlichen Verzahnverfahren sollten die Zähnezahl und die Messerkopfgangzahl keinen gemeinsamen Teiler haben. Dies würde dazu führen, dass immer die gleiche Messergruppe durch die gleiche Lücke schneidet und sich Ungenauigkeiten im Messerkopf unmittelbar in der Teilungsgenauigkeit der Kegelradverzahnung widerspiegeln. In der Teilungsabweichung ist dann eine Periodizität entsprechend der Gangzahl des Messerkopfs zu erkennen.

Mittlere Spiralwinkel β_{m2} Der mittlere Spiralwinkel kann bei den meisten Herstellverfahren frei gewählt werden (siehe hierzu 2.1). Durch den Spiralwinkel werden neben der Überdeckung die Zahnkräfte und somit auch die Lagerbelastungen beeinflusst. Teilweise hat der Spiralwinkel auch Einfluss auf die Kopf- und Fußwinkel (Duplexkegel, siehe 2.2.4.2). Für Kegelräder ohne Achsversatz sollte der mittlere Spiralwinkel, wenn keine anderen Erfahrungen oder Forderungen vorliegen, im Bereich von 30 bis 45° liegen. Meist wird in diesem Fall ein Spiralwinkel von 35° gewählt. Bei Hypoidverzahnungen soll zur Vermeidung von Problemen an der Zehe oder Ferse der mittlere Spiralwinkel am Tellerrad so gewählt werden, dass sich am Ritzel ein Winkel von maximal 50° ergibt.

Werkzeugradius r_{c0} Da die Werkzeuge für die verschiedenen Herstellverfahren in unterschiedlichen Größenstufen angeboten werden, ist die Wahl des Werkzeugradius bzw. Werkzeugdurchmessers auch vom gewählten Verzahnungstyp (Herstellverfahren) abhängig. Auch sind für verschiedene Verzahnungstypen verschiedene Werkzeugradien optimal. Als Maßstab wird das Verhältnis von Werkzeugradius zu mittlerer Teilkegellänge des Tellerrades genommen. Tabelle 3.1 gibt Richtwerte zu vorteilhaften Verhältnissen von r_{c0} zu R_{m2} an. Von diesen kann entsprechend den Anforderungen und vorhandenen Werkzeugen abgewichen werden.

Tabelle 3.1 Anhaltswerte für das Verhältnis r_{c0}/R_{m2}

	Einzelteilen, veränderliche Zahnhöhe (z.B. Completing)	Einzelteilen, konstante Zahnhöhe (z.B. Kurvex)	kontinuierlich Teilen Stabmesser (z.B. Spirac®)	kontinuierlich Teilen Profilmesser (Zyklo-Palloid®)
r_{c0}/R_{m2}	1,0	0,8	0,8	0,6

Der Werkzeugradius bestimmt den Krümmungsradius der Flankenlängslinie und hat dadurch einen großen Einfluss auf das Verlagerungsverhalten der Kegelradverzahnung (siehe 3.4.5). Man spricht hier vom sogenannten „Small Cutter"- oder „Large Cutter"-Design. Weiterhin ergibt sich ein Einfluss auf die inneren und äußeren Spiralwinkel der Verzahnung und auf den Verlauf der Zahnlückenweite im Normalschnitt entlang der Zahnbreite.

Profilverschiebungsfaktor x_{hm} Kegelradverzahnungen werden immer als sogenannte „V-Null-Verzahnungen" ausgelegt, das bedeutet, dass die Summe der Profilverschiebungen gleich 0 ist oder anders ausgedrückt, der Betrag der Profilverschiebung des Ritzels gleich dem Betrag des Tellerrades ist. Diese Einschränkung in der Wahl der Profilverschiebung gegenüber Stirnrädern wird teilweise dadurch ausgeglichen, dass die Anpassung der Zahnfußdicke zum Erhalt der angestrebten Fußspannungsverhältnisse mit der Profilseitenverschiebung erfolgen kann. Dies lässt sich bei allen Verfahren außer Palloid® ohne Sonderwerkzeuge oder Zusatzaufwand realisieren.

Kriterien zur Wahl der Profilverschiebung sind:
- Vermeidung von Unterschnitt
- Einfluss auf Zahnflankentragfähigkeit
- Vermeidung spitzer Zähne

Die Auslegung auf Unterschnittfreiheit kann in diesem Stadium nur näherungsweise erfolgen (siehe 2.3.4). Grund hierfür ist, dass die Geometrie und somit der Unterschnitt vom Herstellverfahren abhängig sind. Da Kegelradverzahnungen als V-Null-Verzahnungen ausgelegt werden, kann es im ungünstigen Fall bei gewälzten Verzahnungen möglich sein, dass sich Unterschnitt an Tellerrad oder Ritzel nicht vermeiden lässt. Ist keine Änderung der Geometrie, Erhöhung der Zähnezahlen, Änderung des Spiralwinkels, Wahl eines anderen Werkzeugradius möglich, so sollte eine gleichmäßige Aufteilung des Unterschnitts erfolgen. Bei Verzahnungen mit getauchten Tellerrädern gibt es keinen Unterschnitt an den Rädern, weil dieser nur beim Wälzen entstehen kann. Dabei ist zu beachten, dass an den zugehörigen Ritzeln stärkerer Unterschnitt auftritt bzw. eine größere Profilverschiebung erforderlich ist, um Unterschnitt zu vermeiden, als an einem Ritzel der gleichen Verzahnung, dessen Tellerrad gewälzt ist. Eine genaue Bestimmung, ob Unterschnitt auftritt, ist nur mit einem Programm zur Berechnung der Flankengeometrie (Flankengenerator, siehe 3.3.1) möglich.

Durch die Wahl der Profilverschiebung wird auch die Zahnflankentragfähigkeit beeinflusst. Die Krümmungsradien der sich berührenden Zahnflanken sind von entscheidender Bedeutung für die Zahnflankenpressung. Neben der Höhe der Pressung hat auch das Gleiten der Zahnflanken Einfluss auf ihre Tragfähigkeit und das Entstehen von Flankenschäden, wie z.B. Pittings oder Graufleckigkeit (siehe 4.1.4 und 4.2.5). Daher ist ein weiteres Kriterium zur Wahl der Profilverschiebung, einen Ausgleich der Maximalwerte des spezifischen Gleitens (siehe 2.4.5) an Ritzel und Rad zu erreichen.

Eine zu große Profilverschiebung kann im Bereich der Zehe auch zu spitzen Zähnen führen (siehe Abb. 3.1).

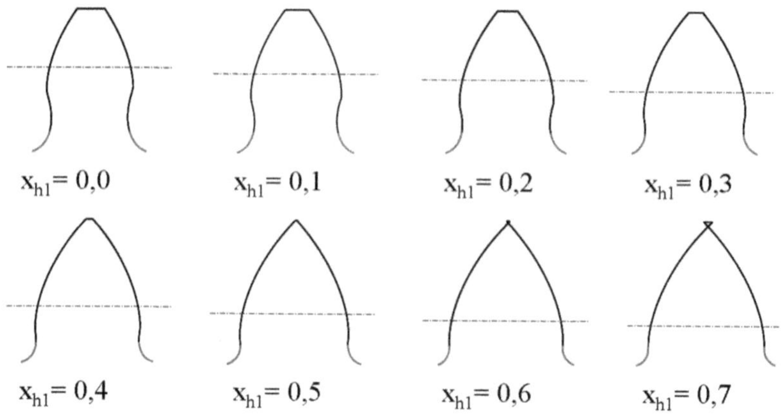

Abb. 3.1 Ritzelprofil bei verschiedenen Profilverschiebungen ($z_1 = 9$, $z_2 = 41$)

Profilseitenverschiebungsfaktor x_{smn} Wie schon beim Profilverschiebungsfaktor x_{hm} erwähnt, kann die Profilseitenverschiebung bei Spiralkegelrädern in Grenzen frei gewählt werden. Die Profilseitenverschiebung wird dazu genutzt, um die Zahnfußtragfähigkeit an Tellerrad und Ritzel auszugleichen. Durch die Veränderung der Zahndicke verändert sich auch die Zahnlückenweite, diese hat nun auch einen Einfluss auf den maximal wählbaren Abrundungsradius am Werkzeug. Es kann im ungünstigen Fall dazu kommen, dass die Vergrößerung der Zahndicke und damit Verringerung der Nennspannungen durch die größere Spannungskonzentration im Zahnfuß infolge eines kleineren möglichen Abrundungsradius kompensiert wird und die örtliche Zahnfußspannung in etwa gleich bleibt.

Nenneingriffswinkel α_d Der Nenneingriffswinkel kann bei geschliffenen Verzahnungen und solchen, die mittels eines mit Stabmessern bestückten Messerkopfs hergestellt werden (siehe 6.2.3.4), frei gewählt werden, ohne dass Sonderwerkzeuge erforderlich sind. Bei anderen Verfahren, z.B. Zyklo-Palloid®, sind die Eingriffswinkel werkzeugbedingt in 17,5°; 20° und 22,5° vorgegeben. Es hat sich – ähnlich Stirnrädern – ein Wert von 20° als günstiger Kompromiss zwischen

Profilüberdeckung und Zahnfußfestigkeit herausgebildet. Typischerweise werden bei Kegelrädern abhängig von Tragfähigkeit, Geräuschverhalten etc. Eingriffswinkel zwischen 16° und 24° gewählt. Stark davon abweichende Eingriffswinkel führen oft zu geometrisch unerfüllbaren Zwängen sowohl auf der Seite des Radsatzes als auch auf der Seite des Werkzeuges.

Zahnkopfhöhenfaktor k_{hap} Der Zahnkopfhöhenfaktor ist am Bezugsprofil definiert (siehe Abb. 2.20). Er kann frei gewählt werden, wobei ein Wert von 1,0 die übliche Größe ist. Weiterhin ist zu beachten, dass bei Herstellverfahren mit Standardmessern (z.B. Zyklo-Palloid®) diese hinsichtlich Profilhöhe und Messersphärik auf diesen Wert von 1,0 abgestimmt sind. Der Zahnkopfhöhenfaktor hat bei Kegelradverzahnungen ähnliche Auswirkungen wie bei Stirnrädern, er bestimmt die mittlere Zahnhöhe. Mit größerem Zahnkopfhöhenfaktor nimmt die Profilüberdeckung zu, gleichzeitig steigt die Gefahr spitz werdender Zähne und der Biegehebelarm verlängert sich.

Kopfgrundspiel (theoretisch) c Projiziert in den Axialschnitt, ist das Kopfgrundspiel der minimale Abstand zwischen dem Zahnkopf und dem Zahngrund des Gegenrades. Der Abstand des Zahnkopfes in Richtung Zahnflanke des Gegenrades wird im Folgenden mit Kopfseitenspiel oder Interferenz bezeichnet. Die Größe des Kopfgrundspiels liegt bei Spiralkegelrädern üblicherweise zwischen 0,2 bis 0,3 mal mittlerem Normalmodul. Bei Verzahnungen, die mit Werkzeugneigung (Tilt) gefertigt werden, wird ein größeres Spiel verwendet, um ein Auflaufen des Zahnkopfs im Fuß des Gegenrades zu vermeiden, da dessen Fußlinie infolge der Neigung gekrümmt ist (siehe Abb. 3.2) und die Zahnfußausrundung über das Kopfgrundspiel hinausragen kann. Das tatsächliche Kopfgrundspiel hängt von der Herstellung ab.

Tabelle 3.2 Standardwerte für das Kopfgrundspiel

Verfahren	Zyklo-Palloid®	Palloid®	Kontinuierlich	Kurvex	5-Schnitt	Completing	Wiener
k_{hap}	1,0	1,0	1,0	0,9	1,0	1,0	1,0
c/m_{mn}	0,25	0,3	0,25	0,2	0,3	0,35	0,25

bei Palloid – Bezug auf Fräsermodul anstelle m_{mn}

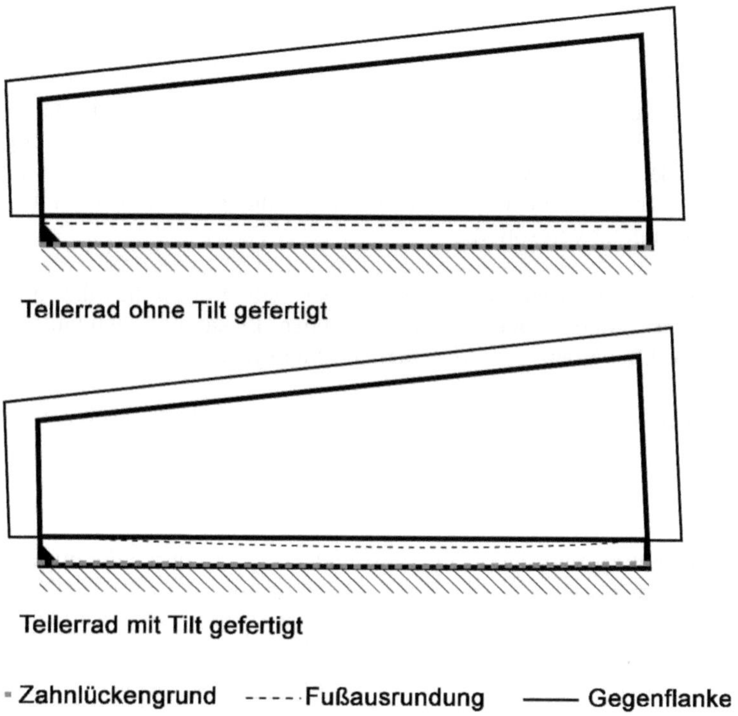

Abb. 3.2 Tatsächliche Fußlinie bei Verzahnungen ohne und mit Werkzeugneigung (Tilt)

Verdrehflankenspiel j Das Verdrehflankenspiel ist notwendig, um eine in der Praxis immer mit Abweichungen behaftete Verzahnung lauffähig zu machen. Ohne Verdrehflankenspiel würden beispielsweise Teilungs- und Zahndickenabweichungen sowie Einbau- und Lagetoleranzen sofort zu Eingriffsstörungen oder sogar zum Klemmen der Verzahnung führen. Weiterhin ist zu beachten, dass bei Relativverlagerungen von Ritzel und Tellerrad es neben einer Tragbildverlagerung auch zu einer Änderung des Verdrehflankenspiels kommt. Ein zu gering bemessenes Verdrehflankenspiel bringt somit die Gefahr des Klemmens mit sich, während ein zu großes Verdrehflankenspiel die Zahndicke unnötig schwächt und den Leerweg beim Lastwechsel erhöht.

Die Größe des Verdrehflankenspiels muss somit in Abhängigkeit der Verzahnungsgröße, des verwendeten Herstellverfahrens, d.h. der zu erreichenden Verzahnungsqualität, und der Anwendung gewählt werden. Liegen keine eigenen Erfahrungen oder Vorgaben vor, so sollte das am äußeren Teilkegel gemessene Verdrehflankenspiel in folgendem Bereich gewählt werden:

$$j_{et,\min} = 0{,}02 \cdot m_{mn} + 0{,}03\,\text{mm} \tag{3.8}$$

$$j_{et,\max} = 0{,}024 \cdot m_{mn} + 0{,}06\text{mm} \tag{3.9}$$

Werkzeug-Kopfrundungsradius ρ_{a0} Der Werkzeug-Kopfrundungsradius beeinflusst direkt die erzeugte Fußausrundung am Kegelrad und somit die Spannungskonzentration im Zahnfuß. Außerdem wird die Standzeit des Werkzeuges davon beeinflusst. Bei nicht gewälzten Kegelrädern bildet er sich direkt als Fußausrundungsradius ab, während bei gewälzten Verzahnungen die Maschinenkinematik die Fußausrundung vergrößert.

Der Werkzeug-Kopfrundungsradius ist bei den Verfahren, die mit standardisierten Werkzeugen arbeiten, fest vorgegeben. Er kann bei den anderen Verfahren frei gewählt werden, sein Maximalwert muss jedoch zwei Grenzen einhalten:

– maximaler Werkzeug-Kopfrundungsradius, begrenzt durch das Kopfgrundspiel c

$$\rho_{a0,\lim 1,2} = \frac{c_{1,2}}{1 - \sin \alpha_{nD/nC\,1,2}} \tag{3.10}$$

– maximaler Werkzeug-Kopfrundungsradius, begrenzt durch die minimale Lückenweite $e_{fn,\min}$

$$\rho_{a0,\lim 1,2} = \frac{0{,}5 \cdot e_{fn\min} \cdot \cos \alpha_{nD/nC}}{1 - \sin \alpha_{nD/nC}} \tag{3.11}$$

Die Berechnung erfolgt am Planrad für gleiche Abrundungsradien an der konkaven und konvexen Flanke. Um Eingriffsstörungen oder Zerschneiden im Zahngrund zu vermeiden, sollte der gewählte Werkzeug-Kopfrundungsradius kleiner als der kleinere der beiden Grenzwerte sein.

Balligkeiten Diese werden nach Höhen- und Längsballigkeiten unterschieden (siehe Abb. 3.3). Hohe Balligkeiten führen zu einem kleinen Tragbild und einer verringerten Verlagerungsempfindlichkeit, jedoch sowohl zu einer Lastkonzentration und somit zu hohen Flankenpressungen, als auch zu höheren örtlichen Zahnfußspannungen. Eine optimale Modifikation der Kegelradflanken lässt sich nur festlegen, wenn Berechnungsprogramme für die genaue Zahngeometrie, die lastfreie Kontaktanalyse und die Kontaktanalyse unter Last zur Verfügung stehen. Letztere muss auch die Relativverlagerung von Ritzel und Tellerrad einbeziehen. Neben der absoluten Größe der Modifikationen hat auch die Form und Lage erheblichen Einfluss auf die Verlagerungsempfindlichkeit. Diese zu beurteilen, kann mit dem sogenannten Ease-Off erfolgen (siehe 3.3.1).

Wenn keine Erfahrungen vorliegen und keine Möglichkeiten zur Beurteilung der Tragbildverlagerung unter Last vorhanden sind, haben sich folgende von der Zahnbreite abhängige Richtwerte für die Längsballigkeit bewährt:

– für normale Verlagerung: $b_2/250$ bis $b_2/600$
– für geringe Verlagerung: $b_2/350$ bis $b_2/800$

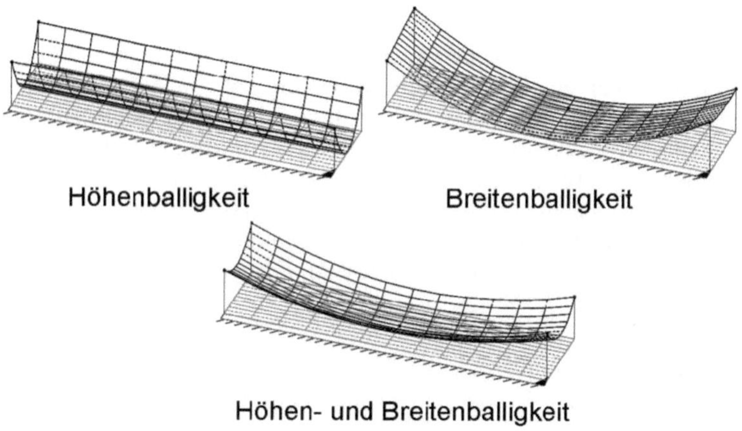

Abb. 3.3 Höhen- und Längsballigkeit im Ease-Off

Herstellbarkeit Die Grenzen der Herstellbarkeit durch spitze Zähne und Unterschnitt lassen sich über die Ersatz-Stirnradverzahnung (siehe 4.2.2) mit ausreichender Genauigkeit berechnen. Bei Spiralkegelrädern kann es noch vorkommen, dass – insbesondere bei flachen Tellerrädern – der Stirnmesserkopf den Zahnkranz an weiteren Stellen als der vorgesehenen berührt und die Verzahnung dort zerschneidet. Dieser Effekt wird Rückanschnitt genannt oder auch Interferenz und tritt um so eher auf, je kleiner der Werkzeugradius ist. Er hängt aber noch von vielen weiteren Parametern ab und ist daher bei jedem Herstellverfahren anders zu berechnen.

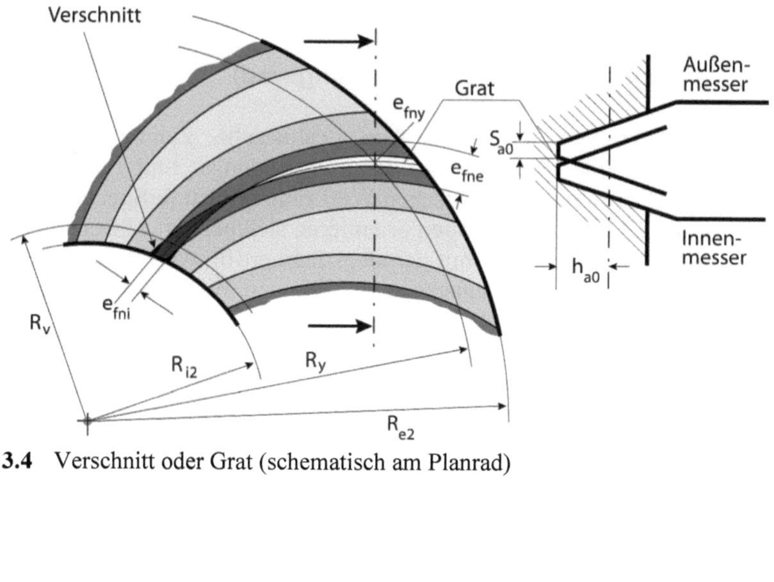

Abb. 3.4 Verschnitt oder Grat (schematisch am Planrad)

Des Weiteren kann außer einem Grat im Zahngrund mitunter auch Verschnitt an den Flanken auftreten (siehe Abb. 3.4). Ursache hierfür ist die über die Zahnbreite veränderliche Zahnlückenweite im Normalschnitt, die somit an einer Stelle ein Minimum und an einer anderen ein Maximum hat. Um Verschnitt zu vermeiden, muss die Kopfbreite s_{a0} des Werkzeugs kleiner oder höchstens gleich der engsten Stelle der Lückenweite sein. Andererseits muss die größte Lückenweite $e_{fn,max}$ von den Kopfbreiten aller Messer einer Gruppe vollständig überdeckt werden. Dabei ist zu beachten, dass bei mehreren Herstellverfahren standardisierte Werkzeuge verwendet werden und die Kopfbreite dieser Werkzeuge nicht einfach verändert werden kann, wie es bei Stabmessern oder Schleifscheiben möglich ist.

Allgemein gilt:
Vermeidung von Verschnitt: $e_{fn,\min} \geq s_{a0}$
Vermeidung von Grat: $e_{fn,\max} \leq n \cdot s_{a0}$ mit n = Anzahl Messer pro Messergruppe

Die Lückenweite lässt sich vereinfacht am Planrad berechnen, und zwar an einem beliebigen Planradradius R_{Py}. Die folgende Formel bezieht sich auf den allgemeinen Fall und muss beispielsweise beim Wiener-1-Spur-Verfahren angepasst werden.

$$e_{fny1,2} = \frac{\pi}{2} m_{yn} - 2 \cdot x_{sm1,2} \cdot m_{mn} - \left(k_{hfp} \cdot m_{mn} + \left(R_{Py} - R_{Pm}\right) \cdot \tan\theta_{f1,2}\right) \cdot \left(\tan\alpha_{nD} + \tan\alpha_{nC}\right) \quad (3.12)$$

3.2 Herstellkinematik

3.2.1 Zahnstange und Planrad (Erzeugungsrad)

Bei Stirnrädern reichen wenige Größen (Zähnezahl, Zahnbreite, Teilkreisdurchmesser, Zahnhöhe, Profilverschiebung, Schrägungs- und Eingriffswinkel) aus, um die Relativbewegungen zwischen Werkzeug und zu fertigendem Werkrad exakt zu ermitteln. Diese Bewegungen orientieren sich bei den wälzenden Verfahren an der virtuellen Zahnstange mit geradem Zahnprofil, welche mit dem Werkrad kämmt. Ersetzt man die Zahnstange durch einen Wälzfräser, kann man die Herstellbewegung sofort ermitteln.

Bei Kegelrädern ist das Prinzip das gleiche. Statt einer virtuellen Zahnstange hat man hier ein virtuelles Planrad, das, ebenso wie die Zahnstange, ein gerades Zahnprofil aufweist. In Abb. 3.5 ist das virtuelle Planrad in eine Kegelrad-Verzahnmaschine eingezeichnet, und die Wälzbewegung entsteht, wenn der Messerkopf, der sich um seine Achse dreht, gleichzeitig um die Wälzwiegenachse geführt wird. Man kann erkennen, dass dieses Planrad ein ebenes, ringförmiges Gebilde ist. Jedoch gibt es neben dem ebenen Planrad auch noch kegelige und schraubenförmige Erzeugungsräder. Außerdem zeigen die vielen Verzahnverfahren in Kapitel 2.1, dass man auf unterschiedliche Weise das jeweilige virtuelle Erzeugungsrad durch einen Stirnmesserkopf ersetzen kann. In Abb. 3.6 ist beispielsweise das Spirac®-Verfahren dargestellt, bei dem ein kegeliges Erzeugungsrad, das dem getauchten Tellerrad entspricht, durch einen geneigten Messerkopf ersetzt wird.

Deshalb ist es keinesfalls trivial, die jeweiligen Relativbewegungen zwischen Messerkopf und Kegelrad zu ermitteln, zumal noch Zusatzbewegungen für Flankenmodifikationen überlagert werden müssen.

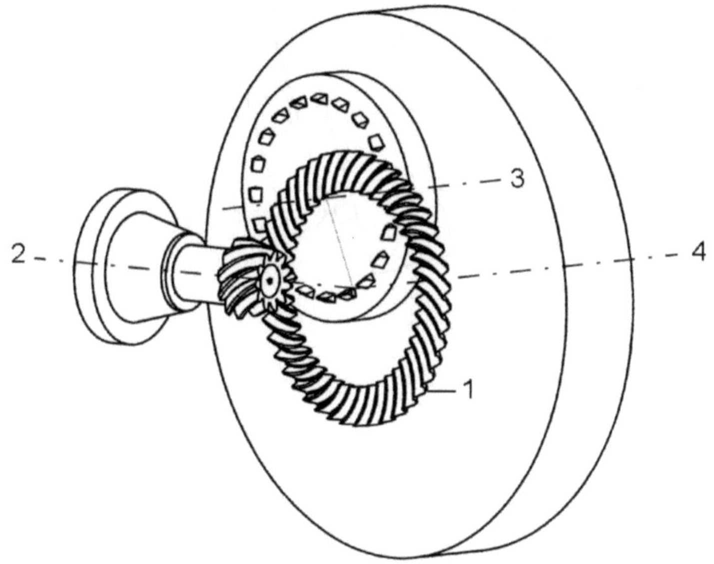

1 Planrad 2 Kegelradachse 3 Messerkopfachse 4 Wälzwiegenachse = Planradachse

Abb. 3.5 Virtuelles Planrad in einer Kegelrad-Verzahnmaschine

Im Hinblick auf die Verzahnmaschine sei noch auf Folgendes hingewiesen: Wenn ein Zahn des Planrades z.B. durch die Schneiden eines rotierenden Messerkopfs dargestellt wird, ist die Messerkopf-Teilebene meist parallel zur Planradebene. Bei einigen Herstellverfahren (siehe Tabelle 2.1) wird das Werkzeug jedoch geneigt, um die Längsballigkeit zu verändern. Soll die Längsballigkeit vergrößert werden, wird der Messerkopf so geneigt, daß die Zahnenden tiefer als in der Mitte geschnitten werden. Durch die Neigung des Werkzeugs wird der wirksame Krümmungsradius der Außenmesser etwas größer und der der Innenmesser etwas kleiner. Soll die Längsballigkeit dagegen reduziert werden, muss der Messerkopf so geneigt werden, daß er in der Mitte der Zahnbreite tiefer schneidet. Dies entspricht der Radiendifferenz bei einem Herstellverfahren ohne

Werkzeugneigung. In der Verzahnmaschine muss das Werkzeug um eine Achse aus der Planradebene geschwenkt werden, deren Richtung mit der mittleren Zahnlückenrichtung des Planrades übereinstimmt. Diese Richtung der Schwenkachse für den Messerkopf wird an einer herkömmlichen mechanischen Maschine mit dem Swivelwinkel eingestellt und der Betrag der Neigung mit dem Tiltwinkel (siehe Abb. 3.7).

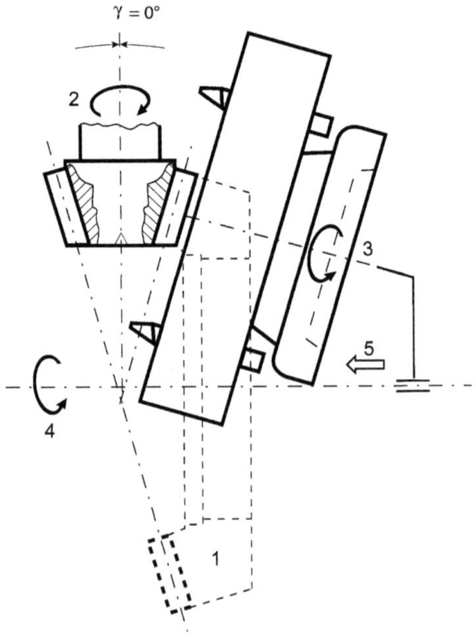

1 Kegeliges Erzeugungsrad 2 Kegelradachse 3 Messerkopfachse 4 Wälzwiegenachse
5 Tiefenzustellung γ Grundwinkel

Abb. 3.6 Kegeliges Erzeugungsrad für das Formverfahren

In den folgenden 4 Abschnitten wird eine allgemein gültige Darstellung der Herstellkinematik beschrieben, und zwar für eine virtuelle Verzahnmaschine, die ohne irgendwelche geometrischen Beschränkungen alle wichtigen Herstellverfahren ausführen kann.

3.2.2 Modell einer virtuellen Verzahnmaschine

Eine Kegelrad-Verzahnmaschine ist stets so aufgebaut, dass sie mit dem Werkzeug und dem Kegelradrohling genau die Relativbewegung erzwingt, welche das virtuelle Erzeugungsrad im Eingriff mit dem Kegelrad ausführt. Dabei wird ein Zahn des Erzeugungsrades durch das geradflankige Profil des Werkzeugs ersetzt.

In Abb. 3.5 ist es ein Messerkopf für das Einzelteilverfahren. Um mit diesem Zahn vollständig durch den Rohling durchzuwälzen, dabei eine Zahnlücke zu erzeugen und in die Anfangsstellung zurückzukehren, muss sich das dargestellte Planrad (und damit auch der Messerkopf) um einen relativ kleinen Winkel um die Planradachse hin und her drehen. Bei vielen mechanischen Maschinen war deshalb der Messerkopf auf einem Maschinenteil angeordnet, das beim Wälzen der Zahnlücken wie eine Wiege hin und her schaukelte, wobei Wälzwiegenachse und Planradachse zusammenfielen.

Damit sind jetzt alle gedanklichen Voraussetzungen gegeben, um eine virtuelle Verzahnmaschine zu definieren. Der leichteren Vorstellung wegen ähnelt ihr Konzept sehr stark dem der früheren mechanischen Maschinen, aber mit dem entscheidenden Vorteil, dass die virtuelle Maschine keinen Beschränkungen in Bezug auf Durchdringungen, Stabilität, Dämpfung, Montage, Zugänglichkeit usw. unterliegt. Die heute üblichen 6-Achsen-CNC-Maschinen unterscheiden sich zwar äußerlich grundlegend von den früheren Maschinen, die relative Herstellbewegung ist jedoch identisch. Das Werkzeug wird mit 3 Translationen plus 3 Rotationen = 6 Achsen relativ zum Werkstück geführt.

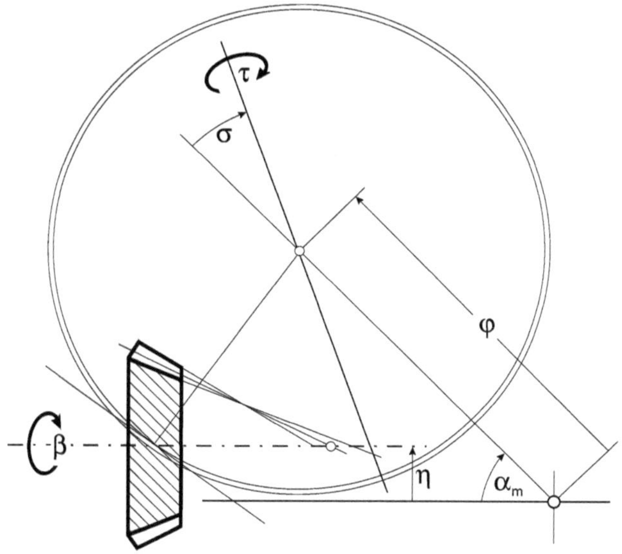

φ Radiale σ Swivelwinkel τ Tiltwinkel η Achsversatz ß Werkradachse

Abb. 3.7 Schematische Darstellung der virtuellen Maschine in Richtung der Wälzwiegenachse α

Abbildung 3.7 zeigt die virtuelle Maschine als Ansicht in Richtung der Wälzwiegenachse. Aus den genannten historischen Gründen hat sich der Begriff Wälzwiegenachse statt Planradachse durchgesetzt. Vom Planrad ist nur der eine Zahn dargestellt, der durch einen Messerkopf oder eine Topfschleifscheibe ersetzt wurde.

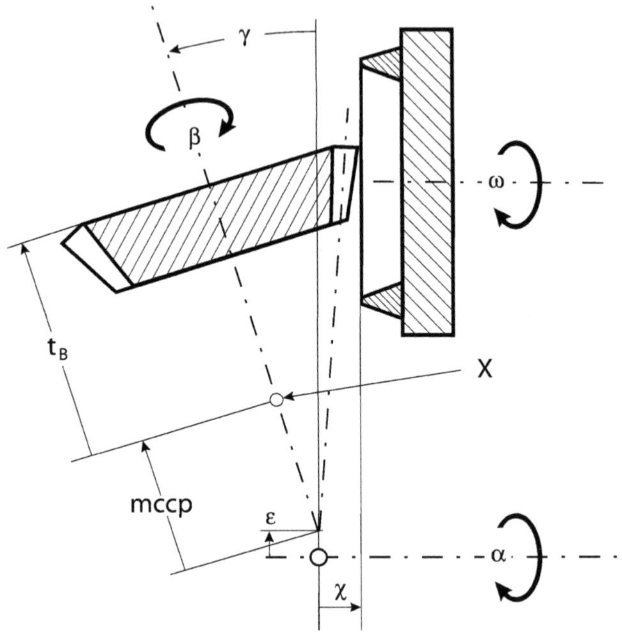

α Wälzwiegenachse β Werkradachse γ Grundwinkel ε Horizontale χ Tiefenposition
t_B Einbaumaß X Kreuzungspunkt im Getriebe

Abb. 3.8 Schematische Darstellung der virtuellen Maschine senkrecht zur Kegelradachse und zur Wälzwiegenachse

3.2.3 Berechnungsansatz

Anhand der Abb. 3.7 und 3.8 lassen sich die Bewegungen zwischen Werkzeug und Werkrad definieren. Als Führungsgrößen werden der Wälzwiegenwinkel α und der Werkzeugdrehwinkel ω verwendet, die unabhängig voneinander sein können. Die Relativbewegung zwischen einem Planradzahn und dem Werkrad lässt sich wie folgt darstellen:

Radiale	$\varphi = \text{const}$
Swivelwinkel	$\sigma = \text{const}$
Tiltwinkel	$\tau = \text{const}$
Achsversatz	$\eta = \text{const}$
Grundwinkel	$\gamma = \text{const}$
Horizontale	$\varepsilon = \text{const}$
Tiefenposition	$\chi = \text{const.}$
Werkraddrehwinkel	$\beta = \beta(\alpha, \omega)$
Maschinenmitte bis X-Punkt	$mccp = \text{const}$

Allgemeiner kann man diese Bewegungen als Funktion von α und ω beschreiben:

Radiale	$\varphi = \varphi(\alpha)$
Swivelwinkel	$\sigma = \sigma(\alpha)$
Tiltwinkel	$\tau = \tau(\alpha)$
Achsversatz	$\eta = \eta(\alpha)$
Grundwinkel	$\gamma = \gamma(\alpha)$
Horizontale	$\varepsilon = \varepsilon(\alpha)$
Tiefenposition	$\chi = \chi(\alpha)$
Werkraddrehwinkel	$\beta = \beta(\alpha,\omega)$
Maschinenmitte bis X-Punkt	mccp = const

Es ist zu erkennen, dass diese Darstellung einige Redundanzen enthält. So lässt sich beispielsweise eine Bewegung der Radiale genauso gut als Kombination der Bewegungen Achsversatz und Horizontale darstellen. Dennoch hat sich diese redundante Form durchgesetzt, da man hier immer noch die klassische Bewegung von Planrad und Werkrad leicht erkennen kann. Über die Funktionstypen wurde bisher noch nichts ausgesagt. Grundsätzlich eignen sich alle Funktionen, die im Bereich von 0 bis 2π keine Singularitäten aufweisen. In der Praxis hat sich für die Bewegungsgleichungen eine Reihenentwicklung um den mittleren Wiegenwinkel α_m durchgesetzt, die nach der sechsten Ordnung abgebrochen wird. Dieser Fall ist in Tabelle 3.3 aufgeführt.

Tabelle 3.3 Bewegungsgleichungen der virtuellen Maschine als Reihenentwicklung

Bezeichnung	Formel	Nr.
Radial Motion	$\varphi(\alpha)=a_\varphi+b_\varphi(\alpha-\alpha_m)+c_\varphi(\alpha-\alpha_m)^2+...+g_\varphi(\alpha-\alpha_m)^6$	(3.13)
Vertical Motion	$\eta(\alpha)=a_\eta+b_\eta(\alpha-\alpha_m)+c_\eta(\alpha-\alpha_m)^2+...+g_\eta(\alpha-\alpha_m)^6$	(3.14)
Angular Motion	$\gamma(\alpha)=a_\gamma+b_\gamma(\alpha-\alpha_m)+c_\gamma(\alpha-\alpha_m)^2+...+g_\gamma(\alpha-\alpha_m)^6$	(3.15)
Horizontal Motion	$\varepsilon(\alpha)=a_\varepsilon+b_\varepsilon(\alpha-\alpha_m)+c_\varepsilon(\alpha-\alpha_m)^2+...+g_\varepsilon(\alpha-\alpha_m)^6$	(3.16)
Helical Motion	$\chi(\alpha)=a_\chi+b_\chi(\alpha-\alpha_m)+c_\chi(\alpha-\alpha_m)^2+...+g_\chi(\alpha-\alpha_m)^6$	(3.17)
Modified Roll	$\beta(\alpha,\omega)=c\omega+a_\beta+b_\beta(\alpha-\alpha_m)+c_\beta(\alpha-\alpha_m)^2+...+g_\beta(\alpha-\alpha_m)^6$	(3.18)

Die Werkraddrehung (Modified Roll) ist die einzige Funktion mit zwei Variablen. Für alle Werkzeugtypen mit symmetrischer Form um ihre Drehachse wird der Werkzeugdrehwinkel ω keinen Einfluss auf die Geometrie des Zahnes haben. Für Werkzeuge, die nicht symmetrisch um die Drehachse sind, soll Formel (3.18) mit c als konstantem Übersetzungsverhältnis z_0/z gelten.

Mit dieser einfachen Darstellung lässt sich die Herstellkinematik mittels Koeffizienten beschreiben. In den folgenden Abschnitten wird die Berechnung der Koeffizienten nullter und erster Ordnung für 3 unterschiedliche Fälle hergeleitet. Der Einfluss der Koeffizienten höherer Ordnung wird in Kapitel 3.3 beschrieben.

3.2.4 Berechnungsbeispiel einer Maschinenkinematik

Das Beispiel bezieht sich auf die Herstellkinematik für ein Kegelrad nach dem Einzelteilverfahren, das eine konstante Zahnhöhe hat, mit gleichem Fuß-, Teil- und Kopf-Kegelwinkel. Bei dieser Verzahnung ist das virtuelle Erzeugungsrad ein Planrad und für Ritzel und Tellerrad identisch. Das Werkzeug ist entweder ein kreisförmiger Stirnmesserkopf oder eine Topfschleifscheibe. Der Werkzeugradius r_{c0} gilt in diesem Fall an der Teilebene des Planrades.

Im Folgenden wird für eine Flanke des Kegelrades die Maschinenkinematik gemäß den in Tabelle 3.3 definierten Bewegungsgleichungen hergeleitet. Die in Tabelle 3.4 dargestellten Größen bestimmen den Radkörper, wie es in Kapitel 2.3 ausführlich beschrieben ist.

Tabelle 3.4 Makrogeometrie des Kegelrades

Grösse	
Zähnezahl	z
mittlere Teilkegellänge	R_m
Teilkegelwinkel	δ
Zahnkopfhöhe	h_a
Zahnfußhöhe	h_f
Profilhöhenverschiebung	$x_{hm} m_{mn}$
Achsversatz in der Teilebene	a_p
mittlerer Spiralwinkel	β_m
Werkzeugradius in Teilebene	r_{c0}

In Abb. 3.9 ist die Relativlage zwischen Kegelrad und Werkzeug dargestellt. Anhand der Formeln in Tabelle 3.5 lässt sich nachvollziehen, wie die außerdem darin angeführten Bewegungsgleichungen entstehen.

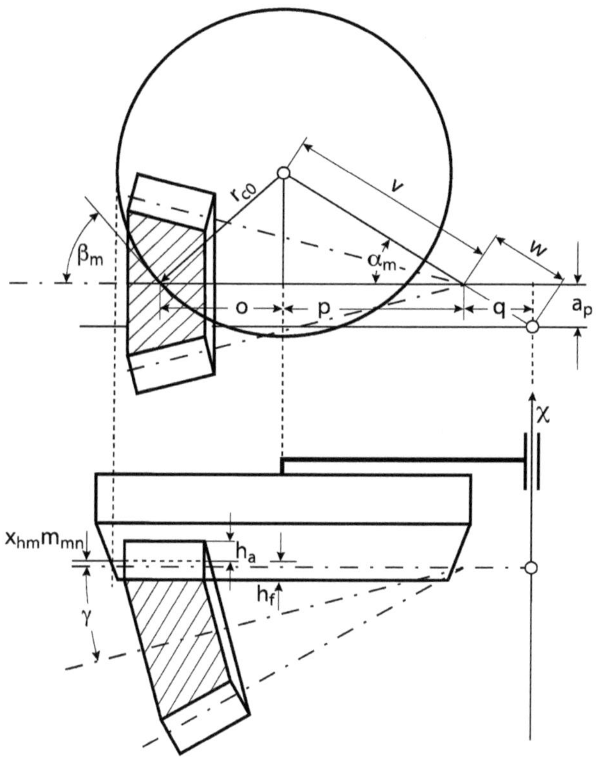

Abb. 3.9 Relativlage Kegelrad – Werkzeug

Tabelle 3.5 Bewegungsgleichung für konstante Zahnhöhe einzeln teilend

Bezeichnung	**Formel**	**Nr.**
Hilfsgrößen	$u = r_{c0} \cos \beta_m$	(3.19)
	$o = r_{c0} \sin \beta_m$	(3.20)
	$p = \dfrac{c}{\tan \alpha_m}$	(3.21)
	$q = \dfrac{\eta}{\tan \alpha_m}$	(3.22)
mittlere Teilkegellänge	$R_m = o + p + q$	(3.23)
mittlerer Wiegenwinkel	$\tan \alpha_m = \dfrac{r_{c0} \cos \beta_m + \eta}{R_m - r_{c0} \sin \beta_m}$	(3.24)
Hilfsgrößen	$v = \dfrac{r_{c0} \cos \beta_m}{\sin \alpha_m}$	(3.25)
	$w = \dfrac{\eta}{\sin \alpha_m}$	(3.26)
Radial Motion	$\varphi(\alpha) = v + w = \dfrac{r_{c0} \cos \beta_m + \eta}{\sin \alpha_m}$	(3.27)
Vertical Motion	$\eta(\alpha) = a_p$	(3.28)
Angular Motion	$\gamma(\alpha) = \delta$	(3.29)
Horizontal Motion	$\varepsilon(\alpha) = 0$	(3.30)
Helical Motion	$\chi(\alpha) = x_{mh} m_{mn} - h_f$	(3.31)
Modified Roll	$\beta(\alpha) = \dfrac{1}{\sin \delta}(\alpha - \alpha_m)$	(3.32)
Tilt	$\tau = 0$	(3.34)
Swivel	$\sigma = 0$	(3.35)
Maschinenmitte bis X-Punkt	$mccp = 0$	(3.36)

3.3 Zahnkontakt-Analyse

3.3.1 Zahngeometrieberechnung

Die Zahnkontaktanalyse stellt ein wichtiges Werkzeug zur Auslegung, Bewertung und Optimierung von Kegelrädern dar. Weiterhin bildet sie die Grundlage für genauere Verfahren zur Berechnung der Beanspruchung. Für eine lastfreie Zahnkontaktanalyse werden die Zahnflanken rechnerisch lastfrei abgewälzt. Während dieses Abwälzvorganges kann eine Berechnung des sogenannten Ease-Off (siehe 3.3.3), der Wälzabweichung und des Tragbildes erfolgen.

Bevor die Simulation des Zahnkontaktes und die Berechnung der örtlichen Belastungen und Beanspruchungen erfolgen kann, muss die Zahnflanken- und Zahnfußgeometrie einschließlich der Übergangskurve zwischen beiden für Ritzel und Rad bekannt sein sowie deren Lage zueinander. Dies kann auf Basis der berechneten Geometrie oder aus den Koordinaten („Punktwolke") einer 3-D-Verzahnungsmessung erfolgen. Da die Geometrie der Zahnflanke und des Zahnfußes – wie schon in 2.1 angeführt – vom Herstellverfahren abhängt, ist zu deren Berechnung die Simulation der Verzahnungsherstellung mit einer virtuellen Verzahnmaschine erforderlich. Programme hierzu werden häufig als Flankengenerator bezeichnet. Zur Berechnung sind verschiedene Ansätze möglich:

- Berechnung der Hüllfläche (Wälzverfahren) oder Bewegfläche (Formverfahren)
- Durchdringungsrechnung
- Berechnung auf Basis des Verzahnungsgesetzes

Ergebnis dieser Verfahrenssimulation sind exakt berechnete Flankenpunkte, welche als Stützpunkte zur Berechnung einer Ausgleichsfläche geeignet sind. Weiterhin kann eine Unterschnittsberechnung mit dem Ziel durchgeführt werden, die Übergangskurve zwischen Nutzflanke und Fußbereich zu bestimmen.

Berechnung der Ausgleichsflächen Für die mathematische Beschreibung der berechneten Flanken- und Fußausrundungspunkte durch Ausgleichsflächen gibt es eine Reihe gewichtiger Gründe:

- Minimierung des Rechenaufwandes für die nachfolgenden Berechnungsaufgaben
- Unabhängigkeit vom Verzahnverfahren
- verschiedene Quellen für Ausgangsdaten (Stützpunkte) möglich
- Kontaktanalyse und Beanspruchungsanalyse ist in beliebigen, dafür geeigneten Gittern möglich
- beliebige Anzahl diskreter Abschnitte auf dem Zahn (Profilschnitte) möglich
- entlang jeder Profillinie jeder Punkt berechenbar
- Beschreibung der Nutzflanken durch Ausgleichsfläche hinreichend genau

Bei der Ausgleichsflächenbeschreibung hat sich die getrennte Betrachtung von Zahnflanke und Zahnfuß als sinnvoll erwiesen [DUTS94].

3.3.2 Balligkeiten

In der Mathematik werden Flächen dann konjugiert genannt, wenn sie sich auf einer Linie berühren. Verzahnungen werden dann konjugiert genannt, wenn sich ihre Zahnflanken in jeder Wälzstellung auf einer Linie berühren. Der Zahnkontakt erstreckt sich dann häufig über die gesamte Zahnflanke. Wenn bei Stirnrädern das Zahnhöhenprofil als Evolvente ausgeführt ist, würde eine Veränderung des Achsabstandes den Zahnkontakt nicht verändern, da die Evolvente eine zu sich selbst äquidistante Kurve ist (siehe Abb. 3.10). Eine winzige Veränderung der Parallelität der beiden Stirnradachsen würde jedoch sofort dazu führen, dass sich die Flanken nur an der Kante des Zahnes berühren.

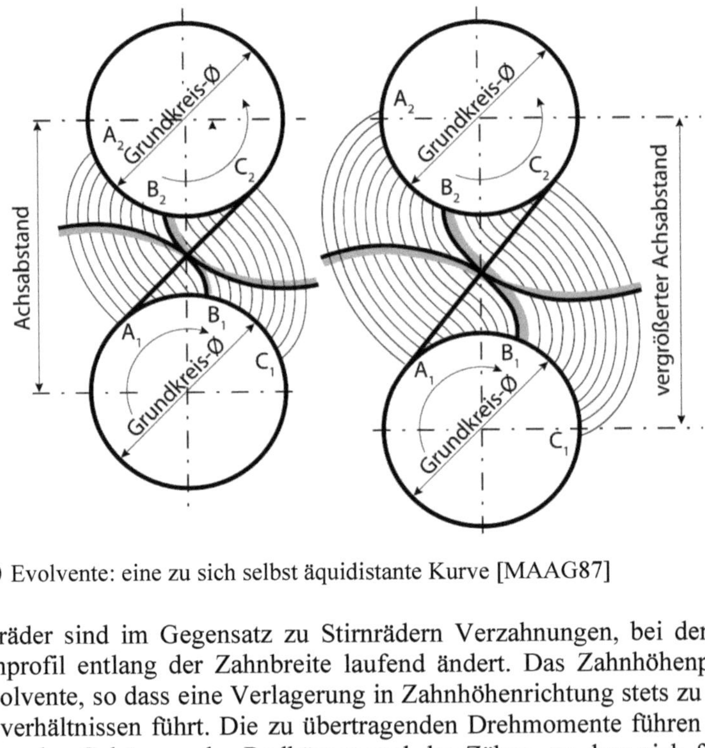

Abb. 3.10 Evolvente: eine zu sich selbst äquidistante Kurve [MAAG87]

Kegelräder sind im Gegensatz zu Stirnrädern Verzahnungen, bei denen sich das Zahnprofil entlang der Zahnbreite laufend ändert. Das Zahnhöhenprofil ist keine Evolvente, so dass eine Verlagerung in Zahnhöhenrichtung stets zu anderen Eingriffsverhältnissen führt. Die zu übertragenden Drehmomente führen zu Verformungen des Gehäuses, der Radkörper und der Zähne, so dass sich für jeden Lastfall unterschiedliche Relativpositionen zwischen Rad und Ritzel ergeben. Um unter diesen Bedingungen immer einen brauchbaren Zahnkontakt sicherstellen zu können, werden Kegelräder nie mit konjugierten Zahnflanken ausgeführt. Die erforderliche Verlagerungsfähigkeit der Zahnflanken wird dadurch erreicht, dass sie abweichend von ihrer konjugierten Form mit Balligkeiten überlagert werden.

Kapitel 3.4 widmet sich dem Verlagerungsverhalten. Die dafür nötigen Grundlagen zur Flankengestaltung und die Mechanismen zur Beeinflussung der Zahnform werden in den folgenden Abschnitten vorgestellt.

Bei der Verzahnungsauslegung von Kegelrädern unterscheidet man zwischen der Makro- und der Mikrogeometrie. Zur Makrogeometrie zählen alle typischen Zahnradgrößen, wie Zähnezahl, Zahnbreite, Teilkegel-Durchmesser, Achsversatz, Zahnhöhe, Profilverschiebungen, Spiral- und Eingriffswinkel sowie Werkzeugradius. Die Berechnung der Herstellkinematik benötigt für die Makrogeometrie nur die Koeffizienten nullter und erster Ordnung (siehe 3.2.3). Die Koeffizienten höherer Ordnung beeinflussen im Wesentlichen die Mikrogeometrie, die Makrogeometrie ändert sich nur unwesentlich.

3.3.3 Ease-Off, Tragbild und Drehfehler

Berechnung des Ease-Off Die Beschreibung von Zahnflankenmodifikationen bei Kegelrädern kann nicht, wie bei Stirnrädern üblich, als Abweichung von Bezugsprofilen vorgenommen werden, vielmehr muss mittels der Eingriffsverhältnisse des Zahnpaares von Rad und Ritzel eine Beschreibung des Zahnkontaktes erfolgen. Die Balligkeiten der Zahnflanken werden dabei nicht mehr dem Tellerrad oder dem Ritzel zugeordnet, sondern beziehen sich auf den Zahnkontakt zwischen Tellerradflanke und zugehöriger Ritzelflanke des Kegelradpaares.

Simuliert wird das lastfreie Abwälzen der, beispielsweise durch die Ausgleichsflächen beschriebenen, Zahnflanken eines Zahnpaares im theoretischen Übersetzungsverhältnis (ohne Beachten der später berechneten Wälzabweichungen). Für jede berücksichtigte Eingriffsstellung i im Eingriffsintervall (ausgedrückt durch Ritzeldrehwinkel φ_{1i} bzw. Radrehwinkel φ_{2i}) liegen bestimmte Abstände zwischen den gepaarten Zahnflanken vor. In einer Eingriffsstellung i tritt am Zahn k an der durch die Parameterwerte r_2, ϑ_2 festgelegten Stelle der Tellerradflanke 2 der Bogenabstand ζ (r_2, υ_2, φ_1, k) zur Ritzelflanke 1 auf (Abb. 3.11). Die pro Eingriffsstellung i definierte Funktion der zwei Veränderlichen r_2, ϑ_2 heißt (momentane) Ease-Off-Funktion von φ_1 und k. Die Hüllfläche über alle momentanen Ease-Off stellt schließlich das Minimum aller während eines kompletten Durchlaufes eines Zahnpaares durch die Eingriffsfläche vorliegenden Klaffmaße dar. Diesen Abstand bezeichnet man als Kontaktabstand oder Ease-Off.

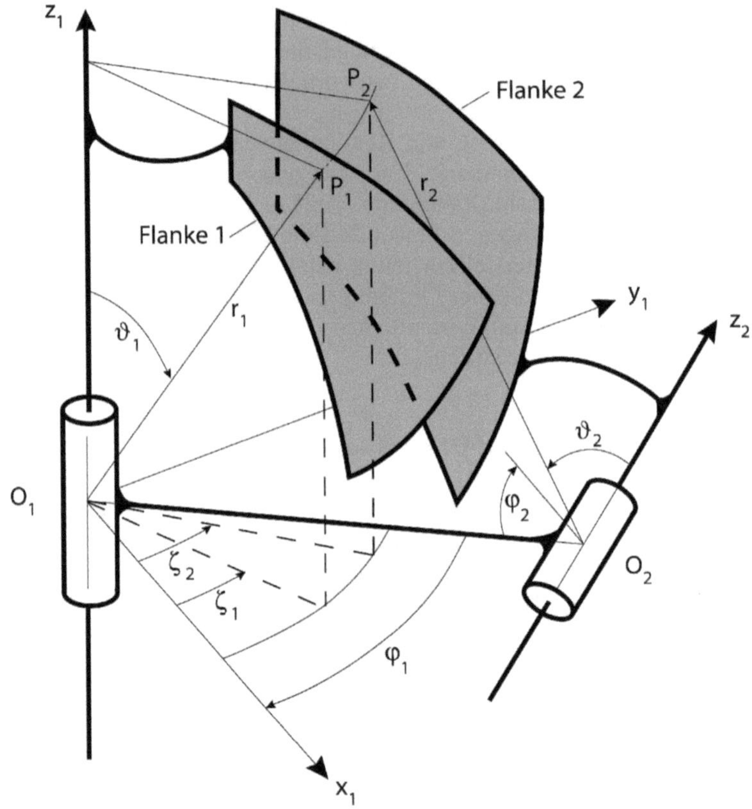

Abb. 3.11 Gepaarte Flanken eines Zahnpaares k in der Getriebestellung φ_1 [BAER91]

Diese Betrachtungsweise ist keinesfalls auf Kegelräder beschränkt, sie eignet sich zur Beschreibung der Kontaktverhältnisse beliebiger Flächen im Raum, die miteinander wälzen. Abbildung 3.12 zeigt den Ease-Off eines Kegelradflankenpaares. Die Darstellung vermittelt sofort einen Überblick über die Balligkeiten, die eigentlich nur lokal unterschiedliche Modifikationen der Zahnflanken im Vergleich zu konjugierten Zahnflanken sind. Es hat sich als praktisch erwiesen, die Kontaktabstände nicht in ihrer räumlichen Anordnung, sondern als Abweichungsfläche darzustellen, die auf eine Ebene projiziert ist.

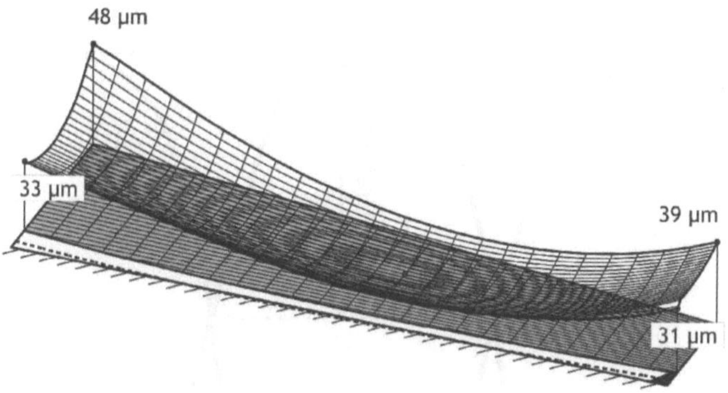

Abb. 3.12 Ease-Off eines Kegelradflankenpaares

Berechnung des Drehfehlers (lastfrei) Konjugierte Zahnflanken wälzen ohne Belastung kinematisch exakt ab (siehe 3.3.2). Durch Modifikationen und Abweichungen an den Zahnflanken (auch Teilungsabweichungen) sowie durch Lageabweichungen aus dem Verzahnungsumfeld liegen jedoch keine konjugierten Verhältnisse vor. Also entsteht eine Differenz zwischen theoretischem Übersetzungsverhältnis und tatsächlicher Momentanübersetzung. Diese Differenz lässt sich berechnen, indem zu einem vorgegebenen Tellerraddrehwinkel der zugehörige Ritzeldrehwinkel um einen Differenzdrehwinkel φ_{korr} korrigiert wird, bis sich das betrachtete Zahnflankenpaar gerade in einem Punkt berührt.

$$\varphi_{korr,i} = \varphi_{2,i} \cdot \frac{z_1}{z_2} - \varphi_{1,i} \tag{3.33}$$

Diese Berechnung des Differenzdrehwinkels kann iterativ erfolgen und wird für jede Eingriffsstellung i durchgeführt. Das ergibt den gesuchten Drehfehler oder die Übertragungs- bzw. Wälzabweichung.

Jedes Zahnpaar hat, sofern man Teilungsfehler vernachlässigt, den identischen Drehfehlerverlauf. Die Übertragungskurve eines Zahnpaares verschiebt sich dann um eine Teilung immer weiter, wie in Abb. 3.13 dargestellt.

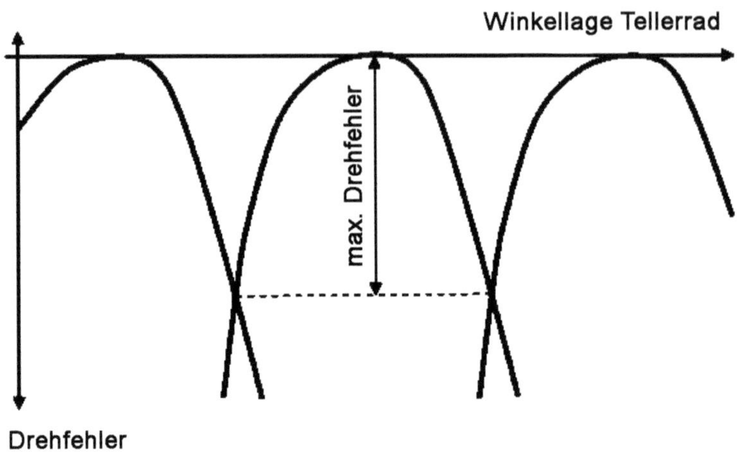

Abb. 3.13 Übertragungskurve eines Zahnpaares

Tragbildberechnung Das Tragbild ist die Darstellung aller Traglinien während eines vollständigen Durchwälzens eines Zahnpaares. Erfolgt das Durchwälzen lastfrei, entsteht ein anderes Tragbild (auch Kontakttragbild) als beim Durchwälzen unter Belastung. Das sich unter Belastung einstellende Tragbild ist Teilergebnis der Lastverteilungsberechnung (siehe 4.4.3.4).

Bei der Berechnung des lastfreien Tragbildes sollten folgende Punkte Berücksichtigung finden:
- Flankenberandung als Begrenzung des Tragbildes,
- gleichzeitiger Eingriff mehrerer Zähne,
- vorgegebene oder berechnete Relativlageabweichungen.

Weitere Parameter, die berücksichtigt werden können:
- Voreingriff bzw. Kantentragen,
- vorgegebene Teilungsabweichungen.

Zur Ermittlung des Tragbildes dreht sich der Kegelradsatz so, dass sich zu jedem Zeitpunkt ein Zahnflankenpaar gerade berührt. Es werden also in vorgegebenen Schritten alle Eingriffsstellungen unter Beachtung des Drehfehlers betrachtet, wobei sich das gerade aktive Flankenpaar in einem Punkt berührt. Mit zunehmender Last werden sich die Flanken verformen, so dass aus dem lastfreien Kontaktpunkt eine schmale Kontaktellipse entsteht. Sie werden aus den Punkten mit dem kleinsten Kontaktabstand gebildet, die sich für jede Profillinie (siehe Abb. 4.33) bestimmen lassen. Punkte der potenziellen Traglinie, die in mindestens einer Eingriffstellung einen bestimmten Kontaktabstand unterschreiten, meist zwischen 3 bis 6 μm (entsprechend der Tuschierpastendicke), bilden die wirksame Traglinie und gehören zum Tragbild. Diejenigen Punkte jeder Traglinie mit dem jeweils kleinsten Kontaktabstand bilden den sogenannten Berührpfad (Path of Contact). In Abb. 3.14 ist ein Tragbild zu erkennen, in welchem die Traglinien, die Hauptachsen der Kontaktellipse, dargestellt sind. Ferner zeigen die senkrechten zum Berührpfad eingetragenen kurzen Striche an, wo das nächste Zahnpaar den Kontakt übernimmt.

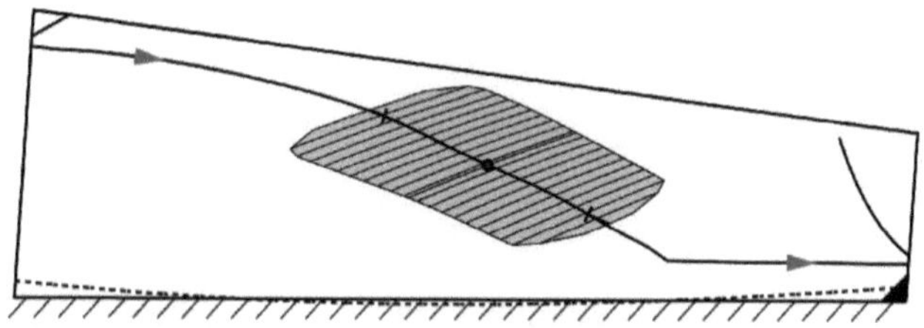

Abb. 3.14 Tragbild mit Traglinien und Berührpfad

Kennwerte für die Ease-Off-Topographie Mit Hilfe des Ease-Off lässt sich einerseits die Kontaktgeometrie sehr anschaulich beschreiben, andererseits können mit diesem Ansatz auch alle verzahnungsrelevanten Größen wie Tragbildlage und Tragbildgröße sowie der Drehfehler ermittelt werden. Aus diesem Grund bietet die Ease-Off-Topographie dem Fachmann die meiste Information über die vorliegenden Eingriffsverhältnisse. Zur quantitativen Beschreibung einer Ease-Off-Topographie kann man 5 Kennwerte definieren, wie sie in Abb. 3.15 gezeigt sind.

Die Zerlegung einer Ease-Off-Topographie in fünf Kennwerte richtet sich nach praktischen Gesichtpunkten. Der vorliegende Fall beschreibt die Balligkeiten in Zahnhöhen- und Zahnbreitenrichtung, die mittlere Winkelabweichung in Zahnhöhen- und Zahnbreitenrichtung sowie eine diagonale Verwindung. Diese fünf Kennwerte eignen sich insbesondere deshalb, weil sie unmittelbar mit der Form und Lage des Tragbildes korrelieren. Eine Verlagerung des Tragbildes vom kleinen zum großen Durchmesser, also von der Zehe zur Ferse, lässt sich durch Verringerung der Spiralwinkelabweichung erreichen. Soll das Tragbild in Zahnbreitenrichtung länger werden, so ist die Längsballigkeit zu reduzieren.

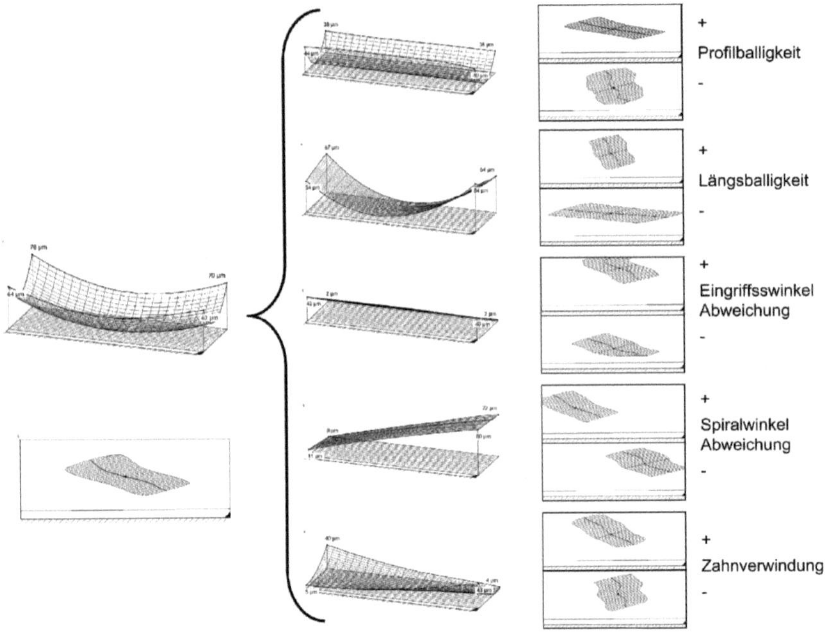

Abb. 3.15 Kennwerte zur quantitativen Beschreibung einer Ease-Off-Topographie

3.3.4 Zusatzbewegungen

Nachdem der Ease-Off und seine Kennwerte definiert sind, befasst sich der folgende Abschnitt mit den Auswirkungen der Koeffizienten höherer Ordnung der Herstellkinematik auf den Ease-Off. Die Wirkmechanismen werden deutlich, wenn man sich die Kontaktlinie zwischen Werkzeug und Zahnflanke während des Wälzprozesses veranschaulicht.

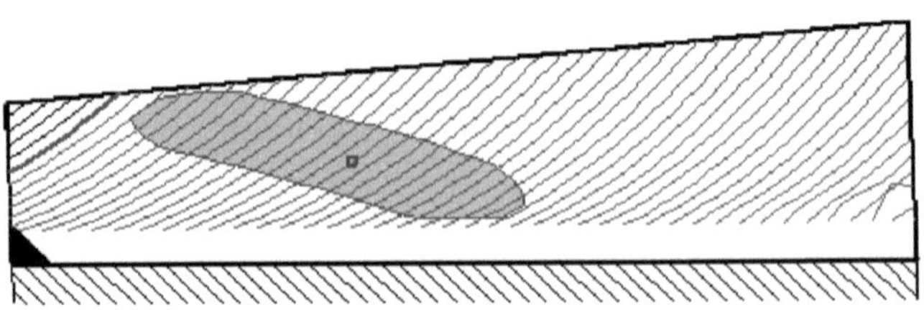

Abb. 3.16 Lage der Berührlinien zwischen Werkzeug und Zahnflanke

Abbildung 3.16 zeigt die Lage der Berührlinien zwischen Werkzeug und Zahnflanke, die sogenannten Erzeugenden, für ein gewälztes Ritzel. Vom jeweiligen

Wälzwinkel α abhängige Zusatzbewegungen werden auf alle Punkte der zu α gehörenden Erzeugenden wirken. Es fällt auf, dass sie von Linie zu Linie diagonal über die Zahnflanke fortschreiten. Folglich werden Zusatzbewegungen, wie sie durch Koeffizienten höherer Ordnung entstehen, die Flankenform in gleicher diagonaler Richtung verändern. Modifikationen entlang jeder Erzeugenden lassen sich ausschließlich über die Werkzeugform erreichen. Dieses Prinzip gilt unabhängig vom verwendeten Basisfunktionssystem der Herstellkinematik. Für den Fall einer Reihenfunktion der Werkraddrehung in Abhängigkeit des Wiegenwinkels α bewirken die Polynomkoeffizienten der Funktion die in Abb. 3.17 dargestellten Flankenmodifikationen:

$$\beta(\alpha) = a_\beta + b_\beta\,(\alpha-\alpha_m) + c_\beta(\alpha-\alpha_m)^2 + \ldots + g_\beta(\alpha-\alpha_m)^6 \qquad (3.34)$$

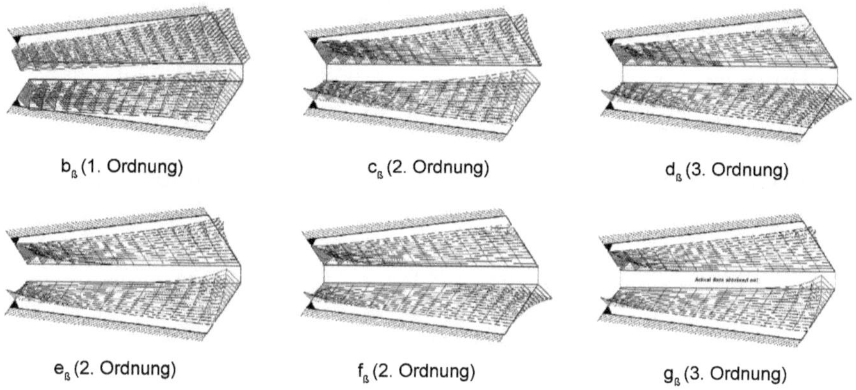

Abb. 3.17 Flankenmodifikationen durch die Zusatzbewegung Modified Roll

Von besonderem Interesse sind Flankenformmodifikationen für Herstellverfahren, die beide Zahnflanken einer Lücke in einem Schnitt erzeugen. Hier wirken die Zusatzbewegungen auf beide Flanken, jedoch mit teilweise unterschiedlicher Wirkrichtung.

Modified Roll $\beta(\alpha)$ (siehe Tabelle 3.3) ist eine wälzwinkelabhängige Zusatzdrehung des Werkstückes, wobei der Abtrag auf den beiden Zahnflanken entgegengesetzt wirkt. Die Helical Motion Bewegung $\chi(\alpha)$ ist eine wälzwinkelabhängige Zustellung des Werkzeugs in Richtung der Wälzwiegenachse und wird somit auf beiden Zahnflanken gleichsinnig wirken.

Am Beispiel eines im Einzelteilverfahren hergestellten Ritzels lässt sich die Wirkung der Zusatzbewegungen Modified Roll und Helical Motion einfach zeigen. Abbildung 3.18 zeigt Flankenmodifikationen durch die modifizierte Wälzung mittels des Koeffizienten c_β sowie Flankenmodifikationen durch Helical

Motion mittels des Koeffizienten c_χ. Sie sind so gestaltet, dass sich die Modifikationen auf einer Flanke kompensieren.

Entsprechend diesem Beispiel lassen sich auch Flankenmodifikationen durchführen, welche beispielsweise nur an einem Zahnende die Flanke zurücknehmen. Hier wird durch eine geeignete Kombination aus geraden und ungeraden Koeffizienten nur der vordere oder der hintere Bereich der Zahnflanke beeinflusst. Für die Auslegung eines optimierten Kegelradsatzes stehen damit dem Anwender viele Möglichkeiten zur Verfügung, die Zahnflanke auf den jeweiligen Anwendungsfall unter den gegebenen Bedingungen des Umfeldes zu optimieren.

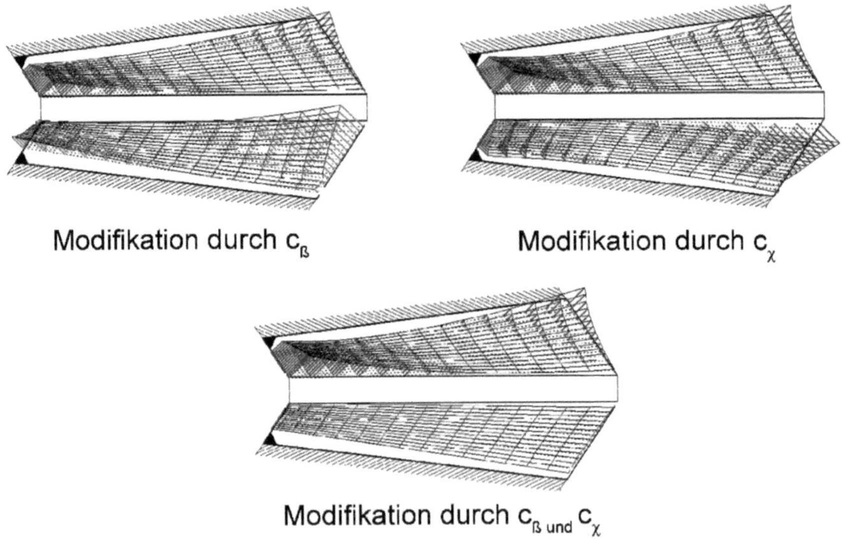

Abb. 3.18 Flankenmodifikationen mit Modified Roll und Helical Motion

Diese Zusatzbewegungen können nur bei einem Wälzprozess verwendet werden. Zahnflankenmodifikationen an getauchten Tellerrädern lassen sich über Modified Crowning realisieren [SIGM06]. Dies ist im Kapitel 3.4.4 näher beschrieben.

Eine andere Möglichkeit für getauchte Tellerräder ist das Flared Cup™ - Verfahren [KREN91]. Hierbei wird eine kegelige Schleifscheibe verwendet, welche die getauchte Tellerradflanke nur entlang einer Linie berührt, die im Wesentlichen senkrecht zum Fußkegel verläuft. Die Zahnlängsform wird durch entsprechende Maschinenbewegungen erzeugt, denen man zum Zwecke der Modifikation kleine Zusatzbewegungen überlagern kann.

3.4 Verlagerungsverhalten

3.4.1 Horizontal- und Vertikal-Verlagerungen

Die Beschreibung der Verwindung oder der Längsballigkeit wird oftmals durch eine Angabe der möglichen Verlagerungswerte ersetzt (siehe Abb. 3.19). Diese Werte können einerseits aus der Zahnkontaktanalyse berechnet oder andererseits durch einen Versuch ermittelt werden. Diese seit Jahrzehnten eingesetzte praktische Prüfung erfolgt auf einem Abrollprüfstand. Der Radsatz wird in Eingriff gebracht und das Tragbild wird unter geringer Last ermittelt. Durch Ändern des Ritzeleinbaumaßes (Bezeichnung H) und des Achsversatzes (Bezeichnung V) sowie Nachführen des Tellerradeinbaumaßes (Bezeichnung J) für konstantes Verdrehflankenspiel wird das Tragbild auf dem Tellerrad verschoben.

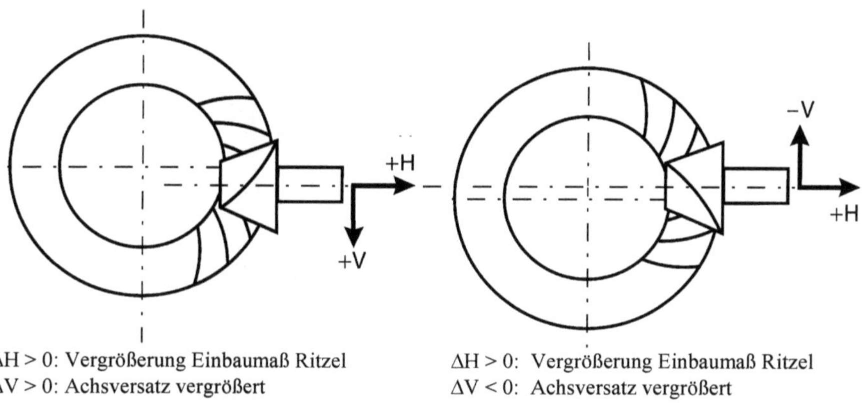

Abb. 3.19 Definition der Horizontal- und Vertikalverlagerungen

3.4.2 Zahnkraftbedingte Verlagerungen

Die Verlagerungen eines Kegelradsatzes ergeben sich einerseits aus den Gehäusetoleranzen und andererseits aus den lastbedingten Verformungen. Die Berechnung der Zahnkräfte ist in Kapitel 2.5 beschrieben. Diese Zahnkräfte führen neben der Verformung der Zahnflanken zu einer Verformung des Getriebegehäuses, der Lager, der Radkörper und damit zu einer Verschiebung der Solllage der verformten Flanken. Aus Gründen der Anschaulichkeit wird zwischen der Verformung der Zahnflanken und den anderen Verformungen unterschieden. Letztere führen zu einer Änderung der Relativlage der Zahnflanken.

In Abb. 3.20 ist ein Kegelradsatz mit positivem Achsversatz dargestellt. Es handelt sich um ein rechtsspiraliges Tellerrad und ein linksspiraliges Ritzel. Die

Zeichnung zeigt den Blick in Richtung der Tellerradachse. Die Ritzelflanke übt die Kraft F_2 senkrecht zur Oberfläche auf die Tellerradflanke aus, die mit der Reaktionskraft F_1 auf das Ritzel wirkt. Es ist zu beachten, dass die Kräfte nicht in der Zeichenebene sind, vielmehr sind lediglich die in der Zeichenebene liegenden Komponenten dargestellt. Die Kraft F_1 wird in die Komponenten F_H und F_V zerlegt. Damit ist zu erkennen, dass die Zahnkräfte bei dieser Betriebsart den Achsversatz reduzieren und das Ritzel in axialer Richtung verschieben, so dass das Einbaumaß t_B größer wird. Üblicherweise ist hinter dem Ritzelkopf eine Kegelrollenlagerung in O-Anordnung eingebaut, so dass in diesem Fall die Zahnkräfte das Ritzel gegen das Lager drücken. Diese bevorzugte Betriebsart wird Zug, die andere Betriebsart wird Schub genannt (siehe 2.2.4.5).

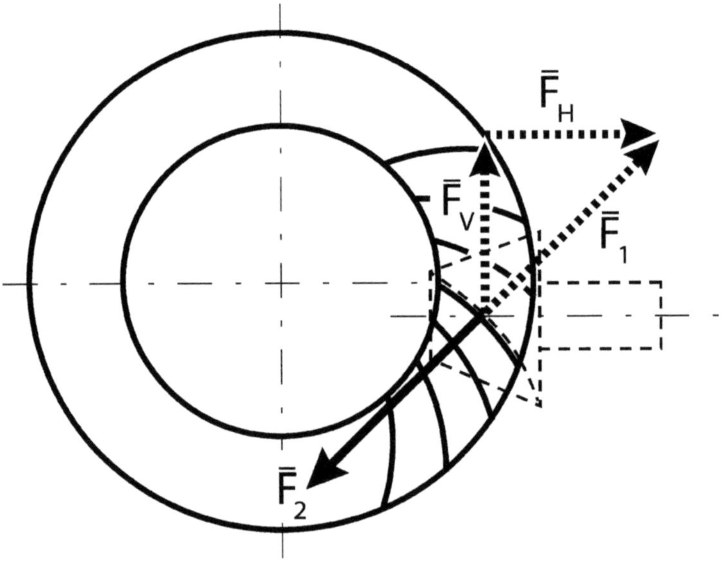

Abb. 3.20 Kegelradsatz mit positivem Achsversatz im Zugbetrieb

Der Kegelradsatz aus Abb. 3.20 ist in Abb. 3.21 im Schubbetrieb dargestellt. Hier treibt die konkave Tellerradflanke die konvexe Ritzelflanke an. Bei anderer Drehrichtung treibt die konvexe Ritzelflanke die konkave Tellerradflanke an. Das Ritzel übt die Kraft F_2 auf den Tellerradzahn aus, der mit der Kraft F_1 auf das Ritzel reagiert. Die Kraft F_1 wird in die Komponenten F_H sowie F_V zerlegt. Somit bewirken die Zahnkräfte im Schub eine Vergrößerung des Achsversatzes sowie die Verringerung des Einbaumaßes, also eine axiale Verschiebung des Ritzels in Richtung Getriebemitte. Diese axiale Verschiebung kann durch ein Kegelrollenlager hinter dem Ritzelkopf in O-Anordnung schlechter abgefangen werden und es besteht die Gefahr des Klemmens der Kegelräder, wenn das Verdrehflankenspiel zu klein ist.

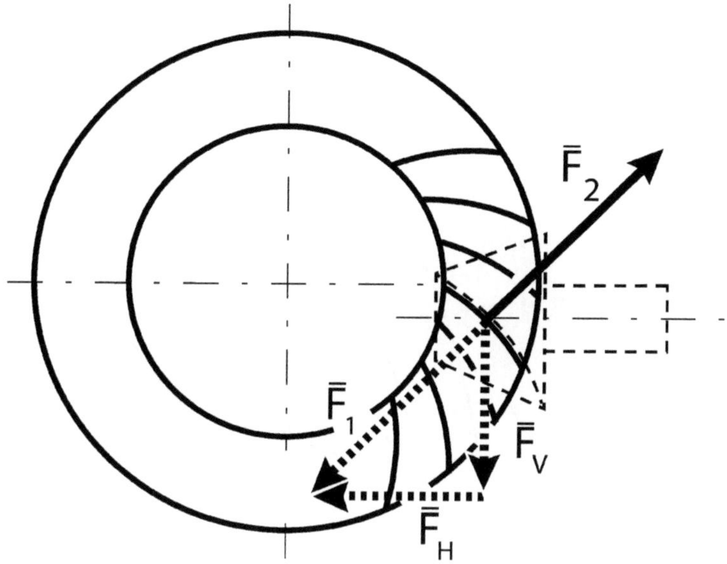

Abb. 3.21 Kegelradsatz mit positivem Achsversatz im Schubbetrieb

Zusammenfassend lässt sich das Verlagerungsverhalten für die Betriebsarten Zug und Schub so vereinfachen, dass im Zug der Achsversatz verkleinert und das Einbaumaß vergrößert wird. Im Schub wird dagegen der Achsversatz vergrößert und das Einbaumaß verkleinert.

3.4.3 Tragbildverlagerung

Abbildung 3.22 zeigt die Verlagerung des Tragbildkernes auf den Tellerradflanken für ΔV- und ΔH-Variation. Die Pfeile an den Linien zeigen in die jeweils positive Richtung der Parameteränderung. Es ist zu erkennen, dass auf der Zugseite, also der konvexen Telleradflanke, mit den zahnkraftbedingten Verlagerungen $\Delta V<0$ und $\Delta H>0$ das Tragbild in Richtung Ferse-Kopf wandert. Auf der Schubseite mit den zahnkraftbedingten Verlagerungen $\Delta V>0$ und $\Delta H<0$ wandert das Tragbild ebenfalls zur Ferse, jedoch mit Tendenz zum Zahnfuß. Dieses Phänomen ist typisch für Kegelradgetriebe, bei denen ein relativ großer Werkzeugradius r_{c0} zum Einsatz kommt (Tabelle 3.1).

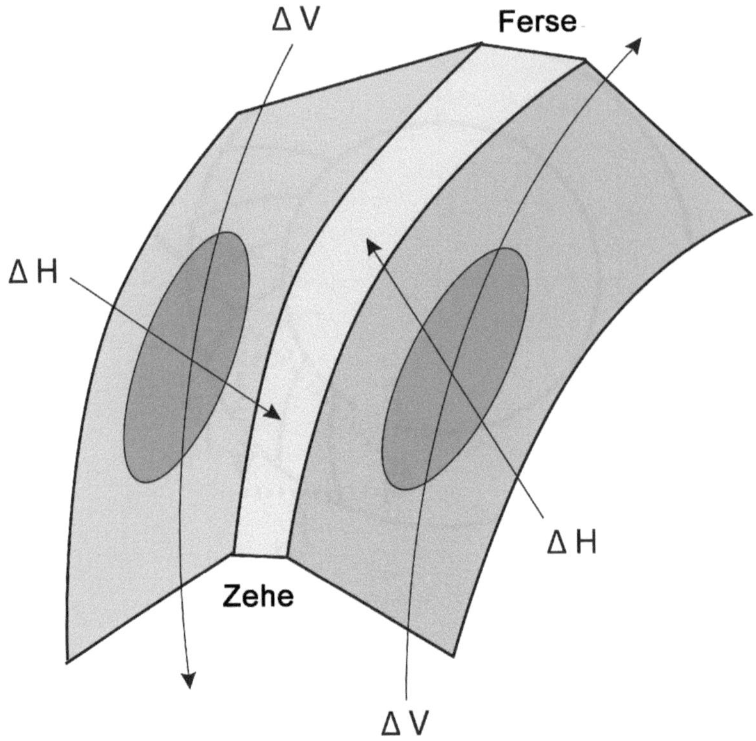

Abb. 3.22 Verlagerung des Tragbildkernes auf den Tellerradflanken für ΔV- und ΔH-Variation

Die hervorgehobenen Punkte in Abb. 3.23 zeigen die Verlagerung des Tragbildkerns bei inkrementeller Veränderung von ΔV und ΔH an. Der hier gezeigte Fall ist eine Auslegung mit einem großen Werkzeugradius. Mit kleiner werdendem Werkzeugradius dreht sich nur die ΔH-Trajektorie im Uhrzeigersinn. Der Einfluss des Werkzeugradius wird in Kapitel 3.4.4 näher beschrieben.

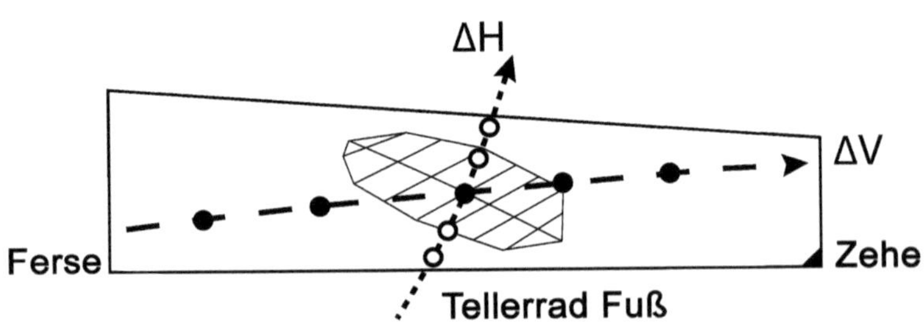

Abb. 3.23 Verlagerungsfall des Tragbildkerns für den Zugbetrieb

Da die manuelle Methode zur Tragbildbeurteilung trotz ihrer Fehleranfälligkeit weit verbreitet ist, wird die Vorgehensweise erläutert. Das Tragbild wird sowohl für die Zug- als auch für die Schubdrehrichtung in die Zehen- und Fersenlage verlagert. Die dazu von der Ursprungslage abweichenden V- und H-Werte werden notiert. Die Tragbildlage sollte dabei in den Extremlagen bezüglich der Zahnhöhenrichtung mittig auf der Flanke liegen und mit dem Rand die Zahnenden gerade eben berühren. Zur Auswertung werden die Beträge für „V" und „H" jeweils für die Zehenlage (1 oder 3) und Fersenlage (2 oder 4) addiert (siehe Abb. 3.24). Die Summe der betragsmäßigen „V"-Werte liefert einen Vergleichswert für die Längsballigkeit, der Quotient aus der Summe V und der Summe H liefert die Verwindung, welche im allgemeinen Sprachgebrauch auch mit der angelsächsischen Bezeichnung „Bias" (schräges Zahntragen) gekennzeichnet wird (siehe Tabelle 3.6). Die Prüfmethode des VH-Checks ist jedoch mit einigen Unsicherheiten verbunden, da die Prüflast und die optische Beurteilung von der prüfenden Person abhängig sind.

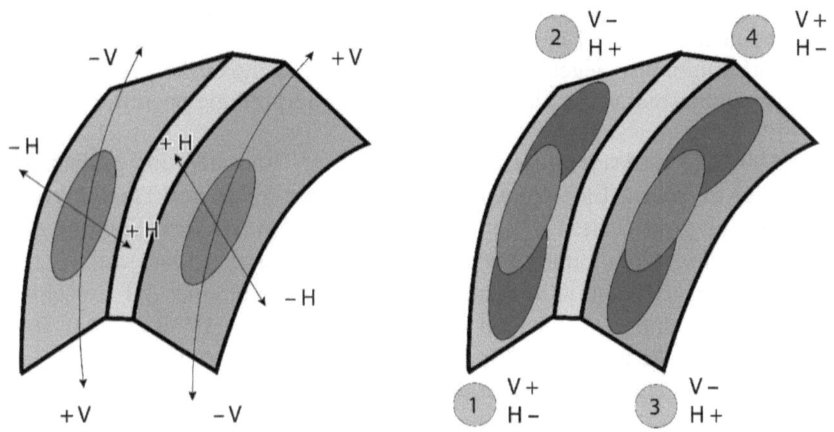

Abb. 3.24 Bestimmung der Balligkeiten durch Tragbildverlagerung

Zur Definition des Bias-Verhaltens wird ein Verhältnis von ΔV und ΔH angenommen, welches den Tragbildkern stets in Mitte der Zahnhöhe hin zur Ferse verschiebt, wie in Abb. 3.25 gezeigt.

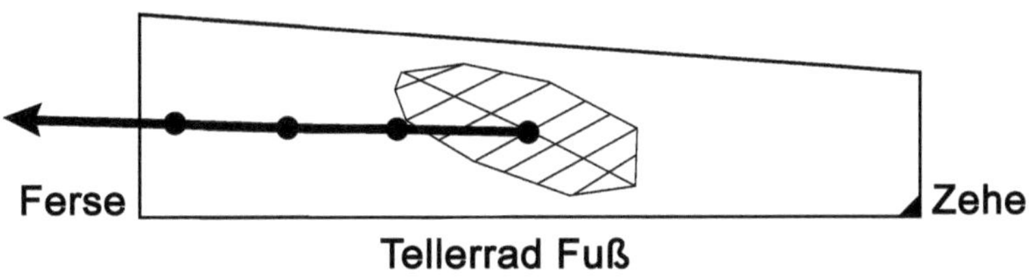

Abb. 3.25 Horizontale Tragbildverschiebung mit unterschiedlichem ΔH und ΔV

Man definiert Bias-In und Bias-Out unter Berücksichtigung des mittleren Spiralwinkels am Ritzel β_{m1} gemäß Tabelle 3.6.

Tabelle 3.6 Definition Bias-In und Bias-Out

Bezeichnung	Formel	Nr.
Bias-In	$\frac{\Delta V}{\Delta H} > \cot(\beta_{m1})$	(3.35)
Bias-Out	$\frac{\Delta V}{\Delta H} < \cot(\beta_{m1})$	(3.36)

3.4.4 Einfluss des Werkzeugradius

Im vorangegangenen Abschnitt wurde der Einfluss des Werkzeugradius r_{c0} nicht näher betrachtet. Die Krümmung in Zahnlängsrichtung ist hauptsächlich durch den Werkzeugradius gegeben. Durch eine Längsballigkeitsänderung kann man den Krümmungsradius in Zahnlängsrichtung nur geringfügig beeinflussen.

In Abb. 3.23 ist das Verlagerungsverhalten eines Radsatzes mit großem Werkzeugradius zu sehen. Eine Veränderung in ΔV verschiebt den Tragbildkern entlang der grob gestrichelten Linie, eine Veränderung in ΔH verschiebt ihn entlang der fein gestrichelten Linie. Vereinfacht lässt sich sagen, dass mit einer ΔV-Verschiebung das Tragbild in Zahnlängsrichtung und mit einer ΔH-Verschiebung in Zahnhöhenrichtung verschoben wird. Im Zug, also bei $\Delta V<0$ und $\Delta H>0$, wandert der Tragbildkern zur Ferse und im Falle von Bias-In an den Kopf, sofern ΔV und ΔH betragsmäßig gleich groß sind. Durch eine geeignete Einstellung von ΔV und ΔH kann das Tragbild jede Stelle der Zahnflanke erreichen, sofern für diese Verlagerung noch ein Verdrehflankenspiel vorhanden ist. Diese Eigenschaft ist für einen Läppvorgang vorteilhaft, wie in Kapitel 6.6 dargestellt wird. Es lässt sich eine fast beliebige Tragbildlage einstellen und somit auch eine Tragbildkorrektur durch das Läppen in den verschobenen V- und H-Positionen erreichen.

Für den Einsatz im Getriebe ist dieses Verlagerungsverhalten nicht vorteilhaft. Unter der lastbedingten Verlagerung wird der Hebelarm des Kraftangriffspunktes für den Tellerradzahn größer, so dass mit einer Überhöhung der Zahnfußspannung im Bereich der Ferse zu rechnen ist. Derart ausgelegte Verzahnungen ohne vorkorrigierte Tragbildlage fallen häufig dadurch aus, dass der Tellerradzahn an der Ferse infolge zu hoher Zahnfußspannung bricht. Um eine tragfähige Verzahnung zu erhalten, ist es wünschenswert, eine auf die typische ΔV- und ΔH-Verlagerungskombination unempfindlich wirkende Tragbildverschiebung und einen größtmöglichen Normalmodul zu haben.

Für das in Abb. 3.26 dargestellte Planrad mit der Zähnezahl z_p, dem Spiralwinkel β_x an der Teilkegellänge R_x, sowie dem Abstand ρ_{P0} (Planrad- zum Werkzeug-Mittelpunkt) gelten die Zusammenhänge in Tabelle 3.7.

Tabelle 3.7 Formelmäßige Zusammenhänge zu Abb. 3.26

Bezeichnung	Formel	Nr.
Stirnmodul an der Teilkegellänge R_x	$m_{xt} = \frac{2R_x}{z_p}$	(3.37)
Normalmodul	$m_{xn} = m_{xt} \cos\beta_x$	(3.38)
Dreiecke aus Abb. 3.26	$R_x \cos\beta_x = \rho_{P0} \sin\varepsilon_x$	(3.39)
aus (3.37) und (3.39) folgt:	$m_{xn} = \frac{2\rho_{P0} \sin\varepsilon_x}{z_p}$	(3.40)

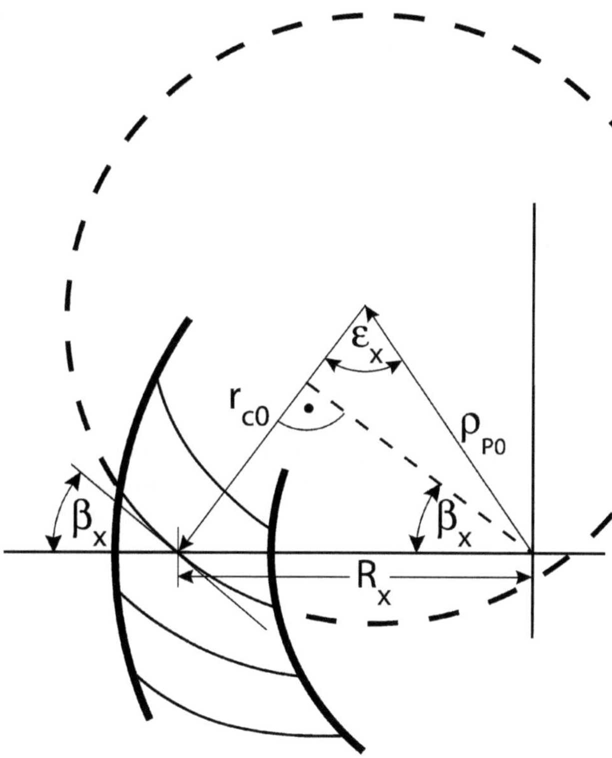

Abb. 3.26 Spiralwinkel, Teilkegellänge und Werkzeugradius am Planrad

Nach Formel (3.40) erreicht der Normalmodul dort sein Maximum, wo ε ein rechter Winkel ist. Diesen Punkt auf dem Teilkegel bezeichnet man als N-Punkt.

An dieser Stelle entsprechen die Längskrümmungsverhältnisse denen einer Evolvente. Den größtmöglichen Normalmodul in Zahnmitte erhält man, wenn der N-Punkt in Zahnmitte liegt.

Dann gilt:

$$r_{c0} = R_m \sin \beta_m \tag{3.41}$$

Liegen diese Bedingungen vor, wird vom rechtwinkligen Fall gesprochen. Seine besonderen Eigenschaften hinsichtlich des Verlagerungsverhaltens sind in Abb. 3.27 dargestellt.

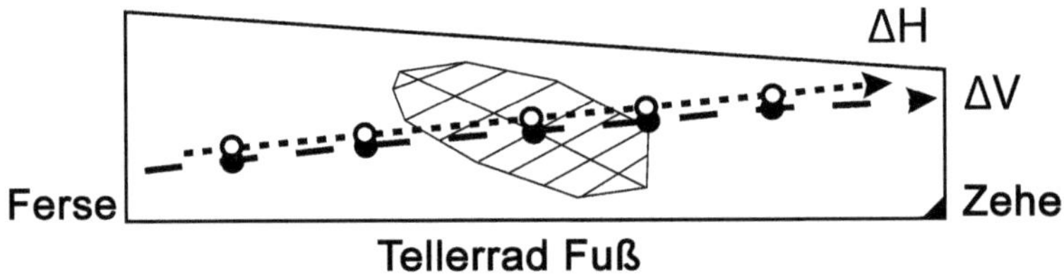

Abb. 3.27 Verlagerungsverhalten im rechtwinkligen Fall

Es fällt auf, dass sich das ΔV-Verlagerungsverhalten verglichen mit Abb. 3.23 kaum verändert hat. Einzig die Richtung des ΔH-Verlagerungsverhaltens verläuft jetzt parallel zur ΔV-Linie. Dies ist der Grund dafür, dass sich für eine typische lastbedingte Gesamtverlagerung $\Delta V \cong \Delta H$ die Tragbildlage nicht wesentlich verändert.

Da für die Tragfähigkeit einer Kegelradverzahnung sowohl die Verzahnungsgeometrie als auch die Einflüsse aus dem Umfeld zu berücksichtigen sind, weisen Auslegungen mit rechtwinkligem Fall die höchste Tragfähigkeit auf. Der Tragbildkern verschiebt sich unter Last kaum in Zahnhöhenrichtung, so dass sich der Hebelarm der Krafteinleitung auf den Zahnfuß nicht vergrößert; darüber hinaus ist der Normalmodul an der Stelle der höchsten Beanspruchung am größten.

3.4.5 Ease-Off-Gestaltung

Nachdem die Grundlagen des Verlagerungsverhaltens bekannt sind, befasst sich dieser Abschnitt mit den Möglichkeiten zur Flankengestaltung, um sowohl eine laufruhige als auch eine tragfähige Verzahnung auslegen zu können. Für eine laufruhige Verzahnung ist bei gegebener Last eine gute Anschmiegung der Zahnflanken wünschenswert, so dass der Drehfehler und damit die Geräuschanregung klein bleiben. Um eine Verzahnung mit großer Tragfähigkeit zu bekommen, muss sichergestellt sein, dass das Tragbild für die gegebene Last möglichst mittig auf der Zahnflanke liegt und keine Pressungsspitzen an den Zahnrändern auftreten.

Eine gute Anschmiegung wird durch geringe Balligkeiten erreicht, ein unter Last auf der Zahnflanke begrenztes Tragbild wird durch größere Balligkeiten erreicht. Dieser Widerspruch lässt sich auflösen, wenn man das Verlagerungsverhalten geschickt ausnutzt.

Da sich das Tragbild mit zunehmender Last im Falle eines Bias-In-Verhaltens von der Zehe weg zum Ferse-Tellerradkopf bewegt, können unterschiedliche Lastzonen auf der Zahnflanke definiert werden. Abbildung 3.28 zeigt einen typischen Ease-Off mit Bias-In-Ausprägung. Mit zunehmender Last vergrößert sich das Tragbild und verschiebt sich darüber hinaus in Richtung Ferse-Kopf.

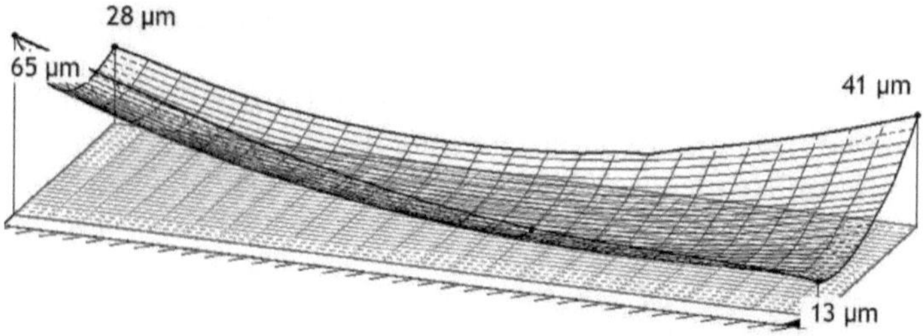

Abb. 3.28 Ease-Off mit Bias-In-Ausprägung für rechtsspiraliges Tellerrad

Abbildung 3.29 zeigt eine Ease-Off-Topographie, welche den lokal unterschiedlichen Balligkeitsanforderungen Rechnung trägt. Für den lastarmen Zustand sind keine nennenswerten Verlagerungen zu erwarten, so dass sich hier eine Tragbildlage im vorderen Drittel der Zahnbreite nahe der Zehe empfiehlt. Da hier lastbedingt keine Abplattungen des Zahnes zu erwarten sind, müssen die lokalen Balligkeiten hier so klein als möglich ausfallen, damit der Drehfehler gering bleibt. Das hochgezogene Eck Zehe-Fuß dient dazu, eventuelle Montagetoleranzen im Ritzeleinbaumaß abzufedern. Eine Verschiebung $\Delta H<0$ würde sonst sofort das lastlose Tragbild bis zur vorderen Zahnberandung auslaufen lassen und bei geringsten Fertigungsfehlern zum Kantentragen führen. Für den Bereich Ferse–Kopf ist der Ease-Off lokal mit sehr großen Balligkeiten ausgeführt. Sie sollen nicht immer das Kantentragen verhindern, aber auf jeden Fall sicherstellen, dass keine Pressungsspitzen an der Zahnberandung auftreten. Tendenziell ist es für diesen Bereich wünschenswert, dass sich der Tragbildkern und damit das Maximum der Pressung in der Mitte der Zahnhöhe befinden. Dies stellt sicher, dass die Zahnfußspannungen für Tellerrad und Ritzel ausgeglichen sind.

Mit diesem Beispiel soll gezeigt werden, dass es bei Kegelrädern durchaus gelingt, die widersprüchlichen Kriterien für Laufruhe und Tragfähigkeit miteinander zu verbinden.

Idealerweise muss ein Kegelradsatz, der sowohl höchste Tragfähigkeit hat als auch geringste Geräuschanregung verursacht, unterschiedliche Balligkeiten entlang der Zahnflanke aufweisen.

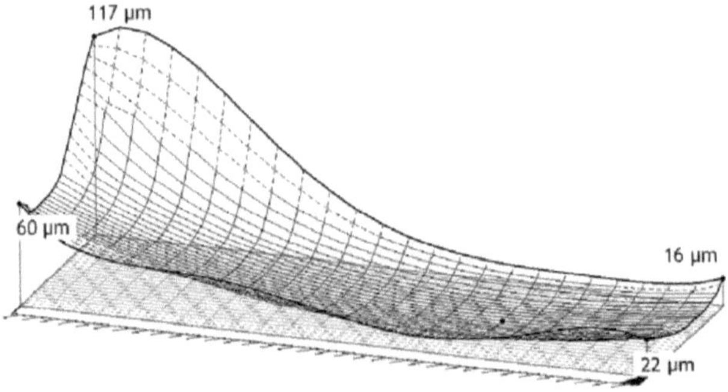

Abb. 3.29 Ease-Off-Topografie mit lokal unterschiedlichen Balligkeiten

In Abb. 3.30 sind 4 unterschiedliche Ease-Off Topografien einer Verzahnung mit und ohne lastbedingter Achsverschiebung dargestellt. Die Verschiebung wurde für alle 4 Beispiele identisch vorgegeben. Im Beispiel d) wurde die Längsballigkeit mit dem Verfahren Modified-Crowning durch eine Korrektur am Tellerrad optimiert.

Ease- Off Beschreibung	Kontaktabstand ohne lastbedingte Verschiebung und Verformung	Kontaktabstand mit lastbedingter Verschiebung aber ohne Verformung
a) Verzahnung mit konstanter Längsballigkeit, Kontaktabstand nicht korrigiert	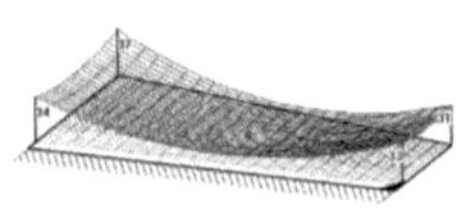	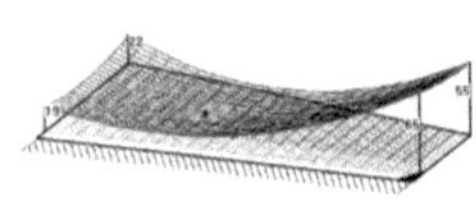
b) Verzahnung mit konstanter Längsballigkeit, Kontaktabstand korrigiert	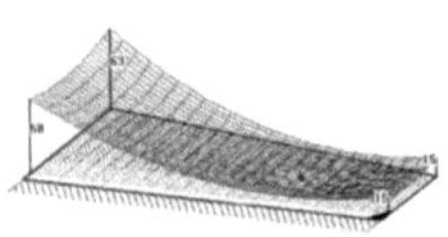	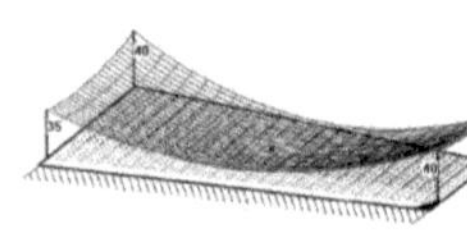
c) Verzahnung mit reduzierter, konstanter Längsballigkeit für geringe Last	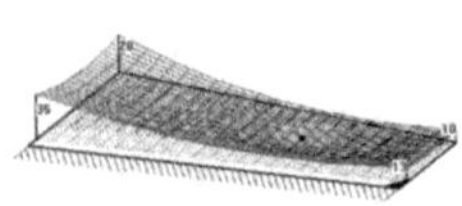	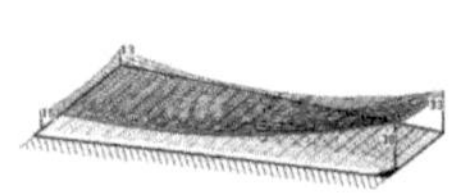
d) Verzahnung mit reduzierter Längsballigkeit, zusätzlich mit Modified-Crowning korrigiert	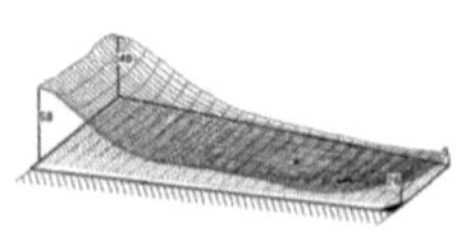	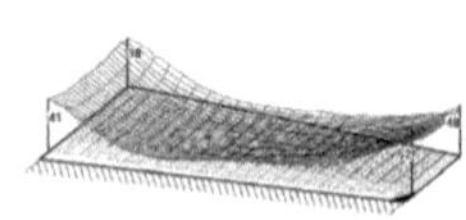

Abb. 3.30 Ease-Off-Topografien mit unterschiedlicher Modifikation zur Kompensation von lastbedingten Verlagerungen

Tragbild	Tragbild ohne lastbedingte Verschiebung und Verformung	Tragbild mit lastbedingter Verschiebung und Verformung
a) Verzahnung mit konstanter Längsballigkeit, Tragbild nicht korrigiert		
b) Verzahnung mit konstanter Längsballigkeit, Tragbild korrigiert		
c) Verzahnung mit reduzierter, konstanter Längsballigkeit für geringe Last		
d) Verzahnung mit reduzierter Längsballigkeit, zusätzlich mit Modified- Crowning korrigiert		

Abb. 3.31 Tragbilder der Verzahnungen aus Abb.3.30

Modified-Crowning Trotz der vielfältigen Modifikationen, die beim Wälzprozess des Ritzels angewandt werden können, war es bisher nicht möglich, die Längsballigkeit ohne jegliche Nebeneffekte variabel entlang der Zahnbreite zu gestalten. Diese Möglichkeit unter Nutzung vorhandener Fräs- oder Schleifwerkzeuge ist mit dem Verfahren Modified-Crowning zur Modifikation von getauchten Tellerrädern gegeben.

Wenn man die Zahnflankenform eines getauchten Tellerrades verändern will, kann dies nur über die Tauchposition erreicht werden. Die Tauchposition ist die Relativposition zwischen dem Werkzeug und dem Tellerrad. Sie ist vollständig durch die Größen Radialdistanz φ, Wiegenwinkel α, Maschinengrundwinkel γ, Tiefenposition χ, Achsversatz η sowie den Abstand mccp des Achskreuzungspunktes des Tellerrades von der Maschinenmitte gegeben. Für den Tauchprozess sind alle diese Werte konstant, lediglich die Tiefenposition χ wird als Vorschubachse benutzt.

Verändert man beispielsweise die Radialdistanz φ, so ändert sich hauptsächlich der Spiralwinkel der beiden Zahnflanken gegensinnig. Verändert man dagegen den Grundwinkel γ und passt die Tiefenposition χ so an, dass die gleiche Zahnhöhe in Zahnmitte erzeugt wird, dann werden sich im Wesentlichen die Spiralwinkel der beiden Flanken gleichsinnig ändern. Dieser Zusammenhang wird genutzt, um die Tragbildlage z.B. von der mittigen Position zur Zehe hin zu verschieben und so die lastbedingte Verschiebung vorzuhalten (siehe Abb. 3.31). Das Prinzip von Modified-Crowning verwendet mehrere unterschiedliche Tauchpositionen, die nacheinander in einer gleichförmigen Maschinenbewegung verbunden werden. Dazu wird eine Transformation der bekannten Einstellwerte der Tauchposition vorgenommen. Mit diesen transformierten Werten gelingt es, die Abfolge der unterschiedlichen Tauchpositionen so zu gestalten, dass die Bewegungsgleichungen der einzelnen Achsen denen einer Wälzbewegung entsprechen, obwohl es sich um keine Wälzbewegung handelt. Die Führungsgröße ist der transformierte Wälzwinkel α, der exakt von α_1 bis α_2 laufen muss. Von α abhängig sind die Größen φ, γ und η .

Vergleicht man die Maschinenbewegung für ein getauchtes Tellerrad mit der für ein Modified-Crowning Tellerrad, dann ist nur folgender Unterschied zu erkennen: Nach Ende des Tauchprozesses verändern einige Maschinenachsen ihre Position um einen winzigen Betrag. Dies hat auf die Bearbeitungszeit nur einen geringen Einfluss. Besonders vorteilhaft ist Modified Crowning beim kontinuierlichen Teilverfahren, da hier die Zusatzbewegung nur einmal für alle Zähne vorgenommen werden muss. In Abb. 3.30 wird der Ease-Off und in Abb. 3.31 das zugehörige Tragbild für Beispiel d) mit und ohne Last für eine Verzahnung mit einer Modified-Crowning Korrektur dargestellt. Die Korrektur wurde dabei als parabelförmige Rücknahme an der Ferse mit tangentenstetigem Übergang ausgebildet.

3.5 Werkstoffauswahl

3.5.1 Einführung

Als Werkstoffe für Zahnräder werden Kunststoffe, Gusswerkstoffe und Stahl eingesetzt. Die Kriterien für die Auswahl des Werkstoffes sind durch konstruktive Bedingungen, Fertigungsaspekte, Kosten und die zu erwartenden Beanspruchungen gegeben. Zahnradtypische Beanspruchungen sind stets zyklisch und können grob in Biegelast, Flächenpressung, Druck- und Scherbeanspruchung unterteilt werden.

Konstruktionsbedingte Kriterien sind im Wesentlichen der zur Verfügung stehende Bauraum und die zu übertragende Leistung. Weitere Einschränkungen des Werkstoffspektrums sind durch die Fertigungsmöglichkeiten sowie deren Wirtschaftlichkeit für die benötigte Stückzahl gegeben. Somit ist die Werkstoffauswahl ein Abgleich zwischen dem Anforderungsprofil an das Kegelrad und dem Eigenschaftsprofil des Werkstoffes. Diese beiden Profile sind in Tabelle 3.8 dargestellt.

Tabelle 3.8 Anforderungs- und Eigenschaftsprofil

Anforderungsprofil Kegelrad	**Eigenschaftsprofil Werkstoff**
Wirtschaftlichkeit	Materialkosten
Prozesssichere Fertigung	Legierungszusammensetzung
Technische Eigenschaften	Gießbarkeit
– Steifigkeit	Schweißbarkeit
– Zahnfuß- und Wälzfestigkeit	Schmiedbarkeit
– Schwingfestigkeit	Wärmebehandelbarkeit
– Thermoschockbeständigkeit	Elastizitäts- und Schubmodul
– Temperaturbeständigkeit	Zugfestigkeit, Streckgrenze
– Verschleißfestigkeit	Zeit- und Dauerfestigkeit
– Korrosionsbeständigkeit	Verschleißfestigkeit
– Hygienische Unbedenklichkeit	Bruchmechanische Kennwerte
– Masse	

Werkstoffe lassen sich je nach Eigenschaftsprofil in unterschiedliche Zustände überführen, und je nach Zustand unterscheiden sich dann die physikalischen Eigenschaften.

3.5.2 Werkstoffe für Kegelräder

Kunststoff Für Anwendungen, die keine hohen Anforderungen an die Zahnfuß- und Wälzfestigkeit haben, werden aus wirtschaftlichen Gründen Kunststoffe eingesetzt. Deren Zustand lässt sich durch Verbundtechniken in gewissen Grenzen an das Anforderungsprofil weiter anpassen.

Sintermetall Höher belastete Zahnräder, die nicht mehr in Kunststoff ausgeführt werden können, werden bei genügend großer Stückzahl im Sinterprozess gefertigt. Der höheren Tragfähigkeit steht eine höhere Masse gegenüber. Damit sind Sinterzahnräder bezüglich ihres Leistungsgewichtes zwischen Kunststoff- und Stahlzahnrad angesiedelt.

Grauguss und Stahlguss Eine eher wenig verbreitete Variante sind Zahnräder aus Gusswerkstoffen. Im Vergleich zu Zahnrädern aus Stahl weisen sie eine geringe bis mittlere Tragfähigkeit auf. Generell ist dieser Werkstoff gut zu bearbeiten. Je nach Temperaturführung und Abkühlbedingungen des Gießvorganges können Notlaufeigenschaften und Wärmebehandlungsfähigkeit des Werkstoffes eingestellt werden.

Bau- und Vergütungsstähle Lässt sich die Geometrie des Zahnrades nicht gießtechnisch herstellen oder verlangt das Anforderungsprofil höherwertige Werkstoffe, müssen spanende Fertigungsverfahren eingesetzt werden. Werkstoffe mit guter Zerspanbarkeit und mittlerer Tragfähigkeit sind Bau- und Vergütungsstähle. Diese Werkstoffe zeichnen sich durch hohe Zähigkeit und geringere Kosten als höherwertige Stähle aus.

Oberflächengehärtete Vergütungsstähle Sieht das Anforderungsprofil eine noch höhere Wälzfestigkeit vor, muss der Oberflächenzustand durch eine Wärmebehandlung gezielt beeinflusst werden. Typische Vertreter dieser Werkstoffe sind Stähle, die sich zur Flamm- oder Induktionshärtung eignen.

Stähle für thermochemische Wärmebehandlung Nitrier- und Einsatzstähle sind speziell für diese Art der Wärmebehandlung legiert und geeignete Werkstoffe für höchste Anforderungen an Tragfähigkeit, Geometrie und Oberflächengüte. Die Wärmebehandlungsverfahren sind aufwändig und erfordern fast immer eine Hartfeinbearbeitung. In der Praxis sind die Zahnradgrößen durch die Abmessungen der Anlage zur Wärmebehandlung limitiert. Mit dieser Werkstoffgruppe lassen sich Kombinationen aus Oberflächenhärte und Zähigkeit erreichen, die für höchste Anforderungen an Tragfähigkeit und Verschleißbeständigkeit notwendig sind.

Durchhärtende Stähle Eine Sonderstellung nehmen durchhärtende Stähle ein, da hier gleichmäßig hohe Oberflächenhärten unabhängig vom Abtrag der Hartfeinbearbeitung sichergestellt sind.

3.5.3 Einsatzstähle

Kegelräder werden in aller Regel hoch beansprucht, so dass sich qualitativ hohe Anforderungen an den Werkstoff und die Fertigung ergeben. Das Eigenschaftsprofil ist durch die Anforderungen an Oberflächenhärte, Flankentragfähigkeit, Grübchentragfähigkeit, Fresstragfähigkeit, Zahnfußfestigkeit und Kernzähigkeiten bestimmt.

Die Abhängigkeit der Zahnfuß- und Flankentragfähigkeit von der Einsatzhärtetiefe, im Folgenden Eht genannt, ist in Abb. 3.32 dargestellt. Die Eht ist als die Tiefe definiert, an welcher der Werkstoff eine Härte von 550 HV aufweist. Für die Flankentragfähigkeit wäre eine große Eht ideal, für die Zahnfußtragfähigkeit liegt das Optimum der Eht in geringerer Tiefe.

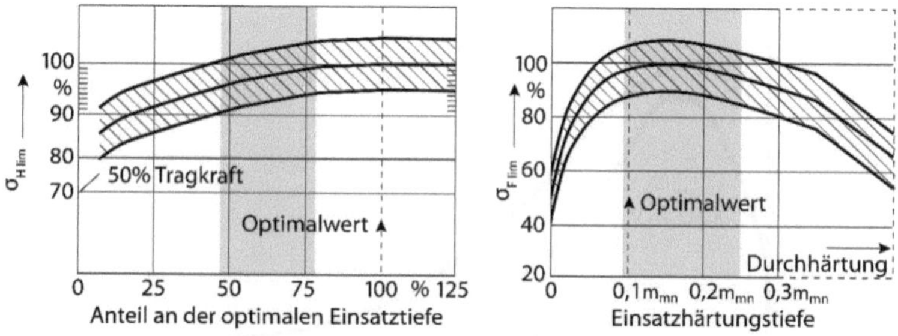

Abb. 3.32 Einfluss der Härtetiefe auf Fuß- und Flankentragfähigkeit [NIEM86]

Abbildung 3.33 zeigt die optimale Eht in Abhängigkeit des Moduls der Verzahnung für optimale Fuß- und Zahnflankentragfähigkeit.

Insgesamt ist ein Härteverlauf wünschenswert, wie er schematisch in Abb. 3.34 dargestellt ist. Wegen des Maximums der Werkstoffbeanspruchung in einer gewissen Tiefe muss der Härteverlauf so eingestellt werden, dass in dieser Tiefe eine ausreichende Härte vorhanden ist.

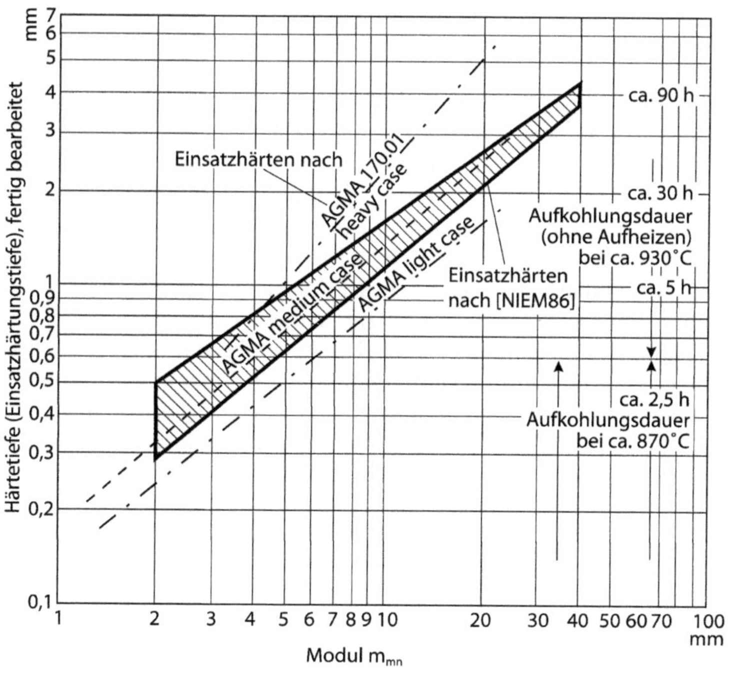

Abb. 3.33 Empfohlene Härtetiefen für maximale Fuß- und Flankentragfähigkeit

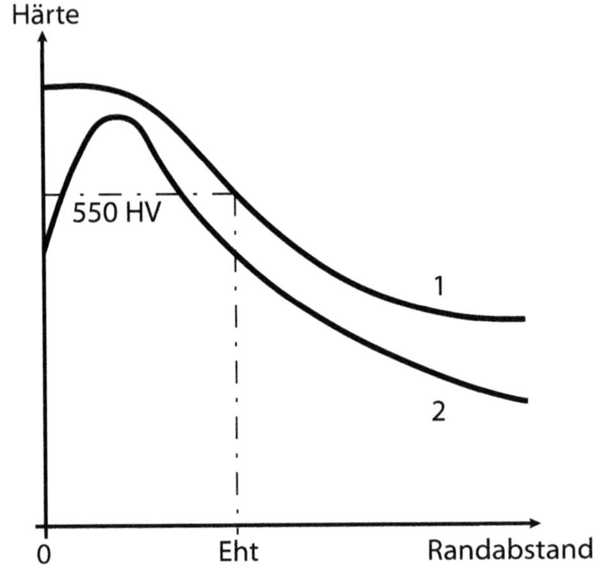

1 Härteverlauf 2 Beanspruchung

Abb. 3.34 Härteverlauf und Beanspruchung über der Werkstofftiefe

Es gilt folglich einen Werkstoff zu finden, der einerseits die nötige Oberflächenhärte aufweist, im Kern die erforderliche Zähigkeit hat, eine geeignete Kernhärte besitzt und darüber hinaus einen einstellbaren Gradienten der Härte von der Oberfläche zum Kern hin zulässt. Dieses Spektrum lässt sich am besten mit Einsatzstählen und Einsatzhärten erreichen. Einsatzstähle haben einen geringen Kohlenstoffgehalt von unter 0.2% und geringe Mengen von Eisenbegleitern wie Mangan, Chrom, Molybdän oder Nickel. Dieser Ausgangszustand garantiert einerseits das Erreichen der geforderten Kernhärte, andererseits ist er noch relativ gut zerspanbar. Mit einem derart geringen Kohlenstoffgehalt ist dieser Stahl nicht härtbar. Daher wird er vor dem Härten bei hoher Temperatur der Kohlenstoffdiffusion in einer Kohlenstoff abgebenden Umgebung ausgesetzt, man spricht von Aufkohlen. Die gewünschte Einsatzhärtetiefe wird u.a. durch die Dauer des Aufkohlprozesses eingestellt. Nach dem Aufkohlen erfolgt ein Zwischenglühen und dann das eigentliche Härten durch Abschrecken. Bei einigen Anwendungen wird vor dem Anlassen ein Tiefkühlen durchgeführt. Dieser Prozess ist ausführlich in [DIN17022-3] und in Kapitel 6.3 beschrieben.

Bei Einsatzstählen verhält sich je nach Legierung die Kernhärte zum Bezugsdurchmesser unterschiedlich. Dieser Zusammenhang ist in Abbildung 3.35 für die Einsatzstähle 16MnCr5, 15NiCr13, 18CrNiMo7-6, 20NiCrMo2-2 sowie 25MoCr4. Es ist zu erkennen, dass 16MnCr5 sich eher für kleinere Bauteile eignet, während für große Kegelräder 18CrNiMo7-6 besser zu bevorzugen ist.

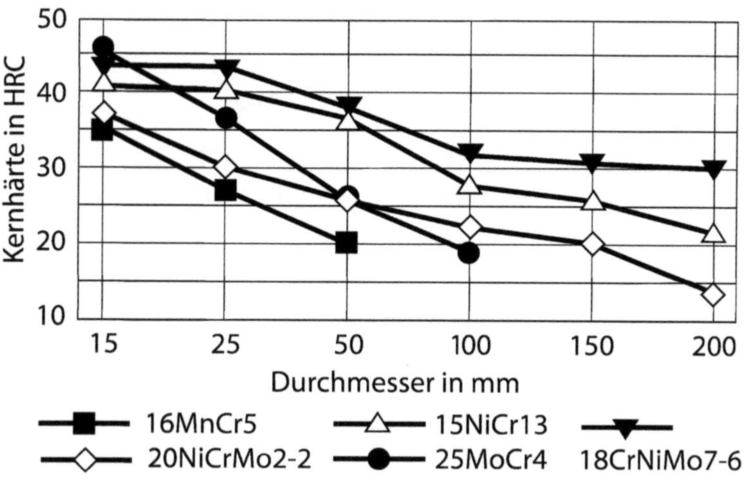

Abb. 3.35 Kernhärte unterschiedlicher Einsatzstähle für unterschiedliche Bezugsdurchmesser

Dies ist in Abb. 3.34 eingezeichnet. Die Kernhärte für Zahnräder ist an einer Position im Zahnradkörper definiert, welche senkrecht zur 30°-Tangente im Zahnfuß in 5-facher Eht-Tiefe liegt. Statt an dieser unzugänglichen Stelle zu messen, wird eine zylindrische Vergleichsprobe mit einem Bezugsdurchmesser verwendet, die ein ähnliches Abkühlverhalten aufweist. Die Kernhärte lässt sich mittels der Vergleichsprobe anhand der gemessenen Härte der Probe in ihrer Mitte bestimmen.

Ein weiterer Aspekt bei der Werkstoffauswahl ergibt sich durch die zu erwartenden Verzüge beim Abschrecken. Ritzel werden in aller Regel frei abgehärtet, bei Tellerrädern bietet sich das Fixturhärten in einer Härtepresse an. Hier wird während des Abschreckens das Tellerrad in einer Vorrichtung gehalten, um die Rund- und Ebenheit des Radkörpers zu verbessern. Meist handelt es sich um einen Spreizdorn für die Bohrung und einen Ring, der den Zahnkranz plan hält (siehe Abb. 6.24). Die Verzüge sind beim Fixturhärten (besonders bei dünnen Tellerrädern mit sehr geringer axialer Ausdehnung) relativ klein. Steht keine Härtepresse zur Verfügung, muss bei der Gestaltung des Tellerradkörpers das zulässige Verzugsverhalten mit den Werkstoffeigenschaften beim freien Abhärten abgeglichen werden.

Neben der Spezifikation der Zusammensetzung des Werkstoffes gibt es in der Norm 3 Qualitätsklassen [DINEN3990-5]. Tabelle 3.9 zeigt die Merkmale für die standardisierten Qualitäten ML, MQ und ME. Die dort aufgeführten Merkmale sind Mindestanforderungen an den Werkstoff. Es ist durchaus üblich, dass besonders im Bereich der Großkegelräder firmenspezifische Anforderungskataloge existieren, die weit über die in Tabelle 3.9 dargestellten Werte hinausgehen.

Tabelle 3.9 Werkstoffqualitäten nach DIN-EN 3990-5

	Qualitätsanforderungen Werkstoff		
	ML	**MQ**	**ME**
Erschmelzung	keine Vorgaben	keine Vorgaben	HV, ESU, CAB
Reinheitsgrad	DIN 17210 ~K4 < 50 (Oxide)	50% von DIN 17210 ~K4 < 25 (Oxide)	K1 < 20 K2 < 5 K3 ~ 0 (Oxide + Sulfide)
Verformungsgrad	keine Vorgaben	> 3	3-5
Austenitkorngröße	keine Vorgaben	5-8	5-8
Randhärte	56 - 64 HRC	58-63 HRC	59-63HRC
Randgefüge	keine Vorgaben	feinnadeliger Martensit	feinnadeliger Martensit
Kernhärte	> 20 HRC	> 20 HRC > 34HRC (Ni-Leg.)	> 40 HRC
Kerngefüge	keine Vorgaben	Martensit + Bainit	Martensit + Bainit

3.6 Schmierstoffauswahl

3.6.1 Einführung

Der Schmierstoff soll hauptsächlich Reibung und Verschleiß mindern und die im Eingriff erzeugte Wärme abführen. Darüber hinaus schützt er die Bauteile vor Korrosion und ist Träger für unterschiedliche Wirkstoffe, wie Oxidationsinhibitoren, Stockpunkterniedriger, Detergents und Dispersants zur Verbesserung der Öleigenschaften sowie Verschleißschutz- und Fressschutzadditive zur Vermeidung von Zahnradschäden.

3.6.2 Wahl des Schmierstoffs

In der überwiegenden Mehrzahl der Anwendungen wird Öl als Schmierstoff bevorzugt. Es kann einfach in den Zahneingriff gebracht werden und Reibungswärme abführen. Bei langsam laufenden, offenen oder geschlossenen, überwiegend in

Teillast oder im Aussetzbetrieb laufenden Getrieben verwendet man auch Schmierfette und Haftschmierstoffe unterschiedlicher Konsistenzklassen.

Für Industrieanwendungen werden typischerweise Industriegetriebeöle CLP nach [DIN51517] eingesetzt. Für Fahrzeuganwendungen und für Industrieanwendungen mit erhöhten Anforderungen werden Öle mit hohem Fressschutz nach API (American Petroleum Institute) GL 4 und GL 5 verwendet.

3.6.3 Wahl der Ölart

Für die meisten Anwendungen wird Mineralöl als Schmierstoff ausreichen. Bei erhöhten Anforderungen an den Temperatureinsatzbereich, an die tiefste oder die höchste Temperatur und an die Schmierstofflebensdauer, werden synthetische Öle verwendet. Sie bieten neben dem günstigeren Viskositäts-Temperatur-Verhalten (hoher Viskositäts-Index VI) meist auch ein günstigeres Reibungsverhalten im Kontakt. Die vom chemischen Aufbau den Mineralölen ähnlichen und damit auch mischbaren Polyalphaolefine werden häufig eingesetzt und bieten im Mittel eine Verminderung der Kontaktverluste um etwa 10 % gegenüber den Mineralölen. Mit Mineralölen meist nicht mischbare Polyglykole können bis zu 30 % günstigeres Reibungsverhalten gegenüber Mineralöl aufweisen. Für Anwendungen in Flugzeuggetrieben bei hohen Umfangsgeschwindigkeiten und hohen Temperaturen werden üblicherweise Schmierstoffe auf Basis von Polyolester eingesetzt. Für besonders umweltkritische Anwendungen können auch biologisch leicht abbaubare Schmierstoffe verwendet werden. Für ausreichende Temperaturstabilität kommen dann nur synthetische (Trimethylolpropan)-TMP-Ester in Frage, die im Übrigen meist gute Schmier- und Reibungseigenschaften aufweisen [DIN51517].

Für Anwendungen mit verlängerten Ölwechselfristen werden heute überwiegend Öle auf Basis von synthetischen Grundölen verwendet. Die ohnehin gute Alterungsstabilität der Syntheseöle gegenüber Mineralölen wird zusätzlich durch geringere Reibung im Kontakt unterstützt, was wiederum zu niedrigeren Öltemperaturen und damit auch niedrigerer thermischer Beanspruchung führt.

3.6.4 Wahl der Öleigenschaften

3.6.4.1 Wahl der Viskosität

Entsprechend ihrem Einfluss auf die Schmierfilmbildung und damit auf die Schadensformen Verschleiß, Fressen, Graufiecken und Grübchen soll die Viskosität umso höher sein, je höher die Belastung und je niedriger die Umfangsgeschwindigkeit ist. Eine höhere Viskosität führt jedoch zu höheren Leerlaufverlusten. Deshalb muss hier immer ein Kompromiss gefunden werden, insbesondere auch bei mehrstufigen Getrieben, die mit unterschiedlichen Belastungen und Geschwindigkeiten in den Stufen arbeiten. Fehlende Viskosität für optimale Schmierfilmausbildung muss durch Additive ausgeglichen werden, die tribologische Schutzschichten auf den Zahnflanken aufbauen.

Einen Anhalt für die Viskositätsauswahl gibt Niemann/Winter [NIEM86.2] in Abhängigkeit von der Umfangsgeschwindigkeit (Abb. 3.36). Dabei handelt es sich um Empfehlungen, von denen begründet abgewichen werden kann.

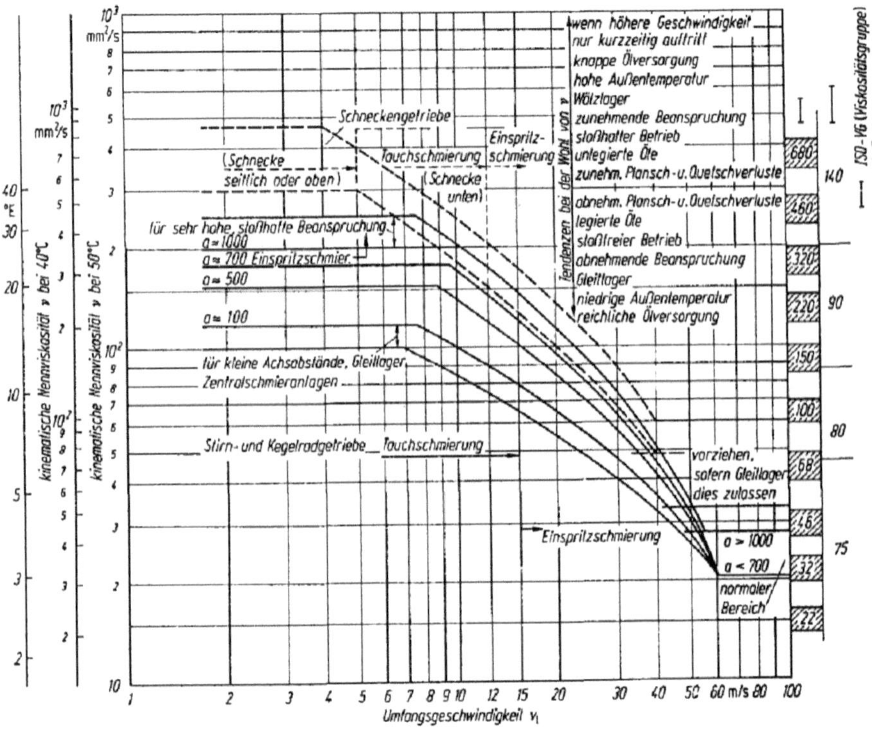

Abb. 3.36 Empfehlung für die Wahl der Ölviskosität nach Niemann/Winter [NIEM86.2]

3.6.4.2 Wahl der Additivierung

Für Kegelräder ohne Achsversatz genügen in der Regel Schmierstoffe für Industriegetriebe CLP nach DIN 51517. Je größer der Achsversatz und damit das Längsgleiten in der Verzahnung, umso höher muss die Fresstragfähigkeit des Schmierstoffs gewählt werden. Für Achsen in Automobilen, aber auch in anderen Anwendungen werden Schmierstoffe hoher (API GL4) oder höchster Fresstragfähigkeit (API GL5) eingesetzt. Dies sind Öle mit EP-Additiven (Extreme Pressure) auf Basis organischer Schwefel-Phosphor-Verbindungen in typischen Konzentrationen von 4% (GL4) bis 6,5% (GL5). Wegen der Aggressivität der Additive gegen Buntmetalle und Weichstoffdichtungen, insbesondere bei hohen Temperaturen, sind unnötig hohe Additivkonzentrationen jedoch zu vermeiden.

Die Fresstragfähigkeit für Industriegetriebeöle CLP kann im Fresstest A/8,3/90 nach [ISO14635.1] bestimmt werden. Hier ist eine Schadenskraftstufe von mindestens 12 nachzuweisen. Für Öle nach API GL4 kann der Test A10/16,6R/120 bei 120° C Öltemperatur nach [ISO14635.2] oder A10/16,6R/90 bei 90° C Öltemperatur nach FVA Informationsblatt 243 [SCHL96] herangezogen werden. Die Fresstragfähigkeit von Ölen höchster Tragfähigkeit nach GL5 oder darüber kann mit Hilfe des Testverfahrens S-A10/16,6R/90 nach [SCHL96] geprüft werden.

Neben einer ausreichenden Fresstragfähigkeit ist es besonders bei Hypoidgetrieben wichtig, einen Schmierstoff ausreichend hoher Graufleckentragfähigkeit einzusetzen. Die Graufleckentragfähigkeit von Schmierstoffen kann nach FVA Informationsblatt 54/IV [EMME93] bestimmt werden.

3.6.4.3 Wahl sonstiger Öleigenschaften

Bei der Auswahl eines Getriebeöles ist auf ausreichenden Korrosionsschutz der Stahlwerkstoffe und Buntmetalle zu achten, insbesondere bei vorübergehend stillstehenden Getrieben, bei Getrieben, die großen Temperaturschwankungen mit der Gefahr erhöhter Kondenswasserbildung ausgesetzt sind, und bei Getrieben in feuchter Umgebung.

Die Dichtungsverträglichkeit vor allem der synthetischen Schmierstoffe ist sorgfältig zu prüfen, weshalb Schmierstoffe und Dichtungsmaterial aufeinander abzustimmen sind.

Bei Tauchschmierung und kleinen Ölmengen, wie sie in Fahrzeuggetrieben, aber auch in Bahngetrieben oft zu finden sind, ist auf das Schäumverhalten zu achten. Neben konstruktiven Maßnahmen können Schauminhibitoren helfen, Ölverluste durch Dichtungen und Entlüftungen zu minimieren. Der Schaumtest nach Flender [GREG06] hat sich als praxisnahe Methode zur Beurteilung des Schäumverhaltens von Ölen bewährt.

Der Stockpunkt sollte wenigstens 5K unter der niedrigsten Einsatztemperatur des Schmierstoffs liegen. Synthetische liegen hier günstiger als Mineralöle.

Je nach Anwendung ist auch das Wasserabscheidevermögen und das Luftabscheidevermögen zu beachten.

3.6.5 Ölzuführung

Für niedrige und mittlere Umfangsgeschwindigkeiten bis etwa v = 20 m/s wird Tauchschmierung allgemein als einfaches und betriebssicheres Schmiersystem bevorzugt. Mit geeigneten Maßnahmen zur Ölführung lässt sich Tauchschmierung auch bis zu Umfangsgeschwindigkeiten von v = 50 m/s anwenden. Dabei sollte im Betrieb ein Ölstand gewährleistet sein, bei dem das Tellerrad mindestens über seine gesamte Zahnbreite in den Ölsumpf eintaucht. Der Ölstand im Stillstand ist dementsprechend höher zu wählen, wenn das Öl lange Wege, z.B. zum entfernten Lager einer angestellt gelagerten Ritzelwelle, zurücklegen muss. Häufig reicht die angebotene Ölmenge zwar aus, den Kontakt zur Ausbildung eines Schmierfilms mit ausreichend Öl zu versorgen, der überwiegende Teil des Öls wird jedoch für die Wärmeabfuhr aus dem Kontakt benötigt. Zunehmend hohe Anforderungen stellen diesbezüglich Hypoidgetriebe mit großem Achsversatz, bei denen viel Reibungswärme anfällt.

Bei ungünstigen Achslagen und bei Umfangsgeschwindigkeiten v > 20 m/s wird Einspritzschmierung angewendet. Das insgesamt aufwändigere Verfahren benötigt zusätzliche Elemente wie Pumpe, Filter und Kühler, gibt aber die Möglichkeit einer kontinuierlichen Ölpflege. Die Einspritzmenge wird üblicherweise so bemessen, dass die im Kontakt erzeugte Wärmemenge bei der aus der Kühlerauslegung gegebenen Temperaturdifferenz voll über das Öl abgeführt werden kann. Zusätzliche Wärmeabfuhr ergibt sich dann durch die über das Gehäuse abgeführte Wärmemenge durch Konvektion und Strahlung.

Das Öl wird meist in den Eingriff gespritzt, dies ergibt die niedrigsten Zahnrad-Massentemperaturen. Wenn die Leerlaufverluste klein gehalten werden sollen, kann auch ein Teil des Öls in den Ausgriff zur Kühlung der Räder nach dem Kontakt gespritzt werden. Als Einspritzdruck haben sich Werte bis zu etwa 3 bis 5 bar bewährt. Bei höheren Drücken und damit größeren Öl-Einspritzgeschwindigkeiten besteht die Gefahr von Erosionsschäden am Umfang der Zahnräder.

3.6.6 Ölüberwachung

Die Fristen zum Ölwechsel bemessen sich zum einen nach der thermischen und mechanischen Beanspruchung im Betrieb, zum anderen nach dem Eintrag von Verunreinigungen. Für Mineralöle kann man von einer Lebensdauer von etwa 4000 h Betriebsstunden bei einer Ölsumpftemperatur von 80° C ausgehen. Je 10 K höherer (niedrigerer) Öltemperatur ist mit einer Halbierung (Verdopplung) der thermischen Öllebensdauer zu rechnen. Die Lebensdauer der verschiedenen synthetischen Schmierstoffe ist in der Regel um einen Faktor 2 bis 5 höher. Dabei spielt vor allem auch die Art und Höhe der Additivierung eine Rolle, welche die Öllebensdauer maßgeblich bestimmen kann.

Für Achsantriebe in Fahrzeugen werden auch häufig Mehrbereichsöle eingesetzt, die eine flachere Viskositäts-Temperatur-Abhängigkeit als Mineralöle aufweisen. Alle synthetischen Grundöle besitzen einen höheren natürlichen Viskositätsindex VI als die Mineralöle. Es kommen jedoch auch Mineralöle mit VI-Verbesserern auf Basis hochmolekularer Zusätze, wie z.B. Polymethakrylate

PMA oder Polyisobutylene PIB, zum Einsatz. Hier ist darauf zu achten, dass diese Zusätze ausreichend scherstabil sind und in den Kontakten der Zahnräder und Wälzlager nicht mechanisch zerstört und damit wirkungslos werden. Die Scherstabilität von VI-Verbesserern kann im Kegelrollenlager-Schertest nach [DIN 51530.6] bestimmt werden.

Ölsensoren können heute helfen, die Ölwechselfristen bedarfsgerecht zu planen. Dabei werden im einfachsten Fall die Zeiten akkumuliert, die das Öl bestimmten Temperaturbereichen ausgesetzt ist. Neue Systeme mit der zusätzlichen Überwachung von physikalischen Ölparametern wie Viskosität, Neutralisationszahl oder dielektrischen Eigenschaften oder von chemischen Ölparametern, wie selektiven Infrarotspektren im Bereich der Wellenlängen der Additive oder von Abbauprodukten, sind in der Entwicklung.

3.7 Literatur

[BAER91] Bär, G.; Liebschner, B.: Fitting Flanks and Contact Properties of Hypoid Gears. 8. World Congress on the Theory of Machines and Mechanismus, Proceedings. Vol. 4, Prag, 1991

[DIN17022-3] Verfahren der Wärmebehandlung; Einsatzhärten. Ausgabe: 1989-04

[DINEN3990-5] Tragfähigkeitsberechnung von Stirnrädern; Dauerfestigkeitswerte und Werkstoffqualitäten. Ausgabe 1987-12

[DIN51517] Schmierstoffe – Schmieröle – Teil 3: Schmieröle CLP; Mindestanforderungen. Ausgabe 2004-01

[DIN51350.6] Prüfung im Shell-Vierkugel-Apparat – Bestimmung der Scherstabilität von polymerhaltigen Schmierstoffen. Ausgabe 1996-08

[DUTS94] Dutschk, R.: Geometrische Probleme bei Herstellung und Eingriff bogenverzahnter Kegelräder. Diss. TU Dresden, 1994

[EMME93] Emmert, S.; Schönnenbeck, G.: Testverfahren zur Untersuchung des Schmierstoffeinflusses auf die Entstehung von Graufiecken bei Zahnrädern. Forschungsvereinigung Antriebstechnik, Frankfurt, Informationsblatt Nr. 54/IV, 1993

[GREG06] Gregorius, H.: Schaum im Getriebe – Fluch oder Segen? Erneuerbare Energien 1/2006, S. 40 - 43

[HOEN99] Höhn, B.-R.; Michaelis, K.; Döbereiner, R.: Performance of Rapidly Biodegradable Lubricants in Transmissions – Possibilities and Limitations. COST 516 Tribology Symposium Antwerpen, Belgium, 20./21.Mai 1999, p. 20 - 30

[ISO14635.1] DIN ISO 14635-1: Zahnräder – FZG-Prüfverfahren – Teil 1: FZG-Prüfverfahren A/8,3/90 zur Bestimmung der relativen Fresstragfähigkeit von Schmierölen, 2000

[ISO14635.2] DIN ISO 146365-2: Zahnräder – FZG-Prüfverfahren – Teil 2: FZG-Stufentest A10/16,6R/120 zur Bestimmung der relativen Fresstragfähigkeit von hoch EP-legierten Schmierölen, 2004

[KN3028] Klingelnberg-Werknorm, 2001

[KREN91] Krenzer, T.: CNC Bevel Gear Generators an Flared Cup Formate Gear Grinding, AGMA Technical Paper 91 FTM 1

[MAAG85] MAAG-Taschenbuch, Fig 1.02, 2. Auflage 1985

[NIEM86.2] Niemann, G.; Winter, H.: Maschinenelemente Band II, Springer, Berlin 1986

[NIEM86.3] Niemann G.; Winter, H.: Maschinenelemente Band III, Springer, Berlin 1986

[SCHL96] Schlenk, L.; Eberspächer, C.: Verfahren zur Bestimmung der Fresstragfähigkeit hochlegierter Schmierstoffe in der FZG-Zahnrad-Verspannungs-Prüfmaschine. Forschungsvereinigung Antriebstechnik, Frankfurt, Informationsblatt Nr. 243, 1996

[SIGM06] Müller, H.; Kirsch, R.; Romalis, M.: Modified Crowning, Sigma Report 16, 2006

4 Tragfähigkeit und Wirkungsgrad

4.1 Zahnschäden

In den folgenden Kapiteln werden die häufigsten Schäden an Kegelrädern und ihre maßgeblichen Einflussparameter beschrieben.

4.1.1 Einteilung der Schadensarten

Die bei Zahnrädern hauptsächlich auftretenden Schadensarten lassen sich unterteilen in Zahnbrüche und Oberflächenschäden. Während die Zahnbruchschäden nur von der Geometrie einer Verzahnung und den Betriebsbedingungen abhängen, sind die Oberflächenschäden darüber hinaus von dem im Zahnkontakt vorherrschenden Schmierungszustand abhängig (Abb. 4.1) und damit auch vom verwendeten Schmierstoff [NIEM86.2]. Bei vollständiger Trennung der Zahnflanken durch einen hydrodynamischen Schmierfilm (EHD-Reibung) treten hauptsächlich Grübchen auf. Mit sinkender Schmierfilmdicke (Mischreibung) und damit vermehrt auftretenden Festkörperkontakten steigt das Risiko einer Flankenschädigung durch Grauflecken, die wiederum die Grübchentragfähigkeit beeinflussen. Zu Verschleiß und Fressen kommt es erst bei Grenzreibung, wenn die tribologischen Schutzschichten versagen, wodurch Folgeschäden hervorgerufen werden können.

Abbildung 4.2 zeigt für die häufigsten Schadensarten qualitativ die jeweiligen Belastungsgrenzen in Abhängigkeit der Umfangsgeschwindigkeit für eine hinsichtlich aller Schadensarten ausgeglichen ausgelegte, einsatzgehärtete Verzahnung unter Verwendung eines mit EP-Additiven (siehe 3.6.4.2) legierten Schmierstoffs.

Bei niedrigen Umfangsgeschwindigkeiten treten aufgrund der niedrigen Schmierfilmdicken hauptsächlich die Oberflächenschäden Verschleiß und Grauflecken auf. Mit zunehmender Umfangsgeschwindigkeit und damit größeren Schmierfilmdicken steigt das zulässige Drehmoment bezüglich dieser Schadensarten, so dass die Grübchentragfähigkeit bei mittleren bis hohen Geschwindigkeiten zur Lebensdauer begrenzenden Schadensform wird. Die Zahnfußbruchgrenze sollte durch eine entsprechende Auslegung der Geometrie immer ausreichend weit über den anderen Grenzen liegen.

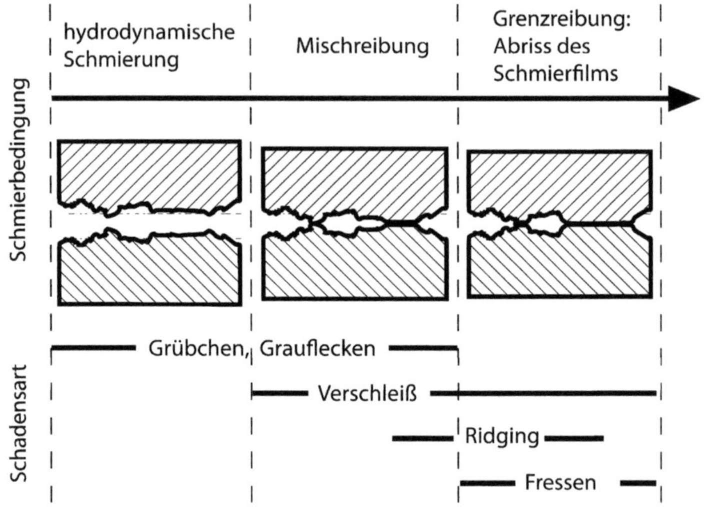

Abb. 4.1 Oberflächenschäden bei Zahnrädern in Abhängigkeit der Schmierungsbedingungen [NIEM86]

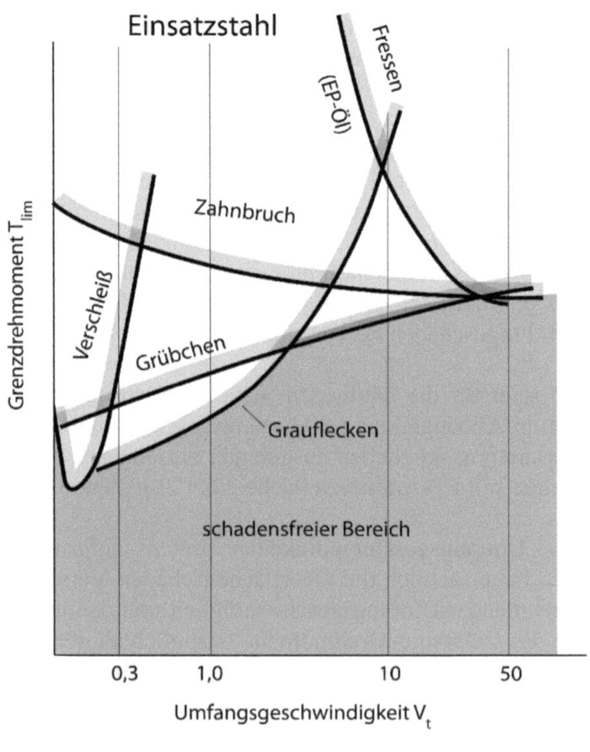

Abb. 4.2 Zahnschäden für Einsatzstahl in Abhängigkeit der Betriebsbedingungen [NIEM86.2]

4.1.2 Zahnfußbruch

Das typische Schadensbild eines Zahnfußbruchs ist in Abb. 4.3 dargestellt.

Abb. 4.3 Zahnfußbruch

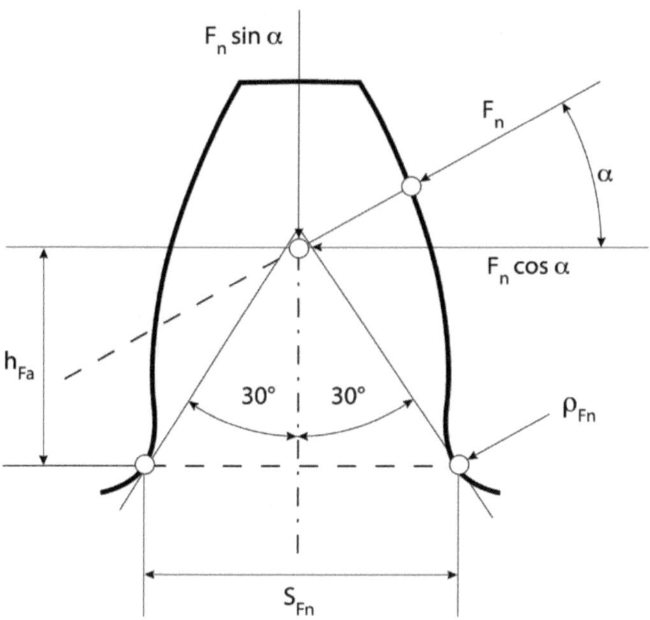

Abb. 4.4 Maßgebliche Geometriegrößen für die Berechnung der Zahnfußspannung [NIEM86]

Der Zahnfuß einer Verzahnung wird bei Belastung neben Druck und Schub maßgeblich auf Biegung beansprucht. Diese Biegebeanspruchung ergibt sich aus der Höhe des übertragenen Drehmoments und der Geometrie des Zahnes. Als kritischer Bereich, in dem sich bei Überschreitung einer kritischen Grenzspannung erste Risse bilden, wird dabei der Berührpunkt der 30°-Tangenten an die Fußausrundung angesehen [NIEM86.2] (Abb. 4.4).

Zur Steigerung der Zahnfußtragfähigkeit einer Verzahnung bieten sich alle Maßnahmen an, die den kritischen Zahnfußquerschnitt vergrößern, z.B. größerer Modul, größerer Eingriffswinkel oder auch eine größere Zahnbreite. Durch eine positive Profilverschiebung, die am Ritzel Unterschnitt vermeidet, wird die Zahnfußsehne ebenfalls größer. Die am Tellerrad gleichzeitig notwendige negative Profilverschiebung (V-Null-Verzahnung, siehe 3.1) hat aufgrund der größeren Zähnezahl nur einen geringen Einfluss. Unterschiedliche Zahnfußtragfähigkeiten von Ritzel und Rad können über eine Profilseitenverschiebung angeglichen werden.

Eine weitere Maßnahme zur Erhöhung der Tragfähigkeit ist die Verringerung der Kerbwirkung im Zahnfuß. Dies kann z.B. durch die Verwendung von Protuberanz-Werkzeugen zur Vermeidung von Kerben oder durch eine größere Zahnfußausrundung erreicht werden.

Bei allen die Geometrie betreffenden Maßnahmen muss jedoch berücksichtigt werden, dass diese unter Umständen einen negativen Einfluss auf die Tragfähigkeit bezüglich anderer Schadensarten, wie Grübchen oder Fressen haben können.

Auf der Werkstoff- und Bearbeitungsseite ist die Wahl eines Einsatzstahls mit ausreichender Grundfestigkeit, eine hohe Oberflächenqualität sowie Kugelstrahlen als positiv bezüglich der Zahnfußtragfähigkeit zu bewerten.

4.1.3 Flankenbruch

Die Schadensform Flankenbruch, auch Zahnkopfbruch genannt, ist ein Ermüdungsschaden, der im Bereich der aktiven Flanke auftritt. Meist handelt es sich dabei um Dauerbrüche mit sehr kleinen Restgewaltbruchflächen, wobei der Rissbeginn unterhalb der Oberfläche im Bereich der Einsatzhärtungstiefe bzw. am Übergang von der Härteschicht zum Kern liegt [THOM98]. Ein typisches Beispiel für einen Flankenbruch ist in Abb. 4.5 dargestellt.

Die Flankenbruchtragfähigkeit lässt sich durch alle Maßnahmen erhöhen, die eine niedrigere Hertzsche Pressung zur Folge haben. Dazu zählen z.B. ein größerer Teilkegel-Durchmesser sowie eine höhere Überdeckung durch größere Zähnezahlen (kleinere Moduln) und Spiralwinkel. Auch eine positive Profilverschiebung am Ritzel hat wegen des größeren Ersatzkrümmungsradius niedrigere Pressungen zur Folge, wirkt sich aber negativ auf die Fresstragfähigkeit aus. Außerdem muss beachtet werden, dass das Beanspruchungsmaximum mit steigender

Berührlinienbreite in die Tiefe des Zahns wandert, wo die Festigkeit evtl. nicht mehr ausreichend ist [ANNA03].

Bei Werkstoffauswahl und Wärmebehandlung sind Einsatzstähle mit ausreichender Kernhärte, optimaler Einsatzhärtungstiefe und feinkörnigem Gefüge zu verwenden.

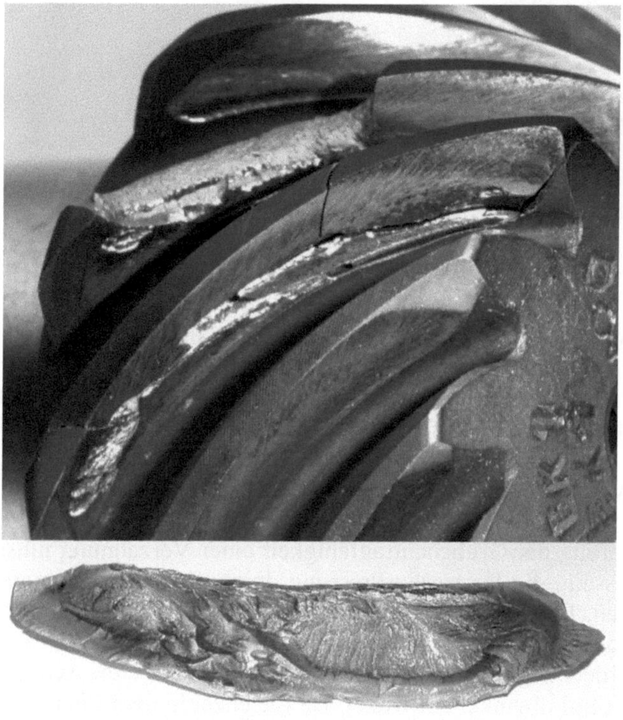

Abb. 4.5 Flankenbruch

4.1.4 Grübchen

Ähnlich wie beim Flankenbruch handelt es sich bei der Schadensform Grübchen um einen Ermüdungsschaden im Bereich der aktiven Flanke [NIEM86.2]. Die Beanspruchung infolge der Hertzschen Pressung übersteigt an der Oberfläche die Flankenfestigkeit, was zu muschelförmigen Ausbrüchen führt (Abb. 4.6), die fortlaufend wachsen und zum Totalausfall einer Verzahnung durch Folgeschäden führen können.

Abb. 4.6 Grübchen

Grübchen entstehen bevorzugt unterhalb des Wälzkreises im Bereich negativen spezifischen Gleitens (siehe 2.4.5). Dort entstehen zuerst Mikroanrisse, die der Bewegungsrichtung des Berührpunkts (Richtung W in Abb. 4.7) entgegenstehen [KAES77]. Diese sind mit Schmierstoff gefüllt, der durch das Abwälzen von Ritzel und Rad im Riss eingeschlossen wird und so eine Sprengwirkung entwickelt, die das Risswachstum in die Tiefe vorantreibt [KNAU88].

Zur Steigerung der Grübchentragfähigkeit einer Verzahnung muss auf der Beanspruchungsseite die Hertzsche Pressung durch größere Krümmungsradien verringert werden. Erreicht wird dies durch kleinere Moduln, also größere Überdeckungen, positive Profilverschiebungen und größere Eingriffswinkel. Eine größere Überdeckung ergibt sich auch durch einen größeren Achsversatz und damit größerem Spiralwinkel am Ritzel. Da gleichzeitig aber die Gleitgeschwindigkeit mit zunehmendem Achsversatz durch das Gleiten in Zahnlängsrichtung zunimmt und damit die Beanspruchung der Flanken steigt, überlagern sich die Effekte aus größerer Überdeckung und größerer Gleitgeschwindigkeit. Hinsichtlich Grübchenbeanspruchung lässt sich demnach ein optimaler Achsversatz berechnen (siehe auch 4.2.5).

Auf der Festigkeitsseite sind die Wahl eines Einsatzstahls mit ausreichender Oberflächenhärte und- qualität und ein Schmierstoff hoher Viskosität mit optimaler Additivierung zu nennen. Durch die Wahl eines geeigneten Schmierstoffs kann auch die Verzahnungsreibungszahl verringert werden, was sich wiederum positiv auf die Grübchentragfähigkeit auswirkt. Die Qualität eines Schmierstoffs bezüglich Grübchen kann im FZG-Pittingtest [FVA2] untersucht werden.

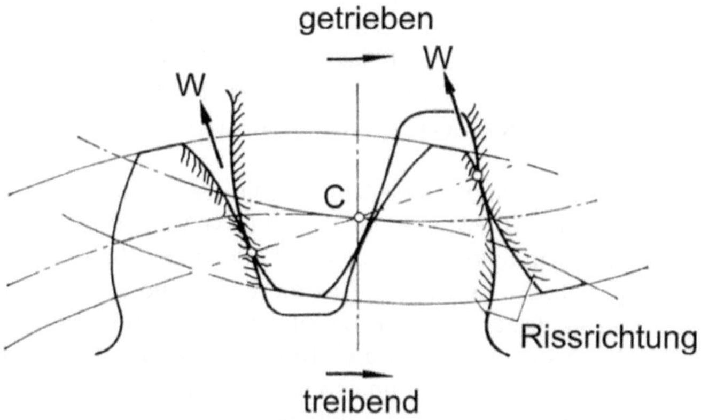

Abb. 4.7 Gleit-, Wälz- und Rissrichtungen an einer Zahnradflanke [NIEM86]

4.1.5 Grauflecken

Die Schadensform Grauflecken tritt bei nicht ausreichender Schmierfilmdicke und gleichzeitigem Beanspruchungsmaximum an der Flankenoberfläche auf. Sie ist gekennzeichnet durch matt-graue Flecken an der Oberfläche, die durch feine Risse und kleinste Ausbrüche hervorgerufen werden. Bei fortschreitender Graufleckenbildung brechen laufend Partikel aus, so dass Auskolkungen entstehen. Graufleckigkeit ist somit ein ermüdungsbedingter Materialabtrag an der Oberfläche, der eine Flankenformänderung mit sich zieht [SCHR00]. Dadurch wird die Pressungsverteilung auf der Flanke beeinflusst, was wiederum eine Erhöhung der dynamischen Zusatzkräfte und der Geräuschentwicklung bewirken kann. Die veränderte Pressungsverteilung kann unter Umständen die Grübchentragfähigkeit negativ beeinflussen. In Abb. 4.8 ist ein typischer Graufleckenschaden an einem Kegelritzel zu erkennen.

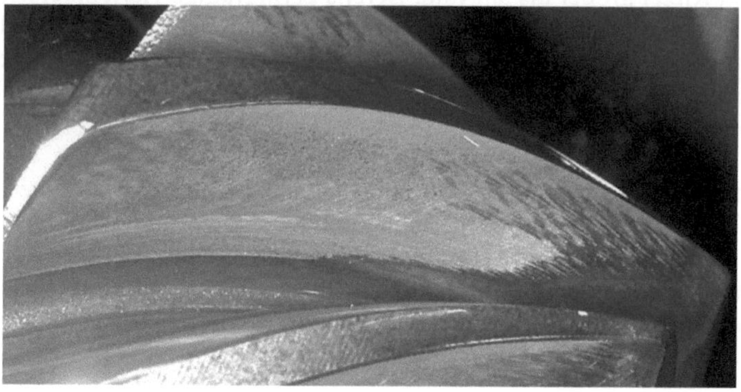

Abb. 4.8 Grauflecken

Da Graufleckеn maßgeblich durch die Oberflächen- und Schmierstoffeigenschaften beeinflusst werden, ist die relative Schmierfilmdicke als Verhältnis der Schmierfilmdicke zu einer mittleren Flankenrauheit das Maß der Beanspruchung [SCHR00]. Sie wird einer im FZG-Graufleckentest [FVA54] ermittelten zulässigen relativen Schmierfilmdicke, der Schmierstofffestigkeit, gegenüber gestellt.

Die Schmierfilmdicke hängt hauptsächlich von den Geschwindigkeitsverhältnissen und der Schmierstoffviskosität und weniger von der Pressung im Kontakt ab. Die Summengeschwindigkeit trägt zum Schmierfilmaufbau bei, während die Gleitgeschwindigkeit diesen erschwert. Aus diesem Grund sind minimale Profilverschiebungen und niedriger Achsversatz günstiger bezüglich des Schmierfilmaufbaus. Darüber hinaus ist auch die durch Reibung erzeugte Wärme im Kontakt geringer, was eine höhere Viskosität und somit eine höhere Schmierfilmdicke zur Folge hat. Eine höhere Graufleckentragfähigkeit kann deshalb auch durch die Wahl eines geeigneten Schmierstoffs mit niedrigeren Reibungszahlen erzielt werden. Auch die Additive im Schmierstoff haben dabei einen großen Einfluss auf die Graufleckentragfähigkeit. Additive auf Schwefel-Phosphor-Basis sind dabei in der Regel vorteilhafter als solche auf Basis von Zinkdithiophosphaten [NIEM86.2]. Da glatte Flankenoberflächen weniger graufleckengefährdet sind als raue, wirken sich Hartfeinbearbeitungsverfahren oder ein Einlaufvorgang zur Glättung der Flanken ebenfalls positiv auf die Graufleckentragfähigkeit aus.

4.1.6 Verschleiß

Verschleiß ist ein schädlicher, kontinuierlicher Materialabtrag durch Abrieb. Er tritt bei niedrigen Umfangsgeschwindigkeiten und damit niedrigen Schmierfilmdicken auf [NIEM86.2]. Die verschiedenen Ausprägungen von Verschleiß sind in [ISO10825] genauer beschrieben. Infolge von Verschleiß kommt es ähnlich wie bei Grauflecken zu Auskolkungen, die sowohl im Zahnfuß als auch am Zahnkopf auftreten. Bei gleich harten Zahnflanken ist der Gewichtsverlust von Ritzel und Rad etwa gleich groß, d.h., die Flankenformänderung ist abhängig von der Übersetzung am Ritzel größer als am Rad. Bereits geringfügige Härteunterschiede führen zu erhöhtem Verschleiß beim weicheren Partner [NIEM86.2]. Wird die Härteschicht durch den Verschleiß unzulässig weit verringert, können Folgeschäden, wie Zahnbrüche, auftreten. Abbildung 4.9 zeigt das Schadensbild Verschleiß zusammen mit einem Fressschaden.

Verschleiß mindernd wirken sich alle Maßnahmen aus, die zu einer größeren Schmierfilmdicke führen, wie z.B. höhere Viskositäten und Umfangsgeschwindigkeiten. Auch Schmierstofftyp und Additive haben einen Einfluss auf die Verschleißtragfähigkeit, die im FZG-Verschleißtest [BAYE96] untersucht werden kann. Darüber hinaus sind Kopfrücknahmen zur Verringerung des Eingriffsstoßes und eine möglichst geringe Oberflächenrauheit vorteilhaft.

Abb. 4.9 Verschleiß (zusammen mit Fressschaden)

4.1.7 Ridging und Rippling

An Hypoidverzahnungen mit hohem Gleitanteil in Zahnlängsrichtung kann es bei nicht ausreichender Trennung der beiden Flanken durch einen Schmierfilm zu einem kontinuierlichen Materialabtrag mit Riefenbildung in Richtung der Gleitgeschwindigkeit kommen (Abb. 4.10), der nicht durch Fresser begleitet wird. Durch diesen auch Ridging genannten Schaden entsteht eine zerfurchte Oberfläche, wobei die Flankenformänderung bis in die Tiefe der Einsatzhärtungsschicht gehen kann [FRES81]. Infolge dessen kommt es zu einer verstärkten akustischen Anregung der Verzahnung und zu weiteren Schäden.

Da Ridging zwischen Verschleiß und Fressen einzuordnen ist, entsprechen die Empfehlungen zur Vermeidung dieses Schadens denen dieser beiden Schadensarten.

Ein anderer Oberflächenschaden, bei dem Material abgetragen wird, ist die Riffelbildung, auch Rippling genannt. Dabei kommt es bei nicht ausreichenden Schmierfilmdicken zu wellenartigen Riefen auf den Flanken, die senkrecht zur Gleitgeschwindigkeit verlaufen (Abb. 4.11). Hervorgerufen werden diese durch eine reibungserregte Schwingung bei Stick-Slip-Effekt (Reibungszahlabfall mit steigender Gleitgeschwindigkeit). Rippling tritt hauptsächlich bei Verwendung von EP-legierten Schmierstoffen auf, wobei die Belastungsgrenze vom verwendeten Schmierstoff abhängt. Der Betrag der Oberflächenänderung beträgt allerdings nur bis zu einigen Mikrometern, so dass die Riffelbildung noch nicht direkt als Schaden bezeichnet werden kann. Meist geht der Ripplingschaden jedoch nach längerer Laufzeit in Ridging über [FRES81].

Abb. 4.10 Ridging

Abb. 4.11 Rippling

4.1.8 Fressen

Die Schadensart Fressen wird unterteilt in Kaltfressen und Warmfressen. Beide Schäden sind keine Ermüdungsschäden, sondern können schon durch kurzzeitige Überlastungen hervorgerufen werden.

Kaltfressen tritt bei niedrigen Umfangsgeschwindigkeiten und ungünstigen Schmierbedingungen auf.

Warmfressen tritt bei hohen Umfangsgeschwindigkeiten und damit hohen Verlustleistungen im Kontakt auf, die eine starke Wärmeentwicklung mit sich bringen. Bei nicht ausreichender Schmierfilmdicke und gleichzeitigem Versagen der tribologischen Schutzschicht kommt es zu einem kurzzeitigen Verschweißen der beiden Flanken, die durch die Relativbewegung sofort wieder getrennt werden [NIEM86.2]. Dadurch entstehen die charakteristischen Marken entlang der Richtung der Gleitgeschwindigkeit (Abb. 4.12), die sich an Ritzel und Rad an den korrespondierenden Stellen befinden. Fresser führen zu Materialabtrag und Flankenformänderungen. Die damit verbundenen lokalen Pressungsüberhöhungen bewirken wiederum eine weitere Temperaturerhöhung und damit ein Fortschreiten des Schadens. Infolge dessen kommt es häufig zu einem Totalausfall des Getriebes.

Die wichtigsten Einflussgrößen des Fressens auf der Seite der Beanspruchung sind die Gleitgeschwindigkeit und die Pressung. Die Gleitgeschwindigkeit steigt mit zunehmender Profilverschiebung und Achsversetzung. Aus diesem Grund sollten diese Größen für eine optimale Fresstragfähigkeit minimiert werden. Außerdem ist eine Entlastung der Bereiche hoher Gleitgeschwindigkeit durch entsprechende Balligkeiten vorteilhaft. Die Glättung der Flankenoberflächen durch Einlaufen kann darüber hinaus die Fresstragfähigkeit deutlich erhöhen. Phosphatieren unterstützt den Einlaufvorgang und hat damit auch eine positive Wirkung.

Die Reibungszahl, als weitere entscheidende Größe für die Wärmeentwicklung im Kontakt, sollte soweit wie möglich reduziert werden. Dies kann sowohl durch konstruktive Maßnahmen als auch durch die Wahl eines geeigneten Schmierstoffs erfolgen (siehe Kap. 4.2). Außerdem wirken sich Maßnahmen, wie Gleitschleifen und Läppen (siehe 6.6.3.2) positiv aus.

Die Schmierstoff- und Additiveigenschaften sind bezüglich der Fresstragfähigkeit die bestimmenden Faktoren und können mit einem der FZG-Fresstests [FVA243] untersucht und bewertet werden. Aus der im Test erreichten Schadenskraftstufe bzw. dem entsprechenden Drehmoment und der Verzahnungsgeometrie wird eine zulässige Grenztemperatur ermittelt, die anschließend mit der im Betrieb auftretenden verglichen wird.

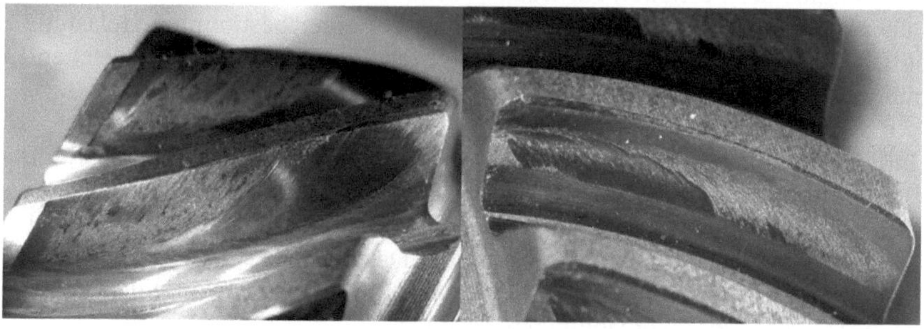

Abb. 4.12 Fresser an einem Kegelritzel (links) und am dazugehörigen Tellerrad (rechts)

4.2 Tragfähigkeitsberechnung

4.2.1 Normen und Berechnungsvorschriften

Zur Berechnung der Tragfähigkeit von Kegelrädern stehen verschiedene Verfahren zur Verfügung. Tabelle 4.1 gibt einen Überblick über einige internationale Normen und Berechnungsvorschriften und die darin enthaltenen Tragfähigkeitsberechnungsverfahren:

Tabelle 4.1 Normen und Berechnungsvorschriften zur Berechnung der Tragfähigkeit von Kegelrad- und Hypoidverzahnungen

Methode	Getriebetyp		Berechnung der Tragfähigkeit				
	Kegelräder (a = 0)	Hypoidräder (a ≠ 0)	Zahnbruch	Grübchen	Fressen	Verschleiß	Flankenbruch
[DIN3991]	X		X	X	X		
[ISO10300]	X		X	X			
[FVA 411]	X	X	X	X			
Annast [ANNA03]	X	X					X
Niemann/Winter	X	X	X	X	X	X	
[ISO/TR13989]	X	X			X		
[AGMA2003]	X		X	X			
Niemann (1965)	X	X	X	X	X		
[DNV41.2]	X		X	X			
Germanischer Lloyd	X		X	X			
Lloyd's Register	X		X	X			

Eingabegrößen für diese Normberechungsverfahren sind die Makrogeometrie, die Betriebsbedingungen Last und Drehzahl sowie die Werkstoff- und Schmierstoffspezifikationen. Als Ergebnis werden Sicherheitsfaktoren ausgegeben, die das Verhältnis der Festigkeit zur Beanspruchung darstellen und somit eine Aussage über die Tragfähigkeit einer Verzahnung bei einer bestimmten Belastung ermöglichen. Die erforderlichen Mindest-Sicherheiten müssen dabei zwischen Lieferanten und Kunden vereinbart werden.

In den folgenden Kapiteln werden die Berechnungsverfahren zur Bestimmung der Zahnfußbruch- (siehe 4.2.4) und Grübchentragfähigkeit (siehe 4.2.5) nach dem FVA-Forschungsvorhaben Nr. 411 „Hypoid-Tragfähigkeit“ [FVA411] beschrieben, die auf der [ISO10300] basieren. Da mit der ISO 10300 nur eine Berechnung von nicht achsversetzten Kegelrädern möglich ist, wurde das Verfahren in FVA 411 für Hypoidverzahnungen erweitert.

Zur Berechnung der Fresstragfähigkeit gibt es derzeit keine international verbindlich genormten Berechnungsvorschriften. Aus diesem Grund wird in Kapitel 4.2.6 das Berechnungsverfahren des ISO-Technical-Report ISO/TR 13989 [ISO/TR13989] für Kegelrad- und Hypoidverzahnungen beschrieben.

4.2.2 Ersatz-Stirnradverzahnung für nicht achsversetzte Kegelräder

Für die Berechnung der Zahnfuß- und Grübchentragfähigkeit von Kegelrädern nach [ISO10300] sowie der Fresstragfähigkiet nach [ISO/TR13989] werden die Festigkeitswerte an Stirnrädern ermittelt. Aus diesem Grund muss die Kegelradgeometrie auf eine Ersatz-Stirnradverzahnung umgerechnet werden, welche repräsentative Eingriffsverhältnisse, wie die zu berechnende Kegelradverzahnung, aufweist. Dazu werden die Geometriegrößen im Auslegungspunkt P der Verzahnung herangezogen (Abb. 4.13).

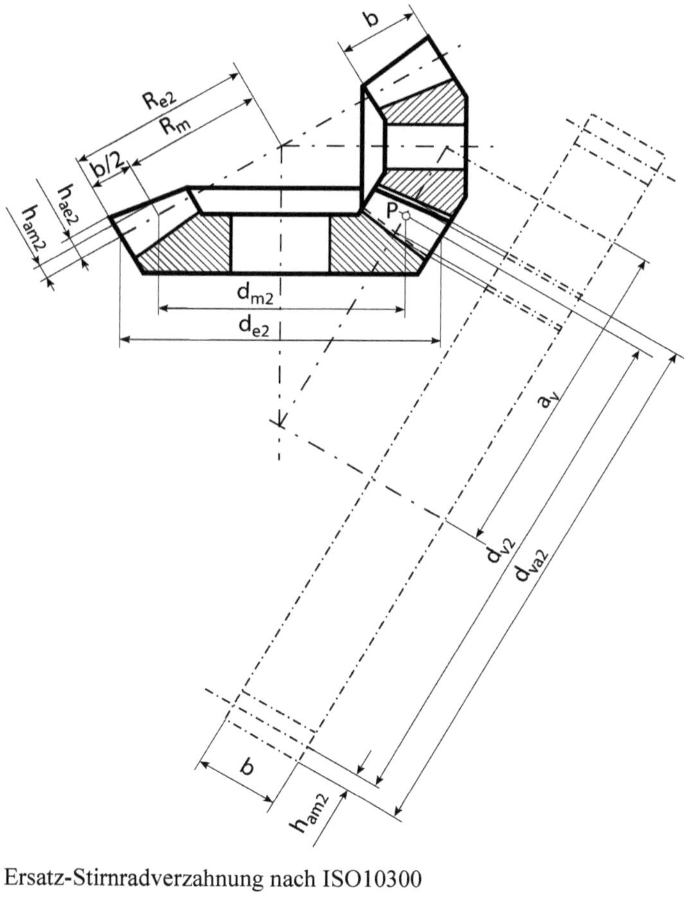

Abb. 4.13 Ersatz-Stirnradverzahnung nach ISO10300

Die Formeln zur Bestimmung der für die Tragfähigkeitsberechnung notwendigen Geometriedaten der Ersatzverzahnung im Stirnschnitt sind in Tabelle 4.2 zusammengefasst, die im Normalschnitt in Tabelle 4.3:

Tabelle 4.2 Geometrie der Ersatz-Stirnradverzahnung nach [ISO10300] im Stirnschnitt

Bezeichnung	Formel	Nr.
Zähnezahlen für $\Sigma = 90°$:	$z_{v1,2} = z_{1,2} / \cos\delta_{1,2}$ $z_{v1} = z_1 \cdot \sqrt{u^2+1} / u$; $z_{v2} = z_2 \cdot \sqrt{u^2+1}$	(4.1)
Zähnezahlverhältnis	$u_v = \left(\frac{z_2}{z_1}\right)^2 = u^2$	(4.2)
Schrägungswinkel	$\beta_v = \beta_{m1} = \beta_{m2}$	(4.3)
Grundkreisschrägungswinkel	$\beta_{vb} = \arcsin\left(\sin\beta_v \cos\alpha_n\right)$	(4.4)
Teilkreisdurchmesser für $\Sigma = 90°$:	$d_{v1,2} = \frac{d_{m1,2}}{\cos\delta_{1,2}} = \frac{d_{e1,2}}{\cos\delta_{1,2}} \frac{R_m}{R_e}$ $d_{v1} = d_{m1} \frac{\sqrt{u^2+1}}{u}$; $d_{v2} = d_{v1} u^2$	(4.5)
Achsabstand	$a_v = (d_{v1} + d_{v2}) / 2$	(4.6)
Kopfkreisdurchmesser	$d_{va1,2} = d_{v1,2} + 2h_{am1,2}$	(4.7)
Grundkreisdurchmesser	$d_{vb1,2} = d_{v1,2} \cos\alpha_{et}$ mit: $\alpha_{et} = \arctan\left(\frac{\tan\alpha_e}{\cos\beta_v}\right)$ $\alpha_e = \alpha_{eD}$ nach [ISO23509] auf der Zugflanke $\alpha_e = \alpha_{eC}$ nach [ISO23509] auf der Schubflanke	(4.8)
Zahnbreite	$b_v = b_1 = b_2$	(4.9)
Eingriffsteilung	$p_{et} = \frac{m_{mn} \cdot \pi \cdot \cos\alpha_{et}}{\cos\beta_v}$	(4.10)
Länge der Eingriffsstrecke	$g_{v\alpha} = \frac{1}{2}\left[\sqrt{\left(d_{va1}{}^2 - d_{vb1}{}^2\right)} + \sqrt{\left(d_{va2}{}^2 - d_{vb2}{}^2\right)}\right] - a_v \sin\alpha_{et}$	(4.11)
Profilüberdeckung	$\varepsilon_{v\alpha} = \frac{g_{v\alpha}}{p_{et}} = \frac{g_{v\alpha} \cos\beta_v}{m_{mn}\pi \cos\alpha_{et}}$	(4.12)
Sprungüberdeckung	$\varepsilon_{v\beta} = \frac{b_v \sin\beta_v}{m_{mn}\pi}$	(4.13)
Gesamtüberdeckung	$\varepsilon_{v\gamma} = \sqrt{\varepsilon_{v\alpha}{}^2 + \varepsilon_{v\beta}{}^2}$	(4.14)

Tabelle 4.3 Geometrie der Ersatz-Stirnradverzahnung nach [ISO10300] im Normalschnitt

Bezeichnung	Formel	Nr.
Zähnezahlen	$z_{vn1} = \dfrac{z_{v1}}{\cos^2 \beta_{vb} \cos \beta_v}$	(4.15)
	$z_{vn2} = z_{vn1} u_v$	
Teilkreisdurchmesser	$d_{vn1} = \dfrac{d_{v1}}{\cos^2 \beta_{vb}} = z_{vn1} m_{mn}$	(4.16)
	$d_{vn2} = d_{vn1} u_v = z_{vn2} m_{mn}$	
Achsabstand	$a_{vn} = (d_{vn1} + d_{vn2}) / 2$	(4.17)
Kopfkreisdurchmesser	$d_{van1,2} = d_{vn1,2} + 2h_{am1,2}$	(4.18)
Grundkreisdurchmesser	$d_{vbn1,2} = d_{vn1,2} \cos \alpha_e$	(4.19)
Länge der Eingriffsstrecke	$g_{v\alpha n} = \dfrac{1}{2}\left[\sqrt{\left(d_{van1}^2 - d_{vbn1}^2\right)} + \sqrt{\left(d_{van2}^2 - d_{vbn2}^2\right)}\right] - a_{vn} \sin \alpha_e$	(4.20)
Profilüberdeckung	$\varepsilon_{v\alpha n} = \dfrac{\varepsilon_{v\alpha}}{\cos^2 \beta_{vb}}$	(4.21)

4.2.3 Ersatzverzahnungen für Hypoidverzahnungen

Beim erweiterten Berechnungsverfahren FVA 411 zur Bestimmung der Zahnfuß- und Grübchentragfähigkeit von Kegelrad- und Hypoidverzahnungen wird die Ersatz-Stirnradverzahnung ebenfalls im Auslegungspunkt P bestimmt (Abb. 4.14). Dabei muss berücksichtigt werden, dass sich ein Hypoidradpaar in grundlegenden Geometriegrößen, wie der Ritzel-Zahnbreite und dem –Spiralwinkel, mit der Achsversetzung ändert. Aus diesem Grund unterscheiden sich Schrägungswinkel, Zahnbreite, Ersatzkrümmungsradius und Überdeckung der Ersatzverzahnung nach FVA 411 (Tabelle 4.4) von der ISO 10300. Alle anderen Größen werden wie in ISO 10300 (Tabelle 4.2 und Tabelle 4.3) berechnet. Da sich die Ersatzverzahnung nach FVA 411 für Achsversetzungen gegen 0 stetig der nach ISO 10300 annähert, kann erstere auch für nicht achsversetzte Kegelräder verwendet werden.

Für die Berechnung der Fresstragfähigkeit nach [ISO/TR13989] und des Wirkungsgrads nach [WECH87] (siehe 4.3) wird eine Ersatz-Schraubradverzahnung gebildet (Abb. 4.15), die im Berechnungspunkt vergleichbare Gleitverhältnisse aufweist wie die Hypoidverzahnung (Tabelle 4.5). Die Schrägungswinkel sind dabei je nach Berechnungsverfahren absolut oder vorzeichenbehaftet zu verwenden.

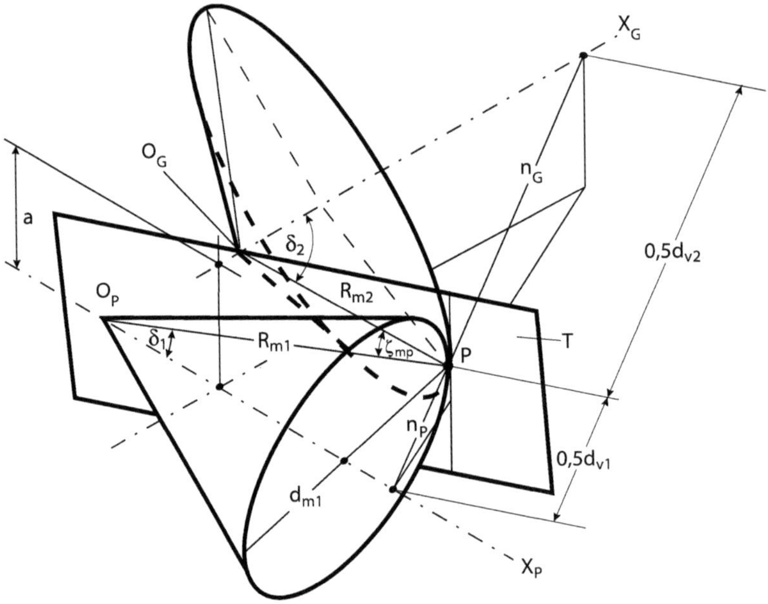

Abb. 4.14 Geometriegrößen zur Ableitung der Ersatz-Stirnradverzahnung nach FVA 411

Tabelle 4.4 Berechnung der Geometrie der Ersatz-Stirnradverzahnung nach FVA 411

Bezeichnung	**Formel**	**Nr.**
Schrägungswinkel	$\beta_v = (\beta_{m1} + \beta_{m2})/2$	(4.22)
Zahnbreite	$b_v = b_2 \dfrac{b_{veff}}{b_{2eff}}$	(4.23)
	mit: $b_{veff} = \dfrac{\left(\dfrac{b_{2eff}}{\cos \zeta_{mP}/2} - g_{v\alpha} \cos\alpha_{et} \sin \zeta_{mP}/2\right)}{1+\tan\gamma' \sin \zeta_{mP}/2}$	
	b_{2eff} = effektive Tragbildbreite am Tellerrad bei einer konkreten Belastung. Die Tragbildbreite wird entweder geschätzt oder mit Hilfe von Messungen bestimmt, bzw. rückwirkend mit Hilfe der Beanspruchungsanalyse (siehe 4.4) berechnet.	
	$\vartheta_{mP} = \arctan(\sin\delta_2 \tan\zeta_m)$	
	$\gamma' = \vartheta_{mP} - \zeta_{mP}/2$	
	ζ_{mP} = Achsversatzwinkel in Planradebene	
	ζ_m = Achsversatzwinkel nach [ISO23509]	

Tabelle 4.4 (Fortsetzung)

Bezeichnung	**Formel**	**Nr.**
Überdeckung	$\varepsilon_{v\gamma} = \varepsilon_{v\alpha} + \varepsilon_{v\beta}$	(4.24)
	$\varepsilon_{v\alpha} = \dfrac{g_{v\alpha}}{p_{et}}$	
	$\varepsilon_{v\beta} = \dfrac{b_{veff} \sin\beta_v}{m_{mn}\pi}$	
Ersatzkrümmungsradius	$\rho_{ers} = \rho_t \cdot \cos^2 w_{Bel}$	(4.25)
	w_{Bel} = Winkel zwischen Berührlinie und Teilkegel in der Flankentangentialebene	
	ρ_t = Ersatzkrümmungsradius im Profilschnitt	

$$\rho_t = \left[\frac{\cos\beta_{m1} \cos\beta_{m2}}{\left[\cos\alpha_n \left(\tan\alpha_n - \tan\alpha_{\lim}\right) + \tan\zeta_{mP} \tan w_{Bel}\right] \cos\zeta_{mP}} \cdot \left(\frac{1}{R_{m2} \tan\delta_2} + \frac{1}{R_{m1} \tan\delta_1} \right) \right]^{-1}$$

mit: $\alpha_n = \alpha_{nD}$ nach [ISO23509] auf der Zugflanke

$\alpha_n = -\alpha_{nC}$ nach [ISO23509] auf der Schubflanke

$$w_{Bel} = \arctan\left(\tan\beta_v \sin\alpha_e\right)$$

mit: $\alpha_e = \alpha_{eD}$ nach [ISO23509] auf der Zugflanke

$\alpha_e = \alpha_{eC}$ nach [ISO23509] auf der Schubflanke

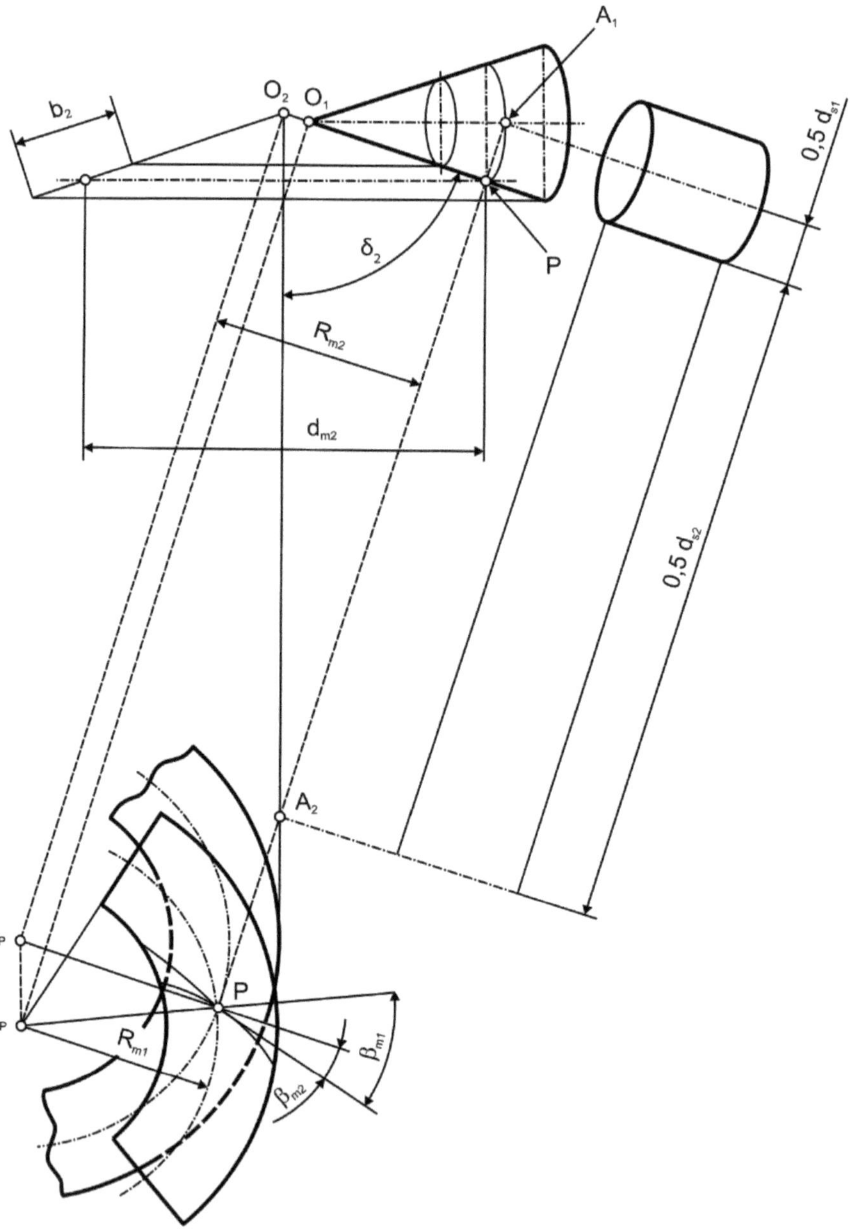

Abb. 4.15 Ersatz-Schraubradverzahnung nach [ISO/TR13989]

Tabelle 4.5 Berechnung der Geometrie der Ersatz-Schraubradverzahnung nach [ISO/TR13989]

Bezeichnung	**Formel**		**Nr.**
Schrägungswinkel	$\beta_{s1,2} = \lvert\beta_{m1,2}\rvert$	für die Berechnung der Fresstragfähigkeit nach [ISO/TR13989]	(4.26)
	$\beta_{s1,2} = \beta_{m1,2}$	für die Berechnung des Wirkungsgrads nach [WECH87] unter Berücksichtigung der Spiralrichtung (linksspiralig < 0, rechtsspiralig > 0)	
Eingriffswinkel	$\alpha_{sn} = \alpha_{nD,C}$		(4.27)
	$\tan\alpha_{st1,2} = \dfrac{\tan\alpha_{sn}}{\cos\beta_{s1,2}}$		
Grundkreis-schrägungswinkel	$\sin\beta_{b1,2} = \dfrac{\sin\beta_{s1,2}}{\cos\alpha_{sn}}$		(4.28)
Kreuzungswinkel	$\Sigma = \beta_{m1} - \beta_{m2}$		(4.29)
Teilkreisdurchmesser	$d_{s1,2} = \dfrac{d_{m1,2}}{\cos\delta_{1,2}}$		(4.30)
Kopfkreis-durchmesser	$d_{a1,2} = d_{s1,2} + 2h_{am1,2}$		(4.31)
Grundkreis-durchmesser	$d_{b1,2} = d_{s1,2} \cdot \cos\alpha_{st1,2}$		(4.32)
Winkel zw. Berühr- und Flankenlinie	$\tan\beta_{B1,2} = \tan\beta_{s1,2}\sin\alpha_{sn}$		(4.33)
Winkel zwischen den Berührlinien	$\varphi = \beta_{B1} + \beta_{B2}$		(4.34)
Modul	$m_{sn} = m_{mn}$		(4.35)
Normal-eingriffsteilung	$p_{en} = m_{sn}\pi\cos\alpha_{sn}$		(4.36)
Ersatz-krümmungsradius	$\rho_{Cn} = \dfrac{\rho_{n1}\rho_{n2}}{\rho_{n1} + \rho_{n2}}$		(4.37)
	mit: $\rho_{n1,2} = 0{,}5 \cdot d_{s1,2}\dfrac{\sin^2\alpha_{st1,2}}{\sin\alpha_{sn}}$		

Tabelle 4.5 (Fortsetzung)

Bezeichnung	Formel	Nr.
Eingriffsstrecke	$\overline{AE} = g_{an1} + g_{an2}$ mit: g_{an1} = Ritzelkopf- / Radfußeingriffsstrecke g_{an2} = Radkopf- / Ritzelfußeingriffsstrecke $g_{an1} = g_{fn2} = \frac{0{,}5 \cdot \left(\sqrt{d_{a1}^2 - d_{b1}^2} - \sqrt{d_{s1}^2 - d_{b1}^2}\right)}{\cos \beta_{b1}}$ $g_{an2} = g_{fn1} = \frac{0{,}5 \cdot \left(\sqrt{d_{a2}^2 - d_{b2}^2} - \sqrt{d_{s2}^2 - d_{b2}^2}\right)}{\cos \beta_{b2}}$	(4.38)
Gesamtüberdeckung im Normalschnitt	$\varepsilon_n = \frac{\overline{AE}}{p_{en}}$	(4.39)
Kopf- / Fußüberdeckung im Normalschnitt	$\varepsilon_{n1,2} = \frac{g_{an1,2}}{p_{en}}$	(4.40)

4.2.4 Berechnung der Zahnfußtragfähigkeit

Zur Berechnung der Zahnfußtragfähigkeit einer Kegelradverzahnung wird die maximal auftretende Biegespannung im Zahnfuß bestimmt und mit einer an Standard-Prüfstirnrädern ermittelten zulässigen Spannung (Festigkeitswerte in [ISO6336]) verglichen. Da Zahnfußbrüche meistens von der 30°-Tangente an die Zahnfußausrundung der auf Zug belasteten Seite ausgehen, wird dort die auftretende Spannung σ_{F0} berechnet (Abb. 4.16).

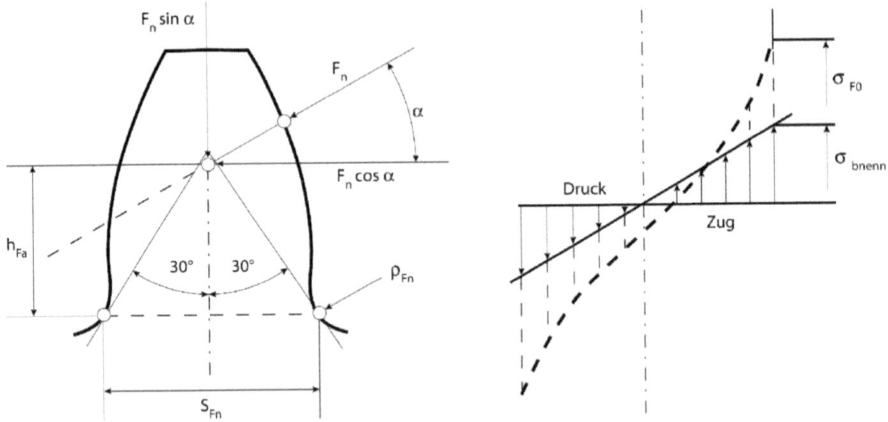

Abb. 4.16 Geometriegrößen zur Bestimmung der Zahnfußbeanspruchung (links) und Verlauf der örtlichen Zahnfußspannung (rechts)

4.2.4.1 Zahnfußspannung

Die auftretende Zahnfußspannung σ_F setzt sich zusammen aus der örtlichen Zahnfußspannung σ_{F0} sowie Kraft- und Lastverteilungsfaktoren zur Berücksichtigung von Überlasten und der realen Lastverteilung in der praktischen Anwendung des Getriebes. Die örtliche Zahnfußspannung σ_{F0} ergibt sich aus der Nennspannung σ_{bnenn} und mehreren Korrekturfaktoren Y, über die spezifische Einflüsse auf die Zahnfußspannung eingerechnet werden, wie z.B. die Kerbwirkung oder der komplexe Spannungszustand im Zahnfuß (Druckspannung aus $F_n \cdot \sin\alpha$, Schubspannung aus $F_n \cdot \cos\alpha$).

Tabelle 4.6 Berechnung der örtlichen Zahnfußspannung σ_{F0}

<table>
<tr><th>Bezeichnung</th><th>Formel</th><th>Nr.</th></tr>
<tr><td>Zahnfußspannung</td><td>$\sigma_{F\,1,2} = \sigma_{F0\,1,2} K_A K_v K_{F\beta} K_{F\alpha}$
$= \dfrac{F_{mtv}}{b_{1,2}\cos(\zeta_{mP}/2)\cdot m_{mn}} Y_{Fa1,2} Y_{Sa1,2} Y_\varepsilon Y_K Y_{LS} \cdot K_A K_v K_{F\beta} K_{F\alpha}$
$F_{mtv} = F_{mt1,2}\dfrac{\cos\beta_v}{\cos\beta_{m1,2}} = \dfrac{2000 \cdot T_{1,2}}{d_{m1,2}}\dfrac{\cos\beta_v}{\cos\beta_{m1,2}}$
$Y_{Fa1,2} =$ Formfaktor, berücksichtigt den Einfluss der Zahnform
$Y_{Sa1,2} =$ Spannungskorrekturfaktor zur Berücksichtigung der Umrechnung der Biegenennspannung bei Kraftangriff am Zahnkopf auf die entspr. örtliche Zahnfußspannung, den Einfluss der Kerbwirkung und des komplexen Spannungszustands im Zahnfuß
$Y_\varepsilon =$ Überdeckungsfaktor zur Umrechnung der für Kraftangriff am Zahnkopf ermittelten örtl. Spannung auf die maßgebliche Lage des Kraftangriffs
$Y_K =$ Kegelradfaktor zur Berücksichtigung der im Vergleich zur Zahnbreite kürzeren und geneigten Berührlinien
$Y_{LS} =$ Lastverteilungsfaktor zur Berücksichtigung der Anzahl im Eingriff befindlicher Zahnpaare
$K_A =$ Anwendungsfaktor zur Berücksichtigung von aus dem Betrieb resultierenden, äußeren Zusatzlasten
$K_v =$ Dynamikfaktor zur Berücksichtigung von dynamischen Zusatzlasten
$K_{F\beta} =$ Lastverteilungsfaktor zur Berücksichtigung einer ungleichmäßigen Lastverteilung über der Zahnbreite
$K_{F\alpha} =$ Lastverteilungsfaktor zur Berücksichtigung einer ungleichmäßigen Lastaufteilung auf die im Eingriff befindlichen Zahnpaare</td><td>(4.41)</td></tr>
</table>

Formfaktor $Y_{Fa1,2}$ Der Formfaktor Y_{Fa} berücksichtigt den Einfluss der Zahnform und wird für Ritzel und Rad getrennt berechnet, analog ISO10300, jedoch mit der in Kapitel 4.2.3 beschriebenen Ersatzverzahnung nach FVA411 (Tabelle 4.7 für gewälzte Verzahnungen, Tabelle 4.8 für formgeschnittene Verzahnungen). Dabei werden die unterschiedlichen Normaleingriffswinkel von Zug- und Schubflanke berücksichtigt, indem die Zahnfußsehne s_{Fn} für beide Flanken berechnet wird. Das arithmetische Mittel aus den beiden Werten $s_{Fn,D}$ (mit α_{eD}) und $s_{Fn,C}$ (mit α_{eC}) wird als maßgebender Zahnfußquerschnitt s_{Fn} betrachtet. Alle anderen Größen werden wie in ISO10300 mit dem jeweiligen effektiven Normaleingriffswinkel α_e der Zug- oder Schubflanke berechnet. Die Berechnungen erfolgen iterativ anhand der Hilfsvariablen E, G, H und ϑ. Die Iteration startet mit $\vartheta = \pi/6$ und ist meist nach wenigen Iterationsschritten mit einem hinreichend genauen Ergebnis abgeschlossen.

Tabelle 4.7 Berechnung des Formfaktors $Y_{Fa1,2}$ für gewälzte Verzahnungen

Bezeichnung	Formel	Nr.
Formfaktor	$$Y_{Fa1,2} = \frac{6\frac{h_{Fa1,2}}{m_{mn}}\cos\alpha_{Fan1,2}}{\left(\frac{s_{Fn1,2}}{m_{mn}}\right)^2\cos\alpha_n}$$ mit: $\alpha_{Fan1,2} = \alpha_{an1,2} - \gamma_{a1,2}$ $$\alpha_{an1,2} = \arccos\left(\frac{d_{vbn1,2}}{d_{van1,2}}\right)$$ $$\gamma_{a1,2} = \frac{1}{z_{vn1,2}}[\frac{\pi}{2} + 2(x_{hm1,2}\tan\alpha_e + x_{sm1,2})] + inv\alpha_e - inv\alpha_{an1,2}$$	(4.42)
Zahnfußsehne an der 30°-Tangente	$$\frac{s_{FnD,C\,1,2}}{m_{mn}} = z_{vn1,2}\sin\left(\frac{\pi}{3} - \vartheta\right) + \sqrt{3}\left(\frac{G_{1,2}}{\cos\vartheta} - \frac{\rho_{a0\,1,2}}{m_{mn}}\right)$$ $s_{FnD\,1,2}$ (alle Größen mit $\alpha_e = \alpha_{eD}$ berechnen) $s_{FnC\,1,2}$ (alle Größen mit $\alpha_e = \alpha_{eC}$ berechnen) $$s_{Fn1,2} = (s_{FnD1,2} + s_{FnC1,2})/2$$	(4.43)
Fußrundungsradius an der 30°-Tangente	$$\frac{\rho_{F1,2}}{m_{mn}} = \frac{\rho_{a0\,1,2}}{m_{mn}} + \frac{2G_{1,2}^{\ 2}}{\cos\vartheta\ (z_{vn1,2}\cos^2\vartheta - 2G_{1,2})}$$	(4.44)

Tabelle 4.7 (Fortsetzung)

Bezeichnung	Formel	Nr.
Biegehebelarm	$\frac{h_{Fa\,1,2}}{m_{mn}} = \frac{1}{2}\left[\begin{array}{l}\left(\cos\gamma_{a1,2} - \sin\gamma_{a1,2}\tan\alpha_{Fan1,2}\right)\frac{d_{van1,2}}{m_{mn}} - \\ -z_{vn1,2}\cos\left(\frac{\pi}{3} - \vartheta\right) - \frac{G_{1,2}}{\cos\vartheta} + \frac{\rho_{a0\,1,2}}{m_{mn}}\end{array}\right]$	(4.45)
Hilfsvariablen	$E_{1,2} = \left(\frac{\pi}{4} - x_{sm1,2}\right) m_{mn} - h_{a0\,1,2}\tan\alpha_e - \frac{\rho_{a0\,1,2}(1-\sin\alpha_e) - s_{pr1,2}}{\cos\alpha_e}$	(4.46)
	$G_{1,2} = \frac{\rho_{a0\,1,2}}{m_{mn}} - \frac{h_{a0\,1,2}}{m_{mn}} + x_{hm1,2}$	(4.47)
	$H_{1,2} = \frac{2}{z_{vn1,2}}\left(\frac{\pi}{4} - \frac{E_{1,2}}{m_{mn}}\right) - \frac{\pi}{3}$	(4.48)
	$\vartheta = \frac{2G_{1,2}}{z_{vn}}\tan\vartheta - H_{1,2}$	(4.49)

Tabelle 4.8 Berechnung des Formfaktors Y_{Fa2} für formgeschnittene Tellerräder

Bezeichnung	Formel	Nr.
Formfaktor	$Y_{Fa2} = \frac{6\frac{h_{Fa2}}{m_{mn}}}{\left(\frac{s_{Fn2}}{m_{mn}}\right)^2}$ mit: $s_{Fn2} = \pi \cdot m_{mn} - 2E_2 - 2\rho_{a02}\cos 30°$ E_2 nach (4.46) mit α_n statt α_e der betrachteten Flanke $\rho_{F2} = \rho_{a02}$ $h_{Fa2} = h_{a02} - \frac{\rho_{a02}}{2} + m_{mn} - \left(\frac{\pi}{4} + x_{sm2} - \tan\alpha_n\right) m_{mn}\tan\alpha_n$	(4.50)

Spannungskorrekturfaktor $Y_{Sa1,2}$ Der Spannungskorrekturfaktor $Y_{Sa1,2}$ berücksichtigt den komplexen Spannungszustand am Fuß der Verzahnung und wird ebenfalls mit den nach FVA411 bestimmten Werten für die Zahnfußsehne s_{Fn}, den Biegehebelarm h_{Fa} und der Fußrundung ρ_F berechnet (Tabelle 4.9).

Tabelle 4.9 Berechnung des Spannungskorrekturfaktors Y_{Sa}

Bezeichnung	Formel	Nr.
Spannungs-korrekturfaktor	$Y_{Sa1,2} = (1{,}2 + 0{,}13 L_{a1,2}) \cdot q_{s1,2}^{\left(1/(1{,}21+2{,}3/L_{a1,2}) \right)}$ mit: $L_{a1,2} = \frac{s_{Fn1,2}}{h_{Fa1,2}}$ $\quad q_{s1,2} = \frac{s_{Fn1,2}}{2\rho_{F1,2}}$	(4.51)

Überdeckungsfaktor Y_ε Mit dem Überdeckungsfaktor Y_ε werden der Formfaktor Y_{Fa} und der Spannungskorrekturfaktor Y_{Sa}, die für Lastangriff am Zahnkopf gelten, auf die maßgebliche Lastangriffsstelle umgerechnet. Er bestimmt sich in Abhängigkeit der Profil- und Sprungüberdeckung (Tabelle 4.10).

Tabelle 4.10 Berechnung des Überdeckungsfaktors Y_ε

Bezeichnung	Formel	Nr.
Überdeckungsfaktor	für $\varepsilon_{v\beta} = 0$: $Y_\varepsilon = 0{,}25 + \frac{0{,}75}{\varepsilon_{v\alpha}} \geq 0{,}625$ für $0 < \varepsilon_{v\beta} < 1$: $Y_\varepsilon = 0{,}25 + \frac{0{,}75}{\varepsilon_{v\alpha}} - \varepsilon_{v\beta}\left(\frac{0{,}75}{\varepsilon_{v\alpha}} - 0{,}375\right) \geq 0{,}625$ für $\varepsilon_{v\beta} > 1$: $Y_\varepsilon = 0{,}625$	(4.52)

Lastverteilungsfaktor Y_{LS} Der Lastverteilungsfaktor Y_{LS} berücksichtigt die Anzahl der im Eingriff befindlichen Zahnpaare in Abhängigkeit von der Form des Eingriffsfeldes. In ISO10300 wird ein elliptisches Eingriffsfeld angenommen, in FVA411 wird dagegen ein Eingriffsfeld in Form eines Parallelogramms zur Berechnung der Lastverteilung zugrunde gelegt (Abb. 4.17). Es hat sich in der Praxis herausgestellt, dass das Parallelogramm eine bessere Näherung für in die Eingriffsebene projizierten Tragbilder ist. Daher wird im Folgenden auch nur die Berechnung von Y_{LS} nach [FVA411] wiedergegeben (Tabelle 4.11 bis Tabelle 4.12).

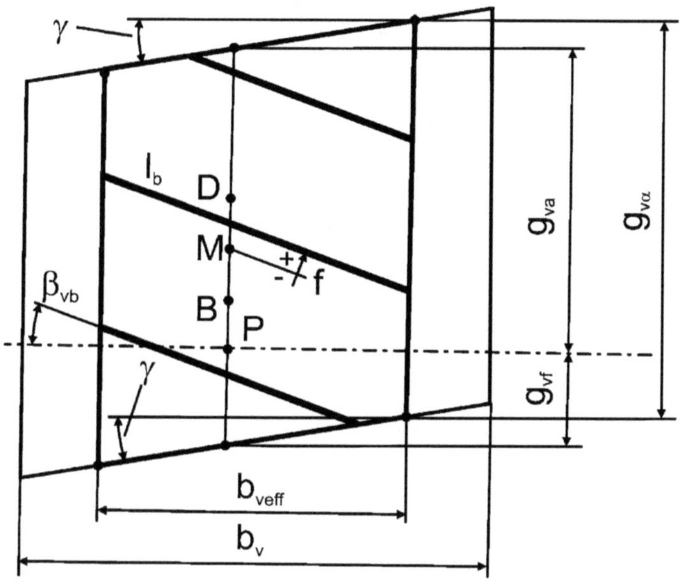

Abb. 4.17 Zugrunde gelegtes Eingriffsfeld zur Berechnung der Lastverteilung nach [FVA411]

Nach ISO10300 und FVA411 wird von einer parabolischen Spitzenlastverteilung entlang des Eingriffs ausgegangen. Die Linienlastverteilung entlang einer Berührlinie entspricht einer Halbellipse (Abb. 4.18). Als Berührlinie wird dabei die große Halbachse der Halbellipse verstanden.

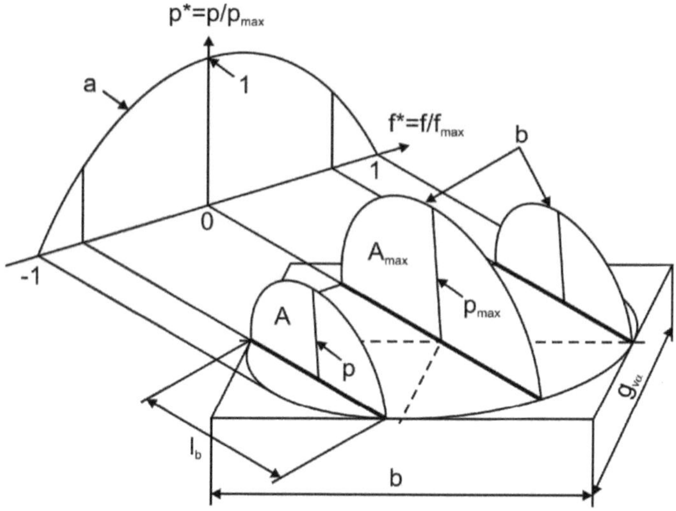

Abb. 4.18 Spitzenlastverteilung entlang des Eingriffs und Linienlastverteilung entlang der Berührlinien nach ISO 10300

Tabelle 4.11 Berechnung des Lastaufteilungsfaktors Y_{LS} nach FVA 411 für ein parallelogrammförmiges Eingriffsfeld

Bezeichnung	**Formel**	**Nr.**
Lastverteilungsfaktor	$Y_{LS} = \dfrac{A_m}{A_t + A_m + A_r}$	(4.53)
	mit: A = Fläche der Halbellipse über einer Berührlinie A_t, A_m, A_r berechnet mit f_t, f_m, f_r nach Tabelle 4.12	
Fläche der Halbellipse über einer Berührlinie	$A = \dfrac{1}{4} p^* l_b \pi$	(4.54)
Spitzenlastverteilung entlang des Zahneingriffs	$p^* = 1 - \left(\dfrac{\lvert f \rvert}{\lvert f_{\max} \rvert} \right)^5$	(4.55)
	mit: f_{max} = größerer Wert von f_{max0} und f_{maxb} $f_{\max 0} = \dfrac{1}{2}\left(g_{v\alpha} - b_{veff}\left(\tan\gamma + \tan\beta_{vb}\right)\right)\cdot\cos\beta_{vb}$ $f_{\max b} = \dfrac{1}{2}\left(g_{v\alpha} + b_{veff}\left(\tan\gamma + \tan\beta_{vb}\right)\right)\cdot\cos\beta_{vb}$ $\gamma = \arctan\left(\dfrac{\tan\gamma'}{\cos\alpha_{et}}\right)$ b_{veff} und γ' nach Tabelle 4.4	
Länge der Berührlinie	$l_b = l_{b0}\sqrt{\left(1 - \left(\dfrac{f}{f_{\max}}\right)^2\right)\left(1 - \sqrt{\dfrac{b_{veff}}{b_v}}\right)^2}$	(4.56)
	$l_{b0} = \sqrt{(x_1 - x_2)^2 + (y_1 - y_2)^2}$	(4.57)
	$x_1 = \dfrac{\left[f\cos\beta_{vb} + \tan\beta_{vb}\left(f\sin\beta_{vb} + \dfrac{b_{veff}}{2}\right) + \dfrac{1}{2}\left(g_{v\alpha} + b_{veff}\tan\gamma\right)\right]}{\tan\gamma + \tan\beta_{vb}}$ $x_2 = \dfrac{\left[f\cos\beta_{vb} + \tan\beta_{vb}\left(f\sin\beta_{vb} + \dfrac{b_{veff}}{2}\right) - \dfrac{1}{2}\left(g_{v\alpha} - b_{veff}\tan\gamma\right)\right]}{\tan\gamma + \tan\beta_{vb}}$	(4.58)
	mit: f nach Tabelle 4.12 wenn $x_{1,2} < 0$, dann gilt: $x_{1,2} = 0$ wenn $x_{1,2} > b_{veff}$, dann gilt: $x_{1,2} = b_{veff}$	
	$y_{1,2} = y(x_{1,2}) = -x_{1,2}\tan\beta_{vb} + f\cos\beta_{vb} + \tan\beta_{vb}\left(f\sin\beta_{vb} + \dfrac{b_{veff}}{2}\right)$	(4.59)

Tabelle 4.12 Größe f zur Berechnung der Abstände der Berührlinien vom Mittelpunkt M für die Zahnfußtragfähigkeit

Bezeichnung	Formel	Nr.
$\varepsilon_{v\beta} = 0$	$f_t = (p_{et} - 0{,}5\,p_{et}\varepsilon_{v\alpha})\cos\beta_{vb} + p_{et}\cos\beta_{vb}$ $f_m = (p_{et} - 0{,}5\,p_{et}\varepsilon_{v\alpha})\cos\beta_{vb}$ $f_r = (p_{et} - 0{,}5\,p_{et}\varepsilon_{v\alpha})\cos\beta_{vb} - p_{et}\cos\beta_{vb}$	(4.60)
$0 < \varepsilon_{v\beta} < 1$	$f_t = (p_{et} - 0{,}5\,p_{et}\varepsilon_{v\alpha})\cos\beta_{vb}(1-\varepsilon_{v\beta}) + p_{et}\cos\beta_{vb}$ $f_m = (p_{et} - 0{,}5\,p_{et}\varepsilon_{v\alpha})\cos\beta_{vb}(1-\varepsilon_{v\beta})$ $f_r = (p_{et} - 0{,}5\,p_{et}\varepsilon_{v\alpha})\cos\beta_{vb}(1-\varepsilon_{v\beta}) - p_{et}\cos\beta_{vb}$	(4.61)
$\varepsilon_{v\beta} \geq 1$	$f_t = +p_{et}\cos\beta_{vb}$ $f_m = 0$ $f_r = -p_{et}\cos\beta_{vb}$	(4.62)

Kegelradfaktor Y_K Der Kegelradfaktor Y_K berücksichtigt die wegen der Neigung gegenüber der Flankenlinie kürzeren Berührlinien.

Tabelle 4.13 Berechnung des Kegelradfaktors Y_K

Bezeichnung	Formel	Nr.
Kegelradfaktor	$Y_K = \left(\frac{1}{2} + \frac{l'_{bm}}{b_v}\right)^2 \frac{b_v}{l'_{bm}}$	(4.63)
	mit: $l'_{bm} = l_{bm}\cos\beta_{vb}$	(4.64)
	l_{bm} nach Tabelle 4.11 mit f_m nach Tabelle 4.12	

Kraftfaktoren K_A und K_v Die Kraftfaktoren K_A und K_v berücksichtigen über das Nennmoment hinausgehende Lasten, die sich im praktischen Betrieb des Getriebes durch äußere Überlasten und innere Anregungen ergeben. Beide Werte werden im Idealfall durch praktische Messungen oder umfassende Systemanalysen ermittelt (siehe [ISO10300] Teil 1). Liegen keine vergleichbaren Informationen vor, können die in Tabelle 4.14 und Tabelle 4.15 angegebenen Näherungswerte bzw. -gleichungen verwendet werden. Im Rahmen einer Lastkollektivberechnung (siehe 4.2.7) wird der Anwendungsfaktor K_A zu 1 gesetzt, da der Einfluss von äußeren Zusatzlasten auf die Tragfähigkeit in den definierten Beanspruchungsklassen direkt berücksichtigt wird.

Tabelle 4.14 Näherungswerte für den Anwendungsfaktor K_A

Arbeitsweise der Antriebsmaschine	**Arbeitsweise der getriebenen Maschine**			
	gleichmäßig	leichte Stöße	mäßige Stöße	mäßige Stöße
gleichmäßig	1,00	1,25	1,50	1,75 oder höher
leichte Stöße	1,10	1,35	1,60	1,85 oder höher
mäßige Stöße	1,25	1,50	1,75	2,00 oder höher
schwere Stöße	1,50	1,75	2,00	2,25 oder höher

Tabelle 4.15 Näherungsgleichungen für den Dynamikfaktor K_v

Bezeichnung	**Formel**	**Nr.**
Dynamikfaktor	$K_v = K_v^* - \dfrac{K_v^* - 1}{0{,}1} \cdot a_{rel} \geq 1$	(4.65)
	mit: $K_v^* = N \cdot K + 1$ für $N \leq 0{,}75$	
	$K_v^* = \dfrac{b_v f_{p,eff} c'}{F_{mtv} K_A} c_{v1,2} + c_{v4} + 1$ für $0{,}75 < N \leq 1{,}5$	
	$K_v^* = \dfrac{b_v f_{p,eff} c'}{F_{mtv} K_A} c_{v5,6} + c_{v7}$ für $N \geq 1{,}5$	
	$a_{rel} = \dfrac{2\lvert a \rvert}{d_{m2}}$	
	$K = \dfrac{b_v f_{p,eff} c'}{F_{mtv} K_A} c_{v1,2} + c_{v3}$	
	alle Faktoren c_v siehe Tabelle 4.16	
	für einsatzgehärtete und nitrierte Zahnräder gilt:	
	$f_{p,eff} = f_{pt} - y_\alpha$ mit $y_\alpha = 0{,}075 f_{pt} \leq 3\mu m$	
Bezugsdrehzahl	$N = \dfrac{n_1}{n_{E1}}$	(4.66)
	mit: $n_{E1} = \dfrac{30 \cdot 10^3}{\pi \cdot z_1} \sqrt{\dfrac{c_\gamma}{m_{red}}}$	
Eingriffs-federsteifigkeit	$c_\gamma = c_{\gamma 0} C_F C_b$	(4.67)
	mit: $c_{\gamma 0} = 20N/(mm \cdot \mu m)$	
	$C_F = (F_{mtv} K_A / b_{veff}) / (100N/mm) \leq 1$	
	$C_b = b_{veff} / (0{,}85 \cdot b_v) \leq 1$	

Tabelle 4.15 (Fortsetzung)

Bezeichnung	Formel	Nr.
reduziertes Massenträgheitsmoment	$m_{red} = \frac{m_1^* m_2^*}{m_1^* + m_2^*}$ $m_{1,2}^* = \frac{1}{8} \rho_{Wst} \pi \frac{d_{m1,2}^2}{\cos^2 \alpha_n}$	(4.68)

Tabelle 4.16 Faktoren c_v zur Berechnung des Dynamikfaktors

Einflussfaktor	$1 < \varepsilon_{v\gamma} \leq 2$	$\varepsilon_{v\gamma} > 2$	
c_{v1}	0,32	0,32	$c_{v1,2} = c_{v1} + c_{v2}$
c_{v2}	0,34	$\frac{0{,}57}{\varepsilon_{v\gamma} - 0{,}3}$	
c_{v3}	0,23	$\frac{0{,}096}{\varepsilon_{v\gamma} - 1{,}56}$	
c_{v4}	0,90	$\frac{0{,}57 - 0{,}05\varepsilon_{v\gamma}}{\varepsilon_{v\gamma} - 1{,}44}$	
c_{v5}	0,47	0,47	$c_{v5,6} = c_{v5} + c_{v6}$
c_{v6}	0,47	$\frac{0{,}12}{\varepsilon_{v\gamma} - 1{,}74}$	
Einflussfaktor	$1 < \varepsilon_{v\gamma} \leq 1{,}5$	$1{,}5 < \varepsilon_{v\gamma} \leq 2{,}5$	$\varepsilon_{v\gamma} > 2{,}5$
c_{v7}	0,75	$0{,}125 \sin\left[\pi\left(\varepsilon_{v\gamma} - 2\right)\right] + 0{,}875$	1,0

Lastverteilungsfaktor $K_{H\beta}$ Der Einfluss der ungleichmäßigen Lastverteilung über den balligen Kegelradflanken auf die Zahnfußbeanspruchung wird über den Faktor $K_{F\beta}$ berücksichtigt. Er wird in Abhängigkeit des Lastverteilungsfaktors $K_{H\beta}$ der Zahnflankenbeanspruchung und des Breitenkrümmungsfaktors K_{F0} berechnet (Tabelle 4.17).

Tabelle 4.17 Berechnung des Lastverteilungsfaktor $K_{F\beta}$

Bezeichnung	Formel	Nr.
Lastverteilungsfaktor Zahnfuß	$K_{F\beta} = K_{H\beta} / K_{F0}$	(4.69)

Tabelle 4.17 (Fortsetzung)

Bezeichnung	**Formel**	**Nr.**
Lastverteilungsfaktor Zahnflanke	$K_{H\beta} = 1{,}5 K_{H\beta-be}$ für $b_{veff} \geq 0{,}85$ $K_{H\beta} = 1{,}5 K_{H\beta-be} \cdot \dfrac{0{,}85}{b_{veff}/b}$ für $b_{veff} < 0{,}85$ $K_{H\beta-be}$ siehe Tabelle 4.18	(4.70)
Breiten-krümmungsfaktor	$K_{F0} = 0{,}211 \left(\dfrac{r_{c0}}{R_m} \right)^q + 0{,}789$ für Spiralkegelräder $K_{F0} = 1{,}0$ für geradverzahnte und Zerol-Kegelräder mit: $q = \dfrac{0{,}279}{\log_{10}(\beta_v)}$	(4.71)

Tabelle 4.18 Näherungswerte für den Lagerungsfaktor $K_{H\beta\text{-}be}$

Nachprüfung des Tragbilds für	**Lagerungsbedingungen von Ritzel und Rad**		
	beide beidseitig	eines beidseitig, eines fliegend	beide fliegend
jedes Radpaar in seinem Gehäuse unter Volllast	1,00	1,00	1,00
jedes Radpaar unter leichter Prüflast	1,05	1,10	1,25
ein Proberadpaar, für Volllast bewertet	1,20	1,32	1,50

Lastaufteilungsfaktoren $K_{F\alpha}$, $K_{H\alpha}$ Die Aufteilung der Gesamt-Umfangskraft auf mehrere im Eingriff befindliche Zahnpaare hängt von der Verzahnungsgenauigkeit und der Umfangskraft ab und wird über den Lastaufteilungsfaktor $K_{F\alpha}$ ($K_{H\alpha}$) berücksichtigt. Er berechnet sich u.a. in Abhängigkeit der Gesamtüberdeckung, der Zahnsteifigkeit, der Teilungsabweichung und der Gesamtumfangskraft (Tabelle 4.19).

Tabelle 4.19 Näherungswerte für die Lastaufteilungsfaktoren $K_{F\alpha}$ und $K_{H\alpha}$

Bezeichnung	**Formel**	**Nr.**
Lastaufteilungsfaktor	$K_{F\alpha} = K_{H\alpha} = K_{H\alpha}^* - \dfrac{K_{H\alpha}^* - 1}{0{,}1} a_{rel} \geq 1$ mit: a_{rel} nach Tabelle 4.15 für $\varepsilon_{v\gamma} \leq 2$: $K_{H\alpha}^* = \dfrac{\varepsilon_{v\gamma}}{2} \left(0{,}9 + 0{,}4 \dfrac{c_\gamma (f_{pt} - y_\alpha)}{F_{mtH}/b_v} \right)$	(4.72)

Tabelle 4.19 (Fortsetzung)

Bezeichnung	Formel	Nr.
	für $\varepsilon_{v\gamma} > 2$: $K_{H\alpha}^{*} = 0{,}9 + 0{,}4\sqrt{\frac{2(\varepsilon_{v\gamma}-1)}{\varepsilon_{v\gamma}}} \cdot \frac{c_{\gamma}(f_{pt}-y_{\alpha})}{F_{mtH}/b_v}$	
	mit: $F_{mtH} = F_{mtv} K_A K_v K_{H\beta}$	
Grenzbedingung	$1 < K_{H\alpha}^{*} < \frac{\varepsilon_{v\gamma}}{\varepsilon_{v\alpha} Z_{LS}^{2}}$	(4.73)
	$1 < K_{F\alpha}^{*} < \frac{\varepsilon_{v\gamma}}{\varepsilon_{v\alpha} Y_{\varepsilon}}$	

4.2.4.2 Zulässige Zahnfußspannung

Die zulässige Zahnfußspannung wird für Ritzel und Rad getrennt auf Basis einer an einem Stirnrad ermittelten Festigkeit berechnet (Tabelle 4.20). Festigkeitswerte für unterschiedliche Werkstoffe sind in [ISO3663] Teil 5 zu finden.

Tabelle 4.20 Berechnung der zulässigen Zahnfußspannung $\sigma_{FP\,1,2}$

Bezeichnung	Formel	Nr.
Zulässige Zahnfußspannung	$\sigma_{FP1,2} = \frac{\sigma_{FE1,2} Y_{NT1,2}}{S_{F\min 1,2}} Y_{\delta relT1,2} Y_{RrelT1,2} Y_{X1,2}$	(4.74)
	$\sigma_{FP1,2} = \frac{\sigma_{F\lim 1,2} Y_{ST1,2} Y_{NT1,2}}{S_{F\min 1,2}} Y_{\delta relT1,2} Y_{RrelT1,2} Y_{X1,2}$	
	$\sigma_{FE1,2} =$ Zahnfuß-Grundfestigkeit (Dauerfestigkeit der ungekerbten Probe ($\sigma_{FE} = \sigma_{Flim} \cdot Y_{ST} = \sigma_{Flim} \cdot 2{,}0$)	
	$\sigma_{F\lim 1,2} =$ Zahnfuß-Biegenenndauerfestigkeit, berücksichtigt Werkstoff, Wärmebehandlung und Oberflächeneinfluss bei Prüfradabmessungen (siehe [ISO6336] Teil 5)	
	$Y_{ST1,2} =$ Spannungskorrekturfaktor für die Abmessungen des Prüfrads, $Y_{ST1,2} = 2{,}0$	
	$S_{F\min 1,2} =$ Mindestsicherheit	
	$Y_{\delta relT1,2} =$ Relative Stützziffer bezogen auf die Prüfradverhältnisse zur Berücksichtigung der Kerbempfindlichkeit des Werkstoffs	

Tabelle 4.20 (Fortsetzung)

Bezeichnung	Formel		Nr.
	$Y_{RrelT1,2} =$	Relativer Oberflächenfaktor bezogen auf die Prüfradverhältnisse zur Berücksichtigung der Oberflächenbeschaffenheit im Zahnfußrundungsradius	
	$Y_{X1,2} =$	Größenfaktor zur Berücksichtigung des Einflusses des Moduls auf die zulässige Zahnfußspannung	
	$Y_{NT1,2} =$	Lebensdauerfaktor, berücksichtigt den Einfluss der geforderten Lebensdauer (Lastspielzahl)	

Die Zahnfuß-Biegenenndauerfestigkeit σ_{Flim} kann aus der [ISO6336] Teil 5 entnommen werden. Beispielhaft ist in Abb. 4.19 das Diagramm für einsatzgehärtete, legierte Stähle und flamm- und induktionsgehärtete Vergütungsstähle abgebildet.

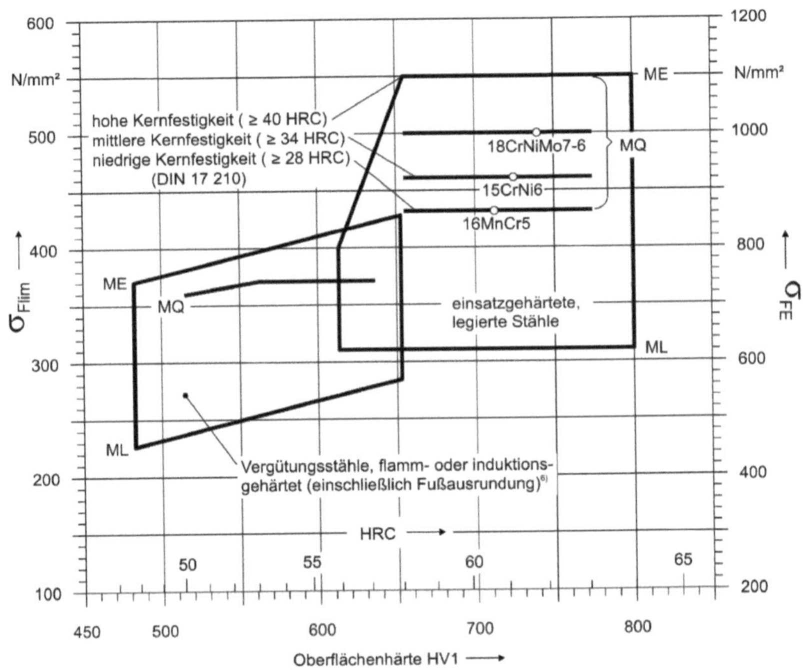

Abb. 4.19 Zahnfuß-Biegenenndauerfestigkeit σ_{Flim}

Relative Stützziffer $Y_{\delta relT1,2}$ Die relative Stützziffer $Y_{\delta relT}$ ist das Verhältnis der dynamischen Stützziffern der zu berechnenden Verzahnung Y_δ und der Standard-Prüfverzahnung $Y_{\delta T}$, die angeben, um welchen Betrag die theoretische Spannung bei Dauerbruch über der Dauerfestigkeit liegt. $Y_{\delta relT}$ ist eine Funktion des Werkstoffs und des bezogenen Spannungsgefälles und kann durch folgende Werte angenähert werden (Tabelle 4.21):

Tabelle 4.21 Näherungswerte der relativen Stützziffer $Y_{\delta relT1,2}$

Bezeichnung	Formel	Nr.
Relative Stützziffer	$Y_{\delta relT1,2} = 1{,}0$ für $q_{s1,2} \geq 1{,}5$ $Y_{\delta relT1,2} = 0{,}95$ für $q_{s1,2} < 1{,}5$ mit $q_{s1,2}$ nach Tabelle 4.9	(4.75)

Relativer Oberflächenfaktor $Y_{RrelT1,2}$ Der relative Oberflächenfaktor Y_{RrelT} berücksichtigt die Abhängigkeit der Oberflächenbeschaffenheit, insbesondere der Rauheit im Zahnfuß auf die Zahnfuß-Dauerfestigkeit. In Abhängigkeit des Werkstoffs kann er folgendermaßen bestimmt werden:

Tabelle 4.22 Berechnung des relativen Oberflächenfaktors $Y_{RrelT1,2}$

Bezeichnung	Formel	Nr.
Relativer Oberflächenfaktor für $R_z < 1$ µm	$Y_{RrelT1,2} = 1{,}12$ für vergütete und einsatzgehärtete Stähle $Y_{RrelT1,2} = 1{,}07$ für Baustähle $Y_{RrelT1,2} = 1{,}025$ für Grauguss und nitrokarburierte Stähle	(4.76)
Relativer Oberflächenfaktor für 1 µm < R_z < 40 µm	$Y_{RrelT1,2} = 1{,}674 - 0{,}529(R_{z1,2} + 1)^{1/10}$ für vergütete und einsatzgehärtete Stähle $Y_{RrelT1,2} = 5{,}306 - 4{,}203(R_{z1,2} + 1)^{1/100}$ für Baustähle $Y_{RrelT1,2} = 4{,}299 - 3{,}259(R_{z1,2} + 1)^{1/200}$ für Grauguss und nitrokarburierte Stähle	(4.77)

Größenfaktor $Y_{X1,2}$ Mit zunehmender Baugröße sinkt die Zahnfuß-Festigkeit. Dieser Größeneinfluss wird im Größenfaktor Y_X berücksichtigt. Die Berechnung erfolgt in Abhängigkeit des Normalmoduls und des Werkstoffs:

Tabelle 4.23 Berechnung des Größenfaktors $Y_{X1,2}$

Bezeichnung	Formel	Nr.
Größenfaktor	$Y_{X1,2} = 1{,}03 - 0{,}006\, m_{mn}$ für Bau- und Vergütungsstähle, Sphäroguss, schwarzer Temperguss ($0{,}85 \leq Y_{X1,2} \leq 1{,}0$) $Y_{X1,2} = 1{,}05 - 0{,}01\, m_{mn}$ für flamm-, induktions- und einsatzgehärtete Stähle, nitrierte oder nitrokarburierte Stähle ($0{,}80 \leq Y_{X1,2} \leq 1{,}0$) $Y_{X1,2} = 1{,}075 - 0{,}015\, m_{mn}$ für Grauguss ($0{,}70 \leq Y_{X1,2} \leq 1{,}0$)	(4.78)

Lebensdauerfaktor $Y_{NT1,2}$ Bei einer geforderten Lebensdauer in Lastspielzahl N_L, die unterhalb der Dauerfestigkeit bei $N_L = 3 \cdot 10^6$ Lastwechseln liegt, erhöht sich die zulässige Zahnfußspannung entsprechend dem Wöhlerdiagramm ($N_L = 1$: in der Regel eine Umdrehung des jeweiligen Kegelrades). Dies wird mit dem Lebensdauerfaktor Y_{NT} berücksichtigt. Y_{NT} ist hauptsächlich abhängig vom verwendeten Werkstoff und der Wärmbehandlung (Abb. 4.20).

Für Lastwechselzahlen $N_L > 3 \cdot 10^6$ kann bei optimalen Voraussetzungen bezüglich Werkstoff- und Herstellqualität mit $Y_{NT} = 1$ gerechnet werden. Im Bereich der statischen Beanspruchung ($N_L < 10^3$) wird der Lebensdauerfaktor zu 2,5. Zwischen diesen Werten für die statische und die Dauerfestigkeit wird interpoliert.

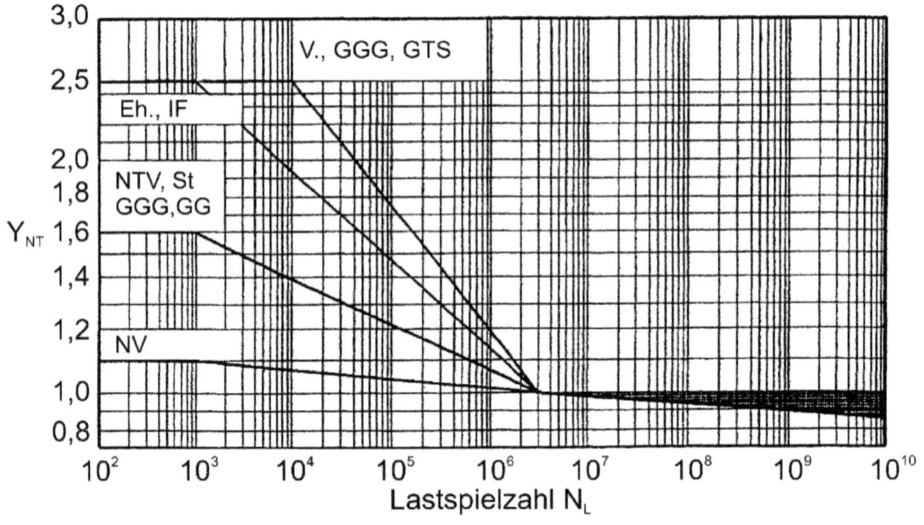

GJL	Grauguss	GJS	Sphäroguss	GJMB	Schwarzer Temperguss
St	Stahl	V	Vergütungsstahl	Eh	Einsatzstahl, einsatzgehärtet

IF Stahl / Grauguss, induktions- oder flammgehärtet

NV(nitr.) Vergütungs- oder Einsatzstahl, nitriert NT(nitr.) Nitrierstahl, nitriert

NV(nitrocar.) Vergütungs- oder Einsatzstahl, nitrocarburiert

Abb. 4.20 Lebensdauerfaktor Y_{NT} für Zahnfußbruch

4.2.4.3 Sicherheit gegen Zahnfußbruch

Mit den nach 4.2.4.1 und 4.2.4.2 berechneten Werten für die auftretende und die zulässige Zahnfußspannung kann die Sicherheit gegen Zahnfußbruch berechnet werden:

Tabelle 4.24 Berechnung der Sicherheit gegen Zahnfußbruch

Bezeichnung	Formel	Nr.
Sicherheit gegen Zahnfußbruch	$S_{F1,2} = \dfrac{\sigma_{FP1,2}}{\sigma_{F1,2}} > S_{F,\min 1,2}$	(4.79)

Die erforderliche Mindest-Sicherheit sollte zwischen Lieferant und Kunde vereinbart werden. Als Anhaltswert für $S_{F,min}$ wird in der [ISO10300] für spiralverzahnte Kegelräder ein Wert von $S_{F,min}$ = 1,3, für gerad- und schrägverzahnte Kegelräder ein Wert von $S_{F,min}$ = 1,5 angegeben.

4.2.5 Berechnung der Grübchentragfähigkeit

Zur Berechnung der Grübchentragfähigkeit einer Kegelradverzahnung wird die maßgebliche Flankenpressung bestimmt und mit einer an Standard-Prüfrädern ermittelten zulässigen Flankenpressung (Festigkeitswerte in [ISO6336]) verglichen.

4.2.5.1 Flankenpressung

Die Flankenpressung σ_H ist hauptsächlich abhängig von der Verzahnungsgeometrie, der Fertigungsgenauigkeit und den Betriebsbedingungen. Ihre Berechnung nach [ISO10300] beruht auf der Hertzschen Theorie. Die bestimmende Lage des Lastangriffs bzw. des Berechnungspunkts hängt dabei von der Sprungüberdeckung $\varepsilon_{v\beta}$ ab:

- bei $\varepsilon_{v\beta} = 0$: Berechnung am inneren Einzeleingriffspunkt B
- bei $\varepsilon_{v\beta} > 1$: Berechnung in der Mitte der Eingriffsstrecke M
- bei $0 < \varepsilon_{v\beta} < 1$: Berechnung zwischen innerem Einzeleingriffspunkt B und Mitte der Eingriffsstrecke M (Interpolation)

Tabelle 4.25 Berechnung der Flankenpressung σ_H

Bezeichnung	Formel	Nr.
Flankenpressung	$\sigma_H = \sigma_{H0}\sqrt{K_A K_v K_{H\beta} K_{H\alpha}} = \sqrt{\dfrac{F_n}{l_{bm}\rho_{ers}}} Z_E Z_{LS} Z_{M-B}\sqrt{K_A K_v K_{H\beta} K_{H\alpha}}$	(4.80)

Tabelle 4.25 (Fortsetzung)

Bezeichnung	Formel	Nr.
	mit: $\sigma_{H0} =$ Nennpressung	
	$F_n = \dfrac{F_{mt1}}{\cos\alpha_n \cos\beta_{m1}}$ = Zahnnormalkraft in Punkt P	
	$l_{bm} =$ mittlere Berührlinienlänge nach Tabelle 4.11 mit f_m nach Tabelle 4.12	
	$\rho_{ers} =$ maßgebender Ersatzkrümmungsradius nach Tabelle 4.4	
	$Z_{M-B} =$ Mittelzonenfaktor, rechnet die Krümmungsverhältnisse auf den maßgeblichen Lastangriffspunkt um	
	$Z_{LS} =$ Lastverteilungsfaktor zur Berücksichtigung der Anzahl im Eingriff befindlicher Zahnpaare	
	$K_A =$ Anwendungsfaktor, berücksichtigt aus dem Betrieb resultierende, äußere Zusatzlasten	
	$K_v =$ Dynamikfaktor, berücksichtigt innere dynamische Zusatzlasten	
	$K_{H\beta} =$ Lastverteilungsfaktor zur Berücksichtigung einer ungleichmäßigen Lastverteilung über der Zahnbreite	
	$K_{H\alpha} =$ Lastaufteilungsfaktoren zur Berücksichtigung einer ungleichmäßigen Lastaufteilung auf die im Eingriff befindlichen Zahnpaare	

Mittelzonenfaktor Z_{M-B} Über den Mittelzonenfaktor Z_{M-B} (Tabelle 4.26) werden in Abhängigkeit der Sprungüberdeckung $\varepsilon_{v\beta}$ die sich ändernden Krümmungsverhältnisse gegenüber dem Wälzpunkt berücksichtigt. Unter Annahme eines evolventischen Zahnprofils gilt für Null- und V-Null-Verzahnungen:

Tabelle 4.26 Berechnung des Mittelzonenfaktors Z_{M-B}

Bezeichnung	Formel	Nr.
Mittelzonenfaktor	$Z_{M-B} = \dfrac{\tan\alpha_{et}}{\sqrt{\left[\sqrt{\left(\dfrac{d_{va1}}{d_{vb1}}\right)^2 - 1} - F_1 \dfrac{\pi}{z_{v1}}\right] \cdot \left[\sqrt{\left(\dfrac{d_{va2}}{d_{vb2}}\right)^2 - 1} - F_2 \dfrac{\pi}{z_{v2}}\right]}}$	(4.81)
	Faktoren F_1 und F_2 siehe Tabelle 4.27	

Tabelle 4.27 Faktoren für die Berechnung des Mittelzonenfaktors Z_{M-B}

Faktor	**F_1**	**F_2**
$\varepsilon_{v\beta} = 0$	2	$2\left(\varepsilon_{v\alpha} - 1\right)$
$0 < \varepsilon_{v\beta} < 1$	$2 + \left(\varepsilon_{v\alpha} - 2\right)\varepsilon_{v\beta}$	$2\varepsilon_{v\alpha} - 2 + \left(2 - \varepsilon_{v\alpha}\right)\varepsilon_{v\beta}$
$\varepsilon_{v\beta} \geq 1$	$\varepsilon_{v\alpha}$	$\varepsilon_{v\alpha}$

Elastizitätsfaktor Z_E Die werkstoffspezifischen Einflüsse (E-Modul und Querkontraktionszahl) auf die Hertzsche Pressung werden über den Elastizitätsfaktor Z_E berücksichtigt (Tabelle 4.28):

Tabelle 4.28 Berechnung des Elastizitätsfaktors Z_E

Bezeichnung	**Formel**		**Nr.**
Elastizitätsfaktor	$Z_E = \sqrt{\dfrac{1}{\pi\left(\dfrac{1-\nu_1^2}{E_1} + \dfrac{1-\nu_2^2}{E_2}\right)}}$		(4.82)
für $E_1 = E_2 = E$ und $\nu_1 = \nu_2 = \nu$:	$Z_E = \sqrt{\dfrac{E}{2\pi\,\left(1-\nu^2\right)}}$	für Stahl / Stahl: $Z_E = 189{,}8$	

Lastverteilungsfaktor Z_{LS} Die Lastverteilung auf mehrere im Eingriff befindliche Zahnpaare wird über den Lastverteilungsfaktor Z_{LS} berücksichtigt.

Tabelle 4.29 Berechnung des Lastverteilungsfaktors Z_{LS}

Bezeichnung	**Formel**	**Nr.**
Lastverteilungsfaktor	$Z_{LS} = \sqrt{Y_{LS}}$	(4.83)
	Berechnung von Y_{LS} nach Tabelle 4.11 [FVA411], jedoch mit den Werten f	

Tabelle 4.30 Größe f zur Berechnung der Abstände der Berührlinien vom Mittelpunkt M für die Grübchentragfähigkeit

Bezeichnung	**Formel**	**Nr.**
$\varepsilon_{v\beta} = 0$	$f_t = -\left(p_{et} - 0{,}5\,p_{et}\varepsilon_{v\alpha}\right)\cos\beta_{vb} + p_{et}\cos\beta_{vb}$	(4.84)
	$f_m = -\left(p_{et} - 0{,}5\,p_{et}\varepsilon_{v\alpha}\right)\cos\beta_{vb}$	
	$f_r = -\left(p_{et} - 0{,}5\,p_{et}\varepsilon_{v\alpha}\right)\cos\beta_{vb} - p_{et}\cos\beta_{vb}$	

Tabelle 4.30 (Fortsetzung)

Bezeichnung	Formel	Nr.
$0<\varepsilon_{v\beta}<1$	$f_t=-(p_{et}-0{,}5p_{et}\varepsilon_{v\alpha})\cos\beta_{vb}(1-\varepsilon_{v\beta})+p_{et}\cos\beta_{vb}$ $f_m=-(p_{et}-0{,}5p_{et}\varepsilon_{v\alpha})\cos\beta_{vb}(1-\varepsilon_{v\beta})$ $f_r=-(p_{et}-0{,}5p_{et}\varepsilon_{v\alpha})\cos\beta_{vb}(1-\varepsilon_{v\beta})-p_{et}\cos\beta_{vb}$	(4.85)
$\varepsilon_{v\beta}\geq 1$	$f_t=+p_{et}\cos\beta_{vb}$ $f_m=0$ $f_r=-p_{et}\cos\beta_{vb}$	(4.86)

Die Faktoren K_A, K_v, $K_{H\beta}$ und $K_{H\alpha}$ werden analog Tabelle 4.14 bis Tabelle 4.19 bestimmt.

4.2.5.2 Zulässige Flankenpressung

Da die zulässige Beanspruchung der Zahnflanken nicht nur von der Pressung, sondern auch von den Schmierungsbedingungen abhängt, wird bei der Berechnung der zulässigen Flankenpressung der Einfluss der Schmierstoffviskosität, der Geschwindigkeit und der Flankenrauheit näherungsweise mit eingerechnet. Die Streuung der Einflussgrößen zeigt jedoch, dass damit nicht alle Einflüsse berücksichtigt werden. Das spezifische Verhalten eines Schmierstoffs bezüglich der Grübchentragfähigkeit kann deshalb über einen FZG-Pitting-Test [FVA2] untersucht werden. Im Vergleich zur [ISO10300] wird im Berechnungsverfahren nach [FVA411] über den Hypoidfaktor Z_{Hyp} zusätzlich der negative Einfluss des Längsgleitens auf die Schmierfilmbildung sowie über den Schlupffaktor Z_S der positive Einfluss eines positiven spezifischen Gleitens bei achsversetzten Kegelrädern berücksichtigt.

Tabelle 4.31 Berechnung der zulässigen Flankenpressung σ_{HP}

Bezeichnung	Formel	Nr.
Flankenpressung	$\sigma_{HP1,2}=\frac{\sigma_{H\lim 1,2}Z_{NT1,2}}{S_{H\min 1,2}}Z_{X1,2}Z_L Z_R Z_v Z_W Z_{Hyp} Z_{S1,2}$ $\sigma_{H\lim 1,2}=$ Flankendauerfestigkeit $S_{H\min 1,2}=$ Mindestsicherheit $Z_{X1,2}=1=$ Größenfaktor $Z_L=$ Schmierstofffaktor $Z_R=$ Rauheitsfaktor $Z_v=$ Geschwindigkeitsfaktor $Z_W=$ Werkstoffpaarungsfaktor $Z_{NT1,2}=$ Lebensdauerfaktor	(4.87)

Tabelle 4.31 (Fortsetzung)

Bezeichnung	Formel		Nr.
	$Z_{Hyp} =$	Hypoidfaktor	
	$Z_{S1,2} =$	Schlupffaktor	

Die Flanken-Dauerfestigkeit σ_{Hlim} kann aus der [ISO6336] Teil 5 entnommen werden. Beispielhaft ist in Abb. 4.21 das Diagramm für einsatzgehärtete, legierte Stähle und flamm- und induktionsgehärtete Vergütungsstähle abgebildet.

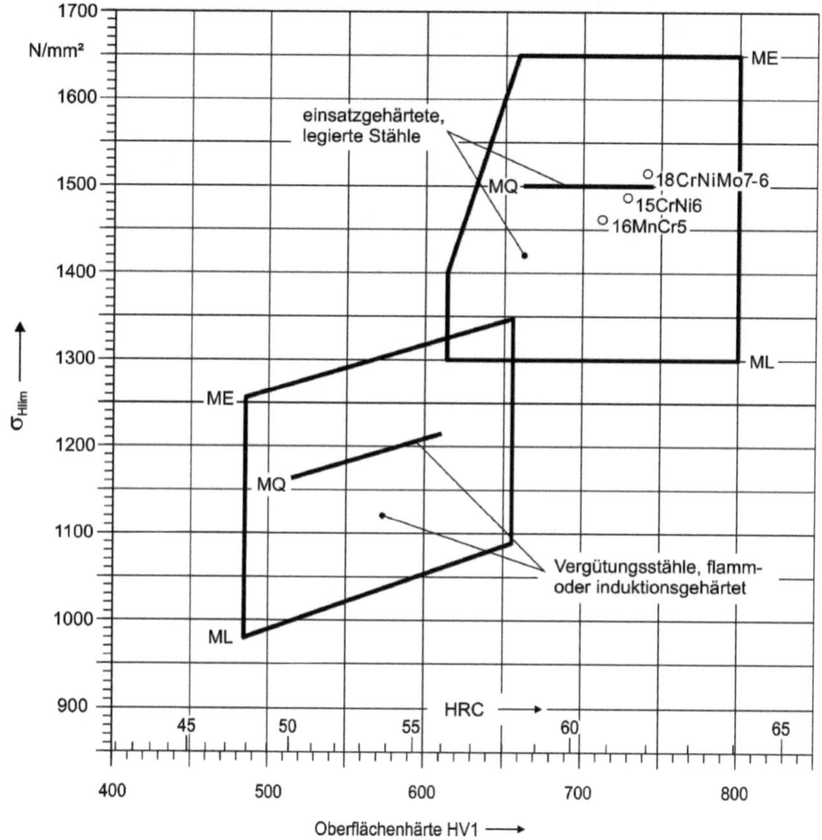

Abb. 4.21 Flankendauerfestigkeit σ_{Hlim}

Größenfaktor Z_X Ein statistischer (Verteilung von Fehlstellen im Gefüge), festigkeitstheoretischer (kleiner Spannungsgradient bei größeren Abmessungen) und technologischer (Ungleichmäßigkeit des Gefüges) Größeneinfluss wird über den Größenfaktor Z_X berücksichtigt. Er muss für Ritzel und Rad getrennt bestimmt werden. Wenn keine genaueren Erkenntnisse vorliegen, wird $Z_X = 1$ gesetzt.

Einflussfaktoren für Schmierfilmbildung Z_L, Z_R, Z_v Die Einflussfaktoren für die Schmierfilmbildung können nach Tabelle 4.32 bis Tabelle 4.34 bestimmt werden. Im Falle ungleicher Werkstoffe für Ritzel und Rad wird für den weicheren Partner gerechnet.

Tabelle 4.32 Berechnung des Schmierstofffaktors Z_L

Bezeichnung	Formel	Nr.
Schmierstofffaktor	$Z_L = C_{ZL} + \frac{4 \cdot (1{,}0 - C_{ZL})}{\left(1{,}2 + \frac{134}{\upsilon_{40}}\right)^2}$ mit: $C_{ZL} = 0{,}08 \frac{\sigma_{H\lim} - 850}{350} + 0{,}83$ 850 N/mm² < σ_{Hlim} < 1200 N/mm²	(4.88)

Tabelle 4.33 Berechnung des Rauheitsfaktors Z_R

Bezeichnung	Formel	Nr.
Rauheitsfaktor	$Z_R = \left(\frac{3}{Rz_{10}}\right)^{C_{ZR}}$ mit: $Rz_{10} = \frac{Rz_1 + Rz_2}{2} \sqrt[3]{\frac{10}{\rho_{red}}}$ $\rho_{red} = \frac{a_v \sin \alpha_{vt}}{\cos \beta_{vb}} \frac{u_v}{(1 + u_v)^2}$ $C_{ZR} = 0{,}12 + \frac{1000 - \sigma_{H\lim}}{5000}$ 850 N/mm² < σ_{Hlim} < 1200 N/mm²	(4.89)

Tabelle 4.34 Berechnung des Geschwindigkeitsfaktors Z_v

Bezeichnung	Formel	Nr.
Geschwindigkeitsfaktor	$Z_v = C_{ZV} + \frac{2 \cdot (1{,}0 - C_{ZV})}{\sqrt{0{,}8 + \frac{32}{v_{mt}}}}$ mit: $C_{ZV} = 0{,}08 \frac{\sigma_{H\lim} - 850}{350} + 0{,}85$ 850 N/mm² < σ_{Hlim} < 1200 N/mm² $v_{mt2} = \frac{d_{m2}\, n_2}{19098}$	(4.90)

Näherungsweise gilt für das Produkt aus Z_L, Z_R und Z_v

für vergütete, gefräste Verzahnungen	$Z_L \cdot Z_R \cdot Z_v = 0{,}85$
für gefräste und geläppte Verzahnungen	$Z_L \cdot Z_R \cdot Z_v = 0{,}92$
für gehärtete und anschließend geschliffene oder für hartgeschälte Verzahnungen	$Z_L \cdot Z_R \cdot Z_v = 1{,}0$ ($Rz_{10} < 4\ \mu m$) $Z_L \cdot Z_R \cdot Z_v = 0{,}92$ ($Rz_{10} > 4\ \mu m$)

Werkstoffpaarungsfaktor Z_W Aufgrund von Kaltverfestigung, Glättung und anderen Einflüssen steigt bei Verwendung unterschiedlicher Werkstoffe mit unterschiedlicher Härte für Ritzel und Rad die Grübchentragfähigkeit, solange der härtere Partner eine ausreichend feine Oberfläche aufweist (Verschleißgefahr). Dies wird über den Werkstoffpaarungsfaktor Z_W berücksichtigt.

Tabelle 4.35 Berechnung des Werkstoffpaarungsfaktors Z_W

Bezeichnung	Formel	Nr.
Werkstoff-paarungsfaktor	$Z_W = 1{,}2 - \dfrac{HB - 130}{1700}$	(4.91)
	mit: HB = Härte des weicheren Partners $Z_W = 1$, wenn Ritzel und Rad die gleiche Härte haben $Z_W = 1{,}2$ für $HB < 130$; $Z_W = 1{,}0$ für $HB > 470$	

Lebensdauerfaktor $Z_{NT1,2}$ Der Verlauf des Lebensdauerfaktors Z_{NT} ist für verschiedene Werkstoffe in Abb. 4.22 dargestellt.

Bei einer geforderten Lebensdauer in Lastspielzahl N_L, die unterhalb der Dauerfestigkeit bei $N_L = 5 \cdot 10^7$ Lastwechseln (für einsatzgehärtete Verzahnungen) liegt, erhöht sich die zulässige Flankenpressung entsprechend dem Wöhlerdiagramm. Dies wird mit dem Lebensdauerfaktor Z_{NT} berücksichtigt. Z_{NT} ist hauptsächlich abhängig vom verwendeten Werkstoff und der Warmbehandlung. Für Lastwechselzahlen $N_L > 5 \cdot 10^7$ kann bei optimalen Voraussetzungen bezüglich Werkstoff- und Herstellqualität mit $Y_{NT} = 1$ gerechnet werden. Im Bereich der statischen Beanspruchung ($N_L < 10^3$) wird der Lebensdauerfaktor zu 1,6. Zwischen diesen Werten für die statische und die Dauerfestigkeit wird interpoliert.

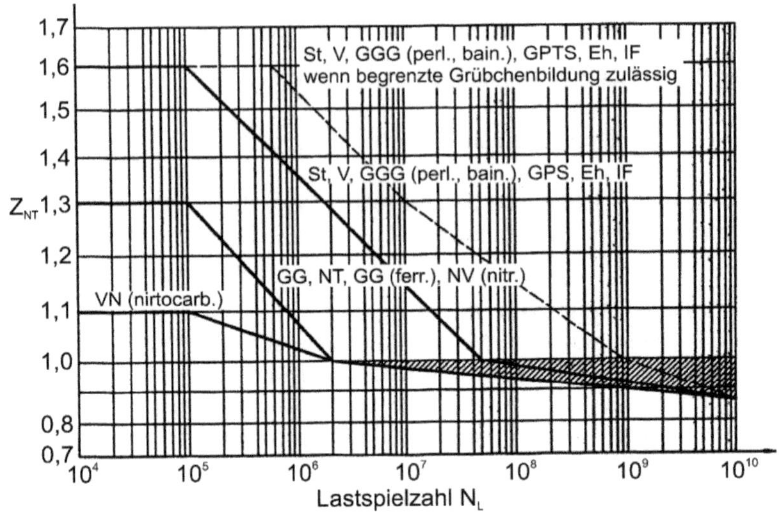

Abb. 4.22 Lebensdauerfaktor Z_{NT} für Grübchenbildung (Abkürzungen siehe **Abb. 4.20**)

Hypoidfaktor Z_{Hyp} Der Hypoidfaktor Z_{Hyp} berücksichtigt für Hypoidverzahnungen den gegenüber Kegelrädern tragfähigkeitsmindernden Einfluss des durch die Achsversetzung bedingten Gleitanteils in Zahnlängsrichtung. Für Kegelräder gilt $Z_{Hyp} = 1$.

Tabelle 4.36 Berechnung des Hypoidfaktors Z_{Hyp}

Bezeichnung	**Formel**	**Nr.**
Hypoidfaktor	$Z_{Hyp} = 1 - 0{,}3\left(\frac{v_{g,par}}{v_{\Sigma,senk}} - 0{,}15\right)$ $v_{g,par}$ = Gleitgeschwindigkeit parallel zur Berührlinie $v_{\Sigma,senk}$ = Summengeschwindigkeit senkrecht zur Berührlinie Alle Größen werden im Auslegungspunkt berechnet.	(4.92)
Summengeschwindigkeit senkrecht zur Berührlinie	$v_{\Sigma senk} = v_{\Sigma m} \sin\left(v_{Bel} + \lvert w_{Bel}\rvert\right)$ $v_{\Sigma m} = \sqrt{{v_{\Sigma h}}^2 + {v_{\Sigma s}}^2}$ $v_{\Sigma h} = \lvert 2 v_{mt1} \cos\beta_{m1} \sin\alpha_n \rvert$ $v_{\Sigma s} = \left\lvert v_{mt1}\left(\sin\beta_{m1} + \frac{\sin\beta_{m2}\cos\beta_{m1}}{\cos\beta_{m2}}\right)\right\rvert$ $v_{Bel} = \lvert \arctan\left(v_{\Sigma h} / v_{\Sigma s}\right)\rvert$ w_{Bel} nach Tabelle 4.4	(4.93)

Tabelle 4.36 (Fortsetzung)

Bezeichnung	Formel	Nr.
Gleitgeschwindigkeit entlang der Berührlinie	$v_{g,par} = v_g \cos\lvert w_{Bel}\rvert$	(4.94)
	mit: w_{Bel} nach Tabelle 4.4	
(für $\Sigma = 90°$)	$v_g = \sqrt{(v_{mt1}\sin\varphi_1)^2 + (v_{mt2}\sin\varphi_2)^2 + (v_{mt1}\cos\varphi_1 - v_{mt2}\cos\varphi_2)^2}$	
	Hilfsgrößen zur Bestimmung der Gleitgeschwindigkeit:	
	$\varphi_1 = \arcsin(2h_1 / d_{m1})$ $\quad h_1 = \dfrac{d_{m1}/\cos\delta_1}{d_{m1}/\cos\delta_1 + d_{m2}/\cos\delta_2}\cdot a$	
	$\varphi_2 = \arcsin(2h_2 / d_{m2})$ $\quad h_2 = a - h_1$	

Schlupffaktor $Z_{S1,2}$ Der Schlupffaktor berücksichtigt den Einfluss des spezifischen Gleitens auf die zulässige Flankenpressung. Er wird in Abhängigkeit vom Einzeleingriffsfaktor $Z_{M\text{-}B}$ bestimmt. Zwischen $0{,}98 < Z_{M\text{-}B} < 1{,}0$ wird Z_S linear interpoliert.

Tabelle 4.37 Berechnung des Schlupffaktors Z_S

Bezeichnung	Formel	Nr.
Schlupffaktor	$Z_{S1} = 1{,}175$; $Z_{S2} = 1{,}0$ für $Z_{M-B} < 0{,}98$	(4.95)
	$Z_{S1} = 1{,}0$; $Z_{S2} = 1{,}175$ für $Z_{M-B} > 1{,}0$	

4.2.5.3 Sicherheit gegen Grübchen

Mit den nach 4.2.5.1 und 4.2.5.2 berechneten Werten für die auftretende und die zulässige Flankenpressung kann die Sicherheit gegen Grübchenbildung berechnet werden. Das Verhältnis aus Flankenfestigkeit und -beanspruchung stellt die Sicherheit bezüglich der übertragbaren Pressung dar, für eine Beurteilung bezüglich des übertragbaren Drehmoments muss das Quadrat der Sicherheit herangezogen werden. Die erforderliche Mindest-Sicherheit sollte zwischen Lieferant und Kunde vereinbart werden. Als Anhaltswert für $S_{H,min}$ wird in der [ISO10300] ein Wert von $S_{H,min} = 1{,}0$ angegeben.

Tabelle 4.38 Berechnung der Sicherheit gegen Grübchen

Bezeichnung	Formel	Nr.
Sicherheit gegen Grübchen	$S_{H1,2} = \dfrac{\sigma_{HP1,2}}{\sigma_H} > S_{H,\min 1,2}$	(4.96)

4.2.6 Berechnung der Fresstragfähigkeit

Für die Berechnung der Fresstragfähigkeit von Zahnrädern stehen zwei Methoden zur Verfügung: Die Kontakttemperaturmethode basiert auf der über der Eingriffsstrecke veränderlichen Blitztemperatur. Die Methode der Integraltemperatur berechnet auf Basis dieser Blitztemperatur eine gewichtete, mittlere Kontakttemperatur. In beiden Fällen wird die maßgebliche Temperatur der in einem Fresstest ermittelten zulässigen Temperatur gegenübergestellt.

4.2.6.1 Kontakttemperaturmethode bei nicht achsversetzten Kegelrädern

Nicht achsversetzte Kegelräder werden für die Berechnung der Fresstragfähigkeit durch die in 4.2.2 beschriebene Ersatz-Stirnradverzahnung angenähert.

Auftretende Kontakttemperatur Die auftretende maximale Kontakttemperatur ϑ_{Bmax} setzt sich aus der Massentemperatur ϑ_M und der maximalen Blitztemperatur ϑ_{flmax} (dem Maximalwert der Blitztemperatur ϑ_{fl} über der Eingriffsstrecke) zusammen. Die Bestimmung der Blitztemperatur basiert dabei auf dem Ansatz von [BLOK67].

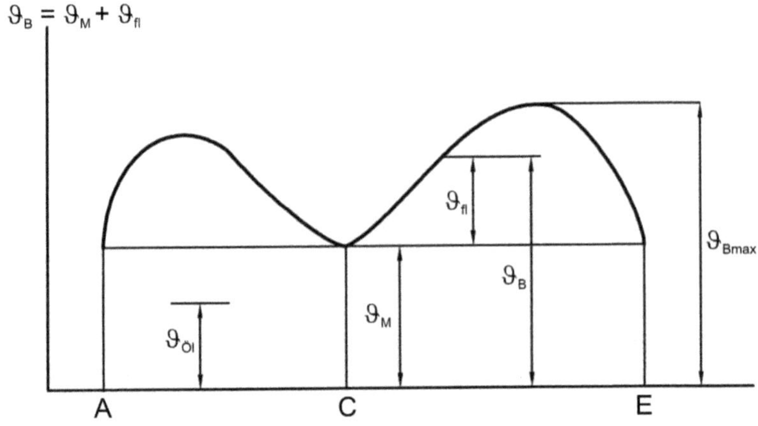

Abb. 4.23 Verlauf der Kontakttemperatur ϑ_B über der Eingriffsstrecke

Tabelle 4.39 Berechnung der auftretenden maximalen Kontakttemperatur ϑ_{Bmax}

Bezeichnung	Formel	Nr.
maximale Kontakttemperatur	$\vartheta_{B\max} = \vartheta_M + \vartheta_{fl\max}$	(4.97)

Tabelle 4.40 Berechnung der Blitztemperatur für Kegelräder ϑ_{fl}

Bezeichnung	Formel	Nr.
Blitztemperatur	$\vartheta_{fl} = \mu_m \cdot X_M \cdot X_J \cdot X_G \cdot (X_\Gamma \cdot w_{Bt})^{3/4} \cdot \frac{v_{mt}^{1/2}}{R_m^{1/4}}$ w_{Bt} = Linienlast inkl. Kraftfaktoren X_Γ = Kraftaufteilungsfaktor $v_{mt} = v_{mt1,2} = \frac{\pi\, d_{m1,2}\, n_{1,2}}{1000 \cdot 60}$ R_m = Teilkegellänge μ_m = mittlere Verzahnungsreibungszahl X_M = Blitzfaktor X_J = Eingriffsfaktor X_G = Geometriefaktor	(4.98)

Linienlast w_{Bt} Die Linienlast w_{Bt} stellt die auf die effektive Zahnbreite bezogene Umfangskraft unter Berücksichtigung der Kraftfaktoren nach [ISO10300] dar.

Tabelle 4.41 Berechnung der Linienlast w_{Bt}

Bezeichnung	Formel	Nr.
Linienlast inkl. Kraftfaktoren	$w_{Bt} = K_A K_v K_{B\beta} K_{B\alpha} K_{mp} \frac{F_{mt}}{b_{2eff}}$ mit: K_A, K_v, $K_{B\beta}$ und $K_{B\alpha}$ aus Tabelle 4.14 bis 4.19 $K_{mp} = 1$ $F_{mt} = F_{mt1} = F_{mt2} = \frac{2000 \cdot T_{1,2}}{d_{m1,2}}$ b_{2eff} = effektive Tragbildbreite am Tellerrad (s. Tabelle 4.4) (abweichend von [ISO/TR13989])	(4.99)

Kraftaufteilungsfaktor X_Γ Mit dem Kraftaufteilungsfaktor wird die Aufteilung der Gesamtumfangskraft auf mehrere im Eingriff befindliche Zahnpaare berücksichtigt. Er berechnet sich nach Tabelle 4.42 in Abhängigkeit des dimensionslosen Parameters Γ auf der Eingriffsstrecke.

Tabelle 4.42 Berechnung des Kraftaufteilungsfaktors X_Γ

Bezeichnung	Formel	Nr.
Kraftaufteilungsfaktor	$X_\Gamma = \frac{1{,}5}{\varepsilon_\alpha} - \frac{(\Gamma_Y - \Gamma_M)^2}{(\Gamma_E - \Gamma_A)^2} \frac{6}{\varepsilon_\alpha}$	
	mit: Γ_Y = dimensionsloser Parameter der Eingriffsstrecke im betrachteten Berührpunkt	(4.100)
	$\Gamma_Y = \left(\frac{\tan \alpha_{y1}}{\tan \alpha_t} - 1 \right)$	
	$\Gamma_A = -\frac{\tan \delta_2}{\tan \delta_1} \left(\frac{\tan \alpha_{a2}}{\tan \alpha_t} - 1 \right)$	
	$\Gamma_B = \frac{\tan \alpha_{a1}}{\tan \alpha_t} - 1 - \frac{2\pi \cos \delta_1}{z_1 \tan \alpha_t}$	
	$\Gamma_D = -\frac{\tan \delta_2}{\tan \delta_1} \left(\frac{\tan \alpha_{a2}}{\tan \alpha_t} - 1 \right) + \frac{2\pi \cos \delta_1}{z_1 \tan \alpha_t} a$	
	$\Gamma_E = \left(\frac{\tan \alpha_{a1}}{\tan \alpha_{wt}} - 1 \right)$	
	$\Gamma_M = \frac{\Gamma_A + \Gamma_E}{2}$	
	$\tan \alpha_{a1} = \sqrt{\left(\frac{\cos \alpha_t}{1 + 2h_{am1} \cos \delta_1 / d_{m1}} \right)^2 - 1}$	
	$\tan \alpha_{a2} = \sqrt{\left(\frac{\cos \alpha_t}{1 + 2h_{am2} \cos \delta_2 / d_{m2}} \right)^2 - 1}$	

Mittlere Verzahnungsreibungszahl μ_m Die für die Fresstragfähigkeit maßgebliche mittlere Reibungszahl μ_m berechnet sich nach Tabelle 4.43 in Abhängigkeit der Linienlast, der Summengeschwindigkeit, des Ersatzkrümmungsradius sowie des Schmierstoffs und der Flankenrauheit.

Tabelle 4.43 Berechnung der mittleren Verzahnungsreibungszahl μ_m

Bezeichnung	Formel	Nr.
mittlere Verzahnungsreibungszahl	$\mu_m = 0{,}060 \cdot \left(\frac{w_{Bt}}{v_{\Sigma C}\, \rho_{redC}} \right)^{0,2} \cdot \eta_{Öl}^{-0,05} X_L X_R$	(4.101)
	w_{Bt} = Linienlast inkl. Kraftfaktoren nach Tabelle 4.41	
	$v_{\Sigma C} = 2 v_{mt} \sin\alpha_{vt}$ = Summengeschwindigkeit in C	
	$\rho_{redC} = \frac{\rho_{C1}\rho_{C2}}{\rho_{C1} + \rho_{C2}}$ = Ersatzkrümmungsradius in C	
	mit: $\rho_{C1} = R_m \tan\delta_1 \sin\alpha_t$	
	$\rho_{C2} = R_m \cdot u \cdot \tan\delta_1 \sin\alpha_t$	
	$\eta_{Öl}$ = Viskosität bei Öltemperatur	
	$X_R = \left(\frac{Ra_1 + Ra_2}{2} \right)^{0,25}$ = Rauheitsfaktor	
	X_L = Schmierstofffaktor: 1,0 für Mineralöle; 0,6 für wasserlösliche Polyglykole; 0,7 für nicht wasserlösliche Polyglykole; 0,8 für Polyalfaolefine; 1,3 für Phosphatester; 1,5 für Traktionsfluide	

Blitzfaktor X_M Über den Blitzfaktor X_M werden die Einflüsse von Ritzel- und Radwerkstoff auf die Blitztemperatur berücksichtigt. Er beinhaltet den E-Modul, die Querkontraktionszahl sowie die thermischen Eigenschaften der Werkstoffe.

Tabelle 4.44 Berechnung des Blitzfaktors X_M

Bezeichnung	Formel	Nr.
Blitzfaktor	$X_M = \frac{E^{\frac{1}{4}}}{\left(1 - \nu^2\right)^{\frac{1}{4}} B_M}$ bei $E_1 = E_2$ und $\nu_1 = \nu_2$	(4.102)
	mit: $B_M = \sqrt{0{,}001 \cdot \lambda_M\ \rho_M\ c_M}$	
	λ_M = Wärmeleitfähigkeit	
	ρ_M = Dichte	
	c_M = spez. Wärmekapazität je Masse	
	für übliche Stähle $X_M = 50{,}0 \frac{K\, s^{\frac{1}{2}} mm}{N^{\frac{3}{4}} m^{\frac{1}{2}}}$	

Eingriffsfaktor X_J Der Eingriffsfaktor X_J berücksichtigt den negativen Einfluss des Eingriffsbeginns am Kopf des getriebenen Rads im Bereich hohen spezifischen Gleitens auf die Fresstragfähigkeit.

Tabelle 4.45 Berechnung des Eingriffsfaktors X_J

Bezeichnung	Formel	Nr.
Eingriffsfaktor bei „Ritzel treibt Rad"	$X_J = 1$ bei $\Gamma_Y \geq 0$ $X_J = 1 + \frac{C_{eff} - C_{a2}}{50}\left(\frac{-\Gamma_Y}{\Gamma_E - \Gamma_A}\right)^3$ bei $\Gamma_Y < 0$	(4.103)
Eingriffsfaktor bei „Rad treibt Ritzel"	$X_J = 1$ bei $\Gamma_Y \leq 0$ $X_J = 1 + \frac{C_{eff} - C_{a1}}{50}\left(\frac{\Gamma_Y}{\Gamma_E - \Gamma_A}\right)^3$ bei $\Gamma_Y > 0$ $C_{eff} = \frac{K_A K_{mp} F_t}{b \cos\alpha_t c_\gamma}$	(4.104)
	mit: $K_{mp} = 1$ $c_\gamma =$ 20 N / (mm · µm) = Näherungswert für die Eingriffsfedersteifigkeit nach [ISO10300] Teil 1 $C_{a1,2}$ = Kopfrücknahme Ritzel / Rad	

Geometriefaktor X_G Über den Geometriefaktor werden die Hertzsche Pressung und die Gleitgeschwindigkeit am Ritzelzahnkopf berücksichtigt.

Tabelle 4.46 Berechnung des Geometriefaktors X_G

Bezeichnung	Formel	Nr.
Geometriefaktor	$X_G = 0{,}51 \cdot X_{\alpha\beta} \cdot (\cot\delta_1 + \cot\delta_2)^{1/4} \cdot \frac{\left|\sqrt{1+\Gamma_y} - \sqrt{1+\Gamma_y \cdot \tan\delta_1 / \tan\delta_2}\right|}{(1+\Gamma_y)^{1/4} \cdot (1-\Gamma_y \cdot \tan\delta_1 / \tan\delta_2)^{1/4}}$	(4.105)
	mit: $X_{\alpha\beta} = 1$ Näherungswert für Verzahnungen mit einem Normaleingriffswinkel von $\alpha_n = 20°$	

Massentemperatur ϑ_M Die maßgebliche maximale Kontakttemperatur ergibt sich aus der maximalen Blitztemperatur ϑ_{flmax} und der Massentemperatur ϑ_M, die näherungsweise nach Tabelle 4.47 bestimmt werden kann.

Tabelle 4.47 Berechnung der Massentemperatur ϑ_M

Bezeichnung	**Formel**	**Nr.**
Massentemperatur	$\vartheta_M = \vartheta_{Öl} + 0{,}47 \cdot X_S X_{mp} \vartheta_{flm}$	(4.106)

mit: X_S = Schmierungsfaktor 1,0 bei Tauchschmierung
1,2 bei Einspritzschmierung
0,2 bei Tauchschmierung mit optimalen Kühlungbedingungen

$X_{mp} = \frac{1+n_p}{2}$ (Ritzel mit n_p kämmenden Rädern)

$\vartheta_{flm} = \frac{\int_A^E \vartheta_{fl} d\Gamma_Y}{\Gamma_E - \Gamma_A}$ = mittlere Blitztemperatur

Zulässige Kontakttemperatur Die berechnete maximale Kontakttemperatur ϑ_{Bmax} wird mit einer zulässigen Kontakttemperatur ϑ_S verglichen. Diese kann in einem Fresstest, z.B. dem FZG-A/8,3/90-Test [DIN51354] für niedrig legierte Schmierstoffe oder anderen verschärften Testverfahren [FVA243] für hochlegierte Schmierstoffe, ermittelt werden. Für den FZG-A/8,3/90-Test ergibt sich die zulässige Kontakttemperatur nach folgendem Zusammenhang:

Tabelle 4.48 Berechnung der zulässigen Kontakttemperatur ϑ_S

Bezeichnung	**Formel**	**Nr.**
zulässige Kontakttemperatur	$\vartheta_S = 80 + (0{,}85 + 1{,}4 X_W) X_L (S_{FZG})^2$	(4.107)

mit: X_W = Strukturfaktor
= 1,00 für Stähle mit üblichem Austenitgehalt (20–30%)
= 1,15 für Stähle mit unterdurchschnittlichem Austenitgehalt
= 0,85 für Stähle mit überdurchschnittlichem Austenitgehalt
= 0,45 für rostfreien Stahl
= 1,25 für phosphatierte Stähle
= 1,50 für nitrierte und verkupferte Stähle

X_L = Schmierstofffaktor nach Tabelle 4.43

S_{FZG} = Schadenskraftstufe im FZG-A/8,3/90-Test

Fresssicherheit nach der Kontakttemperaturmethode Das Verhältnis aus zulässiger zu auftretender Kontakttemperatur, jeweils abzüglich der Öltemperatur, ist die Fresssicherheit S_B nach der Kontakttemperaturmethode. Sie gibt näherungsweise an, um welchen Faktor die Belastung eines Getriebes erhöht werden kann, um gerade eine Sicherheit von 1 zu erhalten.

Tabelle 4.49 Berechnung des Fresssicherheit S_B

Bezeichnung	Formel	Nr.
Fresssicherheit	$S_B = \dfrac{\vartheta_S - \vartheta_{Öl}}{\vartheta_{B\max} - \vartheta_{Öl}}$	(4.108)

4.2.6.2 *Integraltemperaturmethode bei nicht achsversetzten Kegelrädern*

Auftretende Integraltemperatur Die auftretende Integraltemperatur setzt sich aus der Massentemperatur ϑ_M und der gewichteten, mittleren Flankentemperatur $\vartheta_{\text{flaint}}$ zusammen. Die mittlere Flankentemperatur $\vartheta_{\text{flaint}}$ berechnet sich wiederum aus der Blitztemperatur am Ritzelkopf ohne Lastaufteilung ϑ_{flaE}, die über den Überdeckungsfaktor X_ε auf eine mittlere Temperatur umgerechnet wird.

Tabelle 4.50 Berechnung der auftretenden Integraltemperatur ϑ_{int}

Bezeichnung	Formel	Nr.
Integraltemperatur	$\vartheta_{\text{int}} = \vartheta_M + C_2 \cdot \vartheta_{fla\,\text{int}} = \vartheta_M + C_2 \cdot \vartheta_{flaE} \cdot X_\varepsilon$ mit: $C_2 = 1{,}5$	(4.109)

Tabelle 4.51 Berechnung der mittleren Flankentemperatur für Kegelräder $\vartheta_{\text{flaint}}$

Bezeichnung	Formel	Nr.
mittlere Flankentemperatur	$\vartheta_{fla\,\text{int}} = \vartheta_{flaE} \cdot X_\varepsilon = \mu_{mC} X_M X_{BE} X_{\alpha\beta} \dfrac{w_{Bt}^{0,75} v_{mt}^{0,5}}{\lvert a_v \rvert^{0,25}} \dfrac{X_E}{X_Q X_{Ca}} \cdot X_\varepsilon$	(4.110)
	$w_{Bt} =$ maßgebende Umfangskraft nach Tabelle 4.41	
	$v_{mt} = v_{mt1,2} = \dfrac{d_{m1,2}\, n_{1,2}}{19098}$ Umfangsgeschwindigkeit am Teilkegel in der Mitte der Zahnbreite	
	$a_v =$ Achsabstand der Ersatz-Stirnradverzahnung	
	$\mu_{mC} =$ mittlere Reibungszahl im Wälzpunkt C	
	$X_M =$ Blitzfaktor zur Berücksichtigung der Werkstoffeigenschaften nach Tabelle 4.44	
	$X_{BE} =$ Geometriefaktor für den Ritzelzahnkopf zur Berücksichtigung des Zähnezahlverhältnisses, der Krümmungsradien und der Gleitgeschwindigkeit	

Tabelle 4.51 (Fortsetzung)

Bezeichnung	Formel	Nr.
	$X_{\alpha\beta} \approx 1$ = Winkelfaktor zur Berücksichtigung von Eingriffs- und Spiralwinkel	
	X_E = Einlauffaktor zur Berücksichtigung des negativen Einflusses von nicht ausreichend eingelaufenen Flanken	
	X_Q = Eingriffsfaktor zur Berücksichtigung des Eingriffsstoßes am Kopf des getriebenen Rades	
	X_{Ca} = Kopfrücknahmefaktor zur Berücksichtigung des positiven Einflusses einer Kopfrücknahme (Balligkeit)	
	X_ε = Überdeckungsfaktor zur Umrechnung der Kontakttemperatur am Ritzelkopf auf eine maßgebende mittlere Flankentemperatur	

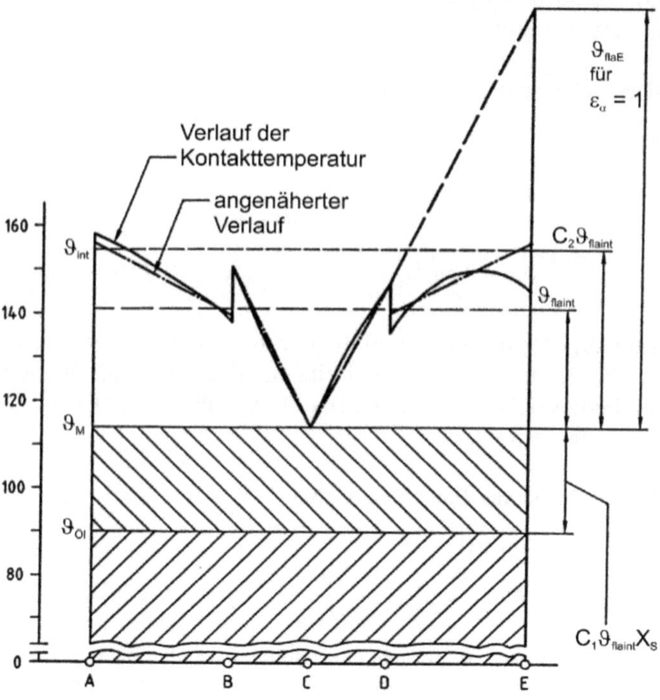

Abb. 4.24 Temperaturverlauf über der Eingriffsstrecke für eine Stirnradverzahnung mit einer Profilüberdeckung von $1{,}0 \leq \varepsilon_\alpha < 2{,}0$

Mittlere Reibungszahl im Wälzpunkt μ_{mC} Die mittlere Reibungszahl μ_{mC} kann nach Tabelle 4.52 in guter Näherung mit den Werten für die Linienlast, die Summengeschwindigkeit und den Ersatzkrümmungsradius im Wälzpunkt C bestimmt werden. Außerdem werden Schmierstoff- und Rauheitseinflüsse berücksichtigt.

Tabelle 4.52 Berechnung der mittleren Verzahnungsreibungszahl μ_{mC}

Bezeichnung	Formel	Nr.
mittlere Verzahnungs-reibungszahl	$\mu_{mC} = 0{,}048 \cdot \left(\frac{w_{Bt}}{v_{\Sigma C} \rho_{redC}} \right)^{0{,}2} \eta_{Öl}^{-0{,}05} X_L X_R$	(4.110)
	w_{Bt} = Linienlast inkl. Kraftfaktoren nach Tabelle 4.41	
	$v_{\Sigma C} = 2 v_{mt} \sin \alpha_{vt}$ = Summengeschwindigkeit in C	
	$\rho_{redC} = \frac{u}{(1+u)^2} a_v \frac{\sin \alpha_{vt}}{\cos \beta_b}$ = Ersatzkrümmungsradius in C	
	$\eta_{Öl}$ = Viskosität bei Öltemperatur	
	X_L = Schmierstofffaktor nach Tabelle 4.43	
	X_R = Rauheitsfaktor nach Tabelle 4.43	

Geometriefaktor X_{BE} Der Geometriefaktor X_{BE} berücksichtigt Krümmungsradien und Gleitgeschwindigkeit am Ritzelzahnkopf zur Berechnung der dort auftretenden Blitztemperatur ϑ_{flaE}.

Tabelle 4.53 Berechnung des Geometriefaktors X_{BE}

Bezeichnung	Formel	Nr.
Geometriefaktor	$X_{BE} = 0{,}51 \cdot \sqrt{(u_v + 1)} \cdot \frac{\sqrt{\rho_{E1}} - \sqrt{\rho_{E1} / u_v}}{(\rho_{E1} \cdot \rho_{E2})^{0{,}25}}$	(4.111)
	mit: $\rho_{E1} = 0{,}5 \sqrt{d_{va1}^2 - d_{vb1}^2}$ $\quad \rho_{E2} = a_v \sin \alpha_{vt} - \rho_{E1}$	

Einlauffaktor X_E Da die Fresstragfähigkeit bei nicht ausreichend eingelaufenen Flanken im Vergleich zu ausreichend eingelaufenen Flanken bis auf ein Viertel sinken kann, berücksichtigt der Einlauffaktor X_E diesen negativen Einfluss in Abhängigkeit der Flankenrauheit.

Tabelle 4.54 Berechnung des Einlauffaktors X_E

Bezeichnung	Formel	Nr.
Einlauffaktor	$X_E = 1 + (1 - \Phi_E) \cdot \frac{30 \cdot Ra}{\rho_{redC}}$ $\quad \rho_{redC}$ nach Tabelle 4.52	(4.112)
	mit: $\Phi_E = 0$ für nicht eingelaufene Verzahnungen, $\Phi_E = 0$ für vollständig eingelaufene Verzahnungen ($Ra \approx 0{,}6\ Ra_{neu}$)	

Eingriffsfaktor X_Q Mit dem Eingriffsfaktor X_Q wird der negative Einfluss des Eingriffsstoßes am Kopf des getriebenen Rades berücksichtigt.

Tabelle 4.55 Berechnung des Eingriffsfaktors X_Q

Bezeichnung	Formel	Nr.
Eingriffsfaktor	$X_Q = 1{,}00$ für $\varepsilon_f / \varepsilon_a \le 1{,}5$	(4.113)
	$X_Q = 1{,}40 - \frac{4}{15}\frac{\varepsilon_f}{\varepsilon_a}$ für $1{,}5 < \varepsilon_f / \varepsilon_a \le 3$	
	$X_Q = 0{,}60$ für $3 \le \varepsilon_f / \varepsilon_a$	
	mit: $\left.\begin{matrix}\varepsilon_f = \varepsilon_{v2}\\ \varepsilon_a = \varepsilon_{v1}\end{matrix}\right\}$ bei „Ritzel treibt Rad“	
	$\left.\begin{matrix}\varepsilon_f = \varepsilon_{v1}\\ \varepsilon_a = \varepsilon_{v2}\end{matrix}\right\}$ bei „Rad treibt Ritzel“	
	$\varepsilon_{v1} = \frac{z_{v1}}{2\pi}\cdot\left[\sqrt{\left(\frac{d_{va1}}{d_{vb1}}\right)^2 - 1} - \tan\alpha_{vt}\right]$	
	$\varepsilon_{v2} = \frac{z_{v2}}{2\pi}\cdot\left[\sqrt{\left(\frac{d_{va2}}{d_{vb2}}\right)^2 - 1} - \tan\alpha_{vt}\right]$	

Kopfrücknahmefaktor X_{Ca} Der Kopfrücknahmefaktor X_{Ca} berücksichtigt den positiven Einfluss einer Kopfrücknahme (Balligkeit). Bei der Berechnung wird von einer Verzahnung mit für die Maximallast optimaler Balligkeit ausgegangen ($C_a = C_{eff}$).

Tabelle 4.56 Berechnung des Kopfrücknahmefaktors X_{Ca}

Bezeichnung	Formel	Nr.
Kopfrücknahme-faktor	$X_{Ca} = 1 + \left[0{,}06 + 0{,}18\cdot\left(\frac{C_a}{C_{eff}}\right)\right]\cdot\varepsilon_{v\max} + \left[0{,}02 + 0{,}69\cdot\left(\frac{C_a}{C_{eff}}\right)\right]\cdot\varepsilon_{v\max}^2$	(4.114)
	mit: $\varepsilon_{v\max}$ = größerer Wert von ε_{v1} oder ε_{v2} (nach Tabelle 4.55)	
	$C_a = C_{eff}$	

Überdeckungsfaktor X_ε Der Überdeckungsfaktor X_ε, mit dem die Kontakttemperatur am Ritzelkopf auf eine mittlere Flankentemperatur umgerechnet wird, ergibt sich nach Tabelle 4.57 in Abhängigkeit der Überdeckungen.

Tabelle 4.57 Berechnung des Überdeckungsfaktors X_ε

Bezeichnung	Formel	Nr.
Überdeckungsfaktor		(4.115)
$\varepsilon_{v\alpha}<1,\ \varepsilon_{v1}<1,\ \varepsilon_{v2}<1$	$X_\varepsilon = \frac{1}{2\cdot\varepsilon_{v\alpha}\cdot\varepsilon_{v1}}\cdot\left(\varepsilon_{v1}^2+\varepsilon_{v2}^2\right)$	
$1\leq\varepsilon_{v\alpha}<2,\ \varepsilon_{v1}<1,\ \varepsilon_{v2}<1$	$X_\varepsilon = \frac{1}{2\cdot\varepsilon_{v\alpha}\cdot\varepsilon_{v1}}\cdot[0{,}70\cdot\left(\varepsilon_{v1}^2+\varepsilon_{v2}^2\right)-0{,}22\cdot\varepsilon_{v\alpha}+0{,}52-0{,}60\cdot\varepsilon_{v1}\cdot\varepsilon_{v2}]$	
$1\leq\varepsilon_{v\alpha}<2,\ \varepsilon_{v1}\geq1,\ \varepsilon_{v2}<1$	$X_\varepsilon = \frac{1}{2\cdot\varepsilon_{v\alpha}\cdot\varepsilon_{v1}}\cdot(0{,}18\cdot\varepsilon_{v1}^2+0{,}70\cdot\varepsilon_{v2}^2+0{,}82\cdot\varepsilon_{v1}-0{,}52\cdot\varepsilon_{v2}-0{,}30\cdot\varepsilon_{v1}\cdot\varepsilon_{v2})$	
$1\leq\varepsilon_{v\alpha}<2,\ \varepsilon_{v1}<1,\ \varepsilon_{v2}\geq1$	$X_\varepsilon = \frac{1}{2\cdot\varepsilon_{v\alpha}\cdot\varepsilon_{v1}}\cdot(0{,}70\cdot\varepsilon_{v1}^2+0{,}18\cdot\varepsilon_{v2}^2-0{,}52\cdot\varepsilon_{v1}+0{,}82\cdot\varepsilon_{v2}-0{,}30\cdot\varepsilon_{v1}\cdot\varepsilon_{v2})$	
$2\leq\varepsilon_{v\alpha}<3,\ \varepsilon_{v1}\geq\varepsilon_{v2}$	$X_\varepsilon = \frac{1}{2\cdot\varepsilon_{v\alpha}\cdot\varepsilon_{v1}}\cdot(0{,}44\cdot\varepsilon_{v1}^2+0{,}59\cdot\varepsilon_{v2}^2+0{,}30\cdot\varepsilon_{v1}-0{,}30\cdot\varepsilon_{v2}-0{,}15\cdot\varepsilon_{v1}\cdot\varepsilon_{v2})$	
$2\leq\varepsilon_{v\alpha}<3,\ \varepsilon_{v1}<\varepsilon_{v2}$	$X_\varepsilon = \frac{1}{2\cdot\varepsilon_{v\alpha}\cdot\varepsilon_{v1}}\cdot(0{,}59\cdot\varepsilon_{v1}^2+0{,}44\cdot\varepsilon_{v2}^2-0{,}30\cdot\varepsilon_{v1}+0{,}30\cdot\varepsilon_{v2}-0{,}15\cdot\varepsilon_{v1}\cdot\varepsilon_{v2})$	
	mit: $\varepsilon_{v\alpha}=\varepsilon_{v1}+\varepsilon_{v2}$	

Massentemperatur ϑ_M Die Massentemperatur setzt sich aus der Öltemperatur und der Integraltemperatur zusammen, die mit der Konstante C_1 gewichtet wird, welche die Wärmeleitungsbedingungen repräsentiert. Über den Schmierungsfaktor X_S werden darüber hinaus die Schmierungsbedingungen berücksichtigt.

Tabelle 4.58 Berechnung der Massentemperatur ϑ_M

Bezeichnung	Formel	Nr.
Massentemperatur	$\vartheta_M = \vartheta_{Öl} + C_1 X_{mp}\vartheta_{fla\,int}\cdot X_S$	(4.116)

mit: $C_1 = 0{,}7$

$X_{mp} = \frac{1+n_p}{2}$ = Faktor für die Anzahl der Zahnkontakte

n_p = Anzahl der kämmenden Verzahnungen

X_S = Schmierungsfaktor
- 1,0 bei Tauchschmierung
- 1,2 bei Einspritzschmierung
- 0,2 bei vollständigem Eintauchen der Verzahnungen

Zulässige Integraltemperatur Die zulässige Integraltemperatur berechnet sich aus der in einem Fresstest ermittelten Schadenskraftstufe. Für den FZG-A/8,3/90-Test [DIN51354] gilt:

Tabelle 4.59 Berechnung der zulässigen Integraltemperatur ϑ_{intS}

Bezeichnung	Formel	Nr.
zulässige Integraltemperatur	$\vartheta_{\text{int}\,S} = \vartheta_{MT} + C_2 X_{wrelT} \vartheta_{fla\,\text{int}\,T}$	(4.117)
	mit:: $C_2 = 1{,}5$	
	$\vartheta_{MT} = 80 + 0{,}23 \cdot T_{1T} \cdot X_L$	
	$\vartheta_{fla\,\text{int}\,T} = 0{,}2 \cdot T_{1T} \cdot \left(\frac{100}{\upsilon_{40}}\right)^{0{,}02} \cdot X_L$	
	: $T_{1T} = 3{,}726 \cdot (S_{FZG})^2$	
	X_L nach Tabelle 4.43	

Fresssicherheit nach der Integraltemperaturmethode Beim Integraltemperaturverfahren stellt das Verhältnis aus zulässiger zu auftretender Intergraltemperatur die Fresssicherheit S_{intS} dar. Das Verhältnis der zulässigen zur auftretenden Integraltemperatur, jeweils abzüglich der Öltemperatur, kann näherungsweise als Kraftsicherheit S_{SI} heran gezogen werden.

Tabelle 4.60 Berechnung des Fresssicherheit S_B

Bezeichnung	Formel		Nr.
Fresssicherheit	$S_{\text{int}\,S} = \frac{\vartheta_{\text{int}\,S}}{\vartheta_{\text{int}}} > S_{S\min}$		(4.118)
	$S_{SI} = \frac{w_{Bt\max}}{w_{Bteff}} \approx \frac{\vartheta_{\text{int}\,S} - \vartheta_{Öl}}{\vartheta_{\text{int}} - \vartheta_{Öl}}$		
Mindestsicherheiten	$S_{S\min} < 1$	hohes Fressrisiko	(4.119)
	$1 \leq S_{S\min} \leq 2$	Fressrisiko abhängig von der genauen Kenntnis von Flankenrauheit, Einlaufzustand, Überlasten, etc.	
	$S_{S\min} > 2$	niedriges Fressrisiko	

4.2.6.3 Kontakttemperaturmethode bei Hypoidverzahnungen

Die Berechnung der Fresstragfähigkeit von Hypoidverzahnungen nach [ISO / TR13989] erfolgt, wie bei den Kegelradverzahnungen auch, nach den Ansätzen der Kontakt- oder Integraltemperatur, jedoch an der in 4.2.3 beschriebenen Ersatz-Schraubradverzahnung.

Auftretende Kontakttemperatur Die auftretende maximale Kontakttemperatur setzt sich analog Tabelle 4.39 aus der Massen- und der maximalen Blitztemperatur zusammen. Letztere berechnet sich unter Berücksichtigung der hypoidspezifischen Eigenschaft der ungleich gerichteten Flankentangentialgeschwindigkeiten v_{F1} und v_{F2} nach Tabelle 4.61.

Tabelle 4.61 Berechnung der Blitztemperatur für Hypoidverzahnungen ϑ_{fl}

Bezeichnung	Formel	Nr.
Blitztemperatur	$\vartheta_{fl} = 1{,}11 \cdot \mu_m \cdot X_J \cdot X_\Gamma \cdot \dfrac{w_{Bn} \cdot \lvert v_{F1} - v_{F2} \rvert}{(2b_h)^{1/2} \cdot B_{M1} \cdot (v_{F1} \sin\gamma_1)^{1/2} + B_{M2} \cdot (v_{F2} \sin\gamma_2)^{1/2}}$	(4.120)
	μ_m = mittlere Verzahnungsreibungszahl nach Tabelle 4.43	
	X_J = Eingriffsfaktor nach Tabelle 4.45	
	X_Γ = Kraftaufteilungsfaktor nach Tabelle 4.42	
	$w_{Bn} = \dfrac{w_{Bt}}{\cos\alpha_{wn} \cos\beta_w}$ = Linienlast im Normalschnitt	
	mit: w_{Bt} nach Tabelle 4.41	
	$\alpha_{wn} = \arcsin(\cos\alpha_{wt} \cos\beta_b)$	
	$\beta_w = \arctan\left(\dfrac{\tan\beta_b}{\cos\alpha_{wt}}\right)$	
	$v_{F1,2}$ = Flankentangentialgeschwindigkeiten	
	$\gamma_{1,2} = \arctan\left(\dfrac{\sin\alpha_{sn}}{\tan\beta_{s1,2}}\right)$	
	Winkel der Flankentangentialgeschwindigkeiten $v_{F1,2}$ zur Berührlinie	
	B_M = Thermischer Kontaktkoeffizient nach Tabelle 4.44	
	b_H = halbe Hertzsche Kontaktbreite	

Flankentangentialgeschwindigkeiten $v_{F1,2}$ Bei der Berechnung der Blitztemperatur bei Hypoidverzahnungen müssen die lokalen Flankentangentialgeschwindigkeiten $v_{F1,2}$ sowie die zugehörigen Winkel zur Berührlinie $\gamma_{1,2}$ der Ersatz-Schraubradverzahnung berücksichtigt werden. Diese Größen können z.B. nach dem Rechenverfahren nach [WECH87] bestimmt werden. Dabei werden die Umfangsgeschwindigkeiten von Ritzel und Rad v_{t1} und v_{t2} im betrachteten Berührpunkt in die Flankentangentialebene T (Komponente w) und die Eingriffsebene E (Komponente c) zerlegt (Abb. 4.25). Die Komponenten w und c werden wiederum aufgeteilt in ihre Anteile senkrecht (w_α, c_α) und parallel (w_β, c_β) zur Flankenlinie. Durch vektorielle Addition der einzelnen Komponenten ergeben sich dann die Flankentangentialgeschwindigkeiten $v_{F1,2}$ für Ritzel und Rad (Abb. 4.26).

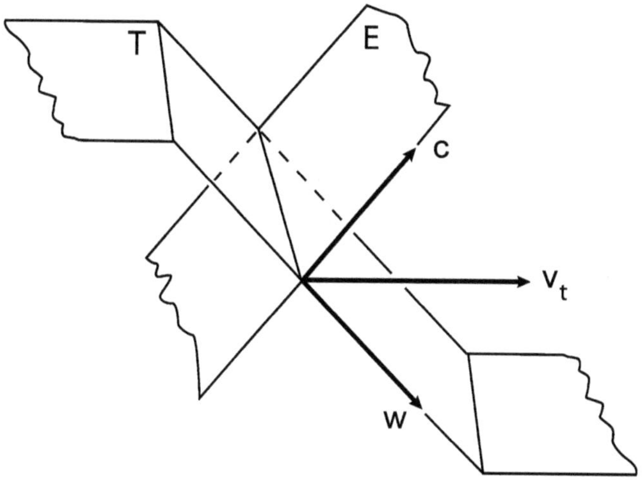

Abb. 4.25 Zerlegung der Umfangsgeschwindigkeit v_t im betrachteten Berührpunkt in die Flankentangentialebene T und die Eingriffsebene E

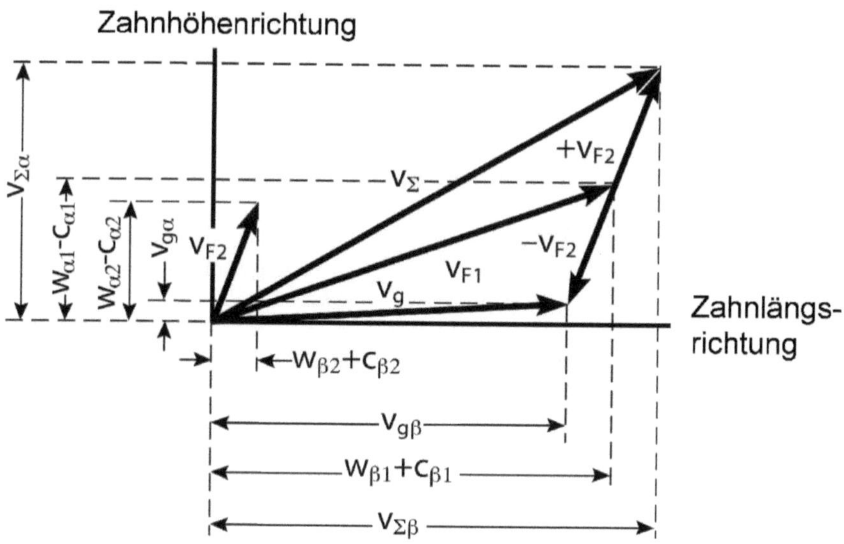

Abb. 4.26 Flankentangentialgeschwindigkeiten v_{F1} und v_{F1} als vektorielle Addition der Geschwindigkeitskomponenten in Zahnhöhen- (α) und Zahnlängsrichtung (β)

Tabelle 4.62 Flankentangentialgeschwindigkeiten nach [WECH87]

Bezeichnung	Formel	Nr.
Geschwindigkeits-komponenten w und c am Ritzel	$w_1 = v_{t1} \cdot \left(\sin\alpha_{st1} + \frac{g_{t1}(X)}{r_1} \right) = v_{mt1} \cdot \left(\sin\alpha_{st1} + \frac{g_{t1}(X)}{r_1} \right) \cdot \frac{r_1}{r_{s1}}$ $c_1 = v_{t1} \cdot \cos\alpha_{st1} = v_{mt1} \cdot \cos\alpha_{st1} \cdot \frac{r_1}{r_{s1}}$	(4.121)
Geschwindigkeits-komponenten w und c am Rad	$w_2 = v_{t2} \cdot \left(\sin\alpha_{st2} - \frac{g_{t2}(X)}{r_2} \right) = v_{mt2} \cdot \left(\sin\alpha_{st2} - \frac{g_{t2}(X)}{r_2} \right) \cdot \frac{r_2}{r_{s2}}$ $c_2 = v_{t2} \cdot \cos\alpha_{st2} = v_{mt2} \cdot \cos\alpha_{st2} \cdot \frac{r_2}{r_{s2}}$	(4.122)
Geschwindigkeits-komponenten w und c in Zahnhöhenrichtung	$w_{\alpha 1,2} = w_{1,2} \cdot \cos\beta_{B1,2}$ $c_{\alpha 1,2} = c_{1,2} \cdot \sin\beta_{b1,2} \cdot \sin\beta_{B1,2}$	(4.123)
Geschwindigkeits-komponenten w und c in Zahnlängsrichtung	$w_{\beta 1,2} = w_{1,2} \cdot \sin\beta_{B1,2}$ $c_{\beta 1,2} = c_{1,2} \cdot \sin\beta_{b1,2} \cdot \cos\beta_{B1,2}$	(4.124)
Flankentangentialge-schwindigkeit Ritzel	$v_{F1} = \sqrt{(w_{\alpha 1} - c_{\alpha 1})^2 + (w_{\beta 1} + c_{\beta 1})^2}$	(4.125)
Flankentangential-geschwindigkeit Rad	$v_{F2} = \sqrt{(w_{\alpha 2} - c_{\alpha 2})^2 + (w_{\beta 2} + c_{\beta 2})^2}$	(4.126)

mit: $r_{s1,2}$ = halber Teilkreis-Durchmesser der Schraubräder

$r_{1,2}$ = Abstand des betrachteten Berührpunkts auf der Eingriffslinie von der Schraubradachse

$g_{t1,2}(X) = g_n(X) \cdot \frac{\sin\alpha_n}{\sin a_{t1,2}}$ Abstand des betrachteten Berührpunkts X auf der Eingrifflinie vom Wälzpunkt mit g_n (X) nach Tabelle 4.63

Tabelle 4.63 Berechnung der Abschnitte g_n(X) der Eingriffspunkte A, B, D und E

Bezeichnung	Formel	Nr.
	$g_n(A) = -g_{an2}$	(4.127)
	$g_n(B) = g_{an1} - p_{en}$	(4.128)
	$g_n(D) = -g_{an2} + p_{en}$	(4.129)
	$g_n(E) = g_{an1}$	(4.130)

Berührlinienbreite b_H Entsprechend der [ISO/TR13989] kann die Hertzsche Berührlinienbreite durch die kleine Halbachse b der Berührellipse angenähert werden. Diese kann für den betrachteten Berührpunkt X z.B. nach Niemann/ Winter [NIEM86] berechnet werden.

Tabelle 4.64 Hertzsche Berührlinienbreite b_H bzw. kleine Halbachse b der Berührellipse

Bezeichnung	Formel	Nr.
Hertzsche Berührlinienbreite	$2b_H \approx 2b = 2 \cdot Z_F \eta \cdot \sqrt[3]{K_A F_n \cdot \rho_n}$	(4.131)
	mit: $Z_F = \sqrt[3]{1{,}5 \cdot \left(\frac{1-\nu_1^2}{E_1} + \frac{1-\nu_2^2}{E_2} \right)}$ = Materialfaktor	
	η = Halbachsenbeiwert nach Tabelle 4.68	
	K_A = Anwendungsfaktor nach Tabelle 4.14	
	$F_n = \frac{F_{t1}}{\cos\alpha_{sn} \cos\beta_{s1}} = \frac{2000 \cdot T_1}{d_{m1} \cdot \cos\alpha_{sn} \cos\beta_{s1}}$ = Zahnnormalkraft	
	$\rho_n = \frac{\rho_{n1}\rho_{n2}}{\rho_{n1} + \rho_{n2}}$ = Ersatzkrümmungsradius im Normalschnitt	
Ersatzkrümmungsradius im Normalschnitt	$\rho_{Yn} = \frac{\rho_{Yn1}\rho_{Yn2}}{\rho_{Yn1} + \rho_{Yn2}}$	(4.132)
	mit: $\rho_{Yn1} = \left(0{,}5\sqrt{d_{s1}^{\ 2} - d_{b1}^{\ 2}} + g_n(X) \right) / \cos\beta_{b1}$	
	$\rho_{Yn1} = \left(0{,}5\sqrt{d_{s2}^{\ 2} - d_{b2}^{\ 2}} - g_n(X) \right) / \cos\beta_{b2}$	

Mit der berechneten maximalen Blitztemperatur wird anschließend die Massentemperatur nach Tabelle 4.47 bestimmt.

Zulässige Kontakttemperatur Die zulässige Kontakttemperatur berechnet sich wie bei den nicht achsversetzten Kegelrädern nach Tabelle 4.48.

Fresssicherheit nach der Kontakttemperaturmethode Das Verhältnis der maximalen Kontakttemperatur (Summe aus maximaler Kontakt- und Massentemperatur) zur zulässigen Kontakttemperatur nach Tabelle 4.48 stellt analog Tabelle 4.49 die Fresssicherheit für Hypoidverzahnungen dar.

4.2.6.4 Integraltemperaturmethode bei Hypoidverzahnungen

Auftretende Integraltemperatur Die auftretende Integraltemperatur setzt sich analog Tabelle 4.50 aus der Massen- und der mittleren Flankentemperatur zusammen.

Tabelle 4.65 Berechnung der Integraltemperatur für Hypoidverzahnungen ϑ_{int}

Bezeichnung	Formel	Nr.
Integraltemperatur	$\vartheta_{\text{int}} = \vartheta_M + C_{2H} \cdot \vartheta_{fla\,\text{int},h}$ mit: $C_{2H} = 1{,}8$	(4.133)

Tabelle 4.66 Berechnung der mittleren Flankentemperatur für Hypoidverzahnungen ϑ_{flaint}

Bezeichnung	Formel	Nr.
mittlere Flanken-temperatur	$\vartheta_{fla\,\text{int},h} = 110 \cdot \sqrt{F_n K_A K_{B\beta} v_{t1}} \cdot \mu_{mC} \cdot \dfrac{X_E X_G X_\varepsilon}{X_Q X_{Ca}}$ $F_n = \dfrac{2000 \cdot T_1}{\cos\alpha_n \cos\beta_{m1} d_{m1}}$ = Zahnnormalkraft K_A = Anwendungsfaktor nach Tabelle 4.14 $K_{B\beta} = 1{,}5 \cdot K_{B\beta be}$ mit: $K_{B\beta be}$ nach Tabelle 4.18 $v_{t1} = \dfrac{d_{m1} n_1}{19098}$ Ritzel-Umfangsgeschwindigkeit am Teilkegel in der Mitte der Zahnbreite μ_{mC} = mittlere Reibungszahl im Wälzpunkt C X_E = Einlauffaktor nach Tabelle 4.54 mit ρ_{Cn} nach Tabelle 4.5 statt ρ_{redC} X_G = Geometriefaktor X_Q = Eingriffsfaktor nach Tabelle 4.55 X_{Ca} = Kopfrücknahmefaktor nach Tabelle 4.56 mit ε_{nmax} statt ε_{vmax} ε_{nmax} = größerer Wert von ε_{n1} oder ε_{n2} (Tabelle 4.5) X_ε = Überdeckungsfaktor	(4.134)

Tabelle 4.67 Berechnung der mittleren Reibungszahl für Hypoidverzahnungen μ_{mC}

Bezeichnung	Formel	Nr.
mittlere Verzahnungs-reibungszahl	$\mu_{mC} = 0{,}045 \cdot \left(\frac{w_{Bt}}{v_{\Sigma C}\rho_{Cn}} \right)^{0,2} \eta_{Öl}^{-0,05} X_L X_R$	(4.135)
	w_{Bt} = Linienlast nach Tabelle 4.41 mit $b_{eff}/\cos\beta_{b2}$ statt b_{eff} mit F_n nach Tabelle 4.66 statt F_{mt}	
	$v_{\Sigma C}$ = Summengeschwindigkeit in C nach Tabelle 4.53	
	ρ_{Cn} = Ersatzkrümmungsradius nach Tabelle 4.5	
	$\eta_{Öl}$ = Viskosität bei Öltemperatur	
	X_L = Schmierstofffaktor nach Tabelle 4.43	
	X_R = Rauheitsfaktor mit: ρ_{Cn} nach Tabelle 4.5 statt ρ_{redC}	

Tabelle 4.68 Berechnung des Geometriefaktors für Hypoidverzahnungen X_G

Bezeichnung	Formel	Nr.
Geometriefaktor	$X_G = \frac{(\sin\Sigma / \cos\beta_{s2})\sqrt{1/\rho_{Cn}}}{\sqrt{L\sin\beta_{s1}} + \sqrt{L\cos\beta_{s1}\tan\beta_{s2}}}$	(4.136)

mit: $L = \frac{2}{3}\xi^2\eta$

Für $0 \le \cos\vartheta < 0{,}949$:

$$\ln\xi = \frac{\ln(1-\cos\vartheta)}{\left(-1{,}53 + 0{,}333\ \ln(1-\cos\vartheta) + 0{,}0467\,[\ln(1-\cos\vartheta)]^2\right)}$$

$$\ln\eta = \frac{\ln(1-\cos\vartheta)}{\left(1{,}525 - 0{,}86 \cdot \ln(1-\cos\vartheta) - 0{,}0993 \cdot [\ln(1-\cos\vartheta)]^2\right)}$$

Für $0{,}949 \le \cos\vartheta < 1$:

$$\ln\xi = \left(-0{,}4567 - 0{,}4446\ln(1-\cos\vartheta) + 0{,}1238\,[\ln(1-\cos\vartheta)]^2\right)^{1/2}$$

$$\ln\eta = -0{,}333 + 0{,}2037\ln(1-\cos\vartheta) + 0{,}0012\,[\ln(1-\cos\vartheta)]^2$$

mit: $\cos\vartheta = \rho_{Cn}\sqrt{\frac{1}{\rho_{n1}^2} + \frac{1}{\rho_{n2}^2} + \frac{2\cos 2\varphi}{\rho_{n1}\rho_{n2}}}$

ρ_{Cn}, $\rho_{n1,2}$, φ nach Tabelle 4.5

Tabelle 4.69 Berechnung des Überdeckungsfaktors für Hypoidverzahnungen X_ε

Bezeichnung	Formel	Nr.
Überdeckungsfaktor	$X_\varepsilon = \frac{1}{\sqrt{\varepsilon_n}} \cdot \left[1 + 0{,}5 \cdot g^* \cdot \left(\frac{v_{g\gamma 1}}{v_{gs} - 1}\right)\right]$	(4.137)
	$g^* = \frac{g_{an1}^2 + g_{an2}^2}{g_{an1}^2 + g_{an1} \cdot g_{an2}}$ ($g_{an1,2}$ nach Tabelle 4.5)	
Gleitgeschwindigkeit am Ritzelkopf	$v_{g\gamma 1} = \sqrt{v_{g\alpha 1}^2 - v_{g\beta 1}^2}$	(4.138)
	$v_{g\alpha 1} = v_{g1} \cos\gamma_1 + v_{g2} \cos\gamma_2$	
	$v_{g\beta 1} = v_{gs} + v_{g1} \sin\gamma_1 - v_{g2} \sin\gamma_2$	
	mit: $v_{gs} = v_{t1} \frac{\sin\Sigma}{\cos\beta_{s2}}$	
	$v_{g1} = 2 v_{t1} g_{an1} \frac{\cos\beta_{b1}}{d_{s1}}$	
	$v_{g2} = 2 v_{t2} g_{fn2} \frac{\cos\beta_{b2}}{d_{s2}}$	

Mit der berechneten mittleren Flankentemperatur wird anschließend die Massentemperatur nach Tabelle 4.58 bestimmt.

Zulässige Integraltemperatur Die zulässige Integraltemperatur berechnet sich analog Tabelle 4.59.

Fresssicherheit nach der Integraltemperaturmethode Das Verhältnis der maximalen zur zulässigen Integraltemperatur nach Tabelle 4.59 stellt analog Tabelle 4.60 die Fresssicherheit für Hypoidverzahnungen dar.

4.2.7 Tragfähigkeitsberechnung bei Lastkollektivbeanspruchung

Zahnradgetriebe sind in der Regel mit zeitlich veränderlichen Belastungen beaufschlagt. Diese werden bei der Tragfähigkeitsberechnung näherungsweise über den Anwendungsfaktor K_A berücksichtigt. Im Rahmen der genaueren Betriebsfestigkeitsrechnung wird mit einem Lastkollektiv gerechnet, wobei der Anwendungsfaktor K_A dabei jeweils zu 1 gesetzt wird. Das Lastkollektiv gibt an, mit welchen Amplituden und Lastspielzahlen die Verzahnung beansprucht wird. Der Beanspruchungsverlauf über die Zeit kann entweder an realen Getrieben ermittelt, aus ähnlichen Anwendungen übernommen oder rechnerisch simuliert werden. Die Belastungen werden dabei in Klassen eingeteilt und deren zugehörige Lastspielzahlen aufsummiert. In Abb. 4.27 ist beispielhaft ein Lastkollektiv mit 10 Klassen dargestellt.

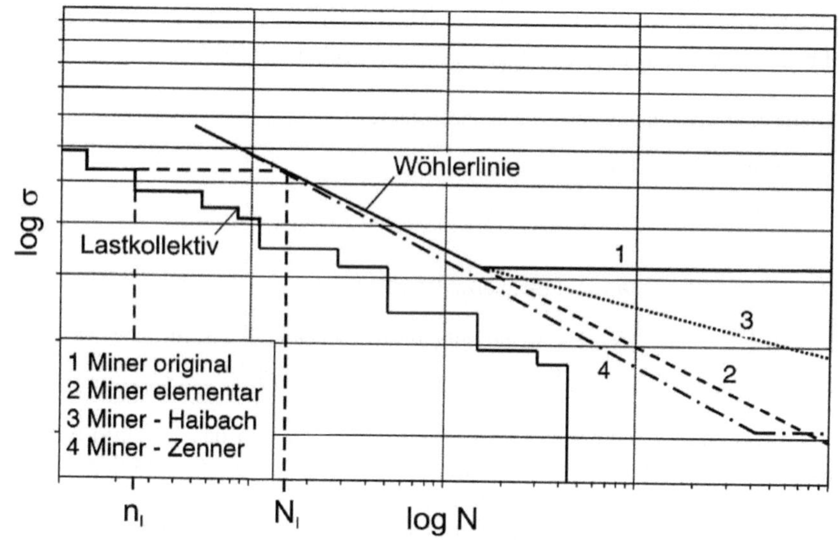

Abb. 4.27 Lastkollektiv und lineare Schadensakkumulations-Hypothesen

Das ermittelte Lastkollektiv wird einer Festigkeitskennfunktion (z.B. Wöhlerlinie) gegenübergestellt. Unter Annahme einer Schadensakkumulations-Hypothese wird der Schädigungszustand eines Bauteils berechnet. In Abb. 4.27 sind die bekanntesten Hypothesen nach Miner original, Miner elementar, Miner-Haibach und Miner-Zenner dargestellt. Diese linearen Schadensakkumulations-Hypothesen gehen davon aus, dass alle Beanspruchungen oberhalb einer gewissen Grenzbeanspruchung, unabhängig von der Reihenfolge und dem Zeitpunkt des Auftretens, das Bauteil gleichermaßen schädigen. Sie unterscheiden sich hauptsächlich in der Berücksichtigung von Beanspruchungen unterhalb der ursprünglichen Dauerfestigkeit. In den Stirnradnormen [DIN3990] und [ISO6336] sind Regeln für die Betriebsfestigkeitsberechnung festgelegt. Der Nachweis nach [DIN3990] verwendet die Schadensakkumulation nach Miner original mit einer festgelegten Wöhlerlinie. Es werden für unterschiedliche Werkstoffe standardmäßig Festigkeitskennfunktionen über festgelegte Knickpunkte zur statischen Festigkeit und zur Dauerfestigkeit vorgegeben. Der Wert der Dauerfestigkeit bestimmt über die festen Faktoren Y_N und Z_N die Höhe der statischen Festigkeit. Die Steigung des Dauerfestigkeitsastes ist in [ISO6336] in Grenzen festgelegt.

Das Verhältnis der Lastspielzahl einer Beanspruchungsklasse n_I zur entsprechenden zulässigen Lastspielzahl N_I auf diesem Beanspruchungsniveau stellt die Schädigung des Bauteils in Form eines „Lebensdauerverbrauchs“ dar. Aus der Summe dieser Einzelschädigungen n_I/N_I ergibt sich die Schädigungssumme D. Erreicht diese den Wert 1 wird theoretisch mit einem Schaden gerechnet. In der Praxis zeigt sich jedoch, dass ein Schaden auch bei Schädigungssummen $D \neq 1$ eintreten kann, bevorzugt bei $D < 1$. Es liegt daher nahe, bei der Betriebsfestigkeitsrechnung, je nach Art und Höhe des Beanspruchungskollektivs, eine für das jeweilige Bauteil von der Schadensform abhängige spezifische kritische Schädigungssumme zu verwenden (relative Minerregel), z.B. D = 0,2 ... 0,3 für Zahnfußbruch [FVA188] oder D = 0,85 ... 1,0 für Grübchen [FVA125].

Tabelle 4.70 Berechnung der Schädigungssumme

Bezeichnung	Formel	Nr.
Schädigungssumme	$D=\sum_I \left(\frac{n_I}{N_I}\right)=\frac{n_1}{N_1}+\frac{n_2}{N_2}+\frac{n_3}{N_3}+.....$ n_I = Lastspielzahl der Klasse I N_I = Lastspielzahl, bei der bei einer Beanspruchung der Klasse I ein Ausfall zu erwarten ist	(4.139)

Bei Kegelradverzahnungen ist zu beachten, dass sich das Tragbild mit zunehmender Last in Zahnhöhen- und Zahnlängsrichtung ausbreitet und dabei der Kern des Tragbildes auf der Flanke wandert (siehe 3.4.3). Daher tritt hier im Gegensatz zu Stirnrädern keine „Schadensakkumulation" im eigentlichen Sinne mehr auf, da der geschädigte Bereich, abhängig von der Belastung, nicht immer an der gleichen Stelle der Flanke liegt. Dies führt dazu, dass man bei Kegelrädern oft eine Zunahme der erreichten Schädigungssummen beobachten kann. Die gilt insbesondere dann, wenn zunehmend mehr Lastanteile oberhalb der Dauerfestigkeit liegen, da gerade dann, aufgrund der Abdrängungen der Achsen, besonders stark unterschiedliche Lagen der am stärksten beanspruchten Flankenbereiche zu erwarten sind [THOM98].

4.3 Wirkungsgrad

4.3.1 Gesamtverlustleistung eines Getriebes

Der Gesamtwirkungsgrad η eines Getriebes ergibt sich aus dem Verhältnis von Nutzen zu Aufwand, also dem Verhältnis der Abtriebsleistung P_{Ab} zur Antriebsleistung P_{An}. Die Gesamtverlustleistung P_V als Differenz der An- und Abtriebsleistung setzt sich dabei aus den lastabhängigen Verlusten P_{VP} und den lastunabhängigen Leerlaufverlusten P_{V0} zusammen. Diese Anteile teilen sich wiederum auf die verschiedenen Komponenten des Getriebes auf: Lastabhängige Verluste treten in den Verzahnungen (P_{VZP}) und Lagern (P_{VLP}), lastunabhängige ebenfalls bei den Verzahnungen (P_{VZ0}) und Lagern (P_{VL0}), aber darüber hinaus auch bei Dichtungen (P_{VD}) und sonstigen Bauteilen (P_{VX}), z.B. Kupplungen und Ölpumpen, auf [NIEM86.2].

Tabelle 4.71 Berechnung des Getriebewirkungsgrads und der Gesamtverlustleistung

Bezeichnung	Formel	Nr.
Getriebe-wirkungsgrad	$\eta = \frac{Nutzen}{Aufwand} = \frac{P_{Ab}}{P_{An}} = \frac{P_{An} - P_V}{P_{An}} = 1 - \frac{P_V}{P_{An}}$	(4.140)
Gesamt-verlustleistung	$P_V = P_{VP} + P_{V0} = P_{VZP} + P_{VLP} + P_{VZ0} + P_{VL0} + P_{VD} + P_{VX}$	(4.141)

Die lastunabhängigen Leerlaufverluste P_{V0} entstehen durch das Verdrängen und Quetschen des Öls in Zahnrädern, Lagern und Kupplungen, durch die Reibung der Dichtungen auf den Wellen und durch evtl. zusätzlich notwendige Leistung benötigende Getriebekomponenten wie Ölpumpen. Sie können entweder in Versuchen gemessen oder für Lager und Dichtungen nach den Angaben der Hersteller bzw. für Verzahnungen näherungsweise nach Niemann/Winter [NIEM86.2] bestimmt werden. Genauere Ansätze werden in den Forschungsvorhaben Nr. 44 [FVA44] der Forschungsvereinigung Antriebstechnik, FVA, vorgeschlagen. Die Erfahrung in der Praxis zeigt jedoch, dass eine exakte Berechnung der Leerlaufverluste schwierig ist [DOLE03].

Die Lastverluste können ebenfalls experimentell ermittelt oder berechnet werden. Für Lager werden in den Herstellerkatalogen Berechnungsansätze vorgeschlagen, für Zahnräder gibt es eine Reihe von Verfahren, die auf verschiedenen Ansätzen zur Bestimmung der Verzahnungsreibungszahl basieren. Die speziellen Gegebenheiten bei Kegelrad- und Hypoidverzahnungen werden im Berechnungsverfahren nach Wech [WECH87] berücksichtigt (siehe 4.3.3).

4.3.2 Einflüsse auf den Verzahnungswirkungsgrad

Die Verzahnungsverlustleistung und der Verzahnungswirkungsgrad berechnen sich allgemein nach folgendem Ansatz:

Tabelle 4.72 Berechnung der lastabhängigen Verzahnungsverlustleistung und des Verzahnungswirkungsgrads

Bezeichnung	Formel	Nr.
Verzahnungs-verlustleistung	$P_{VZP} = F_R v_g = \frac{1}{p_e} \int_A^E \mu F_n v_g dg = \mu F_t v_t \frac{1}{p_e} \int_x \frac{F_n(x)}{F_n} \frac{v_g(x)}{v_t} dx = \mu P_A H_V$	(4.142)
	mit: μ = mittlere Reibungszahl $P_A = F_t v_t$ = Antriebsleistung an der Verzahnung H_V = Zahnverlustfaktor	
Verzahnungs-wirkungsgrad	$\eta_{VZ} = \frac{P_A - P_{VZ}}{P_A} = 1 - \frac{P_{VZ}}{P_A} = 1 - H_V \cdot \mu_{mZ}$	(4.143)

Der Zahnverlustfaktor H_V ist in erster Näherung eine rein geometrische Größe, die den Verlauf der Zahnnormalkraft und der Gleitgeschwindigkeit über der Eingriffsstrecke repräsentiert, die mittlere Verzahnungsreibungszahl μ_{mZ} eine zusätzlich von den Betriebs- und Schmierungsbedingungen abhängige Größe. Damit lassen sich die Einflussgrößen des Verzahnungswirkungsgrads in geometrische Größen, Betriebsbedingungen und Schmierstoffgrößen unterteilen.

Eine der geometrischen Haupteinflussgrößen ist das Verhältnis Gleitgeschwindigkeit zu Umfangsgeschwindigkeit, das hauptsächlich von der Achsversetzung und der Profilverschiebung bestimmt wird. Beide Größen sollten, wenn möglich, minimiert werden. Vor allem im Bereich hoher Lasten und niedriger Geschwindigkeiten steigen die Verzahnungsverluste progressiv mit der Achsversetzung. Bei niedrigen Belastungen und hohen Geschwindigkeiten ist der Einfluss dagegen gering, bei Leerlauf unbedeutend [WECH87]. Die Profilverschiebung sollte unter Beachtung der Unterschnittgefahr ebenfalls möglichst klein gehalten werden, um ausgewogene Gleitverhältnisse auf der Flanke zu erzielen.

Eine weitere Einflussgröße ist die Oberflächenrauheit, die hauptsächlich bei niedrigen Geschwindigkeiten und damit niedrigen Schmierfilmdicken eine Rolle spielt. In diesem Bereich sollte die Rauheit möglichst gering gehalten werden [MICH87]. Dies kann durch spezielle Oberflächen-Feinbearbeitungsverfahren oder einen Einlaufvorgang zur Glättung der Flanken erreicht werden.

Bei den Betriebsbedingungen haben die Größen Drehzahl und Schmierstofftemperatur den größten Einfluss auf den Verzahnungswirkungsgrad, der Einfluss der Pressung ist dagegen eher untergeordnet. Mit steigender Umfangsgeschwindigkeit und damit steigender Schmierfilmdicke sinken die Verzahnungsverluste. Sie erreichen bei Tauchschmierung ein Minimum, da bei weiter steigender Geschwindigkeit die Leerlaufverluste stärker zu- als die lastabhängigen Verluste abnehmen [NIEM86.2]. Bei Einspritzschmierung sind die Plansch- und damit die Leerlaufverluste deutlich geringer, der Verzahnungswirkungsgrad damit höher. Bei der Gesamtbetrachtung des Getriebewirkungsgrads muss jedoch der Leistungsbedarf für Ölpumpen etc. berücksichtigt werden. Allerdings ist bei Einspritzschmierung die Wärmeabfuhr an den Zahnflanken geringer, was sich wegen der im Kontakt einstellenden höheren Massentemperatur vor allem bei hohen Lasten und niedrigen Umfangsgeschwindigkeiten auch negativ auf den Wirkungsgrad auswirken kann. Der Einfluss der Schmierstofftemperatur auf den Verzahnungswirkungsgrad entspricht in erster Linie einem Viskositätseinfluss. Bei niedrigen Drehzahlen und damit kleinen Schmierfilmdicken ist eine höhere Viskosität, z.B. durch eine niedrigere Temperatur, günstiger, da die Flanken besser durch den Schmierfilm getrennt und somit Festkörperkontakte vermieden werden können. Bei höheren Drehzahlen und Schmierfilmdicken ist dagegen eine niedrigere Viskosität günstiger, da so die Verluste durch innere Reibung im Schmierstoff im Kontakt und die Verdrängung des Schmierstoffs beim Eintauchen in den Ölsumpf reduziert werden. Auch die Treibrichtung und die anliegende Flanke haben einen Einfluss auf den Verzahnungswirkungsgrad. Bei üblicherweise positiven Profilverschiebungen am Ritzel ergibt sich eine unsymmetrische Gleitgeschwindigkeitsverteilung, da die Kopfeingriffsstrecke länger ist als die Fußeingriffsstrecke. Da im Fall „Ritzel treibt Rad“ am Kopf des Ritzels ziehendes Gleiten auftritt und dieses als günstiger bezüglich des Reibungsverhaltens erachtet wird, ist der Fall „Ritzel treibt Rad“ in Bezug auf den Verzahnungswirkungsgrad besser. Darüber hinaus ist wegen unterschiedlicher Eingriffswinkel auf Zug- und Schubflanke der Betrieb der Verzahnung auf der Zugflanke günstiger [WECH87].

Die Einflüsse der Schmierstoffeigenschaften auf den Verzahnungswirkungsgrad betreffen hauptsächlich die Größen Viskosität, Grundöltyp und Additivierung [DOLE03]. Die Viskosität beeinflusst maßgeblich die Leerlaufverluste durch die Verdrängung und das Quetschen des Schmierstoffs im Kontakt und bei Eintauchen der Verzahnung in den Ölsumpf. Diesbezüglich ist eine niedrige Viskosität günstiger als ein hohe. Wegen unterschiedlicher chemischer Strukturen der verschiedenen Schmierstofftypen (Mineralöl, Polyalphaolefin, Ester, Polyglykol, etc.) wirken sich diese auf den Verzahnungswirkungsgrad besonders bei EHD-Schmierung aus, also bei überwiegender Trennung der Zahnflanken durch einen Schmierfilm unter Last. Mit synthetischen Schmierstoffen lassen sich die Reibungsverluste im Vergleich zu mineralölbasierten Grundölen um bis zu 40% reduzieren. Bei Grenzreibung treten die Reibungseigenschaften der tribologischen Schutzschicht in den Vordergrund, die sich aus der Verbindung der Additive mit den Zahnflanken ergibt. Dabei spielt auch die Schmierstoff- und damit die Massentemperatur eine Rolle.

Die Eigenschaften eines Schmierstoffs bezüglich seines Reibungsverhaltens bei Leerlauf, EHD- und Grenzreibung kann mit dem FZG-Wirkungsgradtest [FVA345] untersucht werden.

4.3.3 Berechnung des Verzahnungswirkungsgrads

Der Verzahnungswirkungsgrad berechnet sich nach Tabelle 4.72 aus dem Zahnverlustfaktor H_V und der mittleren Verzahnungsreibungszahl μ_{mZ}. Der Zahnverlustfaktor steht dabei für die Lastaufteilung und den Verlauf der Gleitgeschwindigkeit über der Eingriffsstrecke.

Tabelle 4.73 Berechnung des Zahnverlustfaktors nach [NIEM86]

Bezeichnung	Formel	Nr.
Zahnverlustfaktor	$H_V = \dfrac{1}{p_e \cos\alpha} \int_x \dfrac{F_t(x)}{F_n} \dfrac{v_g(x)}{v_t} dx$	(4.144)

Die Aufteilung der Umfangskraft auf die im Eingriff befindlichen Zähne, also der Verlauf der Zahnnormalkraft über der Eingriffsstrecke von A bis E, hängt von der Verformung der Zähne ab. Die ist wiederum von der Belastung abhängig. Nach [WECH87] kann jedoch in guter Näherung von einem lastunabhängigen und damit rein geometrischen Zahnverlustfaktor ausgegangen werden. Die Verläufe der Gleitgeschwindigkeit, der Zahnnormalkraft und des Produktes der beiden Größen sind in Abb. 4.28 dargestellt.

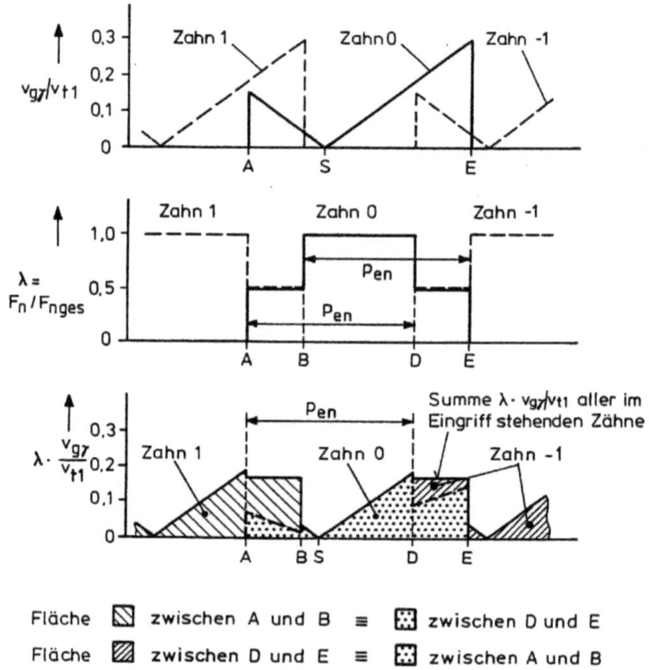

Abb. 4.28 Verlauf von Gleitgeschwindigkeit, Zahnnormalkraft und dem Produkt der beiden Größen über der Eingriffsstrecke [WECH87]

Lastaufteilungsfunktion λ Die für die Berechnung des Zahnverlustfaktors angenommene Lastaufteilungsfunktion λ ist in Abb. 4.29 dargestellt. Sie berechnet sich in Abhängigkeit der Abschnitte $g_n(X)$ auf der Eingriffsstrecke A bis E nach Tabelle 4.74:

Tabelle 4.74 Lastaufteilungsfunktion nach [WECH87]

Bezeichnung	Formel	Nr.
Lastaufteilung	$\lambda = \dfrac{F_n(x)}{F_n} = k_1 + k_2 \cdot x$	(4.145)
	mit: $x = g_n(X)$ = Abschnitt auf der Eingriffsstrecke nach Tabelle 4.63	

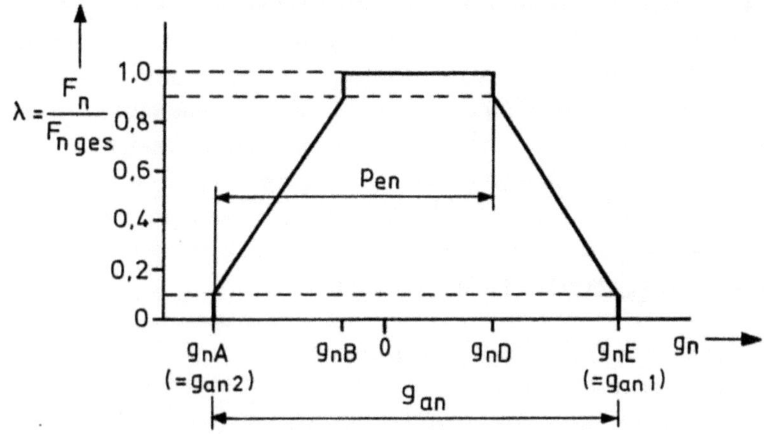

Abb. 4.29 Angenommene Lastaufteilung zur Bestimmung des Zahnverlustfaktors [WECH87]

Tabelle 4.75 Berechnung der k-Faktoren für die Lastaufteilungsfunktion

Bereich	$g_n(A) < g_n(x) < g_n(B)$	$g_n(B) < g_n(x) < g_n(D)$	$g_n(D) < g_n(x) < g_n(E)$
Faktor k_1	$0{,}1 - \frac{0{,}8 \cdot g_n(A)}{g_n(B) - g_n(A)}$	1	$0{,}9 + \frac{0{,}8 \cdot g_n(D)}{g_n(E) - g_n(D)}$
Faktor k_2	$\frac{0{,}8}{g_n(B) - g_n(A)}$	0	$-\frac{0{,}8}{g_n(E) - g_n(D)}$

Gleitgeschwindigkeitsverlauf Der Verlauf der Gleitgeschwindigkeit über der Eingriffsstrecke berechnet sich nach Tabelle 4.76 ebenfalls in Abhängigkeit der Abschnitte $g_n(x)$ auf der Eingriffsstrecke A bis E:

Tabelle 4.76 Gleitgeschwindigkeitsverlauf nach [WECH87]

Bezeichnung	**Formel**	**Nr.**
Gleitgeschwindigkeit	$\frac{v_g(x)}{v_{t1}} = \sqrt{D_1 \cdot g_n(X)^2 + D_2 \cdot g_n(X) + D_3}$	(4.146)
	mit: $x = g_n(X)$ Abschnitt des betrachteten Berührpunkts auf der Eingriffsstrecke nach Tabelle 4.63	

D-Faktoren Bei der Berechnung der Faktoren D_1 bis D_3 nach Tabelle 4.77 ist darauf zu achten, dass die Schrägungswinkel β_{s1} und β_{s2} vorzeichenrichtig eingesetzt werden müssen. Das heißt bei einem linksspiraligen Ritzel ist $\beta_{s1} < 0$, bei einem rechtsspiraligen $\beta_{s1} > 0$.

Tabelle 4.77 Berechnung der D-Faktoren für den Verlauf der Gleitgeschwindigkeit

Bezeichnung	Formel	Nr.
	$D_1 = \left[\sin^2\alpha_{sn}\cdot\left(\frac{\tan\beta_{s1}}{r_{s1}}-\frac{\tan\beta_{s2}}{r_{s2}}\right)^2+\left(\frac{1}{r_{s1}}+\frac{1}{r_{s2}}\right)^2\right]\cdot\cos^2\beta_{s1}$	(4.147)
	$D_2 = 2\frac{\sin(\beta_{s1}+\beta_{s2})}{\cos\beta_{s2}}\cdot\sin\alpha_{sn}\cos\beta_{s1}\left(\frac{\tan\beta_{s1}}{r_{s1}}-\frac{\tan\beta_{s2}}{r_{s2}}\right)$	(4.148)
	$D_3 = \left(\frac{\sin(\beta_{s1}+\beta_{s2})}{\cos\beta_{s2}}\right)^2$	(4.149)

Durch Integrieren der Gleichung des Verlaufs der Gleitgeschwindigkeit über die Eingriffsstrecke ergeben sich folgende Integrale:

Tabelle 4.78 Integrale des Gleitgeschwindigkeitsverlaufs über der Eingriffsstrecke

Bezeichnung	Formel	Nr.
	$I_1(g_n(X)) = \int\frac{v_g(x)}{v_{t1}}dx = \int\sqrt{D_1\cdot g_n(X)^2+D_2\cdot g_n(X)+D_3}\;dg_n(X) =$ $= \frac{2D_1g_n(X)+D_2}{4D_1}\sqrt{G}+\frac{4D_1D_3-D_2^2}{8D_1\sqrt{D_1}}\ln\left(2\sqrt{D_1G}+2D_1g_n(X)+D_2\right)$	(4.150)
	$I_2(g_n(X)) = \int g_n\sqrt{D_1\cdot g_n(X)^2+D_2\cdot g_n(X)+D_3}\;dg_n(X) =$ $= \frac{G\sqrt{G}}{3D_1}-\frac{D_2(2D_1g_n(X)+D_2)}{8D_1^2}\sqrt{G}-\frac{D_2(4D_1D_3-D_2^2)}{16D_1^2\sqrt{D_1}}\ln\left(2\sqrt{D_1G}+2D_1g_n(X)+D_2\right)$	(4.151)
	mit: $G=\sqrt{D_1\cdot g_n(X)^2+D_2\cdot g_n(X)+D_3}$	

Zahnverlustfaktor H_V Mit den Gleichungen der Lastaufteilung und des Gleitgeschwindigkeitsverlaufs kann der Zahnverlustfaktor H_V nach folgender Formel berechnet werden:

Tabelle 4.79 Lösungsgleichung zur Berechnung des Zahnverlustfaktors

Bezeichnung	Formel	Nr.
Zahnverlustfaktor	$H_V = \{\,k_{1I}\cdot[I_1(g_n(B))-I_1(g_n(A))]+k_{2I}\cdot[I_2(g_n(B))-I_2(g_n(A))]+$ $+k_{1II}\cdot[I_1(g_n(D))-I_1(g_n(B))]+k_{1III}\cdot[I_1(g_n(E))-I_1(g_n(D))]+$ $+k_{2III}\cdot[I_2(g_n(E))-I_2(g_n(D))]\}/\,p_{en}\cos\alpha_{sn}\cos\beta_{m1}$	(4.152)

Mittlere Verzahnungsreibungszahl μ_{mZ} Die mittlere Verzahnungsreibungszahl zur Bestimmung der Verlustleistung bzw. der Verzahnungswirkungsgrads berechnet sich nach Tabelle 4.80:

Tabelle 4.80 Verzahnungsreibungszahl nach [WECH87]

Bezeichnung	Formel	Nr.
mittlere Verzahnungs-reibungszahl	$\mu_{mZ} = 0{,}054 \cdot V_R V_S V_Z V_L \cdot \dfrac{(F_n \cos\beta_{b2} / b_2)^{0,05}}{K_{gm}^{\;0,6}\,\rho_n^{\;0,2}\,v_{\Sigma m}^{\;0,35}}$	(4.153)
	$V_R = X_R$ = Rauheitsfaktor nach Tabelle 4.43	
	V_S = Schmierungsfaktor	
	= 1,0 bei Einspritz- bzw. Tauchschmierung bis $t = 1/6 \cdot d_{ae2}$	
	= 0,92 bei Tauchschmierung mit Ölstand bis $0...1 \cdot b_2$ unter Tellerradachse	
	V_Z = Viskositätsfaktor	
	$= \left(\dfrac{\eta_{Öl}}{10}\right)^{-\frac{1}{\eta}}$ bei 4 mPas < $\eta_{Öl}$ < 10 mPas	
	$= \left(\dfrac{\eta_{Öl}}{10}\right)^{-0,05}$ bei $\eta_{Öl}$ > 10 mPas	
	$V_L = X_L$ = Schmierstofffaktor nach Tabelle 4.43	
	$F_n = F_{bt2} = \dfrac{2000 T_2}{d_{b2}}$ = Normalkraft der Ersatzverzahnung	
	K_{gm} = Gleitfaktor	
	$\rho_n = \rho_{Cn}$ Ersatzkrümmungsradius nach Tabelle 4.5	
	$v_{\Sigma m}$ = mittlere Summengeschwindigkeit	

Da der Ansatz für die Verzahnungsreibungszahl nach [WECH87] auf dessen Versuchsergebnissen basiert, sind bezüglich des Gültigkeitsbereiches folgende Grenzen zu berücksichtigen:

Tabelle 4.81 Grenzen der Reibungszahlgleichung nach [WECH87]

Bezeichnung	Formel	Nr.
Grenzen der Reibungszahl-gleichung	$150 \dfrac{N}{mm} < \dfrac{F_n}{\cos\beta_{b2} b_2} \le 1200 \dfrac{N}{mm}$	(4.154)
	$0{,}2 < K_{gm} \le 0{,}6$	
	$7\text{ mm} < \rho_n \le 16\text{ mm}$	
	$1\text{ m/s} < v_{\Sigma m} \le 25\text{ m/s}$	

Gleitfaktor K_{gm} Der Gleitfaktor K_{gm} stellt das Verhältnis aus der mittleren Gleitgeschwindigkeit und der Ritzelumfangsgeschwindigkeit dar. Zur Bestimmung von K_{gm} wird das Integral der relativen Gleitgeschwindigkeit über der Eingriffsstrecke berechnet und durch die Länge der Eingriffsstrecke geteilt:

Tabelle 4.82 Gleitfaktor

Bezeichnung	Formel	Nr.
Gleitfaktor	$K_{gm}=\dfrac{\int_A^E \frac{v_g(x)}{v_{t1}}dx}{g_\alpha}=\dfrac{\left\|I_1(g_n(A))+I_1(g_n(E))\right\|}{\left\|g_n(A)\right\|+\left\|g_n(E)\right\|}$ I_1 nach Tabelle 4.78 , $x = g_n(X)$ nach Tabelle 4.63	(4.155)

Mittlere Summengeschwindigkeit $v_{\Sigma m}$ Da sich die Summengeschwindigkeit über der Eingriffsstrecke nur geringfügig ändert, kann in guter Näherung mit der mittleren Summengeschwindigkeit $v_{\Sigma m}$ gerechnet werden. Diese setzt sich aus der Summengeschwindigkeit in Profilhöhenrichtung $v_{\Sigma\alpha}$ und in Flankenlängsrichtung $v_{\Sigma\beta}$ zusammen:

Tabelle 4.83 Mittlere Summengeschwindigkeit

Bezeichnung	Formel	Nr.
Summengeschwindigkeit	$v_{\Sigma m}=v_{\Sigma\gamma}(g_n(0))=\sqrt{(v_{\Sigma\alpha})^2+(v_{\Sigma\beta})^2}$ mit: $v_{\Sigma\alpha}=v_{t1}\cdot 2\cos\alpha_{sn}\cos\beta_{s1}$ $v_{\Sigma\beta}=v_{t1}\cdot(\sin\beta_{s1}-\sin\beta_{s2}\cos\beta_{s1}/\cos\beta_{s2})$ $\beta_{s1,2} < 0$ bei linksspiraligem Schrägungswinkel, $\beta_{s1,2} > 0$ bei rechtsspiraligem Schrägungswinkel	(4.156)

4.4. Beanspruchungsanalyse

4.4.1 Vorbetrachtungen

Für die Dimensionierung der Kegelräder steht ein umfangreiches Normenwerk zur Verfügung (siehe 4.2.1). Geeignet sind diese Berechnungsverfahren, um bei Vorgabe bestimmter Verzahnungsgrundgrößen schnell zu einer ersten Aussage über die Tragfähigkeit der Verzahnungspaarung zu gelangen. Allerdings können derartige Verfahren, die ausschließlich auf analytischen Ansätzen beruhen, die komplexen Zusammenhänge zwischen Belastung, Verformung und Beanspruchung bei beliebig gekrümmten Flächen nur näherungsweise beschreiben.

Ein genaueres Verfahren, das ohne eine Ersatzverzahnung auskommt, errechnet sich anhand einiger Daten der Bewegungsgleichungen einer virtuellen Maschine (siehe 3.2.3) und hieraus näherungsweise die Kontaktverhältnisse einer Kegelradverzahnung [KREN07]. Anhand dieser Kontaktverhältnisse lassen sich unter Verwendung der vorhandenen Normen bessere Tragfähigkeitskennwerte errechnen.

Für eine detaillierte Tragfähigkeitsaussage eines Getriebes, einschließlich einer genauen Tragbildentwicklung, ist eine komplexe Beanspruchungsanalyse notwendig. Ein solches Berechnungsverfahren für schräg- und bogenverzahnte sowie achsversetzte Kegelradpaarungen wird in den folgenden Abschnitten erläutert. Dieses Verfahren ist Grundlage von Berechnungsprogrammen [BAUM01], die den gegenwärtigen Stand der Technik auf diesem Gebiet widerspiegeln.

4.4.2 Methoden zur Bestimmung der Beanspruchungen im Zahneingriff

Neben den rechnerischen Methoden, deren Entwicklung in großem Maße durch die zunehmende Leistungsfähigkeit der Rechentechnik ermöglicht wurde, sind eine Reihe experimenteller Verfahren bekannt. In erster Linie dienen diese der Qualitätskontrolle bei der Zahnradfertigung und Getriebemontage, können aber auch als Kriterium von Leistungsparametern, wie Tragfähigkeit, Wirkungsgrad und Laufruhe einer Getriebestufe angesehen werden.

4.4.2.1 Experimentelle Verfahren

Tragbildprüfung mit Feinpapier Bei wenig in Zahnbreitenrichtung gekrümmten bzw. verwundenen Zahnflanken kann im Stillstand eine Messung der Last- bzw. Pressungsverteilung auf der Flanke mit Feinpapier erfolgen. Durch Druckeinwirkung ändert sich die Transparenz des belasteten, ca. 10 μm dicken Papierstreifens. Die daraus resultierende unterschiedliche Lichtdurchlässigkeit dient als Messwert für die wirkende Linienlast. Die Messung der Lastverteilung im Zahneingriff bei verschiedenen Eingriffsstellungen gestattet eine Aussage über die Belastungs- und Beanspruchungsverhältnisse der Verzahnung. Einsatzgrenzen resultieren vor allem aus der Zugänglichkeit und der Belastungsaufbringung [KUPF00].

Messung der Zahnfußspannung mit Dehnmessstreifen Die Beanspruchungen im Zahnfußbereich von Verzahnungen sind über die Messung der Dehnung in der Fußausrundung zu ermitteln. In Abhängigkeit vom Spannungszustand ist daraus die Spannung mit dem E-Modul zu berechnen. Gemessen werden die Dehnungen mit Dehnmessstreifen (DMS). Genauere Ergebnisse erhält man mit Dehnmessketten, die aus mehreren hintereinander angeordneten Einzelstreifen bestehen. Das

Messprinzip besteht in der Auswertung der Widerstandsänderung von Metalldrähten bei Längenänderung. Die Dehnmessketten werden über die Zahnbreite verteilt in den Zahngrund geklebt und zwar jeweils an die Stelle der höchsten zu erwartenden Spannung (die Mitte der DMS-Kette in Nähe der 30°-Tangente). Mit diesen DMS-Ketten erhält man entlang des Zahnfußes mehrere Messwerte, so dass sich ein Spannungsverlauf ergibt und eventuelle Ungenauigkeiten in der Lage der Ketten kaum einen Einfluss auf das zu bestimmende Spannungsmaximum haben. Der Vorteil dieser Methode besteht darin, dass durch die direkte Messung der Zahnfußdehnung Breitenlastunterschiede erkannt werden, auch wenn bei einer konventionellen Tragbildprüfung ein nahezu über die gesamte Zahnbreite verlaufendes Tragbild vorliegt. Nachteilig für eine breite Anwendung dieser Methode ist die aufwändige, konstruktiv meist zu berücksichtigende messtechnische Vorbereitung der Prüfung. Das Verfahren bleibt deshalb vorwiegend Sonder- und Großgetrieben und speziellen Untersuchungen vorbehalten [BDS91], [BAUM95], [KUNE95].

Thermographie Die beim Abwälzen zweier Zahnflanken aus Pressung und Gleitgeschwindigkeit entstehende Verzahnungsverlustleistung führt zu einer lokalen Erwärmung der Zahnflanken. Durch die Aufzeichnung des daraus entstehenden Wärmebildes erhält man ein Abbild der Flankenbeanspruchung. Die Genauigkeit der gewonnenen Informationen hängt – u.a. wegen der guten Wärmeleitfähigkeit der Räder – von der Kürze der Zeit zwischen Zahneingriff und Aufnahme des Wärmebildes ab. Die Aufnahme sollte möglichst nicht erst nach Stillstand des Getriebes, sondern im Lauf erfolgen. Dafür bietet sich eine Infrarot- bzw. Thermokamera an. Spezielle Auswertealgorithmen ermöglichen die Erfassung der Beanspruchungen des unmittelbar erfolgten Zahneingriffes. Tragbildverlagerungen durch Teilungs- und Taumelabweichungen, die bei Verwendung von Tragbildlacken durch das Überrollen verwischt werden, sind sichtbar. Innerhalb des Tragbildes lässt sich die Pressungsverteilung durch die unterschiedliche Flankentemperatur und die dadurch sichtbaren Farbunterschiede erkennen [BDS91], [GRAB90].

4.4.2.2 Berechnungsverfahren

FEM-Kontaktberechnungen Der Zahneingriff ist im Sinne der Mechanik ein Kontaktproblem. Durch eine statische, äußere Belastung werden die Zahnflanken aufeinander gedrückt, so dass diese in Wechselwirkung zueinander treten und zwischen ihnen ein flächenförmiger (näherungsweise linienförmiger) Kontakt auftritt. Größe, Lage und Form der Berührfläche sind abhängig von der Verzahnungssteifigkeit, der Verzahnungsgeometrie und der Getriebebelastung und bestimmen die gesuchten Beanspruchungen der Verzahnung. Der Zusammenhang zwischen Belastung und Verformung ist, solange sich die Zahnflanken nicht über die gesamte Länge der Traglinien berühren, nichtlinear (zusätzlich zur Hertzschen Verformung). Es ist dann ein iteratives Verfahren notwendig, um solche Probleme zu lösen. Vereinfacht dargestellt, geht man von einem Ausgangszustand (Berührlänge) aus und bestimmt damit eine Lösung (Verformung). Mit dieser Lösung wird ein angepasster Zustand (neue Berührlänge, Steifigkeit) bestimmt und mit diesem eine neue Lösung erzeugt. Die Iteration wird solange wiederholt, bis die

Änderung zwischen zwei Schritten einen vorgegebenen sehr kleinen Wert nicht mehr überschreitet und sich damit ein statisches Gleichgewicht eingestellt hat. Eingesetzt werden für die Lösung solcher Kontaktprobleme universelle, für eine breite Aufgabenpalette anwendbare, kommerzielle Finite-Element-Programme oder speziell für den Verzahnungskontakt aufbereitete Berechnungsprogramme [SCHI00], [BAUM01], [SCHA03].

Für eine komplette Beanspruchungsanalyse mit FE-Verfahren muss das FE-Modell auf das gesamte Verzahnungsumfeld ausgeweitet und im Bereich der Verzahnung, zumindest an den Stellen hoher zu erwartender Kerbspannungen (Zahnfußgebiet) sehr fein vernetzt werden. Hinsichtlich der Belastung müssen alle Eingriffstellungen erfasst werden. Trotz hoher Rechengeschwindigkeiten und der Möglichkeit große Datenmengen zu verwalten, werden derartige Berechnungen wegen des hohen Bearbeitungsaufwandes gegenwärtig nur für einzelne, spezielle Untersuchungen und für Vergleichszwecke durchgeführt. Für einen Hypoidradsatz eines Hinterachsgetriebes sind die Ergebnisse einer 3D-FE-Simulation in Abb. 4.30 beispielhaft dargestellt.

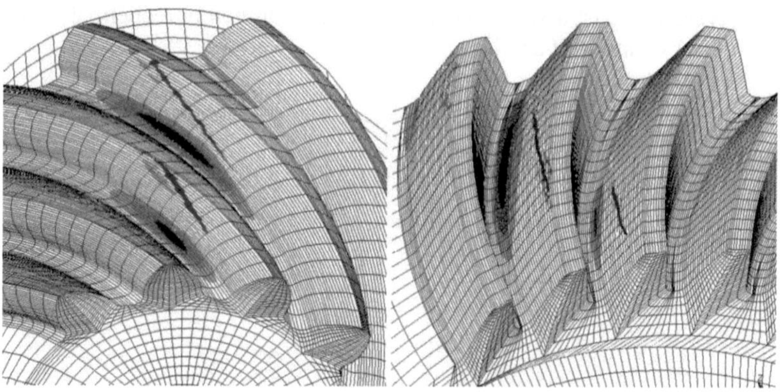

Abb. 4.30 Zahnkontaktanalyse mit FEM an einem Hypoidradsatz (links Ritzel, rechts Tellerrad) eines Hinterachsgetriebes [ZFAG]

Diese FE-Simulation hat das Ziel, die Spannungsverteilung im Zahnfuß über den Eingriff zu analysieren. Die entstehenden Traglinien auf den Zahnflanken sind deutlich zu erkennen. Eine Auswertung hinsichtlich Flankenpressung ist aufgrund der vorliegenden Netzfeinheit auf der Flanke nicht möglich. Die Berechnungen wurden für 10 Eingriffsstellungen (Wälzschritte von jeweils 0,1 p_e) vorgenommen, wovon die Ergebnisse einer Eingriffsstellung für Ritzel und Tellerrad abgebildet sind.

Berechnungsverfahren auf der Grundlage von Einflusszahlen Eine Beanspruchungsanalyse nach einem Berechnungsansatz auf der Grundlage von Einflusszahlen besteht aus zwei Hauptteilen, der Berechnung der Lastverteilung (Lösung des Kontaktproblems) und der Berechnung der sich infolge dieser Lastverteilung ergebenden Beanspruchungen.

Die Lastverteilung bei einer Verzahnung wird im realen Getriebe generell durch die Kontaktabstände der beiden Zahnflanken (Ease-Off), die elastischen Verformungen der Verzahnungen sowie der angrenzenden Bauteile (Welle, Radkörper, Lager, Gehäuse) und das Lagerspiel beeinflusst. Bedingt durch die schräg über den Zahn verlaufende Traglinie sind gleichzeitig Zahnabschnitte unterschiedlicher Steifigkeit im Eingriff, weil sie teils dem Zahnkopf, teils dem Zahnfuß näherliegen. Diese rufen – selbst bei einer konjugierten Verzahnung – eine ungleichmäßige Lastverteilung entlang der Traglinie hervor. Bei Eingriffsbeginn oder Eingriffsende bzw. bei Verzahnungen mit großer Sprungüberdeckung bleiben bestimmte Zahnabschnitte vorübergehend unbelastet und üben in unmittelbarer Nähe der belasteten Zahnabschnitte eine deutlich versteifende Wirkung aus. Da bei einer Radpaarung mehrere Zahnpaare im Eingriff sind, sind diese im Sinne parallel geschalteter Federn an der Kraftübertragung beteiligt (Abb. 4.31). Das einzelne Zahnpaar übernimmt entsprechend seiner Federsteifigkeit einen bestimmten Teil der Gesamtkraft.

Die Lastverteilung ist also mit Hilfe der Verformungen berechenbar, eine explizite, exakte Lösung gibt es nicht.

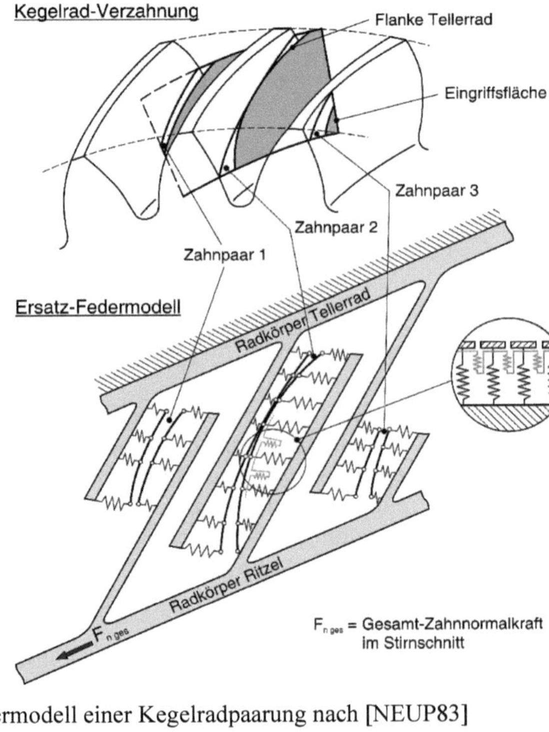

Abb. 4.31 Federmodell einer Kegelradpaarung nach [NEUP83]

Allgemeiner Berechnungsansatz zur Berechnung der Lastverteilung Berechnungsansätze zur Ermittlung der Lastverteilung müssen die komplexen Belastungs-Verformungsverhältnisse im Zahneingriff widerspiegeln.

Bewährt hat sich ein Berechnungsmodell, das auf Betrachtungen bei Stirnrädern zurückgeht und dessen Grundgedanke aus einer Reihe von Veröffentlichungen bekannt ist [ZIEG71], [SCHM73], [OEHM75], [SABL77], [HOSE78], [PLAC88]. Prinzipiell wird davon ausgegangen, dass sich alle auf die Lastverteilung auswirkenden Einflüsse überlagern lassen. Die Gesamtgröße der Verformung wird damit durch Superposition der Einzeleinflüsse erzeugt. Bei der Belastung eines Zahnpaares entsteht eine sogenannte Gesamtverformung, die sich in einer Drehwinkeländerung der beiden Zahnräder äußert. Die Gesamtverformung $f_z(s)$ in einem beliebigen Stirnschnitt s der Verzahnung in Richtung der Zahnnormalkraft ergibt sich demzufolge aus der Summe der beiden Anteile von Ritzelzahn (I) und Radzahn (II), jeweils ausgedrückt mit den Verdrehwinkeln und einem in jedem Stirnschnitt wirksamen Radius,

$$f_z(s) = f_{zI}(s) + f_{zII}(s) = \varphi_{zI}(s) \cdot r_{wI}(s) + \varphi_{zII}(s) \cdot r_{wII}(s) \qquad (4.157)$$

Der wirksame Radius $r_w(s)$ ist der Hebelarm, mit dem die Zahnnormalkraft $F_n(s)$ multipliziert ihren Anteil am Gesamtdrehmoment ergibt.

Die Summe der Verdrehwinkel aus den Einzelverformungen jedes zugehörigen Stirnschnittes muss in jedem Stirnschnitt konstant sein, wenn sich die Zähne (*I* und *II*) auf einer Linie (Kontaktlinie) berühren, d.h. theoretisch nicht ineinander dringen und auch nicht auseinanderklaffen sollen.

$$\varphi_z(s) = \varphi_{zI}(s) + \varphi_{zII}(s) \cdot (r_{wII}/r_{wI}) = \varphi_z = \text{konst.} \qquad (4.158)$$

φ_z - Gesamtverdrehwinkel, bezogen auf das Ritzel

Wird den elastischen Verformungen ein beliebiger Kontaktabstand $f_k(s)$ (auch Klaffen genannt) überlagert, so muss Formel (4.157) erweitert werden. Mit der über der gesamten Zahnbreite konstanten Verdrehung φ_z ist

$$f_z(s) = \varphi_z \cdot r_{wI}(s) + f_k(s) - g(s) \qquad (4.159)$$

Der Anteil $g(s)$ ist das nach der elastischen Verformung verbleibende Restklaffen des Zahnpaares.

Werden alle Kräfte, Verformungen, Steifigkeiten und Kontaktlinienabweichungen in Richtung der Eingriffsebene im Normalschnitt erfasst, können, auf der Grundlage der oben genannten Zusammenhänge, die Belastungs-Verformungs-Beziehungen des Zahneingriffes durch ein System linearer Gleichungen beschrieben werden.

Die Koeffizientenmatrix ist ein System von Wechseleinflusszahlen der Verformung. Als Lösungsvektor ergibt sich eine die Lastverteilung widerspiegelnde

Anzahl von Einzelkräften und der Gesamtverdrehwinkel der Radpaarung. Bekannt sind auch Darstellungen des Belastungs-Verformungs-Zusammenhanges durch eine Matrix von Stützwertepaaren eines Approximationspolynoms [MITS83], ein System von nichtlinearen Integralgleichungen [KUBO81], [BONG90] oder eine Tridiagonalmatrix, bestehend aus Abschnitts- und Koppelsteifigkeiten [BOSE95].

Die ermittelte Lastverteilung entlang der Traglinien ist Grundlage für anschließende Berechnungen der lokalen Beanspruchungen. Als Berechnungsverfahren sind numerische, analytische und teilanalytische Methoden anwendbar.

4.4.3 Spezielle Methode zur Beanspruchungsanalyse

4.4.3.1 Belastung, Beanspruchung, Sicherheit

Belastungen wirken auf die Baugruppe oder das Bauteil in Form von Drehmomenten, Biegemomenten, Kräften (auch Flieh- und Reibkräfte), Geschwindigkeiten (Drehzahlen), Temperaturen.

Beanspruchungen entstehen infolge dieser Belastungen im Bauteil und treten auf als Verformungen, Spannungen oder Erwärmungen (Abb. 4.32).

Nach einer Schadensakkumulationshypothese führt jede Beanspruchung zu einem fortschreitenden Schädigungszustand (siehe 4.2.7). Beim Überschreiten einer bestimmten Grenze führt dies zu einem Schaden wie z.B. Zahnfußbruch, Verschleiß, Grübchen, Fressen usw. (siehe 4.1). Die Grenze ist üblicherweise ein Festigkeitswert, der zu einem Sicherheitswert führt, wenn man ihn ins Verhältnis zur Beanspruchung setzt.

Auf ein Getriebe wirken als äußere Belastungen hauptsächlich Drehmomente und Drehzahlen. Diese können während einer bestimmten Betriebszeit entweder als konstante Nennlast angenommen werden oder liegen als Lastkollektiv vor.

Die Belastungen bewirken an bestimmten Stellen der Verzahnung Zahnkräfte, Reibkräfte und Geschwindigkeiten, an den Lagern Lager- und Reibkräfte und an den Wellen Biegemomente, Quer- und Längskräfte. Für eine Beurteilung der Tragfähigkeit und des Laufverhaltens einer Verzahnungspaarung sind die Zahnflanken-, Zahnfuß-, Fress- und Graufleckenbeanspruchung sowie die Zahnverformung von maßgebender Bedeutung. Die Verformungen der Lager, des Getriebegehäuses, der Getriebewellen und ggf. der Radkörper verursachen eine Verlagerung der Verzahnung und damit eine Änderung der Belastung auf der Zahnflanke und haben somit ebenfalls Einfluss auf die genannten Beanspruchungen.

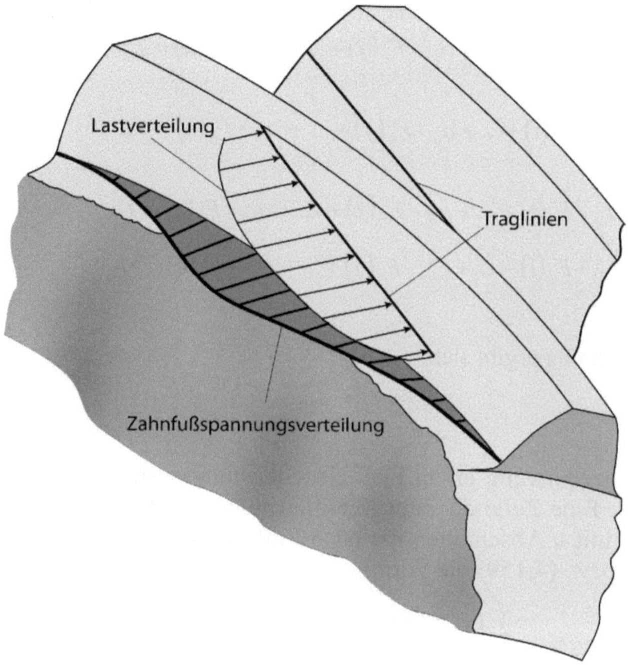

Abb. 4.32 Last- und Spannungsverteilung am Kegelrad

4.4.3.2 Berechnung der Lastverteilung nach der Methode verallgemeinerter Einflusszahlen

Grundbeziehungen Wegen der Möglichkeiten, die sich für eine einfache und übersichtliche Einbeziehung aller elastischen Verformungen im Getriebe und einer ebenso einfachen Behandlung beliebiger Traglinienabweichungen einschließlich Flankenmodifikationen ergeben, hat sich das Verfahren der Einflusszahlen als günstig erwiesen [HOSE78], [BAUM91], [BOSE95], [BSL03]. Das Prinzip beruht darauf, dass sich die Verformungen und Verschiebungen des Einzelzahnes bzw. des Zahnpaares aus den Einflüssen von nacheinander entlang der Traglinie aufgebrachten Einzellasten zusammensetzen. Dazu werden die Kontaktlinien in Abschnitte konstanter Größe zerlegt und mit Einheitskräften belegt. Es wird dabei der Übergang von einem beliebigen Stirnschnitt *s* in Formel (4.158) und (4.159) auf die jeweilige Mitte eines diskreten Abschnittes *j* bzw. *i* der Traglinie vollzogen. Die Verformung an einer Stelle *i* der Traglinie, hervorgerufen durch eine an der Stelle j angreifende Zahnnormalkraft F_n (j), berechnet sich zu:

$$f_{zij} = a_{ij}\, F_n\,(j) \qquad (4.160)$$

für i von 1 bis n und j von 1 bis n

Das Gleichungssystem für einen belasteten Zahn hat folgendes Aussehen:

$$a_{11} \cdot F_n(1) + \ldots + a_{1j} \cdot F_n(j) + \ldots + a_{1n} \cdot F_n(n) = f_{z1} \tag{4.161}$$

$$\cdot \qquad \cdot \qquad \cdot$$

$$a_{i1} \cdot F_n(1) + \ldots + a_{ij} \cdot F_n(j) + \ldots + a_{in} \cdot F_n(n) = f_{zi}$$

$$\cdot \qquad \cdot \qquad \cdot$$

$$a_{n1} \cdot F_n(1) + \ldots + a_{nj} \cdot F_n(j) + \ldots + a_{nn} \cdot F_n(n) = f_{zn}$$

$$r_{wI1} \cdot F_n(1) + \ldots + r_{wIj} \cdot F_n(j) + \ldots + r_{wIn} \cdot F_n(n) = M_{tI}$$

Für die Zahnpaarung ergibt sich:

$$f_{\text{zij}} = f_{\text{zijI}} + f_{\text{zijII}} \tag{4.162}$$

Für die Einzelpaarung erhält man ein Gleichungssystem, das dem Einzelzahn äquivalent ist. Eine Zeile des linearen Gleichungssystems für den Abschnitt *i* einer Traglinie mit *n* Abschnitten hat nach Einführung der Bedingungen nach Formeln (4.158) bzw. (4.159) die Form:

$$\sum_{j=1}^{n} \left(e_{ij}\, F_n(j) \right) + f_{ki} - g_i = \varphi_z \cdot r_{wIj} \tag{4.163}$$

e_{ij} ist die Summe der Verformungseinflusszahlen von Ritzelzahn und Radzahn:

$$e_{ij} = a_{ij\,I} + a_{ij\,II} \tag{4.164}$$

Gleichzeitig muss die Summe aller Teilmomente am Ritzel $M_t(j) = F_n(j) \cdot r_{wIj}$ einer Traglinie (p-tes Zahnpaar) gleich dem Gesamtmoment $M_{tI}(p)$ sein.

$$\sum_{j=1}^{n} F_n(j) \cdot r_{wIj} = M_{tI}(p) \tag{4.165}$$

Sind mehrere Zahnpaare gleichzeitig an der Kraftübertragung beteiligt ($\varepsilon_\gamma > 1$), so können die Gleichungssysteme (4.161), (4.163) entsprechend erweitert werden.

Für jedes sich im Eingriff befindliche Zahnpaar p mit n_p Einzellasten gilt für jede Stelle i die Gleichung:

$$\sum_{j=1}^{n_p} e(p)_{ij} F_n(p)_j + f_k(p)_i - g(p)_i = \varphi_z \cdot r_{wI}(p)_i \tag{4.166}$$

mit:

	$e(p)_{ij}$	Einflusszahl (p-tes Zahnpaar, Stelle i, Belastung bei j)
	$F_n(p,j)$	Last (p-tes Zahnpaar, Last bei j)
	φ_z	Gesamtverdrehwinkel, bezogen auf das Ritzel
	$r_w(p)_i$	wirksamer Radius am Ritzel (p-tes Zahnpaar, Stelle i)
	$f_k(p)_i$	Traglinienabweichung / Klaffmaß (p-tes Zahnpaar, Stelle i)
	$g(p)_i$	Restklaffen (*p*-tes Zahnpaar, Stelle *i*)

Da sämtliche Teilmomente des Ritzels $M_t(\mathrm{p}, j) = F_n(\mathrm{p}, \mathrm{j}) \cdot r_{\mathrm{wIj}}$ gleich dem Gesamtmoment M_{tI} sind, gilt die Gleichung:

$$\sum_{\mathrm{p}=1}^{z_k} \sum_{\mathrm{j}=1}^{n_p} F_n(p)_{\mathrm{j}} \cdot r_w(p)_{\mathrm{j}} = M_{\mathrm{tI}} \tag{4.167}$$

Von der Abschnittbreite Δb (siehe Abb. 4.37) ist in hohem Maße die Genauigkeit des Lastverlaufes abhängig. Diese sollte in der Größenordnung $0{,}5 \cdot \mathrm{m_{mn}}$ liegen, für spezielle Untersuchungen auch geringer.

Eine Lösung des vorliegenden Kontaktproblems wird generell durch iteratives Vorgehen möglich, indem zunächst eine Flankenanlage über die gesamte Traglinie angenommen wird ($g(p)_{\mathrm{i}} = 0$) und nach Lösung des Gleichungssystems bei einer erneuten Durchrechnung in Bereichen negativer Kräfte diese gleich Null gesetzt werden ($F_n(p)_{\mathrm{j}} = 0$). Das Verfahren konvergiert in der Regel nach 1 bis 2 Iterationsschritten.

Für eine zweckmäßige Lösung des Gleichungssystems liegen umfangreiche Erfahrungen vor. Die Wahl effektiver Algorithmen führt zu kurzen Rechenzeiten [BOSE95].

Ermittlung der Verformungseinflusszahlen – Methode und Einflüsse Bei Belastung eines Zahnes erfährt jeder Zahnbereich eine entsprechende Verschiebung. Setzt man die Gültigkeit des Hookschen Gesetzes voraus, sind Belastungen und Verschiebungen linear miteinander verknüpft. Werden mehrere Lasten entlang den Traglinien aufgebracht, so ruft jede einzelne von ihnen, an jedem betrachteten Punkt einer Traglinie der im Eingriff befindlichen Zahnpaare, eine Verschiebung hervor. Die resultierende Verschiebung des Punktes unter Einwirken aller Lasten ist gleich der vektoriellen Summe aller Einzelverschiebungen.

Der lineare Zusammenhang zwischen äußerer Belastung an einer Stelle und Verschiebung an dieser oder einer anderen Stelle kann durch konstante Koeffizienten, die Verformungseinflusszahlen (e_{ij}), dargestellt werden. Der erste Index kennzeichnet die Stelle, an der die Durchbiegung auftritt, der zweite Index bezeichnet die äußere Belastung, durch die der betreffende Anteil der Durchbiegung verursacht wird.

Aus der Unabhängigkeit der Reihenfolge der Lastaufbringung auf den Endzustand der Verformungsenergie ist die Symmetrie der Einflusszahlen $e_{\mathrm{ij}} = e_{\mathrm{ji}}$ abzuleiten. Die Verschiebung an der Stelle i in Richtung $F_n(i)$ durch die Kraft $F_n(j)$ ist gleich der Verschiebung an der Stelle j in Richtung $F_n(j)$ durch eine gleich große Kraft $F_n(i)$.

Die Anzahl der zur Lösung des Gleichungssystems (4.161), (4.163) erforderlichen Verformungseinflusszahlen verringert sich dadurch von k^2 auf $(k + 1)k/2$.

Die Verformungseinflusszahlen beinhalten theoretisch die Einflüsse aller elastischen Verformungen innerhalb des zu untersuchenden Getriebes. Die wichtigsten Anteile sind:

- Zahnverformungen
- Zahnradkörperverformungen
- Wellenverformungen
- Lagerverformungen
- Gehäuseverformungen.

Diese Anteile können wegen des linear vorausgesetzten Belastungs-Verformungs-Verhaltens einzeln bestimmt und kumulativ überlagert werden. Für Teile der Zahnverformung (Hertzsche Abplattung) und Verformungen der Wellenlagerung liegt diese Linearität nicht vor. In diesen Fällen kann näherungsweise eine Linearisierung im verwendeten Bereich und eine iterative Berechnung erfolgen. Eine Darstellung aller Anteile der Gesamtverformung innerhalb eines Getriebes durch Verformungseinflusszahlen ist prinzipiell möglich.

Nach einer Abschätzung des Aufwand-Nutzen-Verhältnisses hat sich für praktische Berechnungen jedoch folgendes Modell als günstig und für die betrachteten Fälle als durchaus ausreichend erwiesen: Zahn- und Zahnradkörperverformungen werden durch Verformungseinflusszahlen erfasst. Wellen-, Lager- und Gehäuseverformungen können bei der jeweiligen, über der Zahnbreite konstanten Belastung ermittelt und als sich daraus ergebende Kontaktlinienabweichung in der weiteren Berechnung berücksichtigt werden. Eine nochmalige Berechnung bei geänderter Lastverteilung verbessert das Ergebnis. Während Wellenbiegung und Wellentorsion mit einfachen Verfahren ermittelt werden können, sind Gehäuseverformungen im Allgemeinen nur über FEM-Berechnungen erfassbar.

Eine Berechnung der Lagerverformung kann für Wälzlager nach [WICH67], näherungsweise auch nach [INFA06] und für Gleitlager nach [LAST78] [DIN31652] vorgenommen werden.

Die eigentliche Zahnverformung wird wiederum als Summe verschiedener Verformungsanteile aufgefasst. Als maßgebend werden Verformungen durch Biege- und Schubbeanspruchung sowie durch Hertzsche Abplattung der Kontaktstellen angesehen. Druckverformungen treten bei massivem Radkörper in einer vernachlässigbaren Größe auf.

Ermittlung der Zahnverformung Die Lösung des Kontaktproblems mit dem Verfahren der Einflusszahlen setzt voraus, dass Ritzel- und Radzahn in Zahnbreitenrichtung in Verformungsabschnitte unterteilt werden. Die Belastung entlang der Traglinie wird entsprechend dieser Unterteilung in Einzelkräfte zerlegt, wobei die Lastaufbringung in Abschnittsmitte erfolgt. Die Abschnitte sind über gedachte Federn miteinander verbunden (Ausnahme: Hertzsche Abplattung). Sie entstehen durch Kugelschnitte mit dem Radius r durch den Kegelradzahn (Abb. 4.33).

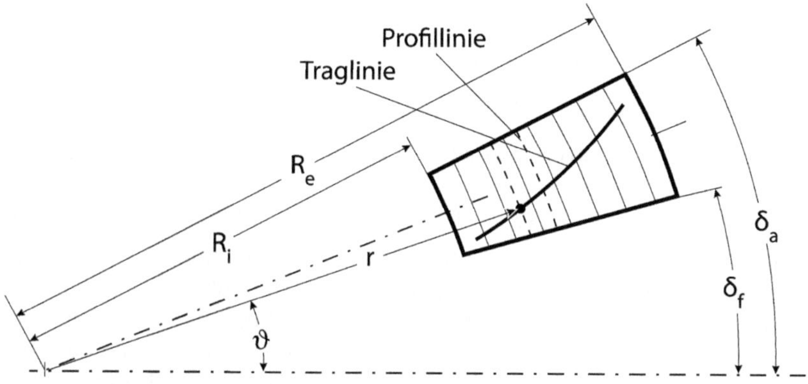

Abb. 4.33 Profillinien und Traglinie am Tellerradzahn

Eine beliebige Schnittlinie zwischen Kugelsphäre und Zahnflanke/Fußausrundung ergibt eine Profillinie. Ein Zahnabschnitt wird demnach aus zwei Kugelsphären und den Profillinien gebildet. Ein Schnittpunkt einer Profillinie in Abschnittsmitte mit einer Traglinie (berechnet innerhalb der lastfreien Zahnkontaktanalyse) ist Angriffspunkt einer Einzelkraft, er wird durch die Polarkoordinaten r und ϑ beschrieben. Das so am Tellerradzahn entstandene Flankengitter wird entsprechend der Traglinie auf den Ritzelzahn transformiert. Die Lage jedes beliebigen Punktes einer Profillinie ist über die Beschreibung der Ausgleichsflächen und der Zahndicke berechenbar, so dass die Abmessungen der Modelle zur Berechnung der Beanspruchung der Zahnabschnitte exakt vorliegen. Da derartige Modelle einer analytischen Berechnung nicht zugänglich sind, wird die Sphärik der Abschnittsseiten vernachlässigt und durch ebene Flächen angenähert.

Die folgend näher beschriebene Methode berücksichtigt die Deformation von Zahnabschnitten, die von der Krafteinleitungsstelle entfernt liegen, mit Hilfe einer bezogenen, verallgemeinerten Abklingfunktion E_∞ und schließt auf die wirkliche Deformation durch an Zahnsegmenten berechnete Nachgiebigkeiten $q\ (y)$.

Mit Hilfe einer Vielzahl durchgeführter FEM-Berechnungen wurde das Abklingverhalten der Verformung bei Wirkung einer Einzelkraft an verschiedenartigen Zahnformen untersucht und gezielt ausgewertet. Auf dieser Grundlage erfolgte die Ermittlung einer allgemeinen, relativen Abklingfunktion E [GAJE86], [KUNE99], die eine näherungsweise Bestimmung der Einflussfunktion der jeweiligen Verzahnung ermöglicht. Die Berechnungen erfolgten zunächst für Stirnradverzahnungen und wurden durch experimentelle und rechnerische Untersuchungen auf Kegelradverzahnungen übertragen [BAUM91], [BATH95].

Die Abklingfunktion ist für den unendlich breiten Zahn:

$$E_\infty(x^*) = 0{,}146 \cdot \left[\cos\left(0{,}027 \cdot x^{*3} - 0{,}333 \cdot x^{*2} + 1{,}545 \cdot x^*\right) + 1\right] \qquad (4.168)$$

mit: $x^* = |x| \,/\, m_{mn}$ bei $x^* > 6$ *ist* $E_\infty(x^*) = 0$ zu setzen.

x^* = relativer Abstand zur Krafteinleitungsstelle

Die Abklingfunktion $E_\infty(x^*)$ erfasst den prinzipiellen, von Verzahnungsparametern unabhängigen Verlauf der bezogenen Zahnverformung in der Umgebung der Lastangriffsstelle für den unendlich breiten Zahn (Abb. 4.34). Bezugsgröße ist die Nachgiebigkeit q an der Stelle y = y_F einer Zahnscheibe gleicher Verzahnungsgeometrie und einer Breite b = 1m. Die Größenunterschiede der absoluten Verformung bzw. Nachgiebigkeit infolge der speziellen, z. B. durch Zähnezahl und Profilverschiebung gegebenen Geometrie werden durch die konkrete Nachgiebigkeit q (y = y_F) der jeweiligen Verzahnung berücksichtigt.

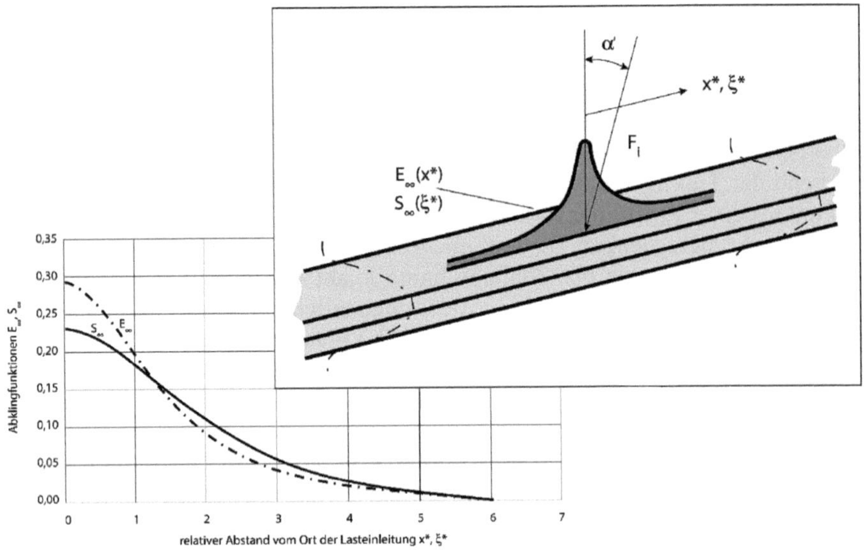

Abb. 4.34 Allgemeine Abklingfunktion der Zahnverformung E_∞ (Formel 4.169) und der Zahnfußspannung S_∞ (Formel 4.183) [KUNE99]

Unterschiedliche Eingriffsstellungen, d. h. unterschiedliche Biegehebelarme, werden demzufolge durch eine entsprechende Nachgiebigkeit $q(y = y_F)$ erfasst. Bei schräg- bzw. bogenverzahnten Kegelrädern laufen die Kontaktlinien schräg über den Zahn, so dass durch unterschiedliche Biegehebelarme und Zahndicken Zahnabschnitte unterschiedlicher Nachgiebigkeit im Eingriff sind. Die somit auch schräg über den Zahn zu ermittelnde Einflussfunktion wird bestimmt, indem für die jeweiligen, nicht unter der Krafteinleitungsstelle liegenden Zahnabschnitte die Nachgiebigkeit dieser (q (y)) durch Belastung an der Stelle y_F herangezogen wird (siehe Abb. 4.36).

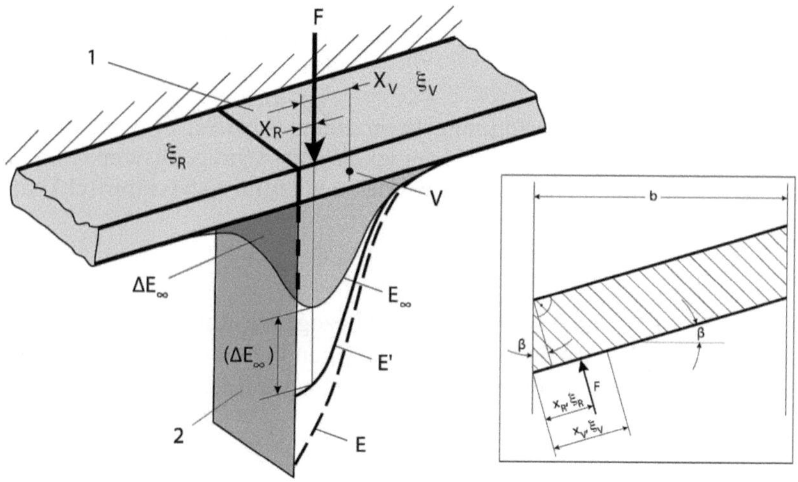

1 vereinfachtes Zahnmodell 2 Spiegelebene (Rand) V betrachtete Stelle
E_∞ Verformung ohne Randeinfluss ΔE_∞ zu spiegelnde Verformung
E' Gesamtverformung mit Randeinfluss bei ß=0°
E Gesamtverformung mit Randeinfluss und Stirnseiteneinfluss

Abb. 4.35 Ermittlung der Randverformung mit Hilfe der Spiegelungsmethode (analog gültig für Zahnfußspannungen)

Der Einfluss der endlichen Zahnbreite b bzw. des Randes auf die Abklingfunktion E_∞ des unendlich langen Zahnes wird durch eine Spiegelung des Verformungsverlaufes an der am unendlichen Zahnstreifen gedachten Zahnstirnseite berücksichtigt. Dabei werden die Verformungen, die außerhalb der Zahnbreite b liegen, den Verformungen innerhalb dieser überlagert (Abb. 4.35) [JARA50].

$$E = E_\infty + \Delta E_\infty \tag{4.169}$$

Das Ergebnis kann durch Einführung einer Korrekturfunktion W_f weiter verbessert werden.

$$E = \left[E_\infty \left(x^* = \left| x_V^* - x_R^* \right| \right) + E_\infty \left(x^* = x_V^* + x_R^* \right) \right] W_f \left(x_V^*, x_R^* \right) \tag{4.170}$$

mit $x^*_V = \dfrac{|x_V|}{m_{mn}}$; $x^*_{V\max} = 6$; $x^*_R = \dfrac{|x_R|}{m_{mn}}$, x_V, x_R nach Abb. 4.35

Der Einfluss der Stirnseitenschrägung bei Schräg- und Bogenverzahnung wird durch die Näherung W_f berücksichtigt.

$$W_f = 1 + f_G f_L \tag{4.171}$$

Durch eine weitere Funktion f_L wird das prinzipielle Abklingverhalten des Randeinflusses bei Schrägverzahnung wiedergegegeben und durch eine Größenfunktion f_G die Vergrößerung oder Abminderung der Verformung in Zahnrandnähe bei dem jeweiligen Schrägungswinkel gegenüber einer Geradverzahnung realisiert.

Der Randeinfluss der Verformung ist in einem Abstand L_R vom Rand abgeklungen. Dieser Bereich kann in Abhängigkeit vom Schrägungswinkel und bezogen auf den Normalmodul angegeben werden und ergibt sich (empirisch) zu:

$$L_R^* = \frac{L_R}{m_{mn}} = 2{,}1 \cdot \pi \cdot \tan|\beta| \qquad (4.172)$$

Für $0 < x^*_v \leq L^*_R$ und $0 < x^*_R \leq L^*_R$ (im bezogenen Abklingbereich L^*_R) kann die Größe x_{rel} für die Abklingfunktion f_L (x_{rel}), an dem die Verformungseinflusszahl zu ermitteln ist, nach Formel (4.173) berechnet werden:

$$x_{rel} = \frac{L_R^* - (x_V^* + x_R^*)/2}{L_R^*} \qquad (4.173)$$

$x_{relmin} = 0$

x^*_V, x^*_R siehe bei Formel (4.170);

Die Abklingfunktion f_L ist ebenfalls empirisch ermittelt und es wird für die stumpfe und spitze Zahnstirnseite unterschieden:

für $\beta_{St} > 0$: $$f_L(x_{rel}) = 8{,}26\, x_{rel}^5 - 15{,}6\, x_{rel}^4 + 10\, x_{rel}^3 - 2\, x_{rel}^2 + 0{,}333\, x_{rel} \qquad (4.174)$$

für $\beta_{St} < 0$: $$f_L(x_{rel}) = 1{,}027 \cdot x_{rel} \qquad (4.175)$$

Für die Größenfunktion f_G wurde ermittelt:

$$f_G(\beta_{St}) = 0{,}645\, \widehat{\beta}_{St}^3 + 1{,}454\, \widehat{\beta}_{St}^2 + 1{,}176\, \widehat{\beta}_{St} + 0{,}0435 \qquad (4.176)$$

mit: $\widehat{\beta}_{St} = |\beta|$ für Belastung an der spitzen Stirnseite und

$\widehat{\beta}_{St} = -|\beta|$ für Belastung an der stumpfen Stirnseite

$\widehat{\beta}_{St}$ in Radiant

Damit ergeben sich die Einflusszahlen zu:

$$a_{ij} = E \cdot q_{ij} \tag{4.177}$$

E Biegeeinflussfunktion, Formel 4.170

a_{ij} Einflusszahl (beschreibt den Einfluss der im Punkt j angreifenden Kraft F_{nj} auf die Verformung an der Stelle i)

q_{ij} Nachgiebigkeit einer Zahnscheibe der Breite Δb = 1 m_{mn} nach Formel 4.178 an der Stelle i infolge der Belastung am Hebelarm der Stelle j

Nachgiebigkeit Die Nachgiebigkeit $q(y)$ wird als Summe der Wirkung der Zahnnormalkraft auf den Zahn und den sich anschließenden Teil des Radkörpers aufgefasst. Es wird bei der Berechnung zunächst unterschieden in Biegeverformung (B) des Zahnes, Schubverformung (S) des Zahnes und Verformung des sich an den Zahn anschließenden Teil des Radkörpers (R). Die Verformung durch Hertzsche Abplattung wird gesondert behandelt.

$$q = q_B + q_S + q_R \tag{4.178}$$

Der Anteil der Biegenachgiebigkeit q_B wird auf der Grundlage der Gleichung der Biegelinie η eines brettförmigen Balkens mit veränderlichem Querschnitt ermittelt (siehe auch [WEBA53]). Bei Hypoidverzahnungen wird das Zahnprofil unsymmetrisch und eine gedachte Mittellinie des Zahnes ist um den Grenzeingriffswinkel α_{lim} (siehe 2.2.5.3) geneigt. Bei Berechnung des Schnittmomentes an einer Stelle y muss die infolge der nichtmittig angreifenden Druckkraftkomponente der Zahnnormalkraft entstehende Biegekomponente ergänzt werden (Abb. 4.36).

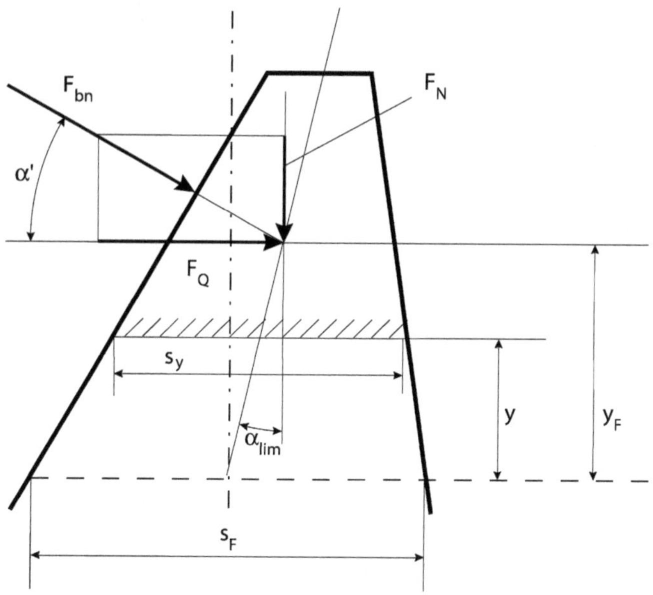

Abb. 4.36 Berechnungsmodell zur Zahnverformung

Im Unterschied zur Biegeverformung, zur Schubverformung und zur Verformung des sich an den Zahn anschließenden Teiles des Radkörpers, bei denen ein starker Wechseleinfluss zwischen den einzelnen Zahnabschnitten vorliegt, kann man näherungsweise bei den Verformungen infolge von Hertzscher Pressung davon ausgehen, dass nur der jeweilige belastete Zahnabschnitt eine Verformung erfährt. Ein Wechseleinfluss ist damit nicht zu berücksichtigen, so dass hinsichtlich dieser Einflüsse der Zahn aus entkoppelten Scheiben endlicher Breite zusammengesetzt ist. Die Zahnprofile werden durch ihre Krümmungsradien angenähert und durch zwei zylindrische Walzen ersetzt (Abb. 4.37). Infolge der Geometrie der Kegelradverzahnung sind die Krümmungsradien für jeden Punkt einer Traglinie unterschiedlich. Als Berechnungsverfahren für die Verformungsanteile kann hier der Ansatz nach Weber und Banaschek [WEBA53] benutzt werden.

Die Einflusszahlen berechnen sich jeweils für Ritzel und Rad analog zu Formel 4.177, wobei jedoch die Einflussfunktion $E = 1$ gesetzt wird (kein Wechseleinfluss).

$$a_{ij}(H) = q_{Hj} \tag{4.179}$$

H Hertzsche Verformung

q_H Nachgiebigkeit einer Zahnscheibe der Breite Δb an der Stelle j infolge Belastung an der Stelle j

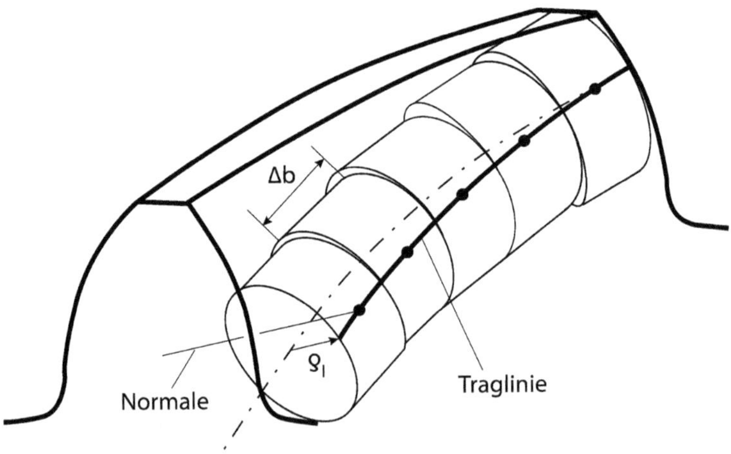

Abb. 4.37 Modell zur Berechnung der Flankenverformung und -pressung am Kegelradzahn

Die Verformungen infolge Hertzschen Kontaktes sind nicht linear, sondern degressiv lastabhängig. Durch einen Anfangswert entsprechend einer mittleren Getriebebelastung von $\sigma_{Hmax} \approx 800$ N/mm^2 für alle Zahnabschnitte kann der Belastungs-Verformungs-Zusammenhang in erster Näherung linearisiert werden. Eine Verbesserung der so berechneten Lastverteilung wird durch eine entsprechende Iteration erreicht.

4.4.3.3 Einbeziehung des Verzahnungsumfeldes

Unter dem Umfeld der Verzahnung werden die Getriebeelemente verstanden, die die Verzahnung umgeben. Dazu zählen Radkörper, Wellen, Lager und Gehäuse. Diese Bauteile/Baugruppen weisen fertigungsbedingt Maßabweichungen auf, die zu Lageabweichungen führen. Zusätzlich werden sie infolge der Getriebebelastung verformt. Da die Verzahnungen von Ritzel und Rad mit diesen Elementen „verbunden" sind, ändern sich die Relativlage der Zähne zueinander, damit die Eingriffsverhältnisse, das Tragbild und somit die Beanspruchungen für die Verzahnung. Das Verzahnungsumfeld in eine Beanspruchungsanalyse einzubeziehen ist deshalb zwingend notwendig.

Ermittelt werden die Verschiebungen und Neigungen der Teilkegel infolge:

- der Verformungen der Wellen, Lager, Radkörper und des Gehäuses
- des Lagerspieles
- der fertigungsbedingten Lageabweichungen der Lagerbohrungen im Gehäuse der Einbauabweichungen der Verzahnung.

Die lastabhängigen Verformungen entstehen durch die möglichen Belastungen: Drehmoment, Zahnkräfte der Kegelradstufe, Zusatzbelastungen auf den Wellen (z.B. Kräfte einer Stirnradstufe, Querkräfte und Biegemomente an den Wellenenden).

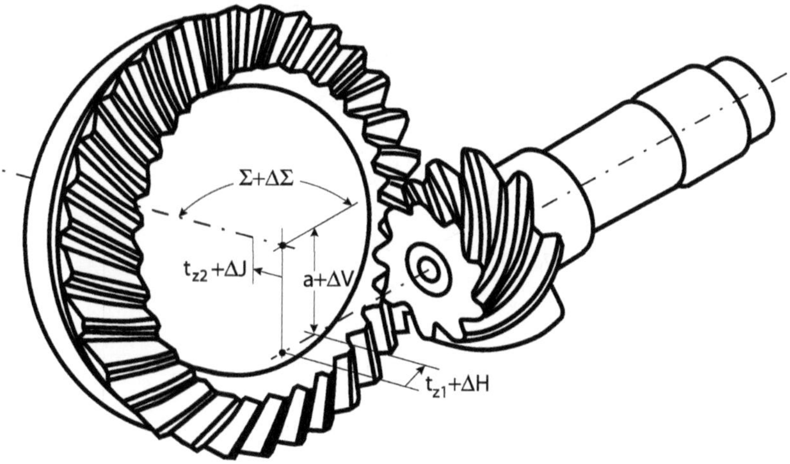

Abb. 4.38 Definitionen der Achsverlagerung

Beschrieben wird die Relativlage zwischen Ritzel und Tellerrad z.B. durch die vier möglichen Achsverlagerungen und deren Abweichungen in einem Hypoid-Kegelradgetriebe (Abb. 4.38):

– Achswinkel Σ	Achswinkel-Abweichung $\Delta\Sigma$
– Achsversatz a	Achsversatz-Abweichung ΔV
– Distanz Ritzelkegelspitze t_{z1}	Ritzelverlagerung ΔH
– Distanz Radkegelspitze t_{z2}	Radverlagerung ΔJ

Die Berücksichtigung des nichtlinearen Zusammenhanges zwischen Belastung und Verformung kann durch eine abschnittsweise Linearisierung oder durch eine iterative Vorgehensweise erfolgen.

4.4.3.4 Berechnung der Zahnflankenbeanspruchung

Als äquivalente Größe zur Charakterisierung der Zahnflankenbeanspruchung wird analog zu [DIN3990], [DIN3991], [ISO6336], [ISO10300] die in der Abplattungsfläche der belasteten Zahnflanken wirkende maximale Normalspannung, auch Hertzsche Pressung genannt, benutzt.

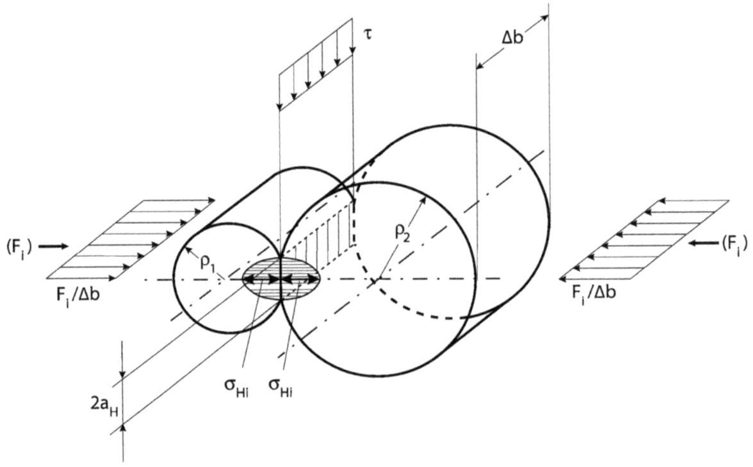

Abb. 4.39 Hertzscher Kontakt bei zylindrischen Walzen

Analog zur Berechnung der örtlichen Einsenkung wird das ursprüngliche Hertzsche Modell zweier zylindrischer Walzen in ein Modell zwei sich berührender „schiefer" Kegel mit voneinander abgewandten Spitzen modifiziert und in Zahnabschnitte (zylindrische Scheiben) diskretisiert. Die lokale Flankenpressung infolge der für den *i*-ten Flankenbereich ermittelten Belastung F_{ni} (Normalkraft) berechnet sich zu:

$$\sigma_{Hi} = \sqrt{\frac{E_i \cdot F_{ni}}{2\pi\,\Delta b\left(1-\nu^2\right)\rho_i}} \tag{4.180}$$

Die Betrachtung aller diskreten Stellen *i* einer Traglinie liefert die Pressungsverteilung für einen Zahn für eine Eingriffsstellung und nach Wiederholung des Verfahrens für den vollständigen Durchlauf einer Traglinie durch das Eingriffsfeld die gesamte Flankenbeanspruchung für einen Zahn während eines Zahneingriffes (Abb. 4.40).

Für weiterführende Berechnungen ist es auch möglich, alle Spannungskomponenten des räumlichen Spannungszustandes heranzuziehen und längs der Tiefenkoordinate eine Vergleichsspannung zu berechnen. Den Spannungsanteilen aus der Normalbelastung kann weiterhin ein Anteil infolge Reibkraft (Schubspannung τ) überlagert werden.

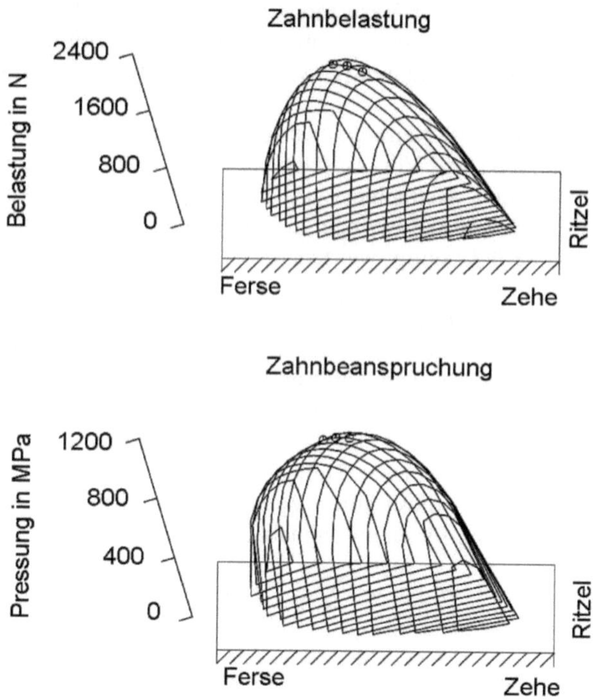

Abb. 4.40 Lastverteilung und Zahnflankenbeanspruchung

4.4.3.5 Berechnung der Zahnfußbeanspruchung

Die zu berechnende Zahnfußspannungsverteilung ist aus der zuvor ermittelten Lastverteilung zu bestimmen. Dafür sind prinzipiell zwei Lösungswege möglich:

Mit der entlang der Traglinie bekannten Belastung (Lastverteilung) wird mit Hilfe räumlicher numerischer Verfahren (FEM, BEM) die örtliche Zahnfußspannung (Kerbspannung) in Zahnbreitenrichtung berechnet. Da sich die Spannungsverteilung von der Lastverteilung unterscheidet, kann nicht nur für die Eingriffstellung mit der größten lokalen Belastung, sondern es muss in mehreren Eingriffsstellungen, möglichst für einen gesamten Durchlauf der Traglinie, durch das Eingriffsfeld gerechnet werden.

Bei dem zweiten Lösungsweg wird zunächst analog zu den Verformungsberechnungen die Einflusszahlenmethode als räumliches Verfahren genutzt, um aus der bekannten Lastverteilung den Zahnfußnennspannungsverlauf zu bestimmen. Anschließend wird für die über Kugelsphärenschnitte gebildeten Zahnabschnitte mit einem ebenen Verfahren (DIN 3990, BEM, FEM) die örtliche Zahnfußspannung berechnet.

Der zweite Weg wird unter Verwendung von Spannungskonzentrationsfaktoren nach DIN 3991 bzw. unter Nutzung [HUEN01] eines ebenen BEM-Verfahrens (Singularitätenverfahren [LINK78]) im Weiteren beschrieben.

Berechnung der Zahnfuß-Nennspannungsverteilung Das Verfahren basiert auf gleichen Grundlagen und Voraussetzungen wie die Methode zur Bestimmung der Belastungsverteilung. Betrachtet wird die hauptsächlich wirkende Zahnfußbiegespannung, die wesentlich geringeren Schub- und Druckspannungen können in ähnlicher Weise berücksichtigt werden.

Jede der Einzellasten entlang der Traglinie (Ergebnis der Lastverteilungsberechnung) erzeugt einen charakteristischen Spannungsverlauf (Einflussfunktion) im Zahnfuß (z.B. an der 30°-Tangente) entlang der Zahnbreite und ruft somit an einer beliebigen Stelle bis zu einem Abstand von ca. $6 \cdot m_{mn}$ vom Kraftangriff einen Spannungsanteil hervor. Die Überlagerung aller Anteile der Einzelkräfte ergibt den Spannungswert an dieser Stelle. Diskretisiert man wiederum die Einflussfunktion S und drückt diese durch Wechseleinflusszahlen s_{ij} aus, erhält man die Zahnfußnennspannung für einen Zahnabschnitt i.

$$\sigma_{\text{Fnenn},i} = \sum_{j=1}^{n} s_{ij} \cdot F_{nj} \tag{4.181}$$

Die Betrachtung aller diskreten Stellen im Zahnfuß liefert die Nennspannungsverteilung für einen Zahn für eine Eingriffsstellung.

Ermittlung der Spannungseinflusszahlen Die Berechnung der Spannungseinflusszahlen kann mit Hilfe eines räumlichen FE-Verfahrens [SCHA03] oder auf der Grundlage von Näherungslösungen erfolgen [SCHI00], [BAUM01]. Die hier beschriebene Methode geht auf Untersuchungen von Baumann [BAUM91], [BAUM95] und Kunert [KUNE95], [KUNE99] zurück und beruht auf der Verallgemeinerung der Ergebnisse einer Vielzahl von FEM-Berechnungen, die auch experimentell weitgehend abgesichert sind.

Die allgemeine Abklingfunktion (siehe Abb. 4.34) erfasst analog zur Zahnverformung den prinzipiellen, von den Verzahnungsparametern unabhängigen Verlauf der Zahnfußnennspannung für einen unendlich langen Zahn infolge einer Einzelkraft:

für $|\xi^*| < 6$ $$S_\infty(\xi^*) = 0{,}115\left[\cos\left(0{,}01 \cdot |\xi^*|^3 - 0{,}16\xi^{*2} + 1{,}092 \cdot |\xi^*|\right) + 1\right] \quad (4.182)$$

für $|\xi^*| \geq 6$ $$S_\infty(\xi^*) = 0 \qquad \text{mit } \xi^* = \xi/m_{mn} \quad (4.183)$$

Die Einflussfunktion für einen Zahn einer endlichen Breite b und einem Spiralwinkel β entsteht wiederum durch eine Spiegelung der Abklingfunktion S_∞, die Berücksichtigung von stumpfer und spitzer Stirnseite an Zehe bzw. Ferse in einem Faktor W_σ (Formel 4.185) sowie zusätzlich durch Erfassung des Einflusses der Änderung des Spannungszustandes an den Zahnstirnseiten gegenüber den Mittenbereichen (ebener Spannungszustand/ebener Verzerrungszustand), ausgedrückt durch den Randspannungsabfall R.

Spiegelung $$S = S_\infty + \Delta S_\infty \quad (4.184)$$

Für Verzahnungsbreiten $b < 6 \cdot m_{mn}$ muss eine mehrfache Spiegelung erfolgen. Wird dieser Grenzwert deutlich unterschritten, ist mit größeren Abweichungen im Ergebnis zu rechnen.

Form der Zahnstirnseiten $$W_\sigma(\beta_{St}) = 1 \pm 0{,}72 \cdot |\beta_{St}| \quad (4.185)$$

+ für die spitze Zahnstirnseite
- für die stumpfe Zahnstirnseite
β in Bogenmaß

Randspannungsabfall $$R(\xi^*) = \tanh(\xi_R^* + 1) \quad (4.186)$$

Einflussfunktion $$S = [S_\infty(\xi^* = |\xi_V^* - \xi_R^*|) + S_\infty(\xi^* = \xi_V^* + \xi_R^*)] \cdot W_\sigma \cdot R \quad (4.187)$$

mit: $\xi_V^* = \xi_V / m_{mn}$ und $\xi_R^* = \xi_R / m_{mn}$ (siehe Abb. 4.35)

Mit Hilfe des Spannungsbezugswertes N und dem Funktionswert S sind die Einflusszahlen s_{ij} zu bestimmen:

Einflusszahlen $$s_{ij} = S \cdot N_{ij} \quad (4.188)$$

s_{ij} beschreibt den Einfluss der im Punkt j angreifenden Kraft F_{nj} auf die Spannung an der Stelle i

Spannungsbezugswert $$N_{ij} = \frac{6 y_{Fj} \cdot \cos\alpha'_j}{s_{Fni}^2 \cdot \Delta b} \quad (4.189)$$

N_{ij} Spannungsbezugswert für eine Zahnscheibe der Breite Δb an der Stelle i infolge der Belastung an der Stelle j

Der Spannungsbezugswert N erfasst den Kraftangriff, Hebelarm h, Kraftangriffswinkel α' (siehe Abb. 4.36) der Einzelkraft an der Stelle j und die Zahndicke s_{Fn} im Zahnfuß im Normalschnitt an der jeweils betrachteten Stelle i und berechnet sich für den als eingespannten Balken modellierten Zahnabschnitt zu.

Nachdem in räumlicher Betrachtungsweise der Nennspannungsverlauf ermittelt wurde, erfolgt nun in einem zweiten Schritt die Bestimmung der örtlichen Spannung (Kerbspannung) am ebenen Modell. Die Spannungskonzentration infolge der Kerbwirkung im Zahnfuß einer Verzahnung ist vom Kerbparameter der Zahnfußausrundung $2\rho_{Fn} / s_{Fn}$ und vom Hebelarm der Belastung y_F / s_{Fn} abhängig und somit für jeden Zahnbreitenabschnitt des Berechnungsmodells unterschiedlich. Die spannungserhöhende Wirkung der Kerbe (Fußausrundung) wird für den nunmehr ebenen Fall durch jeweils einen Spannungskonzentrationsfaktor (Spannungskorrekturfaktor Y_S) ausgedrückt. Er ist definiert als das Verhältnis von örtlicher Spannung zu Nennspannung:

Spannungskonzentrationsfaktor
$$Y_S = \frac{\sigma_{\text{örtlich}}}{\sigma_{\text{nenn}}} \tag{4.190}$$

Diese Faktoren können bei relativ geringem numerischen Rechenaufwand mit 2D-FEM- oder 2D-BEM-Verfahren, für die am betrachteten Abschnitt vorliegende Geometrie der Fußausrundung (z.B. auch Schleifabsätze), exakt berechnet oder nach empirischen Beziehungen (z.B. in ISO 10300) in Abhängigkeit von Kerbparameter und Hebelarm bestimmt werden. Da der Spannungskonzentrationsfaktor wegen des Einflusses der Schubbeanspruchung auch abhängig vom Hebelarm y_F ist, muss dieser als ideelle Größe so festgelegt werden, dass das im Zahnfuß mit räumlichen Verfahren ermittelte Verhältnis von Biege- zu Schubspannung (Ermittlung analog zur Biegespannung) im gleichen Verhältnis vorliegt [LINK96]. In vertretbarer Näherung [BAUM95], [HUEN01] kann y_F dem wirklichen Hebelarm der Belastung an dieser Stelle (Einzelkraft aus der Lastverteilungsberechnung) gleichgesetzt werden. Der Spannungskorrekturfaktor nach Formel (4.51) lautet dann für einen Abschnitt i des betrachteten Kegelradzahnes:

Spannungskorrekturfaktor
$$Y_{Si} = \left(1{,}2 + 0{,}13\,\frac{s_{Fni}}{y_{Fi}}\right) \cdot \left(\frac{s_{Fni}}{2 \cdot \rho_{Fi}}\right)^{\frac{1}{1{,}21 + 2{,}3 / \left(\frac{s_{Fni}}{y_{Fi}}\right)}} \tag{4.191}$$

Die örtliche Zahnfußspannung kann nunmehr aus Nennspannung und Spannungskonzentrationsfaktor für jede Stelle i berechnet werden:

örtliche Zahnfußspannung
$$\sigma_{Fi} = \sigma_{Fnenn,i} \cdot Y_{Si} \tag{4.192}$$

Wiederholt man diese Vorgehensweise für den Durchlauf eines Zahnes durch das gesamte Eingriffsfeld, so erhält man die vollständige Zahnfußbeanspruchung, wie sie in Abb. 4.41 beispielhaft dargestellt ist.

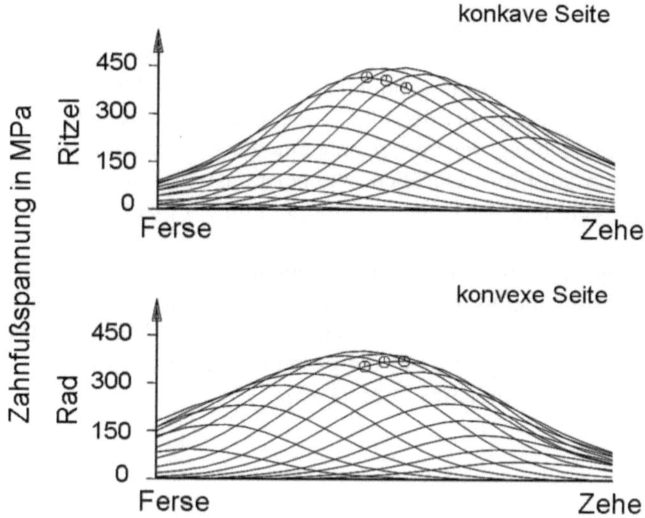

Abb. 4.41 Zahnfußspannungen für Kegelritzel und Tellerrad

4.4.3.6 Berechnung der Fressbeanspruchung, des Reibungsverlustes und des Wirkungsgrades

Fressbeanspruchung Als Beanspruchungen, die zu dem Zahnflankenschaden Fressen führen, werden eine kritische momentane, örtliche Kontakttemperatur, bestehend aus Massen- und Blitztemperatur (Verfahren nach Blok [BLOK37]) oder eine mittlere Oberflächentemperatur, gebildet aus der Summe von Massentemperatur und integrierter (mittlerer) Blitztemperatur (Integraltemperaturverfahren nach Michaelis [MICH87]), angesehen.

Der Rechenansatz nach Blok für die Bestimmung der Kontakttemperatur wird auf jeden Flankenpunkt mit den dort vorliegenden örtlichen Parametern Belastung, Krümmungsradien, Tangentialgeschwindigkeiten und Reibungszahl angewendet. Das für den ursprünglichen Berechnungsansatz verwendete Modell einer Geradverzahnung kann durch die vorgenommene Zerlegung des Kegelradzahnes in finite Zahnabschnitte auf Kegelradverzahnungen übertragen werden. Die Belastungsgrößen sind Ergebnis der Berechnungen zur Lastverteilung in 4.4.3.2, die geometrischen und kinematischen Größen folgen aus der mathematischen Beschreibung der Zahnflanken und der Drehzahl. Die Bestimmung der örtlichen Reibungszahl erfolgt nach dem gegenwärtigen Stand der Technik. Einflüsse wie z.B. ziehendes oder stemmendes Gleiten werden nicht berücksichtigt.

Die momentane, örtliche Kontakttemperatur ϑ_{Koni} wird aus der Summe der Temperatur der Kegelradzähne vor dem Eingriff (Massentemperatur ϑ_M) und dem

Maximalwert der Temperatur im Kontakt (Blitztemperatur ϑ_{fla}) gebildet. Im Unterschied zu den in 4.2.6.1 beschriebenen Verfahren wird hier eine diskrete Berechnung für finite Zahnabschnitte der jeweiligen Traglinien ermittelt. Hierbei werden die erforderlichen Werte, wie Tangentialgeschwindigkeit oder Krümmungen, an den einzelnen Berechnungspunkten nicht auf der Basis einer Näherung (Ersatzverzahnung), sondern aus der Flankengeometrie und Kinematik exakt bestimmt. Unter Einbeziehung der vorher berechneten Linienlasten sowie lokal für jeden Punkt bestimmten Einflussgrößen, wie beispielsweise der Reibungszahl, erfolgt somit die Berechnung der Kontakttemperatur an der diskreten Stelle *i*.

Die Betrachtung aller diskreten Stellen *i* der momentan im Eingriff befindlichen Traglinien liefert die Verteilung der Blitztemperatur für eine Eingriffsstellung und, nach Wiederholung des Verfahrens für den vollständigen Durchlauf einer Traglinie durch das Eingriffsfeld, die gesamte Fressbeanspruchung für einen Zahn während eines Zahneingriffes (Abb. 4.42).

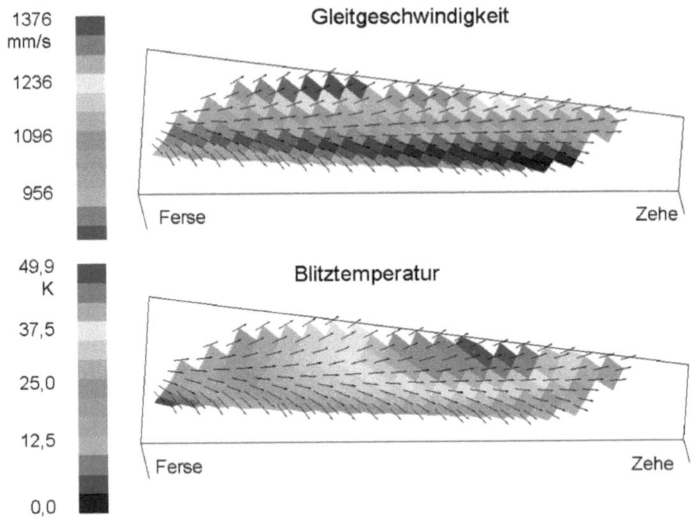

Abb. 4.42 Gleitgeschwindigkeit und Blitztemperaturverteilung

Geht man eher davon aus, dass ein Mittelwert der Temperaturblitze entlang der Eingriffsstrecke, also eine weniger hohe, aber länger einwirkende Temperatur für das Fressen maßgebend ist, kann man den aus den lokal berechneten Blitztemperaturen ϑ_{flai} vorliegenden Temperaturverlauf $\vartheta_{fla}(x)$ für einen finiten Flankenabschnitt (Zahnscheibe) entlang der Eingriffsstrecke g_α integrieren und daraus die Integraltemperatur ϑ_{int} bilden.

Integraltemperatur

$$\vartheta_{\mathrm{int}} = \vartheta_{\mathrm{M}} + C_2 \cdot \frac{\int\limits_{x=0}^{x=g_\alpha} \vartheta_{\mathrm{fla}}(x) \cdot dx}{g_\alpha} \approx \vartheta_{\mathrm{M}} + C_2 \cdot \frac{1}{k} \sum_{i=1}^{k} \vartheta_{\mathrm{fla\,i}} \tag{4.193}$$

mit: $C = C_2 = 1{,}5$ für Kegelräder (siehe Formel (4.109))

$C = C_{2H} = 1{,}8$ für Hypoidräder (siehe Formel (4.133))

Die Integraltemperatur wird für jede Zahnscheibe berechnet. Das Maximum $\vartheta_{\mathrm{int,max}}$ dieser Abschnittstemperaturen ϑ_{int} stellt den für die Flankenpaarung maßgebenden Wert dar.

Reibungsverluste und Wirkungsgrad Aus den bisherigen Berechnungen der Beanspruchungen sind die örtlichen Werte für die Belastung F_{ni}, die Tangentialgeschwindigkeiten v_{t1i} , v_{t2i} und die örtliche Reibungszahl μ_{i} bekannt. Damit ist es möglich, eine momentane, örtliche Reibverlustleistung $P_{\mathrm{Reib,i}}$ im betrachteten Punkt i der Verzahnung zu berechnen:

Reibverlustleistung

$$P_{\mathrm{Reib},i} = \mu_i \cdot F_{ni} \cdot \left| \vec{v}_{t1i} - \vec{v}_{t2i} \right| \tag{4.194}$$

Die momentane Gesamtverlustleistung $P_{\mathrm{Reib,j}}$ infolge des Wälz-Gleitens aller im Eingriff befindlichen Zahnpaare in einer Eingriffsstellung j ist dann die Summe aller zu dieser Eingriffsstellung gehörenden örtlichen Verluste:

Gesamtverlustleistung

$$P_{\mathrm{Reib,j}} = \sum_{\mathrm{i}} P_{\mathrm{Reib,ij}} \tag{4.195}$$

Die in Reibungswärme umgesetzte Arbeit $W_{\mathrm{Reib,j}}$ während des „Durchlaufes" einer Eingriffsstellung j in der Zeit Δt_{j}. Die Zeitschritte Δt_{j} ergeben sich infolge der diskreten Belegung der Profillinien mit Vernetzungspunkten und der Ritzeldrehzahl) zu:

Reibarbeit

$$W_{\mathrm{Reib,j}} = P_{\mathrm{Reib,j}} \cdot \Delta t_{\mathrm{j}} \tag{4.196}$$

Gesamtreibarbeit

$$W_{\mathrm{Reib}} = \sum_{\mathrm{j}} W_{\mathrm{Reib,j}} \tag{4.197}$$

j - alle Eingriffsstellungen innerhalb p_{e}

Antriebsleistung

$$W_{\mathrm{an}} = M_{\mathrm{t1}} \cdot \omega_1 \cdot \sum_{\mathrm{j}} \Delta t_{\mathrm{j}} \tag{4.198}$$

Verzahnungswirkungsgrad

$$\eta = 1 - \frac{W_{\mathrm{Reib}}}{W_{\mathrm{an}}} \tag{4.199}$$

4.4.3.7 Berechnung Wälzabweichung und Verzahnungssteifigkeit

Neben den Zahnflankenmodifikationen und -abweichungen sowie den Lageabweichungen aus dem Verzahnungsumfeld führen bei Belastung die in jeder Eingriffsstellung unterschiedlichen Verformungen der Verzahnung und des Umfeldes zu Drehweg-/Wälzabweichungen. Sie bringen zum Ausdruck, um welchen Drehweg sich die Kegelräder bei Belastung aufeinander zu bewegen. Von Bedeutung ist dieser Wert z.B. für Aussagen zur Dynamik des Antriebsstranges (siehe 5.4). Da in jeder Eingriffsstellung unterschiedlich steife Zahnabschnitte im Eingriff sind, schwankt die Drehwegabweichung. Sie wird als Bogen/Strecke (am Radius r_{wm}) oder als Winkel angegeben.

Die durch Verformungen hervorgerufene Drehwinkelabweichung im Normalschnitt stellt den in 4.4.3.2 beschriebenen und auf das Ritzel bezogenen Gesamtverdrehwinkel φ_z dar und kann direkt dem Lösungsvektor des Gleichungssystems zur Lastverteilungsberechnung (Formel (4.167)) entnommen werden. Die Berechnung erfolgt für jede Eingriffsstellung *i*, so dass damit, nach Projektion in den Stirnschnitt, die Drehwinkelabweichung über den gesamten Zahneingriff bekannt ist. Da in den Klaffmaßen f_{ki} der Zahnabschnitte die lastfreie Wälzabweichung φ_{korr} nicht enthalten ist (ein Zahnpaar berührt sich vor Lastaufbringung in einem Flankenpunkt) kann man eine Gesamtwälzabweichung φ_{ges} aus der Summe der lastfreien Wälzabweichung φ_{korr} und der Drehwinkelabweichung $\varphi_z \cdot \cos\beta_m$ bilden.

Gesamtwälzabweichung

$$\varphi_{ges} = \varphi_{korr} + \varphi_z \cdot \cos\beta_m \tag{4.200}$$

Die Verzahnungssteifigkeit bestimmt die Anregung innerer dynamischer Zusatzkräfte und des Getriebegeräusches sowie die Eigenfrequenz der Radpaarung. Als Zahnsteifigkeit wird das Verhältnis aus wirkender Kraft und sich einstellender Verformung angesehen (theoretisch in dem Belastungszustand, in dem alle Punkte der Traglinien in Berührung sind; dieser Zustand ist annähernd bei Nennbelastung der Verzahnung erreicht). Die in einer Eingriffsstellung φ_1 im Stirnschnitt wirkende Zahnsteifigkeit $c_{\gamma theo}(\varphi_1)$ ergibt sich aus der Summe der im Normalschnitt wirkenden Abschnittssteifigkeiten c_i.

Zahnsteifigkeit

$$c_{\gamma theo}(\varphi_1) = \cos\beta_m \cdot \sum_{i=1}^{n} c_i(\varphi_1) \tag{4.201}$$

mit

$$c_i(\varphi_1) = \frac{F_{ni}}{\varphi_z(\varphi_1) \cdot r_{wm} - f_{ki}} \tag{4.202}$$

F_{ni} am Abschnitt *i* wirkende Zahnkraft
f_{ki} am Abschnitt *i* wirkendes Klaffmaß

Durch Bezug auf die Zahnbreite *b* und Einführung eines Korrekturfaktors C_M (analog DIN 3990) zu in der Berechnung nicht erfassten Kontaktelastizitäten

(Rauhigkeit, Schmierstoff) erhält man die spezifische Eingriffssteifigkeit c'_γ in der Eingriffsstellung φ_1:

spezifische Eingriffssteifigkeit $$c'_\gamma(\varphi_1) = C_M \cdot \frac{c_{\gamma\text{theo}}(\varphi_1)}{b} \quad \text{mit } C_M \approx 0{,}8 \tag{4.203}$$

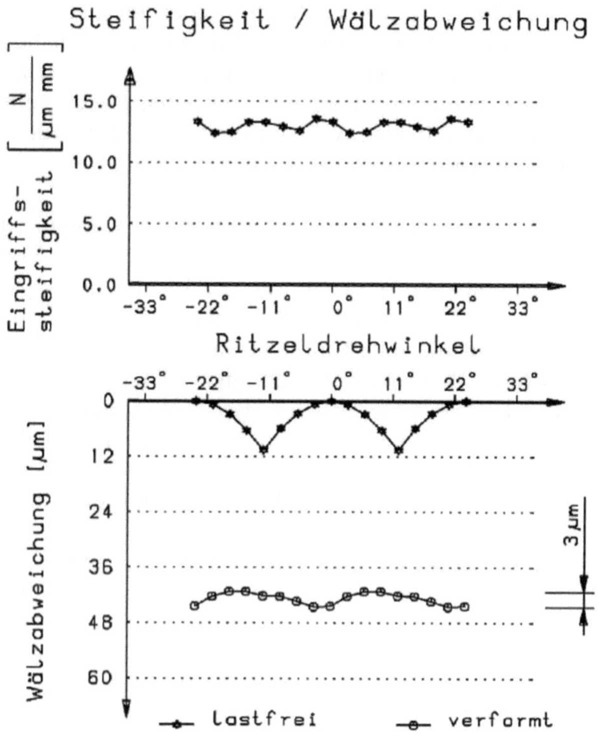

Abb. 4.43 Zahnsteifigkeit und Wälzabweichung

4.4.3.8 Aussagen zur Tragfähigkeit und Sicherheit

Der Grundgedanke für eine Aussage zur Tragfähigkeit der Verzahnungen eines untersuchten Getriebes besteht analog zu den standardisierten Berechnungsverfahren (siehe 4.2) darin, dass man die berechneten Beanspruchungen mit Festigkeitswerten vergleicht und einen Sicherheitsfaktor angibt (Formel 4.79, 4.96 und 4.108):

Sicherheitsfaktor $$S = \frac{Festigkeitswert}{Beanspruchung} \tag{4.204}$$

Man berechnet Sicherheiten gegenüber Schäden infolge Maximalbeanspruchung (bleibende Verformung, Anriss, Sprödbruch der Randschicht, Gewaltbruch), Werkstoffermüdung (Zahnbruch, Pittings, Grauflecken) und Fressen.

Der komplexen Beanspruchungsanalyse liegt ein lokales Berechnungsverfahren zugrunde (im Gegensatz zu den standardisierten Verfahren auf analytischer/empirischer Basis), bei dem die Beanspruchungen für jeden Ort der Zahnflanke und des Zahnfußes ermittelt werden. Bei konstanter äußerer Belastung ist in der Regel der jeweilige Maximalwert der Beanspruchung maßgebend und mit einem Festigkeitswert zu vergleichen, beim Vorliegen eines Belastungskollektives kann im Fall eines Ermüdungsvorganges für jeden Bereich eine Schädigung infolge der Laststufen des Kollektives (unterschiedliche Größe und Lage des Tragbildes) bestimmt werden.

Die aus [ISO6336] vorliegenden Festigkeitswerte bzw. Wöhlerlinien sind experimentell ermittelt worden und durch die Umrechnung des im Versuch ermittelten, ertragbaren Drehmomentes in eine ertragbare Beanspruchung direkt mit dem Berechnungsverfahren verbunden. Die Zahnflanke und der Zahnfußbereich werden global betrachtet und spezielle Einflüsse durch Einflussfaktoren berücksichtigt. Im Festigkeitswert selber sind z. Z. nicht quantifizierbare Einflüsse enthalten. Diese Sachverhalte sind bei einer örtlichen Betrachtungsweise zu beachten und ggf. in einem lokalen Festigkeitswert zu berücksichtigen. Da damit sowohl Beanspruchungswert als auch Festigkeitswert lokalen Charakter haben, muss der Ort der maximalen Belastung nicht zwingend der Ort der kleinsten Sicherheit sein.

Grundlage für dieses Vorgehen bilden experimentell gestützte Untersuchungen zur Tragfähigkeitsberechnung von Hypoidgetrieben nach [WIRT06] (siehe 4.2).

Zahnfußtragfähigkeit Sicherheit gegenüber Ermüdungsbruch an der Stelle *i*

Sicherheit gegenüber Ermüdungsbruch

$$S_{\mathrm{Fi}} = \frac{\sigma_{\mathrm{FPi}}}{\sigma_{\mathrm{Fi}}} \tag{4.205}$$

mit: σ_{Fi} lokal auftretende Zahnfußspannung an der Stelle *i* (Maximalwert für den kompletten Eingriff) nach Formel 4.186

σ_{FPi} lokal auftretender Festigkeitswert an der Stelle *i* im Zahnfuß Festigkeitswert für Stelle i

lokal auftretender Festigkeitswert

$$\sigma_{\mathrm{FPi}} = \sigma_{\mathrm{FE}} \cdot Y_{\delta\mathrm{relTi}} \cdot Y_{\mathrm{RrelT}} \cdot Y_{\mathrm{X}} \cdot Y_{\mathrm{NT}} \tag{4.206}$$

mit: σ_{FE} Zahnfuß-Grundfestigkeit nach Tabelle 4.20

$Y_{\delta\mathrm{relTi}}$ relative Stützziffer nach Tabelle 4.21 für die Stelle *i*

Y_{RrelT} relativer Oberflächenfaktor nach Tabelle 4.22

Y_{X} Größenfaktor nach Tabelle 4.23

Y_{NT} Lebensdauerfaktor nach Abb. 4.20

Wegen des bei Kegelrädern über der Zahnbreite veränderlichen Spannungskorrekturfaktors ist auch die Stützwirkung (Spannungsgefälle) veränderlich und somit für jede Stelle *i* zu bestimmen. Der Einfluss des über der Breite veränderlichen Moduls bei der Bestimmung des Größenfaktors wird dagegen vernachlässigt.

Die Sicherheit gegenüber bleibender Verformung, Anriss oder Sprödbruch infolge äußerer Maximalbelastung kann in Anlehnung an [DIN3990] oder [LINK96] und mit dem dabei auftretenden maximalen lokalen Zahnfußspannungswert bestimmt werden.

Zahnflankentragfähigkeit Sicherheit gegenüber Grübchen- / Pittingschäden an der Stelle *i*

Grübchensicherheit

$$S_{\mathrm{Hi}} = \frac{\sigma_{\mathrm{HPi}}}{\sigma_{\mathrm{Hi}}} \tag{4.207}$$

mit: σ_{Hi} lokal auftretende Flankenpressung an der Stelle *i* nach Formel (4.180)

σ_{HPi} lokal auftretender Festigkeitswert an der Stelle *i* auf der Flanke

Festigkeitswert für die Stelle *i*

Festigkeitswert für Stelle *i*

$$\sigma_{\mathrm{HPi}} = \sigma_{\mathrm{Hlim}} \cdot Z_{\mathrm{X}} \cdot Z_{\mathrm{L}} \cdot Z_{\mathrm{R}} \cdot Z_{\mathrm{v}} \cdot Z_{\mathrm{W}} \cdot Z_{\mathrm{NT}} \cdot Z_{\mathrm{Si}} \cdot Z_{\mathrm{Hypi}} \tag{4.208}$$

mit: σ_{Hlim} Ermüdungsfestigkeit nach Tabelle 4.31

Z_{X} Größenfaktor nach Tabelle 4.31

Z_{L} Schmierstofffaktor nach Tabelle 4.32

Z_{R} Rauheitsfaktor nach Tabelle 4.33

Z_{v} Geschwindigkeitsfaktor nach Tabelle 4.34

Z_{W} Werkstoffpaarungsfaktor nach Tabelle 4.35

Z_{NT} Lebensdauerfaktor nach Abb. 4.22

Z_{Si} Schlupffaktor für Stelle *i* nach [FVA411]

Z_{Hypi} Hypoidfaktor für Stelle *i* nach Tabelle 4.36

Die Faktoren Z_{Si} und Z_{Hypi} sind von den lokalen Geschwindigkeitsverhältnissen (Tangentialgeschwindigkeiten, Schlupf) abhängig und somit für jede Stelle *i* auf der Kegelradflanke unterschiedlich.

Die Sicherheit gegenüber bleibender Verformung, Anriss oder Sprödbruch der Randschicht infolge äußerer Maximalbelastung kann wiederum in Anlehnung an [DIN3990] oder [LINK96] und mit dem dabei auftretenden maximalen lokalen Flankenpressungswert bestimmt werden.

Fresstragfähigkeit Sicherheit gegenüber Fressschäden nach [BLOK37]:

Fresssicherheit nach Blok

$$S_B = \frac{\vartheta_S - \vartheta_Ö}{\vartheta_{Koni} - \vartheta_Ö} \tag{4.209}$$

mit: $\vartheta_{B\,i}$ örtliche Kontakttemperatur an der Stelle *i* nach Formel 4.97

$\vartheta_{Öl}$ Schmieröltemperatur vor dem Eingriff

ϑ_S Fresstemperatur näherungsweise nach Tabelle 4.48

Sicherheit gegenüber Fressschäden nach der Integraltemperatur berechnet sich nach Formel 4.60

Eine lokale Behandlung der Graufleckenbeanspruchung ist prinzipiell möglich und wegen der Abhängigkeit der Tragfähigkeit von den Geschwindigkeitsverhältnissen und der örtlichen Flankenpressung auch sinnvoll. Allerdings liegen gegenwärtig noch keine mit Versuchsergebnissen abgeglichenen Untersuchungen zu einem lokalen Tragfähigkeitsnachweis vor.

4.5 Literatur

[AGMA2003] ANSI / AGMA 2003-A86, Rating Pitting Resistance and Bending Strength of Generated Straight Bevel, Zerol Bevel, and Spiral Bevel Gear Teeth, 1986

[ANNA03] Annast, R.: Kegelrad-Flankenbruch, Diss. TU München, 2003

[BAUM91] Baumann, V.: Untersuchungen zur Last- und Spannungsverteilung an bogenverzahnten Kegelrädern. Diss. TU Dresden, 1991

[BAUM95] Baumann, V.; Thomas, J.: Grundlagen zur Ermittlung der Zahnflanken- und Zahnfußbeanspruchung bogenverzahnter Kegelräder auf Basis experimentell gestützter Näherungsbeziehungen. FVA-Heft 429, 1995

[BAUM01] Baumann, V.; Bär, G.; Haase, A.; Hutschreiter, B.; Hünecke, C.: Programm zur Berechnung der Zahnfußbeanspruchung an Kegelrad- und Hypoidgetrieben bei Berücksichtigung der Verformungen und Abweichungen der Getriebeelemente. FVA-Heft 548, 2001

[BECK91] Becker, E.; Dorn, G.; Stammberger, K.: Messung und Korrektur des Breitentragens von Zahneingriffen im Groß- und Sondergetriebebau. Antriebstechnik 30, Nr. 8, 1991

[BLOK37] Blok, H.: Theoretical Study of Temperature Rise at Surface of Actual Contact Under Oiliness Lubricating. Proc. Gen. Disc. Lubric., IME, London 2, 1937

[BLOK67] Theyse, F. H., Die Blitztemperaturhypothese nach Blok und ihre praktische Anwendung bei Zahnrädern, in: Schmiertechnik, Ausgabe Jan./Feb., 1967

[BONG90] Bong, H.-B.: Erweiterte Verfahren zur Berechnung von Stirnradgetrieben auf der Basis numerischer Simulation und der Methode finiter Elemente. Diss. RWTH Aachen, 1990

[BOSE95] Börner, J.; Senf, M.: Verzahnungsbeanspruchung im Eingriffsfeld – effektiv berechnen. Antriebstechnik 34, 1995

[BSL03] Börner, J.; Senf, M.; Linke, H.: Beanspruchungsanalyse bei Stirnradgetrieben – Nutzung der Berechnungssoftware LVR. DMK 2003, Dresden, 2003

[BYAE96] Bayerdörfer, I.; Michaelis, K.; Höhn, B.-R.; Winter, H.: Method to Assess the Wear Characteristics of Lubricants – FZG Test Method C/0,05/90:120/12, DGMK Information Sheet, Project Nr. 377, November 1996

[DIN3990] Tragfähigkeitsberechnung von Stirnrädern, 1994

[DIN3991] Tragfähigkeitsberechnung von Kegelrädern ohne Achsversetzung, 1988

[DIN31652] Hydrodynamische Radial-Gleitlager im stationären Betrieb, 1983

[DIN51354] FZG-Zahnrad-Verspannungs-Prüfmaschine, 1990

[DNV41.2] Det Norske Veritas: Calculation of Gear Rating of Marine Transmissions, Classification Notes No. 41.2, 1993

[DOLE03] Doleschel, A.: Wirkungsgradberechnung von Zahnradgetrieben in Abhängigkeit vom Schmierstoff, Diss. TU München, 2003

[FRES81] Fresen, G.: Untersuchungen über die Tragfähigkeit von Hypoid- und Kegelradgetrieben (Grübchen, Ridging, Rippling, Graufleckigkeit und Zahnbruch), Diss. TU München, 1981

[FVA2] FVA-Informationsblatt zum Forschungsvorhaben Nr. 2/IV „Pittingtest“, 1997

[FVA44] FVA-Forschungsheft Nr. 237 zum Forschungsvorhaben Nr.44/IV, 1986

[FVA54] FVA-Informationsblatt zum Forschungsvorhaben Nr. 54/7 „Testverfahren zur Untersuchung des Schmierstoffeinflusses auf die Entstehung von Grauflecken bei Zahnrädern“, 1993

[FVA125] Abschlussbericht zum FVA-Forschungsvorhaben Nr. 125/III „Zahnflankenlebensdauer“, 1995

[FVA188] Abschlussbericht zum FVA-Forschungsvorhaben Nr. 188/II „Zahnfuß-Betriebsfestigkeit“, 1996

[FVA243] FVA-Informationsblatt zum Forschungsvorhaben Nr. 243 „EP-Fressen“, 1996

[FVA319] FVA-Informationsblatt zum Forschungsvorhaben Nr. 319 „Lastverteilungsmessung mit Feinpapier“, 2000

[FVA345] FVA-Informationsblatt zum Forschungsvorhaben Nr. 345 „Wirkungsgradtest“, 2003

[FVA411] Abschlussbericht zum FVA-Forschungsvorhaben Nr. 411 „Hypoid-Tragfähigkeit“, 2008

[GAJE86] Gajewski, G.: Ermittlung der allgemeinen Einflussfunktion für die Berechnung der Lastverteilung bei Stirnrädern. Forschungsbericht TU Dresden, 1986

[GEIS01] Geiser, H.: Dynamische Zahnkräfte Programm. FVA-Heft 635, 2001

[GRAB90] Grabscheidt, J.; Hirschmann, K. H.; Kleinbach, K., Lechner, G.: Qualitätsbeurteilung von Getrieben durch Thermografie. Antriebstechnik 29, Nr. 5, 1990

[HOSE78] Hohrein, A; Senf, M.: Untersuchungen zur Last- und Spannungsverteilung an schrägverzahnten Stirnrädern. Diss. TU Dresden, 1978

[HUEN01] Hünecke, C.: Untersuchungen zur Zahnfußbeanspruchung bogenverzahnter Kegelräder ohne und mit Achsversatz auf Basis der genauen Zahngeometrie. Diss. TU-Dresden, 2001

[INFA06] Wälzlagerkatalog. Schaeffler KG, 2006

[ISO6336] Calculation of load capacity of spur and helical gears, Part 1-6, 1996

[ISO10300] Calculation of load capacity of bevel gears, Part 1 – 3, 2001

[ISO10825] Gears – Wear and damage to gear teeth, 1995

[ISO17485] Bevel gears - ISO system of accuracy, 2006

[ISO23509] Bevel and hypoid gear geometry, 2006

[ISO/TR13989] Calculation of scuffing load capacity of cylindrical, bevel and hypoid gears, Part 1-2, 2000

[JARA50] Jaramillo, T.J.: Deflections and Moments Due to a Concentrated Load on a Cantilever Plate of Infinite Length. Journal of Applied Mech. Vol. 17, Trans. ASME Vol 72, 1950

[KAES77] Käser, W.: Beitrag zur Grübchenbildung an gehärteten Zahnrädern, Einfluss von Härtetiefe und Schmierstoff auf die Flankentragfähigkeit, Diss. TU München, 1977

[KN3029] Auslegung von Hypoid-Getrieben mit Klingelnberg Zyklo-Palloid-Verzahnung. Klingelnberg GmbH, 1995

[KNAU88] Knauer, G.: Zur Grübchentragfähigkeit einsatzgehärteter Zahnräder, Einfluss von Werkstoff, Schmierstoff und Betriebstemperatur, Diss. TU München, 1988

[KREN07] Krenzer, T.: The Bevel Gear. Rush NY 14543, 2007

[KUBO81] Kubo, A.: Estimation of Gear Performance. International Symposium of Gearing & Power Transmission, Tokyo 1981

[KUNE95] Kunert, J.; Trempler, U.; Wikidahl, F.: Weiterentwicklung der Grundlagen zur Ermittlung der Lastaufteilung und Lastverteilung bei außenverzahnten Gerad- und Schrägstirnrädern durch Verformungs- und Spannungsmessung. FVA-Heft 458, 1995

[KUNE99] Kunert, J.: Experimentell gestützte Untersuchungen zum Verformungs- und Spannungsverhalten an außenverzahnten Stirnrädern für eine verbesserte Beanspruchungsanalyse. Diss. TU Dresden, 1999

[LAST78] Lang, O.R.; Steinhilper, W.: Berechnung und Konstruktion von Gleitlagern mit konstanter und veränderlicher Belastung. Springer-Verlag, Berlin, 1978

[LINK78] Linke, H.: Ergebnisse und Erfahrungen bei der Anwendung des Singularitätenverfahrens zur Ermittlung der Spannungskonzentration an Verzahnungen. Wiss. Zeitschrift der TU Dresden, Heft 3/4, 1978

[LINK96] Linke, H.: Stirnradverzahnung. Hanser-Verlag, München, Wien, 1996

[MICH87] Michaelis, K.: Die Integraltemperatur zur Beurteilung der Fresstragfähigkeit von Stirnradgetrieben. Diss. TU München, 1987

[MITS83] Mitschke, W.: Beitrag zur Untersuchung des Einflusses der Radkörpergestaltung auf die Lastverteilung der Verzahnung. Diss. TU Dresden, 1983

[NEUP83] Neupert, B.: Berechnung der Zahnkräfte, Pressungen und Spannungen von Stirn- und Kegelradgetrieben. Diss. TH Aachen, 1983

[NIEM86.2] Niemann, G.; Winter, H.: Maschinenelemente Band II, Springer-Verlag, 1986

[OEHM75] Oehme, J.: Beitrag zur Lastverteilung schrägverzahnter Stirnräder auf der Grundlage experimenteller Zahnverformungsuntersuchungen. Diss TU Dresden, 1975

[OLRI64] Olendorf, H.; Richter, W.: Stirnradgetriebe-Zahnreibung, Verlustreibung und Erwärmung, Vieweg, 1964

[PLAC88] Placzek, Th.: Lastverteilung und Flankenkorrektur in gerad- und schrägverzahnten Stirnradstufen. Diss. TU München, 1988

[SABL77] Sablonski, K.I.: Das Zahnradgetriebe – Lastverteilung. Verlag Technik, Kiew, 1977

[SCHA03] Schäfer, J.: Kontaktmodell mehrfacher Zahneingriff – Berechnung von Stirnradpaarungen mit Mehrfacheingriffen mit Hilfe der Finiten-Elemente-Methode. FVA-Heft 723, 2003

[SCHI00] Schinagl, S.: Ritzelkorrektur, Programmbeschreibung (RIKOR G), FVA-Heft 481, 2000

[SCHM73] Schmidt, G.: Berechnung der Walzenpressung schrägverzahnter Stirnräder unter Berücksichtigung der Lastverteilung. Diss. TU München, 1973

[SCHR00] Schrade, U.: Einfluss von Verzahnungsgeometrie und Betriebsbedingungen auf die Graufleckentragfähigkeit von Zahnradgetrieben, Diss. TU München, 2000

[THOM98] Thomas, J.: Flankentragfähigkeit und Laufverhalten von hartfeinbearbeiteten Kegelrädern, Diss. TU München, 1998

[WEBE53] Weber, C.; Banaschek, K.: Formänderung und Profilrücknahme bei gerad- und schrägverzahnten Rädern. Schriftreihe Antriebstechnik, Heft 11, Vieweg, Braunschweig, 1953

[WECH87] Wech, L.: Untersuchungen zum Wirkungsgrad von Kegelrad- und Hypoidgetrieben, Diss. TU München, 1987

[WICH67] Wiche, E.: Radiale Federung von Wälzlagern bei beliebiger Lagerluft. Konstruktion 19, 1967

[WIRT06] Höhn, B.-R.; Michaelis, K.; Wirth, Chr.: Entwicklung eines Berechnungsverfahrens zur Grübchen- und Zahnfußtragfähigkeit von Hypoidrädern. FVA-Forschungsreport 2006, Würzburg, 2006

[ZFAG] Zahnradfabrik Friedrichshafen AG

[ZIEG71] Ziegler, H.: Verzahnungssteifigkeit und Lastverteilung schrägverzahnter Stirnräder. Diss. RWTH Aachen, 1971

5 Geräuschverhalten

5.1 Ursachen der Geräuschanregung

Die Hauptursache der Geräuschemission eines Zahnradgetriebes ist die Verzahnung selbst. Durch den Zahneingriff kommt es im Getriebe zu einer periodischen Schwingungsanregung, die zum einen zur Emission von direktem Luftschall führt und zum anderen als Körperschall an die Gehäuseoberfläche des Getriebes weitergeleitet und dann von dort als indirekter Luftschall abgestrahlt wird (Abb. 5.1).

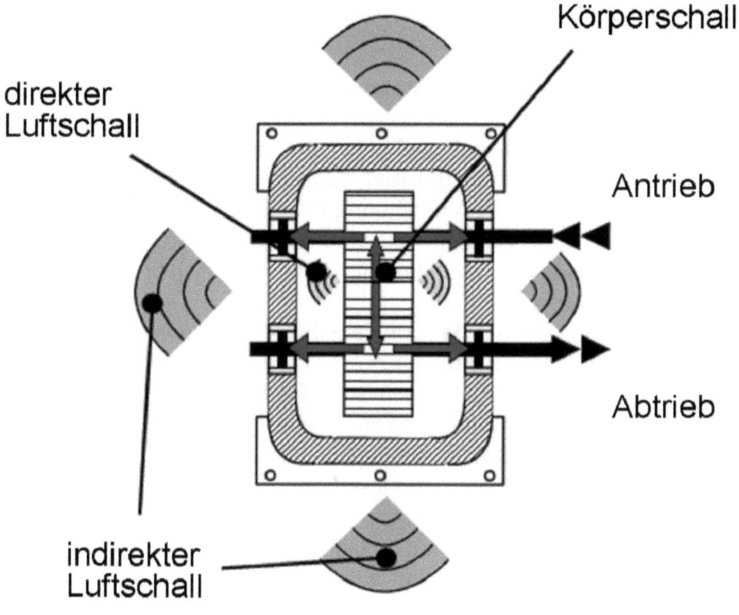

Abb. 5.1 Schallentstehungskette [WZL]

Zur Verdeutlichung der Wirkmechanismen, die das Schwingungsverhalten einer Verzahnung bestimmen, ist in Abb. 5.2 beispielhaft das Torsionsschwingungsmodell eines einstufigen Zylinderradgetriebes dargestellt. Die nachfolgenden Aussagen gelten sowohl für Stirnrad- als auch für Kegelradgetriebe. Das Modell setzt sich im Wesentlichen aus den zwei Radkörpern des Getriebes zusammen, die über ein Koppelglied miteinander verbunden sind. Die Anbindung des Drehschwingungsmodells an das Getriebegehäuse erfolgt über Feder-Dämpfer-Elemente, die die Lager und Gehäusesteifigkeiten sowie deren Dämpfungseigenschaften abbilden.

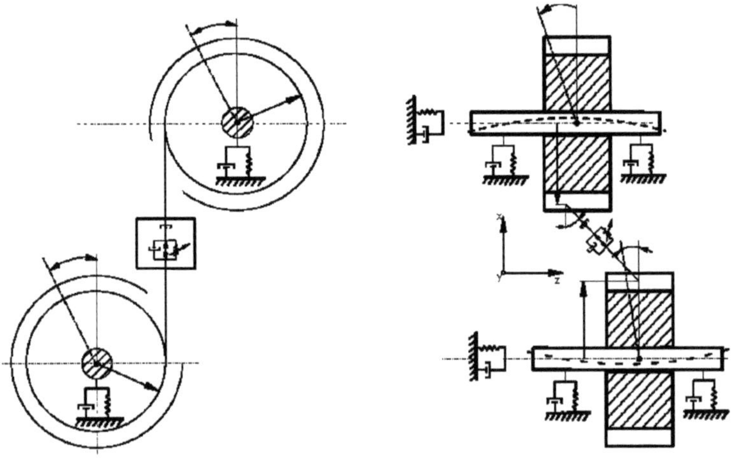

Abb. 5.2 Schwingungsmodell eines einstufigen Zylinderradgetriebes

Die drei wichtigsten Einflussgrößen auf die innere Anregung und das Verhalten des Schwingungssystems sind die Weganregung, der Eingriffsstoß und die Steifigkeitsschwankungen der Verzahnung [VDI90]. Bei der gesondert aufgeführten Anregung durch den Zahneingriffsstoß ist anzumerken, dass es sich hierbei eigentlich auch um eine Weganregung handelt [TESC69], [TOSH61].

Die Weganregung ist bei Stirnradverzahnungen entweder auf fertigungsbedingte, geometrische Abweichungen des Evolventenprofils oder auf gezielt aufgebrachte Flankenformmodifikationen zurückzuführen [TOPP66]. Für Kegelradverzahnungen bedeutet dies im übertragenen Sinn, dass die Flankentopographie von der theoretisch exakten, konjugierten Verzahnung abweicht. Die Ursache hierfür kann sowohl eine bewusste Gestaltung der Flankentopographie bzw. des Ease-Off, als auch fertigungsbedingte Abweichungen der Flankentopographie sein. Außerdem treten bei Kegelradverzahnungen auch verfahrensbedingte Topographieabweichungen auf, da nur mit wenigen Verfahren konjugierte Verzahnungen herstellbar sind. Üblicherweise werden diese Abweichungen in Kauf genommen, um andere Vorteile, z.B. hohe Produktivität, eines Verfahrens zu nutzen.

Neben den Abweichungen der Flankentopographie führen auch fertigungs- und lastbedingte Teilungsabweichungen zu einer Weganregung. Abbildung 5.3 zeigt hierzu beispielhaft die Zusammenhänge zwischen Flankenform- und Teilungsabweichungen auf den quasistatischen Drehfehlerverlauf einer Stirnverzahnung mit evolventischem Profil. Betrachtet man den Verlauf der Profilabweichung, so ist zu erkennen, dass lediglich im Bereich des Wälzkreises eine Berührung der beiden exakten Profile stattfindet. Dort wird der Drehfehler zu Null. Durch die Profilabweichungen in den Bereichen außerhalb dieses Punktes resultiert ein parabelförmiger Drehfehler.

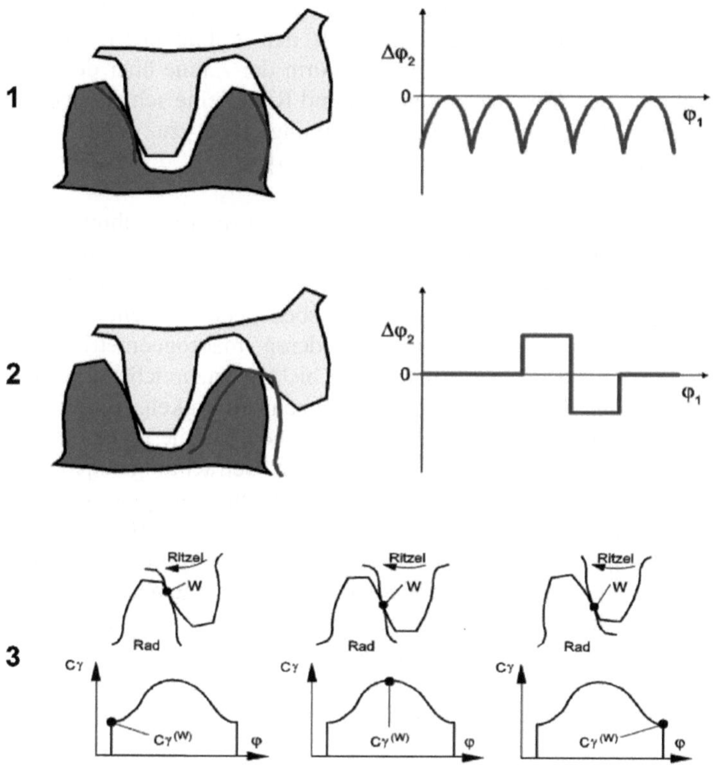

1	Weganregung	Verursacht durch Flankenmodifikation-, last- oder montagebedingte Topographieabweichungen
2	Stoßanregung	Impulsartige Weganregung, verursacht durch fertigungs-, und/oder lastbedingte Teilungsfehler
3	Parameteranregung	Steifigkeitsschwankung, verursacht durch die über den Zahneingriff veränderliche Zahnpaarsteifigkeit

Abb. 5.3 Anregungsmechanismen für Verzahnungsgeräusche

Punkt 2 aus Abb. 5.3 zeigt den Einfluss einer Teilungsabweichung auf den lastfreien Drehfehler. Da die Profilform durch die Teilungsabweichung nicht beeinflusst wird, ändert sich der Drehfehler in Form eines stufenförmigen Sprunges, dessen Amplitude dem umgerechneten Winkel der Teilungsabweichung entspricht. Aufgrund des sprunghaften Wechsels im Drehfehlerverlauf kommt es selbst im lastfreien Zustand zu enormen Beschleunigungsvorgängen. Unter Betriebsbedingungen führt dies zu einer impulsartigen Belastung der Zahnflanken. Daher wird hier der Begriff „Stoß“ dem Begriff „Weganregung“ vorgezogen.

Durch eine Überlagerung von Form- und Teilungsabweichungen kann der Stoßeffekt verändert werden. Eingehendere Untersuchungen über die Zusammenhänge zwischen den Abweichungen der Verzahnungsgeometrie und dem lastfreien Drehfehler sind insbesondere von [FAUL68], [OPIT69] und [NAUM69] durchgeführt worden. Neben den Teilungs- und Topographieabweichungen, die einen Radsatz zu Schwingungen anregen können, zeigt Punkt 3 in Abb. 5.3 die dritte Ursache für die Geräuschanregung durch den Zahneingriff, die Steifigkeitsschwankung. Aus der sich verjüngenden Form der Zähne über der Profilhöhe resultiert während des Abwälzens von Rad und Ritzel eine schwankende Zahnpaarfedersteifigkeit. Diese Steifigkeitsschwankung führt zu einer parametrischen Schwingungsanregung des Radsatzes [BOSC65].

Während bei zahlreichen Untersuchungen an Stirnradverzahnungen ein eindeutiger Zusammenhang zwischen der Kontaktgeometrie, dem Steifigkeitsverlauf und dem Geräuschverhalten nachgewiesen werden konnte [BOSC65], [MÖLL82], [WECK92], beschränkte sich eine steifigkeitsbezogene Beurteilung des Laufverhaltens von Kegelradgetrieben bisher auf deren makrogeometrische Auslegung [BECK99]. Eine Ursache hierfür ist in den bislang unzureichend genauen Berechnungsmethoden für die Ermittlung der Zahnpaar-Steifigkeits-verläufe, die die genauen Kontaktverhältnisse berücksichtigt, zu sehen. Da die parametrische Schwingungsanregung für alle weiteren dynamischen Betrachtungen jedoch besonders wichtig ist, werden derzeit neue Ansätze zur Berechnung dynamischer Zahnkräfte verfolgt, auf die in Kapitel 5.4 näher eingegangen wird. Bisher wird daher der Gestaltung des Drehfehlerverlaufes bei der Geräuschoptimierung von Kegelradverzahnungen eine wesentlich größere Bedeutung beigemessen als dem Verlauf der Zahnpaar-Federsteifigkeiten. Vergleicht man hierzu die maximalen Drehfehler von Stirn- und Kegelradverzahnungen, so erreichen die Zahneingriffsamplituden des Drehfehlers bei Kegelrädern häufig Werte, die mehr als doppelt so groß sind, wie die von Stirnrädern [WECK99], [WECK00], [WECK02].

Eine weitere Ursache für Schwingungsanregungen bei Verzahnungen kann durch die Oberflächenstruktur der Zahnflanke bedingt sein. Prinzipiell gehören Strukturen oder Welligkeiten in den Bereich der Formabweichungen. Da sie von ihrer Größenordnung kleiner sind als Balligkeitsabweichungen, Winkelabweichungen und Flankenverwindungen, werden sie jedoch in der Regel gesondert betrachtet.

Um das Geräuschverhalten eines Zahnradgetriebes zu beeinflussen, lassen sich verschiedene Maßnahmen durchführen. Die derzeit hierfür sinnvollste Maßnahme ist eine primäre Aktivmaßnahme, d.h. die Reduzierung der Schwingungsanregung durch den Zahneingriff [DIET99]. Im folgenden Kapitel werden die Möglichkeiten und Werkzeuge aufgezeigt, die dem Konstrukteur zur gezielten Optimierung der Geräuschanregung bei der Auslegung von Kegelrad- und Hypoidverzahnungen zur Verfügung stehen.

5.2 Geräuschanregung durch Verzahnungsauslegung

5.2.1 Optimierung der Makrogeometrie

Die Ansprüche an die Geräuschemission speziell bei Fahrzeuggetrieben steigen durch den insgesamt verbesserten Geräuschkomfort der Fahrzeuge. Motor-, Wind- und Fahrgeräusche werden bei Tests von den Fahrzeugprüfern und Medienvertretern sehr kritisch beurteilt. Die Fahrzeuge werden bereits an vielen Stellen mit geräuschdämmenden Materialien ausgerüstet, diese bedingen aber wiederum ein Mehrgewicht und Mehrkosten. Es ist daher das wichtigste Ziel des Kegelradkonstrukteurs, die Anregungen, die sich aus der Verzahnung ergeben, zu minimieren. Neben der Makrogeometrie (Radkörper) sind auch die Mikrogeometrie (Ease-Off), die Oberflächenstruktur und die Verzahnungsqualität von wesentlicher Bedeutung für das Geräuschverhalten. Deren Einflüsse werden in den Kapiteln 5.2.2 und 5.3 behandelt.

Zur Optimierung bezüglich des Laufgeräusch gibt es verschiedene Möglichkeiten. Im ersten Schritt wird die Makrogeometrie optimiert. Hierbei muss beachtet werden, dass die Maßnahmen zur Steigerung der Verzahnungsüberdeckung, welche die Geräuschanregung reduzieren, auch zu einer Tragfähigkeitsverminderung führen können (siehe Tabelle 5.1). Im Folgenden sind grundsätzliche Maßnahmen zur Verbesserung der Geräuscheigenschaften aufgelistet. Der Tellerradaußendurchmesser wurde bei den angegebenen Variationsmöglichkeiten konstant gehalten. Die Gültigkeit der quantitativen Aussagen trifft zu, auch wenn durch Veränderung eines Parameters einige Eigenschaften der Verzahnung besser, andere aber überproportional schlechter werden. Die Auslegung eines Kegelradsatzes muss unter Beachtung vieler Gesichtspunkte erfolgen und ist daher immer ein Kompromiss von unterschiedlichen Anforderungen. Um eine möglichst hohe Materialausnutzung zu erreichen, wird angestrebt, die Flanken- und Zahnfußbelastung nach Sicherheitsfaktoren ausgewogen zu gestalten. Wie aus Tabelle 5.1 zu ersehen ist, wird es für die Geräuschentwicklung trotzdem günstig sein, einzelne Parameter zu verändern, die Ergebnisse anhand der Gesamtüberdeckung zu vergleichen und den Auslegungskompromiss in Richtung geringerer Geräuschanregung zu verschieben. In einem weiteren Schritt wird über eine Optimierung der Mikrogeometrie der Drehfehler und daraus die effektive Überdeckung berechnet. Die in den Diagrammen dieses Kapitels verwendeten Beispielverzahnungen wurden aus einer Vielzahl von ausgeführten Verzahnungen ausgewählt und zeigen ein ganzes Spektrum unterschiedlicher Hypoidräder, die in PKW-Hinterachsgetrieben eingesetzt werden.

Tabelle 5.1 Auswirkung von makrogeometrischen Auslegungsparametern auf die Verzahnungsbewertung

Vergrößerung von		Auswirkung auf:		
		Überdeckung	Zahnfußtragfähigkeit	Herstellkosten
Achsversatz	a	+	+	-
Zähnezahl	z	+	-	-
Zahnhöhe	h_m	+	-	-
Modul	m_{mn}	-	+	-
Spiralwinkel	β_m	+	-	-
Eingriffswinkel	α_e	-	+	-
Werkzeugradius	r_{co}	-	-	+
Zahnbreite	b	+	+	-

Überdeckung Dieses Auslegungskriterium ist besonders wichtig, da das Geräuschverhalten unmittelbar von der wirksamen Gesamtüberdeckung abhängt (Abb. 5.4). Es ist also von Vorteil, unter Einhaltung der gegebenen Voraussetzungen, z.B. Bauraum, Drehmomente, Lastkollektive, Gehäuse und Lagersteifigkeiten und Herstellkosten, zunächst eine größtmögliche Gesamtüberdeckung anzustreben.

Die Profil-, Sprung- und Gesamtüberdeckung der Verzahnung lässt sich aus der Radkörpergeometrie berechnen (Abb. 2.17). Dieser theoretische Maximalwert wird bei realen Verzahnungen jedoch nie im geräuschkritischen Leichtlastbereich erreicht. Aufgrund der Balligkeiten ergibt sich eine wirksame Gesamtüberdeckung $\varepsilon_{\gamma w}$, die gegenüber dem Maximalwert reduziert ist. In der Literatur werden verschiedene Methoden beschrieben, wie diese ermittelt werden kann [PAUL86], [WECH87], [VOLL92]. Allen gemeinsam ist aber die Bestimmung über eine geometrische Näherung auf Basis der Makrogeometrie.

Mit Hilfe einer Zahnkontaktanalyse kann der Drehfehler und daraus die wirksame Gesamtüberdeckung hinreichend genau bestimmt werden (Abb. 5.4).

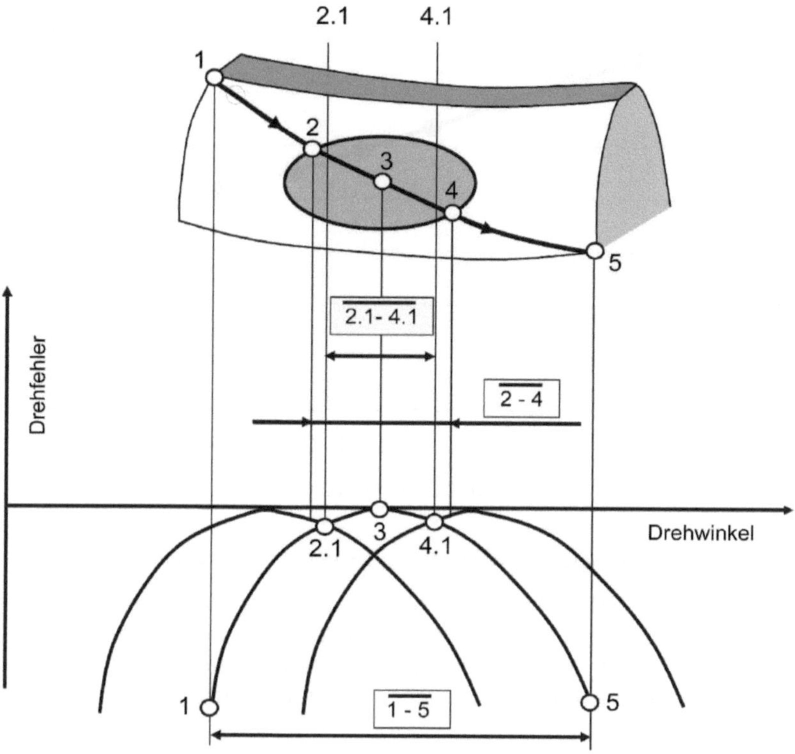

Drehwinkelstrecke	Bezeichnung
Pkt. 1 bis Pkt. 5	Einzeleingriff
Pkt. 2.1 bis Pkt.4.1	Teilung
Pkt. 2 bis Pkt. 4	wirksamer Eingriff, abhängig von der Last
$\frac{Einzeleingriff}{Teilung}$	Maximalwert der Gesamtüberdeckung
$\frac{WirksamerEingriff}{Teilung}$	wirksame Gesamtüberdeckung

Abb. 5.4 Definition der wirksamen Gesamtüberdeckung

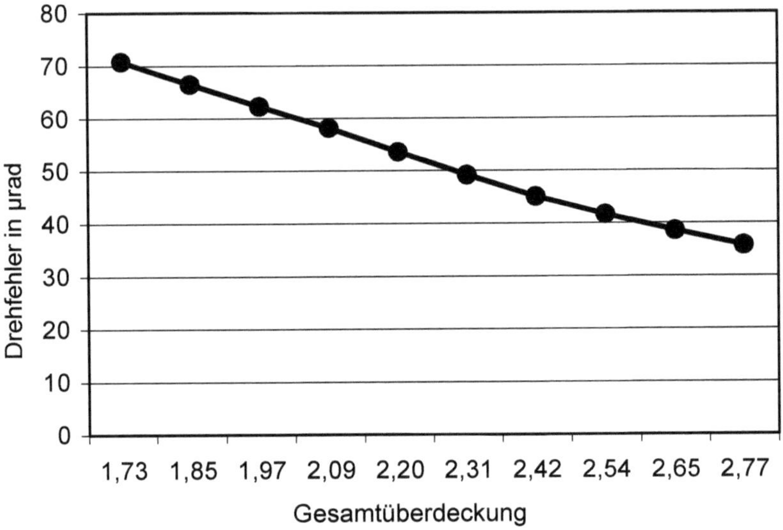

Abb. 5.5 Beispiel der Abhängigkeit des Drehfehlers von der Überdeckung

Für die dargestellte Verlaufskurve in Abb. 5.5 wurden Verzahnungen mit gleichem Übersetzungsverhältnis, aber unterschiedlicher Zähnezahl gewählt. Für die Berechnung wurde die Makro- und die Mikrogeometrie weitestgehend konstant gehalten. Es ist eine gute Korrelation zwischen Gesamtüberdeckung und Drehfehler zu erkennen.

Achsversatz Für die Bewertung des Achsversatzes im Hinblick auf Geräuschanregungen ist die Verwendung des Hypoidfaktors f_H sinnvoll (siehe 2.2.5.1), denn der Achsversatz muss immer im Verhältnis zum Tellerraddurchmesser betrachtet werden. Wie aus Abb. 5.6 hervorgeht, trägt der Achsversatz nur unwesentlich zur Steigerung der Überdeckung bei, wenn die Summe der Zahnbreiten und die Summe der Spiralwinkel von Rad und Ritzel konstant gehalten werden. Wesentlich mehr Einfluss ist zu erkennen, wenn die Zahnbreite und der Spiralwinkel nur am Rad konstant gehalten werden. In diesem Fall steigt bei größerem Hypoidfaktor die Zahnbreite und der Spiralwinkel am Ritzel und dadurch die Gesamtüberdeckung (Abb. 5.7).

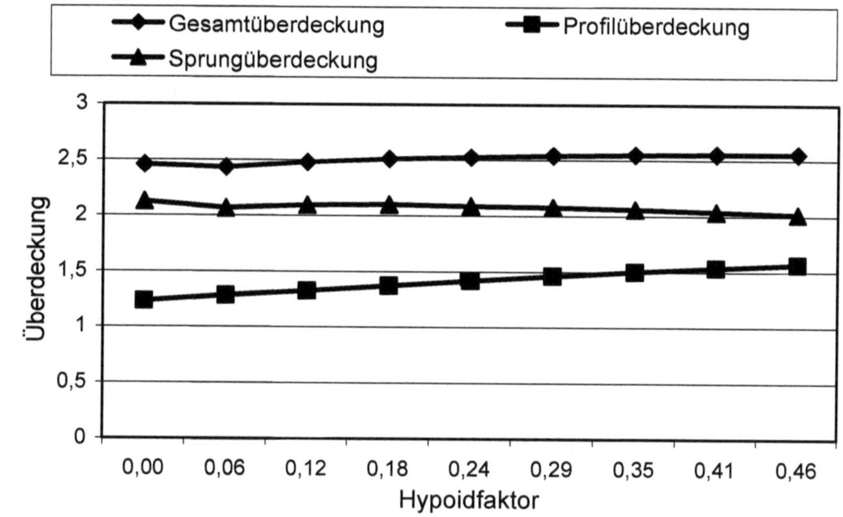

Abb. 5.6 Überdeckung in Abhängigkeit des Hypoidfaktors unter Beibehaltung einer konstanten Summe (Rad + Ritzel) von Zahnbreiten und Spiralwinkeln

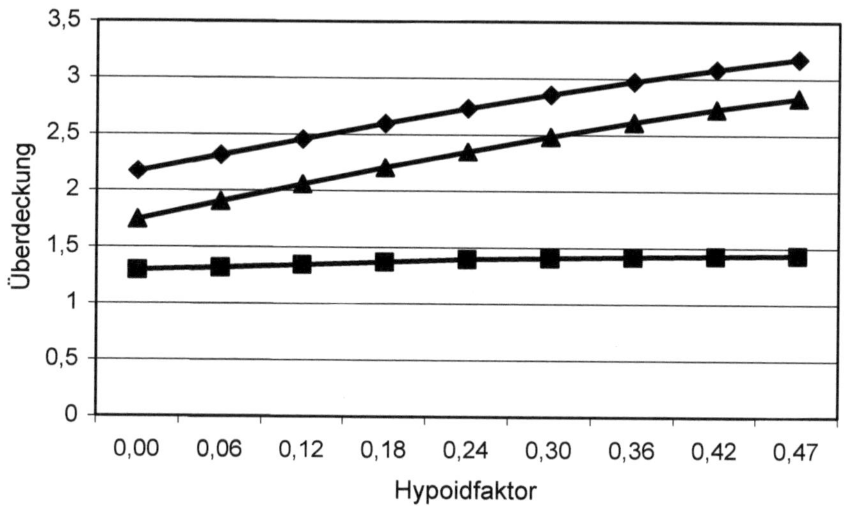

Abb. 5.7 Überdeckung in Abhängigkeit des Hypoidfaktors unter Beibehaltung konstanter Zahnbreite und Spiralwinkel am Rad

Die im Eingriff befindlichen Zahnflanken einer Hypoidverzahnung führen im Gegensatz zu den Verzahnungen ohne Achsversatz auf der gesamten Zahnflanke ein zusätzliches Längsgleiten aus (siehe 2.4.3). Diese Gleitanteile erhöhen sich mit Vergrößerung des Hypoidfaktors. Gleitbewegungen verursachen Reibung, die meistens eine dämpfende Wirkung auf die Geräuschanregung ausübt. Nachteilig ist der schlechtere Wirkungsgrad und die dadurch entstehende Verlustleistung. Eine Grenze ist dann erreicht, wenn die Wärme nicht mehr durch Konvektion über das Getriebegehäuse oder durch einen Kühler abführbar ist und zu einer Überhitzung des Getriebes führt.

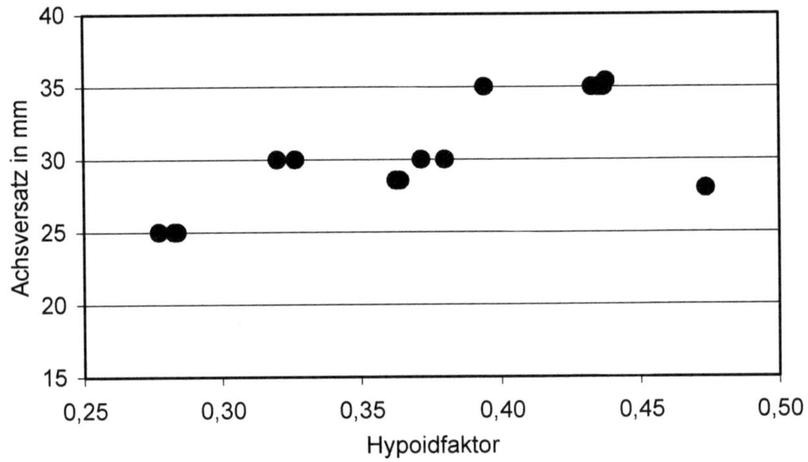

Abb. 5.8 Achsversatz und Hypoidfaktor von ausgewählten Verzahnungsbeispielen

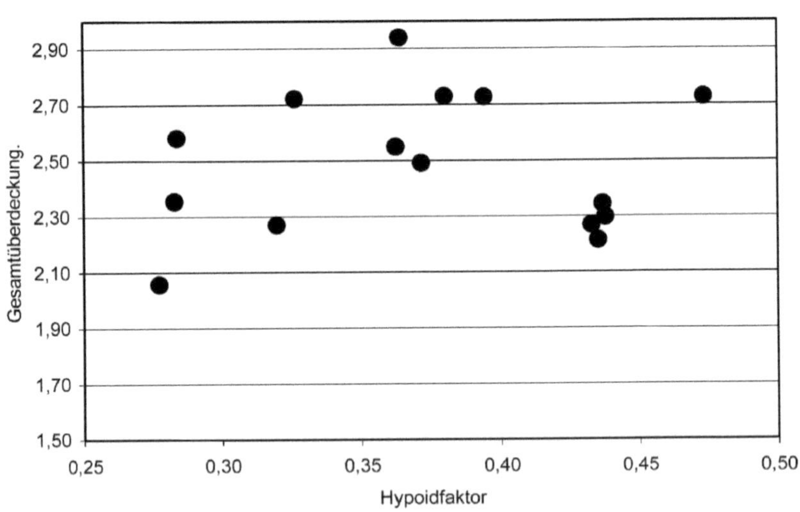

Abb. 5.9 Gesamtüberdeckung in Abhängigkeit des Hypoidfaktors von ausgewählten Verzahnungen für PKW-Hinterachsgetriebe.

Zähnezahlen Die verwendeten Zähnezahlen für das treibende Ritzel liegen bei Achsgetrieben üblicherweise zwischen 7 und 19 und für das Tellerrad zwischen 30 und 50. Die Übersetzungen liegen zwischen i= 2.5 bis i= 6. Abweichend davon sind lediglich Achsgetriebe, die bei quer eingebauten Frontmotoren die Kardanwelle für allradgetriebene Fahrzeuge antreiben (Abb. 1.3). Hier werden Übersetzungen von i= 1 bis i = 2 bei Zähnezahlen von 20 – 40 eingesetzt. Die Summe der Zähnezahlen für ausgewählte Beispielverzahnungen liegen zwischen 41 und 65. Abbildung 5.10 zeigt für 15 in Serie produzierte, geschliffene Hinterachsgetriebe die gewählten Zähnezahlen und die zugehörige Gesamtüberdeckung. Bei allen Getrieben wurde von den Konstrukteuren ein Kompromiss zwischen Laufruhe, Tragfähigkeit und Herstellkosten angestrebt. Je nach Fahrzeug wurden dazu unterschiedliche Auslegungsstrategien angewendet. Der Zusammenhang zwischen der Summe der Zähnezahlen und der Überdeckung ist in Abb. 5.11 für ein konstantes Übersetzungsverhältnis und für einen gleichen Tellerraddurchmesser dargestellt. Gut zu erkennen ist die Steigerung der Überdeckung mit zunehmender Zähnezahl.

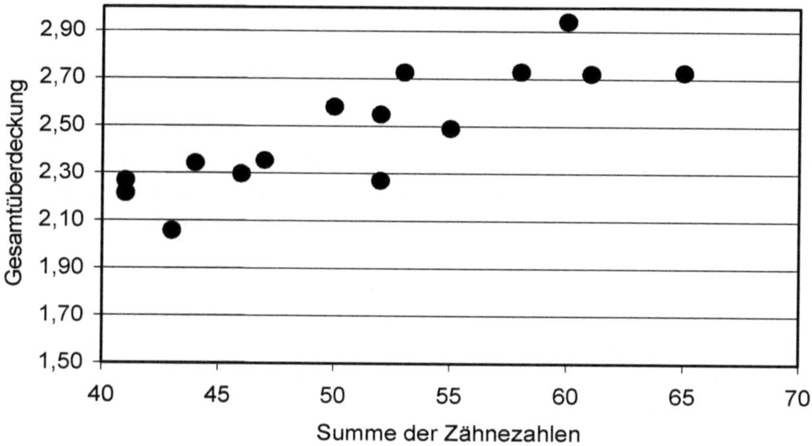

Abb. 5.10 Gesamtüberdeckung von Verzahnungsbeispielen in Abhängigkeit der Zähnezahlen

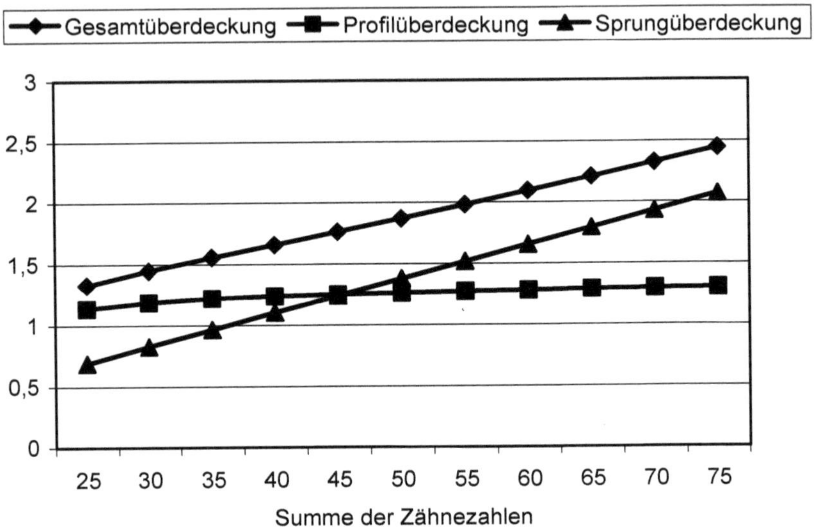

Abb. 5.11 Gesamtüberdeckung in Abhängigkeit der Zähnezahlen

Zahnhöhe Die Zahnhöhe berechnet sich aus der Summe von Zahnkopfhöhe und Zahnfußhöhe. Die um die Profilverschiebung bereinigte Differenz zwischen beiden ergibt das Kopfgrundspiel. Bedingt durch die gewünschte Größe des Zahnfußradius oder den durch Werkzeugneigung in Zahnlängsrichtung kurvenförmig erzeugten Zahnfuß muss der Unterschied zwischen Kopf- und Fußfaktor mindestens (0,25 – 0,30) m_{mn} betragen, um eine Interferenz zu vermeiden. Die Zahnhöhe beträgt damit üblicherweise (2,25 – 2,30) m_{mn} (siehe auch 3.1). Bei größeren Zahnhöhenfaktoren vergrößert sich der Hebelarm für den Kraftangriffspunkt und damit die Biegebelastung für den Zahnfuß, bei kleineren Faktoren wird die Pressung auf der Flanke vergrößert, da die Fläche der Zahnflanke verkleinert wird. Zur Steigerung der Überdeckung bei begrenztem Bauraum kann die Zahnhöhe gegenüber den Standardfaktoren vergrößert werden. Die Verzahnungen mit vergrößerter Zahnhöhe werden unter dem Begriff „Hochverzahnung" zusammengefasst. Abweichende Zahnhöhenfaktoren werden gewählt, um eine Nacharbeit an den Zahnflanken zu ermöglichen. Bei ausreichend großem Kopfgrundspiel der Grundauslegung ist es möglich, die Werkstücke nachzuarbeiten. Durch die Nacharbeit am Ritzel oder Rad verringert sich die Zahnstärke. Das sich daraus ergebende größere Verdrehflankenspiel wird durch Reduktion der Einbaudistanzen ausgeglichen und man erhält trotzdem einen funktionierenden Radsatz.

Für die unterschiedlichen Fahrzeuggetriebe werden unterschiedliche Zahnkopfhöhen- und Zahnfußhöhenfaktoren verwendet. Wie sehr sich diese Auslegungsstrategien voneinander unterscheiden, zeigt Abb. 5.12 am Beispiel der 15 ausgeführten Hinterachsverzahnungen aus Abb. 5.10.

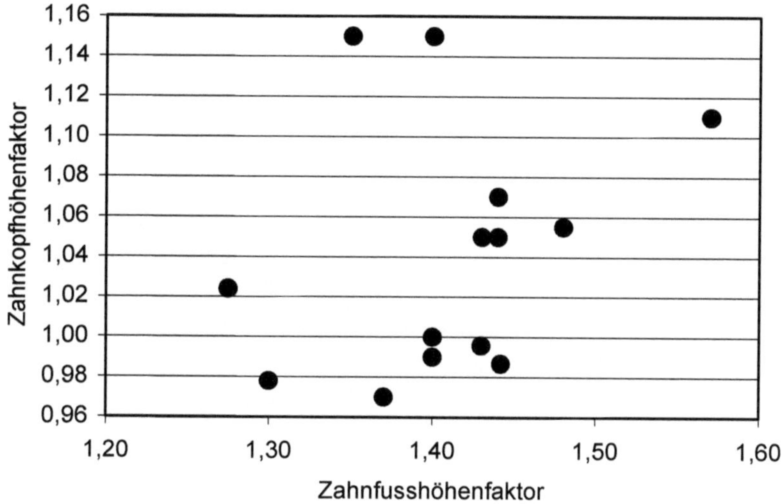

Abb. 5.12 Zahnhöhen- und Fußhöhenfaktoren ausgeführter Verzahnungen an geschliffenen PKW-Hinterachsgetrieben

Spiralwinkel Der Spiralwinkel wird häufig genutzt, um das Verhältnis der entstehenden axialen und radialen Zahnkräfte zu verändern. Außerdem ist der Spiralwinkel auch eine Variationsgröße, um bei gegebenem Bauraum ohne Veränderung der Übersetzung die Beanspruchung der Zahnflanke und des Zahnfußes zu modifizieren. Mit einer Vergrößerung des Spiralwinkels wird die abgewickelte Zahnbreite vergrößert und damit die Sprungüberdeckung verbessert. Nachteilig ist der kleinere Normalmodul und die daraus folgende reduzierte Sicherheit gegen Zahnfußbruch. Ausgeglichene Sicherheitsfaktoren für Zahnflanken- und Zahnfuß-tragfähigkeit werden für übliche Einsatzstähle bei einem Spiralwinkel von etwa 35° - 38° erreicht. Damit ist eine bestmögliche Materialausnutzung gegeben [SCHW82]. Daher werden meistens Spiralwinkel von 25° - 45° verwendet. Bei Hypoidgetrieben ist der Spiralwinkel des Ritzels gegenüber dem Rad vergrößert. Üblicherweise betragen die Spiralwinkel für das Ritzel ca. 50° und für das Rad zwischen 25° und 35° (siehe 3.1). In Abb. 5.13 wurde für eine Verzahnung der Spiralwinkel variiert. Hieraus ist die Steigerung der Überdeckung bei steigendem Spiralwinkel ersichtlich.

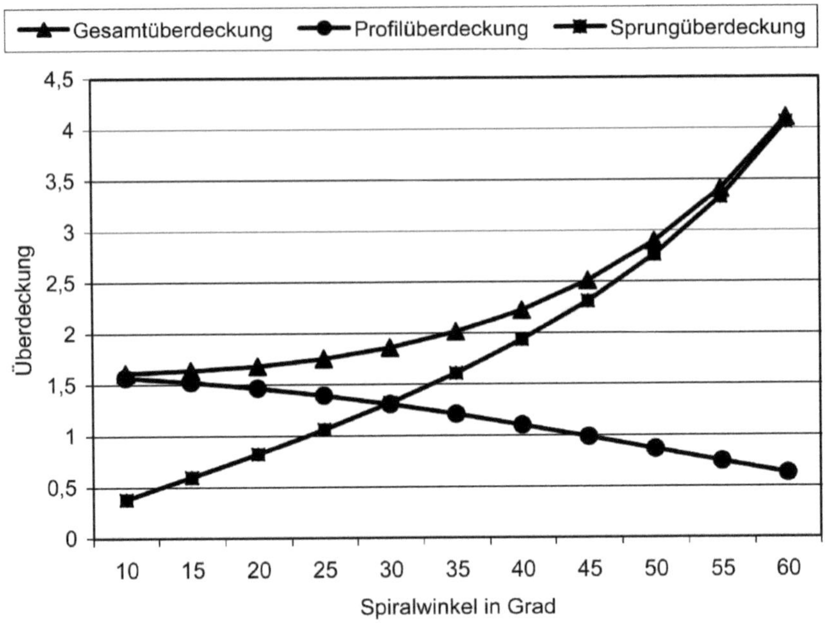

Abb. 5.13 Verlauf der Gesamt-, Profil,- und Sprungüberdeckung bei modifizierten Flanken

Eingriffswinkel In Abb. 5.14 wurde für eine Übersetzung i= 1:3 eine Parameterstudie für das Auslegungskriterium Eingriffswinkel durchgeführt. Dabei konnte ansonsten die Makrogeometrie und der Ease-Off identisch gehalten werden. Die Gesamtüberdeckung verringert sich von 2,379 auf 2,24, wenn der Eingriffswinkel von 15° auf 25° vergrößert wird. Insgesamt ist damit der Einfluss des Eingriffswinkels auf die Gesamtüberdeckung eher gering und der Effekt auf das zu erwartende Laufgeräusch unbedeutend. Der Einfluss auf den Drehfehler kann noch wesentlich geringer sein, da kleine Eingriffswinkel die Bildung von sogenannten Diamanttragbildern (unsymmetrische Tragbildlänge in Zahnhöhenrichtung) begünstigen, den Path of Contact leicht verändern und damit den Vorteil der höheren Gesamtüberdeckung wieder zunichte machen können. Bei Getrieben, die bezüglich ihres Geräusches unter Last empfindlich auf Steifigkeitsänderungen der Verzahnung reagieren, kann der Eingriffswinkel trotzdem einen deutlichen Einfluss auf die Geräuschentwicklung haben. Bei diesen Getrieben haben sich Eingriffswinkel > 20° als positiv herausgestellt.

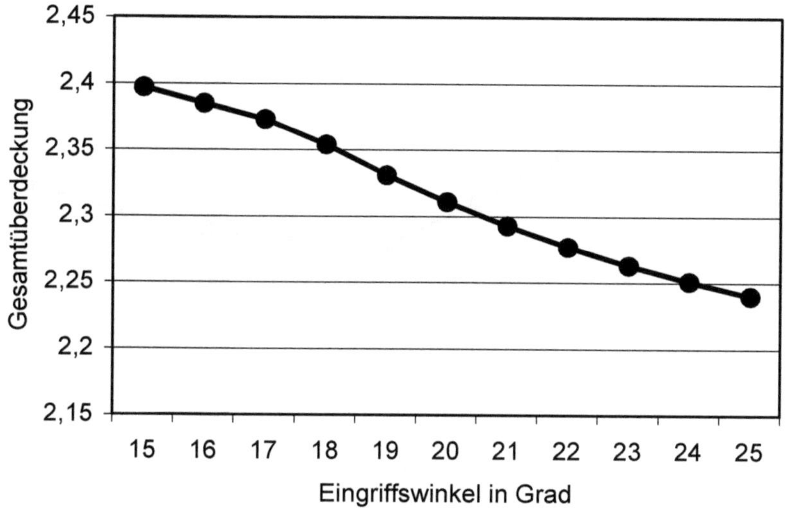

Abb. 5.14 Gesamtüberdeckung in Abhängigkeit des Eingriffswinkels

Werkzeugradius Der gewählte Werkzeugradius beeinflusst die Tragfähigkeit, die Verlagerungsfähigkeit, das Geräuschverhalten und nicht zuletzt auch die Herstellkosten einer Verzahnung. Es wurde bereits in einigen Arbeiten der Einfluss des Werkzeugradius auf die Zahnfuß- und Flankentragfähigkeit untersucht [SCHW94], [BAGH73]. Auch die Auswirkungen auf die Tragbildlage bei gleichen Verlagerungswerten wurden dabei mitberücksichtigt. Die Verzahnungseigenschaften in Abhängigkeit des Werkzeugradius werden, wie in Kapitel 3.1 beschrieben, in den Begriffen Small-Cutter- und Large-Cutter-Design zusammengefasst. Das Verhältnis der Werkzeugradien zu den mittleren Teilkegellängen ist hierfür das Unterscheidungskriterium. Für die Beispielverzahnungen beträgt der Quotient r_{c0} / R_{m2} zwischen 0,71 und 1,2. Wird der Werkzeugradius deutlich kleiner als 75% der Teilkegellänge gewählt, so wird die Tragfähigkeit der Getriebe zwar noch höher, gleichzeitig erschwert sich aber die Ease-Off-Gestaltung.

Im Einzelteilverfahren muss die zur Erzeugung einer Längsballigkeit notwendige Neigung des Werkzeuges bei kleinerem Verhältnis r_{c0} / R_{m2} vergrößert werden, um den effektiven Radienunterschied zwischen Innenschneide und Außenschneide gleich zu halten. Die vergrößerte Neigung erfordert einen größeren Werkzeugwinkel auf der Innenschneide und einen kleineren auf der Außenschneide. Die praktisch erprobten Grenzwerte liegen bei max. 35° für die Innenflanke und bei min. 8° für die Außenflanke (siehe 2.2.5.3). Der Werkzeugradius kann nicht stufenlos variiert werden, da für alle Verzahnverfahren nur abgestufte Werkzeuge zur Verfügung stehen.

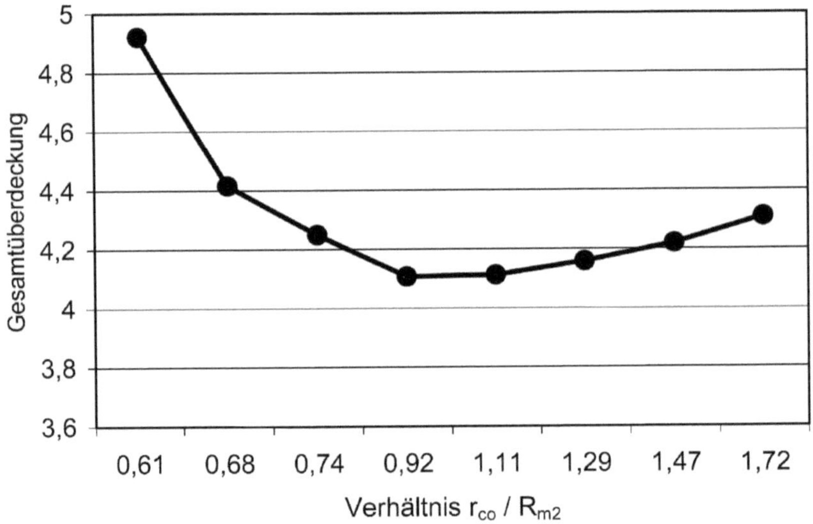

Abb. 5.15 Auswirkung des Werkzeugradius bei identischer Makrogeometrie auf die Gesamtüberdeckung

5.2.2 Optimierung der Mikrogeometrie

Um den Einfluss der Mikrogeometrie auf das Laufverhalten zu bestimmen, wurden Softwareprogramme erstellt. Die Programme beinhalten Zahnkontakt-Simulationen und -Analysen und berechnen den theoretischen Drehfehlerverlauf. Über die Variation von einzelnen Maschinen- oder Werkzeugparametern bei der Zahnkontaktanalyse kann die Auswirkung auf die Drehübertragung ermittelt werden. Die Drehübertragung und die wirksame Gesamtüberdeckung werden dabei zunächst lastfrei ermittelt. Auch wenn Getriebe nie lastfrei im Einsatz sind, so zeigt sich trotzdem in der Praxis, dass die lastfreie Simulation eine gute Korrelation zum Leichtlastbetrieb aufweist. Geringe Last in einem PKW-Achsgetriebe liegt beispielsweise dann vor, wenn sich ein Fahrzeug nicht zu schnell mit konstanter Geschwindigkeit bewegt. In diesem Leichtlastbetrieb erzeugen die Fahrzeuge noch relativ wenig Wind- oder Abrollgeräusche, so dass andere Geräuschquellen nicht überdeckt werden. Bei Geschwindigkeiten zwischen 80 und 100 km/h liegen die Zahneingriffsfrequenzen der Achsgetriebe zwischen 300 und 600 Hz und können vom menschlichen Ohr gut und leider oft auch als störend wahrgenommen werden. Die Kombination aus möglichst großer wirksame Gesamtüberdeckung im Leichtlastbetrieb und ausreichender Verlagerungsfähigkeit im Vollastbetrieb ist als wesentliches Entwicklungsziel der Kegelradauslegung bezüglich der Mikrogeometrie anzusehen.

5.2.3 Einfluss der Verzahnungsballigkeiten

Zur Berechnung der erforderlichen Balligkeiten ist das „Umfeld“ des Radsatzes zu berücksichtigen (siehe 4.4.3.3). Die Verlagerungen werden in 4 Richtungen (Ritzelachse, Tellerradachse, Achsversatz und Achswinkel) zerlegt (Abb. 4.38) [HAGE71]. Die Balligkeiten müssen so gewählt werden, dass es unter Annahme eines für das entsprechende Getriebe repräsentativen Lastkollektives nicht zu Flankenschäden durch ungünstige Lastkonzentrationen kommt.

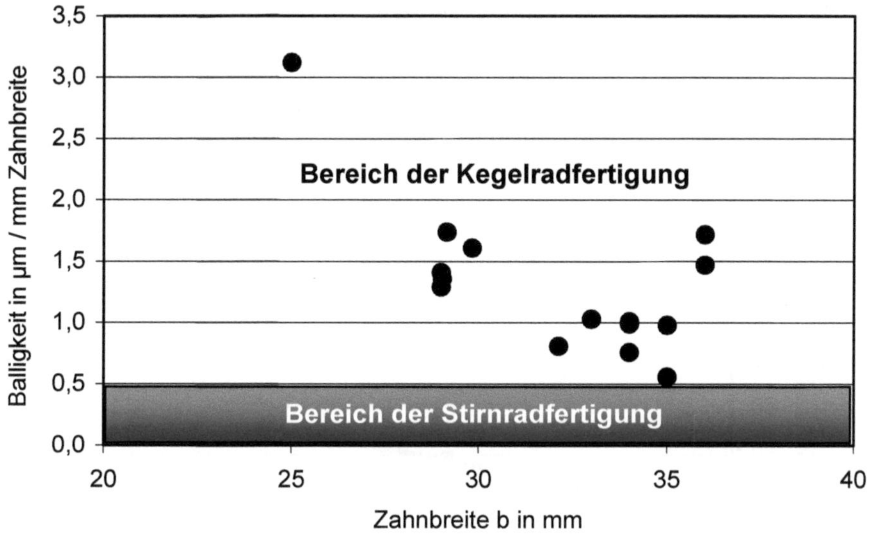

Abb. 5.16 Bezogene Längsballigkeiten bei geschliffenen Kegelradverzahnungen im Vergleich zu ähnlich belasteten Stirnradverzahnungen

Für alle Kegelradverzahnungen ergeben sich im Zugbetrieb Verlagerungen, die im Wesentlichen durch eine Verkleinerung des Achsversatzes und eine axiale Ritzelverschiebung gekennzeichnet sind. Diese Verlagerung verschiebt die Tragbildlage tendenziell in Richtung Zahnferse und Zahnkopf des Rades (siehe 3.4.5). Um nun der Tragbildverschiebung im Zugbetrieb durch geeignete Balligkeiten entgegenzuwirken, müsste die Längsballigkeit zur Ferse hin größer werden und die Verwindung so gestaltet werden, dass zur Ferse am Kopf größere Kontaktabstände entstehen (Abb. 3.29). Beide Maßnahmen erhöhen aber den Einflankenwälzfehler und damit die zu erwartende Geräuschanregung.

Die Gestaltung der Balligkeiten hat einen dominierenden Einflussfaktor auf das Laufgeräusch der Verzahnung. Aus diesem Grund werden einige wesentliche Zusammenhänge in den folgenden Abbildungen 5.17, 5.18 und 5.19 dargestellt. Es handelt sich bei der variierten Verzahnung um eine zufällig gewählte Kegelradverzahnung mit 35 mm Zahnbreite und 10 mm Zahnhöhe, wie sie in PKW-

Hinterachsen üblicherweise Verwendung findet. Die angegebenen Drehfehler sollen hierbei den qualitativen Verlauf der Abhängigkeiten aufzeigen. Diese Verläufe werden für andere Verzahnungen abweichen.

Der Drehfehler verringert sich, wenn die Balligkeiten reduziert werden oder die Verzahnung eine „Bias-in"-Charakteristik aufweist. Für die Verläufe in den Diagrammen wurden nur Veränderungen an einem Ease-Off-Parameter vorgenommen, alle anderen Parameter wurden konstant gehalten. Aus Gründen der einfacheren Darstellung wurden nur kreisförmige Balligkeiten verwendet. Die moderne Verzahnungsauslegung bietet darüber hinaus noch mehr Möglichkeiten, um die Balligkeiten nicht nur kreisförmig zu gestalten, sondern mit unterschiedlichen Krümmungen entlang des Berührpfades auszustatten. Ziel dieser Modifikationen ist es, die Balligkeiten im Kontaktbereich der Zahnflanken für den Leichtlastbetrieb möglichst klein zu halten, die Balligkeiten an den Randbereichen jedoch für ausreichendes Verlagerungsverhalten deutlich zu steigern. Modifikationen sind hierzu auf dem Ritzel als auch auf dem Rad möglich (siehe 3.4.5 und Abb. 3.30).

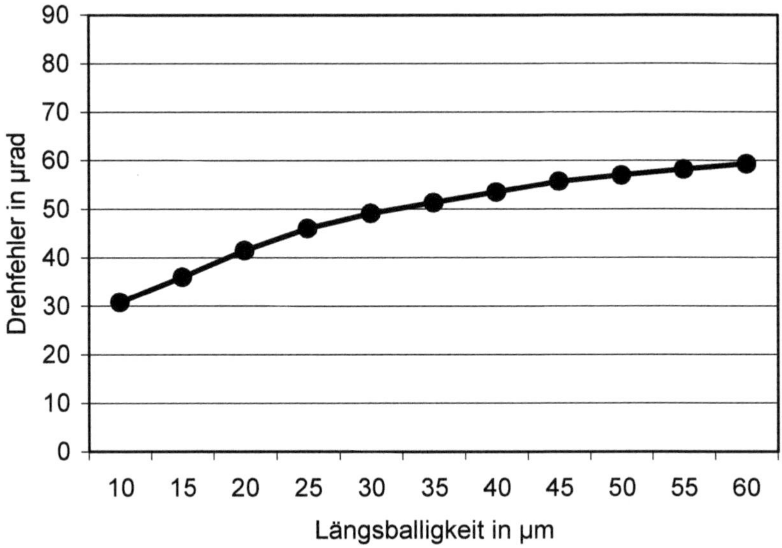

Abb. 5.17 Drehfehler einer Verzahnung bei Variation der Längsballigkeit

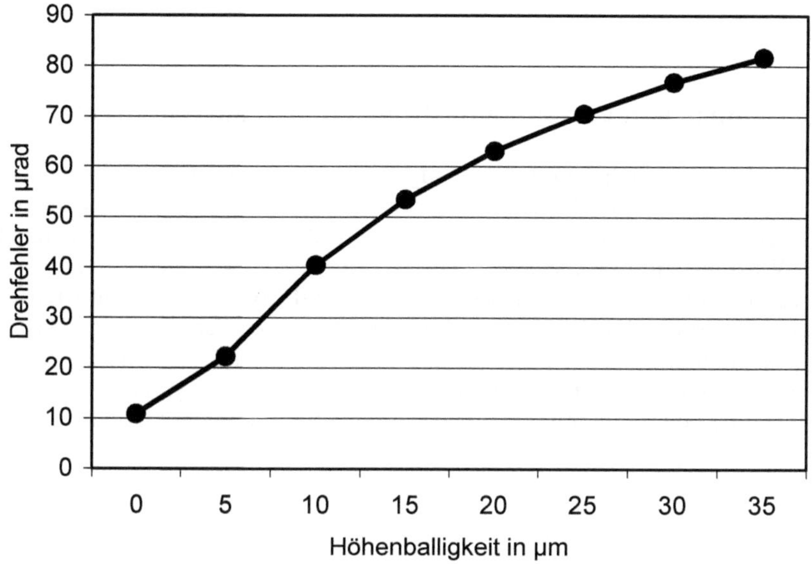

Abb. 5.18 Drehfehler einer Verzahnung bei Variation der Höhenballigkeit

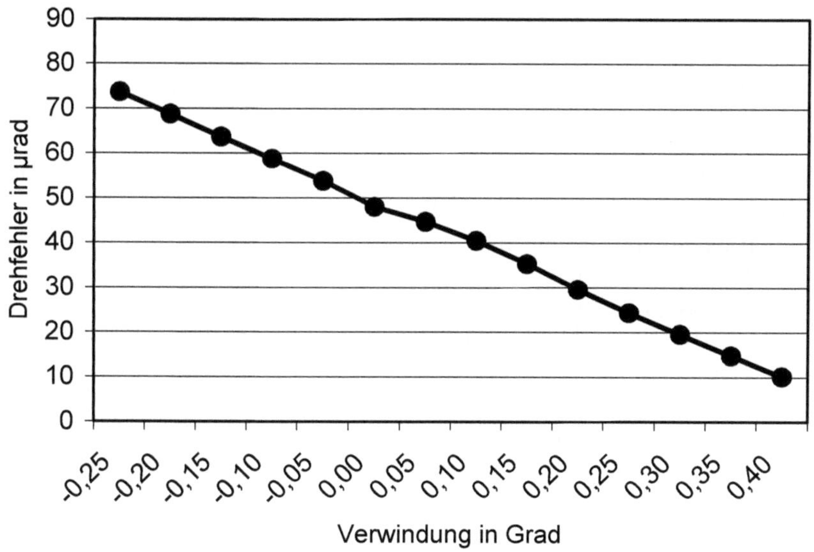

Abb. 5.19 Drehfehler einer Verzahnung bei Variation der Verwindung

5.3 Fertigungsbedingte Geräuschanregungen

5.3.1 Einfluss von Verzahnungsabweichungen auf den Drehfehler

Die Flankentopographie von Kegelradgetrieben kann im Tragbildbereich näherungsweise durch eine Fläche 2. Ordnung beschrieben werden. Demzufolge verläuft der Drehfehler innerhalb eines Zahneingriffes näherungsweise parabelförmig. Wird ein Radsatz exakt gefertigt, d.h., es treten weder makro- noch mikrogeometrische Verzahnungsabweichungen auf, so ergibt sich ein Drehfehlerverlauf, wie er in Abb. 5.20 für ein Rad mit 16 Zähnen dargestellt ist. Das zugehörige Ordnungsspektrum zeigt lediglich die Amplituden der Eingriffsharmonischen, die von der 1. bis n. Ordnung näherungsweise exponentiell abfallen. Seitenbänder oder Grundrauschanteile sind im Spektrum nicht zu finden.

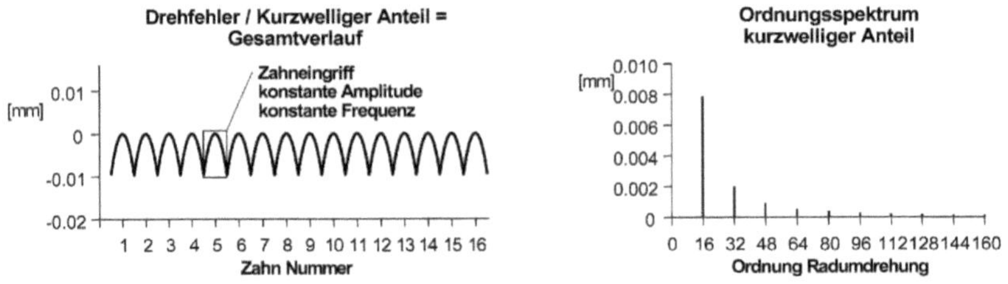

Abb. 5.20 Drehfehlerverlauf einer Kegelradverzahnung ohne Fertigungs- und Montagefehler

Die bei der Kegelradherstellung auftretenden Abweichungen der Verzahnungsgeometrie werden wie folgt untergliedert:

- Rundlaufabweichungen
- Teilungsabweichungen
- Topographieabweichungen
- Oberflächenstrukturen und Rauheiten
- Beschädigungen

Meist entstehen Rundlaufabweichungen am verzahnten Bauteil durch fehlerhafte Aufspannung während des Weich- oder Hartfeinbearbeitungsprozesses oder durch die Wärmebehandlung.

Die Ursachen für Teilungsabweichungen sind vielfältig. So kann es z.B. durch Ungenauigkeiten in den Achsbewegungen oder den Spindeln der Verzahnmaschine zu periodischen Teilungsabweichungen kommen. Bei der Wärmebehandlung von Tellerrädern mit Schraubenlöchern in der Anlagenfläche können ebenfalls periodische Teilungsabweichungen auftreten, wobei die Periodenlänge der Anzahl der Schrauben entspricht. Eine weitere Ursache für periodische Teilungsabweichungen ist auf eine Formänderung des Zahnrades beim Härten der Verzahnung zurückzuführen. Durch den Materialabtrag beim Fräsprozess verändern sich die Eigenspannungen innerhalb des Bauteils, die beispielsweise beim Schmieden in den Rohling eingebracht wurden. Je nach Form des Schmiedehalbzeugs, kann hier ein sogenannter Memoryeffekt auftreten. Nach der Wärmebehandlung tritt die z.B. ursprüngliche Vierkantform des Halbzeugs wieder hervor.

Beim Schleifen von Kegelradverzahnungen können periodische und aperiodische Teilungsabweichungen durch die Wahl der Teilungsstrategie zur Kompensation des Werkzeugverschleißes hervorgerufen werden. Der Schleifscheibenverschleiß führt zu einer allmählichen Verkleinerung der Zahnlücke. Hierdurch wird beim Schleifen ohne Verschleißkompensation die letzte Lücke bezüglich der Lückenweite kleiner geschliffen als die der ersten Lücke. Um diesen Effekt zu reduzieren, kann entweder eine Verschleißkompensation eingesetzt, oder eine Strategie angewendet werden, bei der zwischen jedem Lückenschliff nicht um eine sondern um mehrere Lücken geteilt wird. Dabei kann es in Abhängigkeit von der gewählten Schleif-Teilungsperiode zu entsprechend periodischen Teilungsabweichungen am Werkstück kommen. Moderne Verzahnmaschinen verfügen daher über eine Einrichtung zur Kompensation solcher Fertigungsabweichungen (siehe 6.5.5.2).

Neben den Rundlauf- und Teilungsabweichungen weisen Kegelradverzahnungen auch topographische Abweichungen auf. Mögliche Ursachen hierfür sind fehlerhafte Einstellungen der Verzahnmaschine oder geometrische Abweichungen der Maschinenachsen. Diese Fehler können jedoch mit Korrekturprogrammen kompensiert werden (siehe 7.1.5).

Zusätzlich zu diesen systematischen Topographieabweichungen treten aber auch stochastische Abweichungen auf. Hierzu zählen z.B. durch verschleißbedingte Änderungen der Werkzeugform hervorgerufene Abweichungen. Die hier als topographisch bezeichneten Abweichungen zeigen sich im Wesentlichen in Form von Winkel- und Balligkeitsabweichungen der Zahnflanke sowie in einer Flankenverwindung. Außerdem treten auch mikrogeometrische Abweichungen der Flankenform auf, wie beispielsweise übermäßige Oberflächenstrukturen und Rauheiten. Oberflächenstrukturen oder Flankenwelligkeiten können u.a. durch zu hohe Wälzvorschübe beim Fräsen der Verzahnung hervorgerufen werden, die auch als Hüllschnittabweichungen bezeichnet werden. Maschinenschwingungen können Rattermarken hervorrufen, die ebenfalls in die Kategorie der Oberflächenstrukturen fallen. Beim Schleifen von Verzahnungen ist in Abhängigkeit von der Schleifscheibenstruktur und des Abrichtvorganges die Erzeugung von Riefen möglich, die nicht mehr als Rauheiten, sondern als Welligkeiten zu bezeichnen sind.

Als letzte Kategorie der geometrischen Verzahnungsabweichungen sind die Beschädigungen zu nennen. Diese treten in der Regel nach der Weichbearbeitung durch einen unsachgemäßen Transport der Radsätze im Bereich der Flankenberandungen auf.

Rundlauf- und Teilungsabweichungen Rundlauf- und Summenteilungsabweichungen verursachen Drehübertragungsabweichungen im langwelligen Bereich und können daher zusammengefasst betrachtet werden. Die Summenteilungsabweichung einer Verzahnung weist in den meisten Fällen einen sinusförmigen Verlauf auf. Eine Teilungsabweichung führt zu einer Verschiebung der Relativlage der Flankentopographien der einzelnen Zähne. Ist die Verzahnung ansonsten abweichungsfrei, erhält man einen Drehfehlerverlauf, wie er im oberen Teil von Abb. 5.21 dargestellt ist. Man erkennt, dass die Parabeln der einzelnen Zahneingriffe lediglich um den jeweiligen Anteil der Summenteilungsabweichung vertikal verschoben sind, ihre Form jedoch beibehalten. Durch eine Filterung des Gesamtsignals erhält man einen Kurvenverlauf, wie er im unteren Teil von Abb. 5.21 zu sehen ist. Bei einer genauen Betrachtung der einzelnen Zahneingriffsdrehfehler ist zu beobachten, dass es durch die Summenteilungsabweichung offenbar zu einer Verkürzung, respektive einer Verlängerung der Dauer eines Zahneingriffes kommt. Neben der zyklischen Veränderung der Eingriffsdauer ist als weiterer Effekt der Summenteilungsabweichung eine zyklische Veränderung der Min-Max-Werte der Zahneingriffsdrehfehler zu verzeichnen [FAUL68], [NAUM69], [LAND03].

Überträgt man diese Beobachtungen in die Terminologie der Signaltheorie, so verursacht die Summenteilungsabweichung eine Amplituden- und eine Frequenzmodulation der Zahneingriffsdrehfehler. Solche Modulationen äußern sich im Spektralbereich durch Seitenbänder zu der Zahneingriffsordnung, wie sie im rechten Teil von Abb. 5.21 zu sehen sind. Der Ordnungsabstand des unteren und des oberen Seitenbandes von der Zahneingriffsordnung hängt direkt mit der Periodenlänge der Summenteilungsabweichungen zusammen. Bei einem 1-fach sinusförmigen Verlauf der Summenteilungsabweichung weist sowohl die Amplitude als auch die Dauer eines Zahneingriffes je ein Minimum und ein Maximum während einer Radumdrehung auf. Hierdurch beträgt der Abstand der Seitenbänder genau 1 Radordnung (unteres Seitenband = 15te Radordnung, Zahneingriffsordnung = 16te Radordnung, oberes Seitenband = 17te Radordnung).

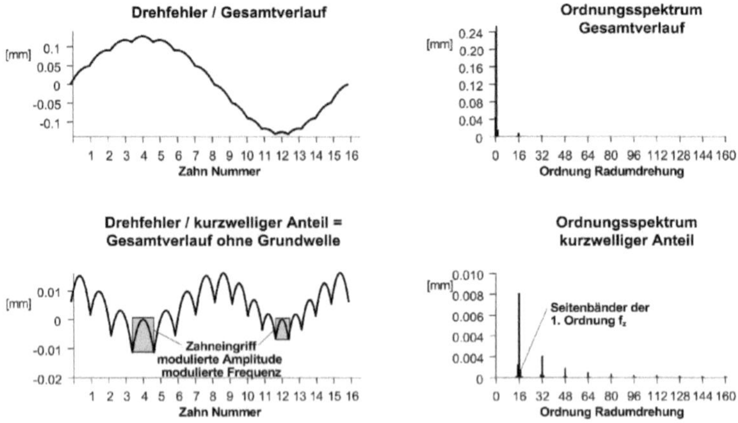

Abb. 5.21 Drehfehler mit lang- und kurzwelligen Anteilen

Durch eine Summenteilungsabweichung mit 3-facher Sinusform ergeben sich pro Radumdrehung 3 Minima und 3 Maxima für die Amplitude und die Dauer des Zahneingriffes, Abb. 5.22. Demzufolge erhöht sich der Abstand des oberen und des unteren Seitenbandes von einer auf drei Radordnungen, wie man dem rechten Teil von Abb. 5.22 entnehmen kann. Detaillierte Ausführungen zu den Grundprinzipien der Amplituden und Frequenzmodulation finden sich in [DALE87], [REIC60] und [THOM80].

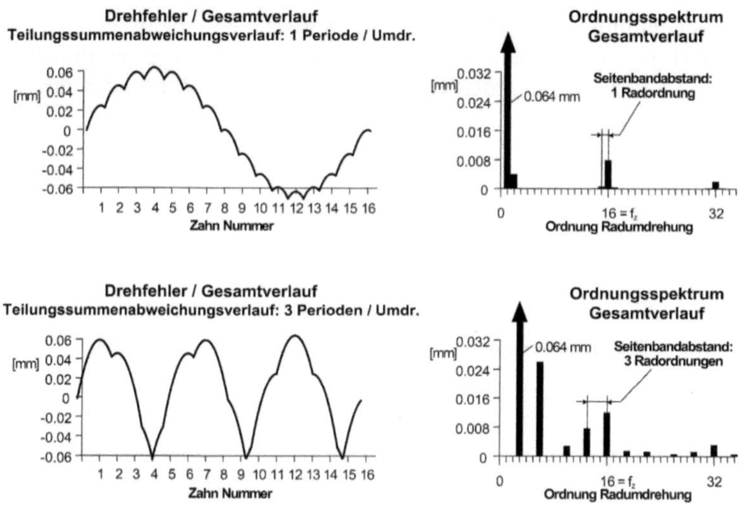

Abb. 5.22 Drehfehler von Kegelradverzahnungen mit 1-fach und 3-fach langwelligen Anteilen

Topographieabweichungen Abweichungen der Verzahnungstopographie von ihrer durch die Auslegung vorgegebenen Sollform wirken sich im Gegensatz zu Rundlauf- und Teilungsabweichungen nur auf die Amplituden der Zahneingriffsordnung und ihrer Harmonischen aus. Abbildung 5.23 zeigt den Ease-Off, das Tragbild mit Path of Contact und den Zahneingriffsdrehfehler mit zugehörigem Ordnungsspektrum einer Kegelradverzahnung mit konventioneller Topographieauslegung. Der Ease-Off weist eine einfache Längs- und Höhenballigkeit auf, wie sie für eine Auslegung ohne Optimierung üblich ist. Der Zahneingriffsdrehfehler verläuft parabelförmig; die Amplituden der 1. bis 4. Zahneingriffsordnung entsprechen 80%, 20%, 9% und 6% des maximalen Drehfehlers.

Verursacht durch fehlerhafte Maschineneinstellungen oder ein fehlerhaftes Werkzeug ergeben sich Abweichungen von der Soll-Topographie, wie sie beispielhaft in Abb. 5.24 dargestellt sind. Hier wird der Ease-Off durch die Fertigungsabweichung verkippt, wodurch das Tragbild in den Ferse-Kopf-Bereich des Tellerradzahnes verschoben wird. Die Form des Drehfehlers verändert sich von der Parabel in einen Sägezahn. Obwohl der Absolutwert des maximalen Zahneingriffsdrehfehlers in diesem Beispiel gegenüber dem Sollwert unverändert bleibt, ändern sich die relativen Amplitudenhöhen der 1. bis 4. Zahneingriffsordnungen. So weist die Amplitude der 1. Ordnung nur noch 65% des maximalen Zahneingriffsdrehfehlers gegenüber den vorherigen 80% auf. Dafür erhöht sich der Wert bei den übrigen drei Ordnungen. Untersuchungen haben gezeigt, dass sich topographische Abweichungen, die durch Flächen 2. Ordnung beschrieben werden können, im Wesentlichen auf die Veränderungen der ersten vier Zahneingriffsordnungen auswirken. Das gezeigte Beispiel macht deutlich, dass durch eine Analyse des Drehfehlerverlaufs innerhalb eines Zahneingriffes Rückschlüsse auf die Art der topographischen Geometrieabweichungen gezogen werden können. Da Kegelradverzahnungen üblicherweise als Radsatz und nicht einzeln gegen ein Lehrzahnrad geprüft werden, ist es nicht möglich, die Topographieabweichung durch die Analyse des Drehfehlers einem der beiden Zahnräder des Radsatzes eindeutig zuzuordnen.

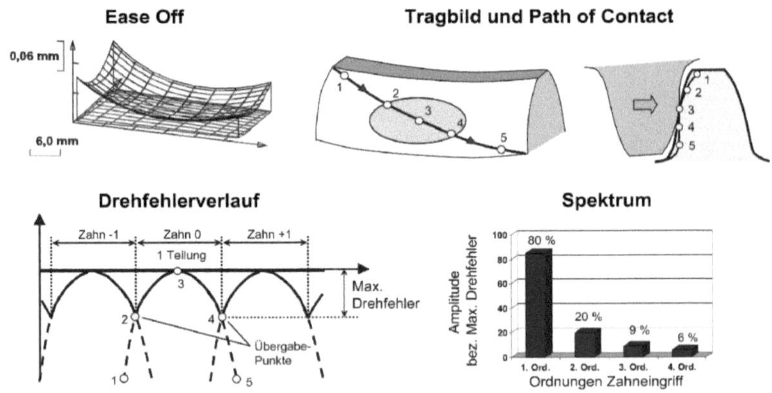

Abb. 5.23 Ease-Off, Tragbild und Zahneingriffsdrehfehler einer Kegelradverzahnung mit Längs- und Höhenballigkeit

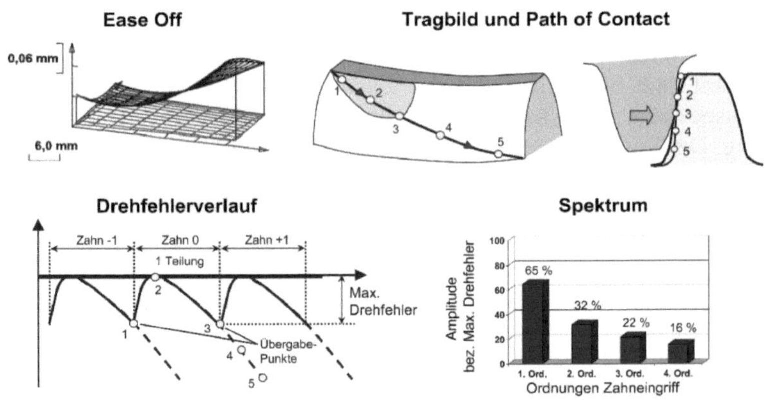

Abb. 5.24 Ease-Off, Tragbild und Zahneingriffsdrehfehler einer Kegelradverzahnung mit Topographieabweichungen

Oberflächenstruktur und Rauheit Neben den Winkel- und Balligkeitsabweichungen sowie den Flankenverwindungen können auch mikrogeometrische Abweichungen der Zahnflankentopographie auftreten. Abbildung 5.25 zeigt hierzu beispielhaft den Zahneingriffs-Drehfehler einer Kegelradverzahnung ohne und mit mikrogeometrischer Flankenwelligkeit. Gemäß den Darstellungen der Abb. 5.20 und 5.23 ergibt sich für den parabelförmigen Drehfehler eine Amplitudenverteilung, die mit zunehmender Ordnung exponentiell abfällt. Wird der Parabelform eine Welligkeit überlagert, wie sie im unteren linken Teil von Abb. 5.25 zu sehen ist, verändern sich die Amplituden der 1. bis 4. Ordnung nur unwesentlich. Gegenüber der Zahnflanke ohne Welligkeit kommt es allerdings in dem hier gezeigten Beispiel zu Amplitudenerhöhungen im Bereich der 5. bis 10. Ordnung. Je nach Periodenlänge der Welligkeit können auch noch höhere Ordnungen eine Amplitudenüberhöhung aufweisen.

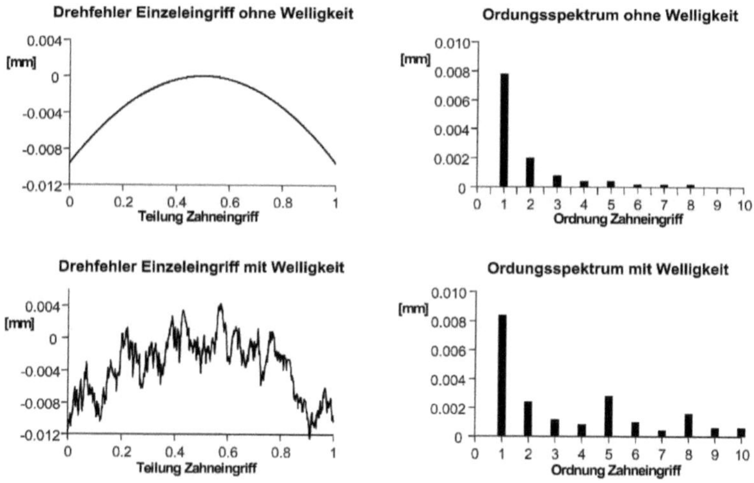

Abb. 5.25 Drehfehler einer Kegelradverzahnung im Einzeleingriff ohne und mit Flankenwelligkeit

Teilungssprünge und Beschädigungen Teilungssprünge und Beschädigungen sind Störgrößen, die zu einer kurzzeitigen Änderung des ansonsten regelmäßigen Drehfehlerverlaufes führen. Abbildung 5.26 zeigt hierzu den Drehfehlerverlauf eines 16-zähnigen Rades bei dem ein Zahneingriff eine deutliche Amplitudenüberhöhung aufweist. Diese Störung führt zu einer impulsartigen Änderung der Drehübertragung und äußert sich im Ordnungsspektrum durch eine deutliche Zunahme der Spektrallinien im gesamten Ordnungsbereich. Die Amplituden dieser zusätzlichen, impulsbedingten Spektrallinien sind unterhalb der 1. Zahneingriffsordnung am deutlichsten ausgeprägt und nehmen mit zunehmender Ordnung in der Höhe ab.

Die Kenntnis über den Einfluss der unterschiedlichen geometrischen Abweichungen auf den Drehfehlerverlauf und dessen spektrale Zusammensetzung ermöglicht eine Identifizierung der Geometriefehler bei der Auswertung einer Einflankenwälzprüfung.

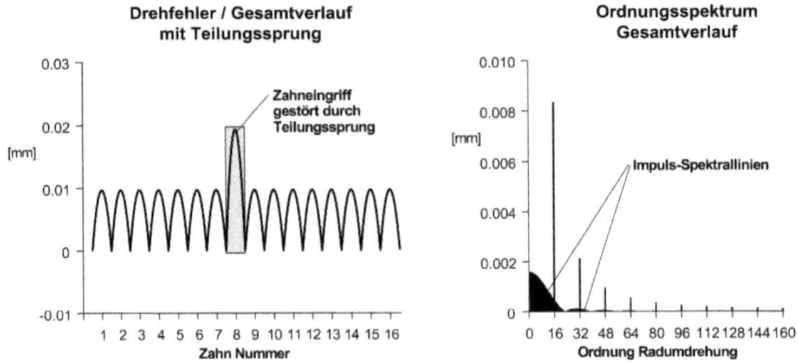

Abb. 5.26 Drehfehlerverlauf einer Kegelradverzahnung mit einem Teilungssprung

5.3.2 Einfluss der Fertigungsverfahren auf den Drehfehler

Für die Hartfeinbearbeitung von Kegelrädern finden heute im Wesentlichen die Verfahren Läppen, Schleifen und Schälwälzfräsen ihre Anwendung. Zur Verbesserung bestimmter Verzahnungseigenschaften kommen zum Teil noch zusätzliche Finish-Prozesse zum Einsatz [LAND03]. Dazu zählen u.a. das Kugelstrahlen, das Trowalisieren und das Strukturläppen.

Läppen Geläppte Radsätze sind durch relativ hohe Werte und einen sinus- oder doppelsinusförmigen Verlauf der Summenteilungsabweichungen gekennzeichnet. Ursächlich hierfür ist, dass die nach der Wärmebehandlung vorhandenen Rundlaufabweichungen durch das Läppen nicht wesentlich verringert werden können. Durch das Läppen werden hauptsächlich Störungen im einzelnen Zahneingriff eingeebnet. Die Störungen können durch Balligkeiten oder ungewollte Materialanhäufungen hervorgerufen werden. Der Zahneingriffsdrehfehler zeigt daher meist einen sinus- oder parabelförmigen Verlauf und weist in der Regel keine oder nur geringe Welligkeiten auf [SMIT85].

Als Beispiel für eine Drehfehlermessung an einem geläppten Radsatz mit der Übersetzung 11/39 sind in Abb. 5.27 das Zahneingriff-Ordnungsspektrum und der gemittelte Zahneingriff sowie das Konturdiagramm der Tellerradzahneingriffe dargestellt. Das Ordnungsspektrum enthält im Wesentlichen nur die Amplituden der ersten bis vierten Ordnung und zeigt eine gute Übereinstimmung mit der Darstellung aus Abb. 5.23. Die Seitenbänder haben einen Abstand von einer oder zwei Tellerradordnungen. Dies korreliert mit der Auswertung der zugehörigen Teilungsmessungen, die einen näherungsweise sinus- und doppelsinusförmigen

Verlauf der Summenteilungsabweichung aufwies. Auf eine gesonderte Darstellung wird hier verzichtet.

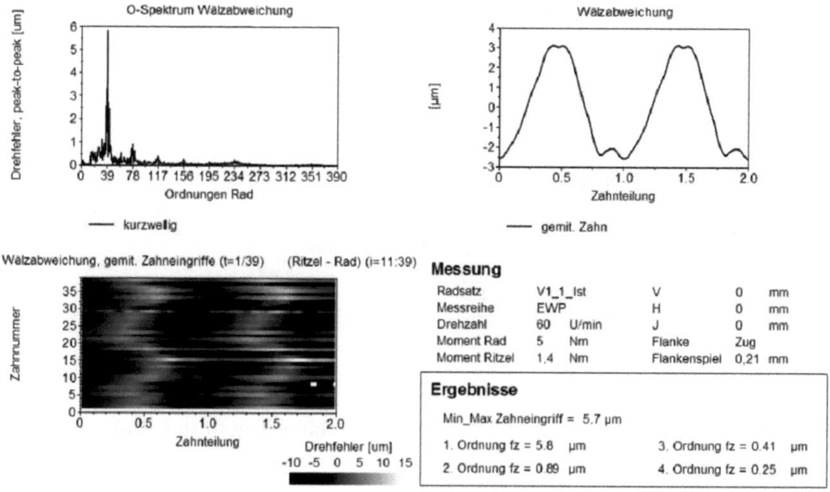

Abb. 5.27 Ordnungsspektrum und Drehfehler eines geläppten Radsatzes

Schälwälzfräsen Durch den kontinuierlichen Teilungsprozess erreichen schälwälzgefräste Kegelräder hohe Teilgenauigkeiten. Die Flankentopographien der einzelnen Zähne zeigen nahezu keine Unterschiede; Flankenwelligkeiten treten nur bei extrem hohen Wälzvorschüben auf. Die Flankenrauheit erreicht typischerweise mit Rz-Werten im Bereich von 2 µm sehr geringe Werte [LAND03].

Abbildung 5.28 zeigt in Analogie zu Abb. 5.27 die Auswertung der Einflankenwälzprüfung für einen schälwälzgefrästen Beispielradsatz mit einem Zähnezahlverhältnis von 11/39. Der hier dargestellte Radsatz weist eine Besonderheit bezüglich der Teilungsabweichung, die durch einen versuchsweise modifizierten Messerkopf verursacht wurde, auf. Die Auswertung der Teilungsabweichungen zeigt eine deutliche Periodizität mit einer Periodenlänge von 2 Zahnteilungen. Diese Periodizität verursacht im Ordnungsspektrum neben den Amplituden der 1ten Zahneingriffsordnung (39te Radordnung) und ihrer Harmonischen starke Seitenbänder in einem Abstand der halben Zahneingriffsordnung. Schälwälzgefräste Radsätze, die mit korrekt eingestellten Messerköpfen hergestellt werden, besitzen im Vergleich zu dem Beispielradsatz aus Abb. 5.28 keine ausgeprägte periodische Teilungsabweichung und daher auch keine ausgeprägten Seitenbänder. Typischerweise sind an schälwälzgefrästen Radsätzen nur geringe Amplituden der Rauschanteile zwischen den Zahneingriffsordnungen zu erkennen.

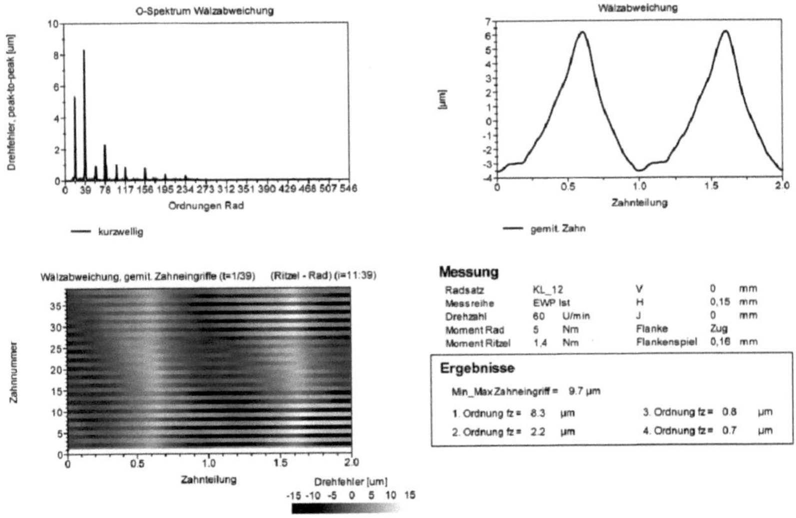

Abb. 5.28 Ordnungsspektrum und Drehfehler eines schälwälzgefrästen Radsatzes mit modifiziertem Messerkopf

Schleifen Geschliffene Radsätze werden ausschließlich im Einzelteilverfahren hergestellt. Mit modernen Kegelradschleifmaschinen erreicht man eine Teilungsgenauigkeit, die mit der Qualität von schälwälzgefrästen Radsätzen vergleichbar ist. Die Abweichungen der Flankentopographie von der Sollform liegen üblicherweise im Bereich weniger Mikrometer.

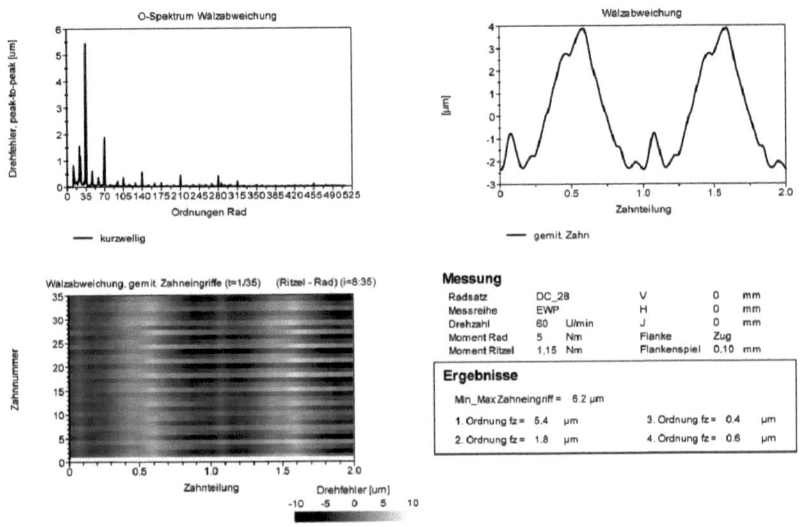

Abb. 5.29 Ordnungsspektrum und Drehfehler eines geschliffenen Radsatzes

Trotz der Genauigkeit des Schleifverfahrens können Periodizitäten in den Teilungsabweichungen dann auftreten, wenn z.B. die Teilungsstrategie falsch gewählt wird. Im untersuchten Beispiel wurde ein ungünstiges Verhältnis zur Zähnezahl gewählt. Beispielhaft hierfür zeigt Abb. 5.29 die Auswertung der Drehfehlermessung für einen geschliffenen Radsatz mit der Übersetzung 8/35. Im Ordnungsspektrum sieht man ausgeprägte Seitenbänder zu den Eingriffsharmonischen mit einem Abstand von ca. 12 Radordnungen, was ca. einer 1/3 Zahneingriffsordnung entspricht. Beim Schleifen dieser Beispielverzahnung wurde zwischen jedem Lückenschliff um jeweils 3 Lücken geteilt, was mit der Ordnungsanalyse eindeutig korreliert.

Eine weitere Besonderheit des Radsatzes aus Abb. 5.29 sind die deutlichen Amplituden der 4ten, 6ten und 8ten Zahneingriffsordnung, die auf Welligkeiten in der Flankentopgraphie des Tellerrades zurückzuführen sind. In dem gezeigten Beispiel wurden die Flankenwelligkeiten durch die Wahl ungünstiger Parameter beim Abrichten der Schleifscheibe verursacht. Verfahrensbedingt treten bei geschliffenen Verzahnungen üblicherweise keine Hüllschnitte auf. Bei der Verwendung von Schleifscheiben mit großer Unwucht in Kombination mit hohen Wälzvorschüben kann es jedoch vorkommen, dass ebenfalls Hüllschnitte erzeugt werden.

Vergleich Läppen, Schälwälzfräsen und Schleifen Im Vergleich zu den Hartfein-Bearbeitungsverfahren Schleifen und Schälwälzfräsen wird die Endgeometrie geläppter Radsätze wesentlich stärker von der vorangehenden Wärmebehandlung beeinflusst. Für das Schleifen und das Schälwälzfräsen lässt sich das Closed-Loop-Prinzip anwenden (siehe 7.2.5), wodurch die Soll-Verzahnungsgeometrie bis auf Restabweichungen von wenigen μm erzeugt wird. Beim Läppen können Härteverzüge nur eingeschränkt beseitigt werden. Die Rundlauf- und Summenteilungsabweichungen sind daher im Vergleich zu geschliffenen und schälwälzgefrästen Radsätzen deutlich höher. Die individuellen Härteverzüge der einzelnen Zähne können durch den Läppprozess ebenfalls nicht beseitigt werden. Der Ease-Off ist daher für jede Zahnpaarung eines geläppten Radsatzes individuell verschieden, während bei den Verfahren Schleifen und Schälwälzfräsen ein Zahn nahezu dem anderen gleicht. Dies hat insbesondere Auswirkung auf die Zahneingriffsdrehfehler, wie die Darstellung in Abb. 5.30 verdeutlicht. Vergleicht man die Wasserfalldarstellungen der einzelnen Zahneingriffsdrehfehler, so ist zu erkennen, dass bei dem geläppten Radsatz im Gegensatz zu dem schälwälzgefrästen und dem geschliffenen Radsatz jeder einzelne Zahneingriff individuell verschieden ist. Anhand des Konturdiagrammes wird zudem deutlich, dass die Maxima der einzelnen Zahneingriffsdrehfehler bei der geläppten Verzahnung nicht auf einer Geraden liegen, was durch den Verlauf der weißen Linie gekennzeichnet ist [LAND03].

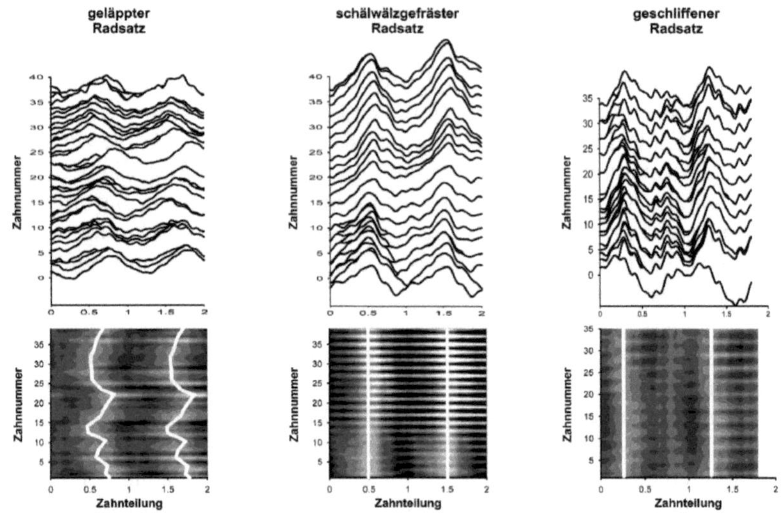

Abb. 5.30 Wasserfalldarstellung der Drehfehler im Vergleich

Die bessere Teilungsqualität und die geringeren Abweichungen von der gewünschten Zahnflankentopographie bei den Verfahren Schälzwälzfräsen und Schleifen können jedoch bei der Beurteilung des Geräuschverhaltens nachteilig sein. Die unterschiedliche Periodenlänge bei geläppten Verzahnungen wird gegenüber einer sehr exakten Periodenlänge die Anregungen breitbandiger gestalten. Hierdurch kann die als ungünstig eingestufte schmalbandige Anregung einzelner Frequenzen verringert und damit der akustische Eindruck verbessert werden.

Strukturläppen Strukturläppen bezeichnet das nachträgliche Läppen von schälwälzgefrästen oder geschliffenen Radsätzen, wobei die Zykluszeit gegenüber dem normalen Läppprozess deutlich verkürzt ist. Durch das Strukturläppen lassen sich mikrogeometrische Abweichungen der Zahnflanken reduzieren. Negative Einflüsse von Oberflächenstrukturen und Welligkeiten auf die Geräuschqualität können hierdurch teilweise oder sogar vollständig beseitigt werden. Eingehende Untersuchungen zum Strukturläppen haben jedoch gezeigt, dass neben der Veränderung der Oberflächenstruktur auch eine Veränderung der Topographie stattfindet [LAND03]. Die Verbesserung des Geräuschverhaltens durch das Strukturläppen ist demnach auf zwei unterschiedliche Phänomene zurückzuführen: Einerseits werden Flankenwelligkeiten beseitigt, andererseits werden die ursprünglich kreisförmigen Balligkeiten der Zahnflanken im Kontaktbereich verringert, wodurch längs der Zahnbreite- und Zahnhöhe unterschiedliche Balligkeiten entstehen.

Abbildung 5.31 zeigt den Drehfehler einer schälwälzgefrästen Verzahnung (Abb. 5.28) nach dem Strukturläppen. Vergleicht man die Ergebnisse von Abb. 5.31 mit Abb. 5.28, so ist eine Reduzierung des maximalen Drehfehlers zu erkennen, was auf den Abbau der Balligkeiten zurückzuführen ist. Die weiterhin erkennbare 39/2-Ordnung im Drehfehlerspektrum zeigt, dass sich durch das Strukturläppen nicht alle geometrischen Abweichungen einer Verzahnung beseitigen lassen. Die Auswertung der Teilungsmessung nach dem Strukturläppen der schälwälzgefrästen Verzahnung hat gezeigt, dass die Periodizität der Teilungsabweichungen zwar in ihrer Amplitude reduziert, aber weiterhin vorhanden ist.

Abbildung 5.32 zeigt den Drehfehler einer geschliffenen Verzahnung (5.29) nach dem Strukturläppen.

Der Vergleich von Abb. 5.32 mit Abb. 5.29 zeigt, dass auch bei der geschliffenen Kegelradverzahnung der maximale Drehfehler durch das Strukturläppen deutlich reduziert werden konnte. Weiterhin ist zu beobachten, dass die Flankenwelligkeit durch das Strukturläppen weitestgehend beseitigt wurde. Der Drehfehlerverlauf des gemittelten Zahneingriffes zeigt nach dem Strukturläppen einen annähernd sinusförmigen Verlauf; die Amplituden der höherharmonischen Zahneingriffsordnungen sind nur noch schwach erkennbar. Im Hinblick auf die Veränderung der Teilungsabweichungen gelten die gleichen Aussagen wie für die schälwälzgefräste Verzahnung. Die Amplitude des unteren Seitenbandes zur 1ten Zahneingriffsordnung ist zwar reduziert, jedoch weiterhin vorhanden.

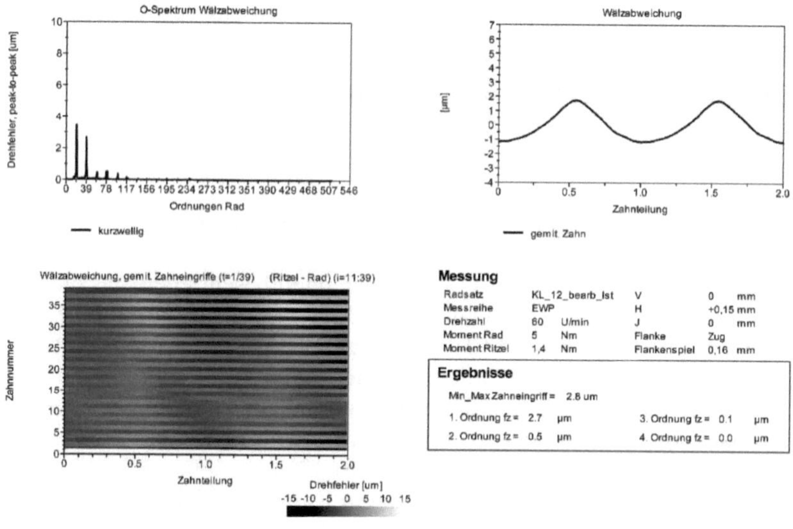

Abb. 5.31 Ordnungsspektrum und Zahneingriffsdrehfehler eines schälwälzgefrästen und strukturgeläppten Radsatzes

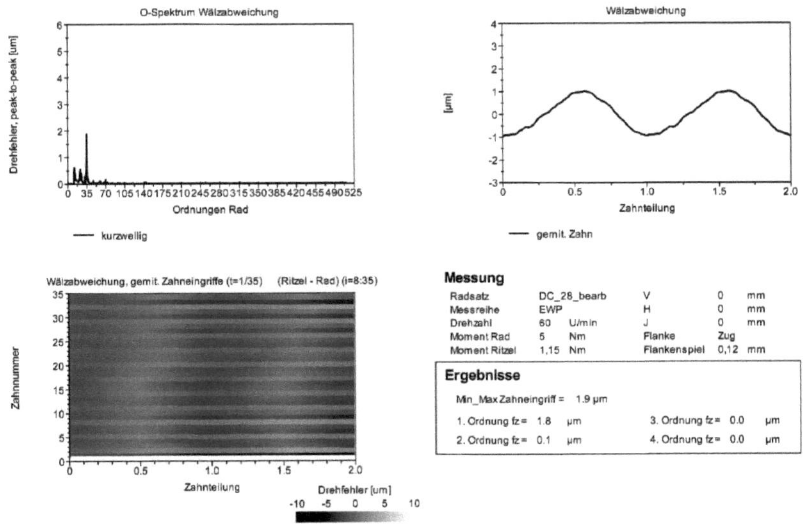

Abb. 5.32 Ordnungsspektrum und Drehfehler eines geschliffenen und strukturgeläppten Radsatzes

5.4 Dynamische Geräuschanregung

5.4.1 Dynamik des Laufverhaltens von Kegelrädern

In Kapitel 5.1 wird ein Torsionsschwingungsmodell beschrieben, das die komplexen Wirkmechanismen im Zahneingriff mit Hilfe eines Feder-Dämpfer-Elementes approximiert. Für Kegelrad- und Hypoidverzahnungen ist das reduzierte Ersatzmodell mit einem Freiheitsgrad allerdings nur bedingt geeignet, da die Verlagerungen eines Kegelradsatzes und die damit verbundene Änderung der Relativlage der Zahnflanken nicht ausreichend abgebildet werden.

Die Verlagerungen ergeben sich aus den in Kapitel 3.4.2 beschriebenen Effekten. Bei der Entwicklung eines geeigneten mechanischen Ersatzmodells muss daher entsprechend viel Aufwand betrieben werden. Für Antriebsstränge bietet es sich beispielsweise an, das Ersatzmodell als Mehrkörpersystem (MKS) zu entwickeln [BREM92]. Im Rahmen der Mehrkörpermechanik werden die einzelnen Komponenten des Antriebsstranges entweder als starre oder als elastische Körper abgebildet, die anschließend mit Hilfe von Kraftelementen miteinander verbunden werden [BREC07a].

Das zugrunde liegende Ersatzmodell setzt sich aus der Antriebs- und der Ritzelwelle sowie den beiden Abtriebswellen, der Tellerradverzahnung und dem Ausgleichsgetriebegehäuse zusammen. Die Antriebs- und Abtriebswellen sind zunächst ideal gelagert, um die Freiheitsgrade der Einzelkörper des MKS-Modells zu reduzieren. In den Fügestellen zwischen der Antriebs- und der Ritzelwelle als auch zwischen den zwei Abtriebswellen und dem Ausgleichsgetriebegehäuse sind die Körper durch Kraftkopplungselemente in Form von Torsionsfederelementen miteinander verbunden. Die Drehzahl der Antriebswelle und die Bremsmomente an den Abtriebswellen können vom Anwender vorgegeben werden. Die Modellierung der Lagerstellen von Ritzelwelle und Ausgleichgetriebegehäuse erfolgt mit Hilfe von Kraftkopplungselementen. Diese berücksichtigen die Auswirkungen der Zahnkräfte auf die Biegeschwingungen der Wellen und übertragen die daraus resultierenden Lagerreaktionskräfte und -momente auf die Gehäusestruktur.

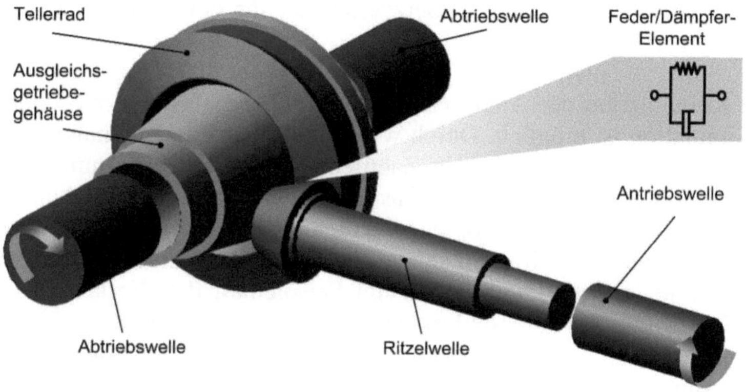

Abb. 5.33 Exemplarisches MKS-Modell einer Kegelradgetriebestufe mit Feder/Dämpfer-Element im Zahneingriff

Das zentrale Element des mechanischen Ersatzsystems stellt der Zahneingriff dar, in dem die in Kapitel 5.1 beschriebenen Anregungsmechanismen wirken. Tellerrad- und Ritzelkörper sind im Zahneingriff mit Hilfe von zwei Kraftelementen miteinander verbunden, die als Feder- und Dämpferelemente ausgeführt sind. Um die Abbildungsgenauigkeit der Kegelradgetriebestufe zu erhöhen, sind die Zahneingriffskräfte mit Hilfe einer Zahnkontaktanalyse zu ermitteln und im Feder/Dämpfer-Element der Mehrkörpersimulation zu verwenden. Mit Hilfe des MKS-Modells werden die Reaktionen des Systems auf Eingangsdrehmoment und -drehzahl ermittelt, aus denen neue Drehpositionen für Ritzel und Tellerrad resultieren, die wiederum als Eingangsgrößen für den Zahneingriff dienen.

5.4.2 Berechnung des lastfreien und des lastabhängigen Laufverhaltens

Für die Güte des rechentechnischen Modells ist es entscheidend, die Drehwegabweichungen möglichst genau zu ermitteln. Die bestmögliche Wiedergabe der räumlichen Kontaktverhältnisse im Zahneingriff ist durch die Anwendung der Zahnkontaktanalyse (siehe 3.3) sowie der Berechnung der Wälzabweichung unter Last (siehe 4.4.3.7) gegeben. Die im Zahneingriff wirksame Dämpfung wird vereinfachend als konstant angenommen, da sie sehr schwer zu ermitteln ist. Dies führt, verglichen mit Messungen, zu hinreichend genauen Ergebnissen [GEIS02], [GERB84].

Mit Hilfe der Zahnkontaktanalyse können sowohl die lastfreie Drehwegabweichung als auch die lastbedingte Drehwegabweichung, getrennt voneinander ermittelt werden [NEUP83]. Das Verfahren der Zahnkontaktanalyse eignet sich somit zur detaillierten Analyse des Einsatzverhaltens für einen diskreten Betriebszustand.

Eine Kombination der Analysen unter statischer Belastung mit einer dynamischen Simulation ist möglich. Durch wiederholte Zahnkontaktanalyse werden für unterschiedliche Lastmomente ein Zahnfederkennlinien-Diagramm als Funktion von der Wälzstellung und von der lastbedingten Drehwegabweichung generiert und der dynamischen Simulation zur Verfügung gestellt. Die Zahnfedersteifigkeiten lassen sich aus der Differenz des lastlosen und des lastbehafteten Drehfehlerverlaufs ermitteln. Abbildung 5.34 zeigt beispielhaft den Verlauf des lastlosen Drehfehlers sowie des Drehfehlers unter Last. Es ist zu erkennen, dass sich je nach Tellerraddrehwinkel φ_G unterschiedliche Nachgiebigkeiten ergeben. Die daraus resultierenden Schwankungen der Drehsteifigkeit sind für die dynamischen Anregungen wesentlich.

Auf diese Weise können die Eigenschaften des Systems, die mittels der quasistatischen Analyse für jeweils einen diskreten Betriebszustand (siehe Abb. 4.43) ermittelt werden, für alle Betriebszustände berechnet und für den aktuell benötigten Zustand im Rahmen der dynamischen Simulation interpoliert werden. Das resultierende Zahnfederkennlinien-Diagramm für eine vollständige Zahnteilung p und das Moment M_z ist in Abb. 5.35 dargestellt.

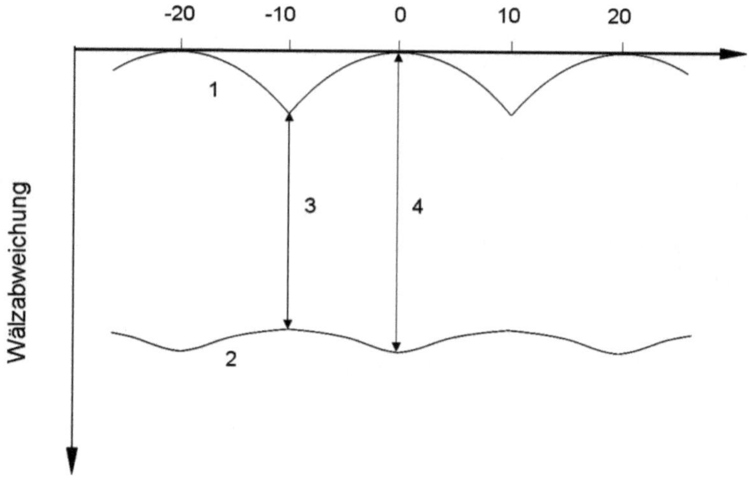

1: Lastloser Drehfehler 2: Drehfehler unter Last 3: Differenz bei -10° 4: Differenz bei 0°

Abb. 5.34 Verlauf des Drehfehlers mit und ohne Last

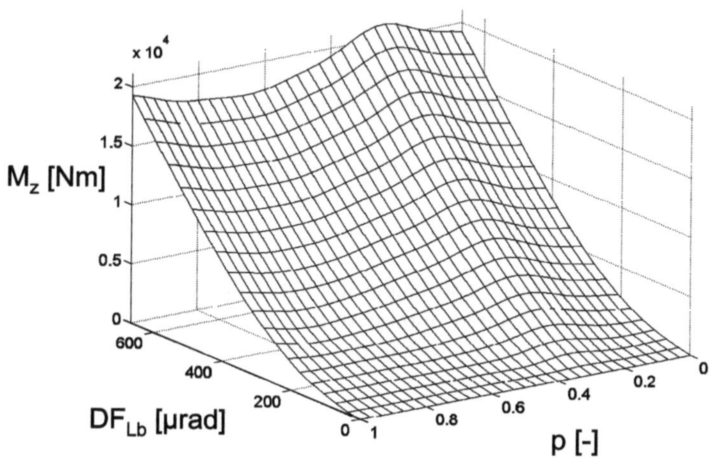

DF_{LB} Drehfehler unter Last M_z Moment um z-Achse p Teilungsposition

Abb. 5.35 Zahnfederkennlinien-Diagramm

Sollen zusätzlich die Auswirkungen der lastbedingten Abdrängung des Ritzels auf den Zahneingriff berücksichtigt werden, so sind die Zahnfederkennlinien-Diagramme um weitere Dimensionen zu erweitern. Die mehrdimensionalen Kennfelder sind dann Funktionen der Teilungsposition, der lastbedingten Drehwegabweichung und der Ritzellage, die über die vertikale, horizontale und axiale Verschiebung und dem Achsenwinkel eindeutig bestimmt ist.

Für das mechanische Ersatzmodell des Zahneingriffs kann dann mit Hilfe der Drehwinkel von Tellerrad φ_G und Ritzel φ_P unter Berücksichtigung der Übersetzung die Summendrehwegabweichung bestimmt werden. Anschließend wird die lastfreie Drehwegabweichung als Funktion der Drehposition und zusätzlich auch der vertikalen, horizontalen und axialen Ritzellage relativ zum Tellerrad in Abhängigkeit von der Ritzelposition, von der Summendrehwegabweichung subtrahiert. Dadurch ergibt sich die lastbedingte Drehwegabweichung. Die Auswertung der Zahnfederkraft erfolgt dann in Abhängigkeit von der aktuellen Wälzstellung, der lastbedingten Drehwegabweichung und der Abdrängung des Ritzels relativ zum Tellerrad.

5.4.3 Prüfstand für Hinterachsgetriebe

Die Geräuschmessung an Getrieben erfolgt meist auf speziellen Geräuschprüfständen. In vielen Fällen verfügen diese Prüfstände über besondere akustische Eigenschaften, die neben Körperschallmessungen ebenfalls Luftschallmessungen ermöglichen.

Ziel der akustischen Vermessung von Getrieben ist die objektive Bewertung des Geräuschverhaltens. Die Messung von Luft- und Körperschall dient
- der Ermittlung des Ausgangszustands,
- zur Klärung von Geräuschursachen ,
- zur Planung von Geräuschminderungsmaßnahmen und
- zum Nachweis der erzielten Verbesserung.

Für die Messung des Getriebegeräuschs stehen eine Vielzahl von Verfahren und Geräten zur Verfügung. Diese reichen vom einfachen Handschallpegelmesser bis hin zum prozessorgesteuerten Messplatz.

Mit einem Universalgetriebeprüfstand können Untersuchungen zur Tragfähigkeit und Akustik von Getrieben durchgeführt werden. Für Luftschallmessungen dient ein akustischer Messraum, der um das Spannfeld des Prüflings aufgebaut ist [BREC07b].

Neben den klassischen akustischen Messgrößen Luft- und Körperschall kommen auch Messsysteme zur Messung der Größen Drehwegabweichung und Drehbeschleunigung von Getrieben zum Einsatz. Die variablen Messsysteme können universell an Ein- bzw. Ausgängen von Getrieben eingesetzt werden.

Antriebs- und Bremsmotoren eines Prüfstandes können den Prüfaufbau zusätzlich anregen. Daher sind zwischen Abtriebsmaschine und Prüfling Elemente mit einer geringen Steifigkeit und einer großen Dämpfung einzubauen, um die Anregung mechanisch zu filtern.

5.4.4 Versuchsergebnisse

Um die Wirkzusammenhänge zwischen der Anregung im Zahneingriff von Kegelradgetriebestufen und dem akustischen Verhalten des Gesamtsystems Getriebe und Antriebsstrang zu ermitteln, werden nacheinander zwei Hypoidverzahnungen desselben Typs in ein Hinterachsgetriebegehäuse montiert und das Geräuschverhalten messtechnisch erfasst und gegenübergestellt. Radsatz A zeichnet sich durch eine geringe und Radsatz B durch eine hohe Schwingungsanregung aus.

Die experimentellen Untersuchungen gliedern sich in Messungen bei stationären Betriebspunkten und bei Drehzahlhochläufen. Messgrößen sind Drehwegabweichung, Körperschall an den Lagerstellen der Hinterachse und Schalldruckmessungen.

Abbildung 5.36 zeigt Unterschiede des Anregungsverhaltens des Radsatzes A für vier verschiedene stationäre Betriebszustände anhand von Ordnungsspektren. Neben der Antriebsdrehzahl wurde das am Tellerrad wirkende Belastungsmoment variiert. Bei allen Versuchen betrug die Differenzdrehzahl zwischen der linken und rechten Abtriebsseite null. Alle dargestellten Spektren zeigen Überhöhungen für die Zahneingriffsfrequenz und deren Höher Harmonischen. Die Zahneingriffsfrequenz entspricht der 41. Ordnung bezüglich der Tellerradumdrehung. Die erste und zweite Harmonische der Zahneingriffsfrequenz stellen die 82. und 123. Ordnung dar. Bei höheren Ordnungen sind in allen Spektren keine Amplitudenerhöhungen feststellbar. Als Ursachen wurden die Ausgleichsräder des Differenzialgetriebes und die Antriebswellen ermittelt. Aufgrund der großen Entfernung zwischen der anregenden Verzahnung und den Messsystemen werden diese Oberschwingungen nicht mehr detektiert. Stattdessen weisen alle Spektren Amplituden bei der 12fachen Drehfrequenz des An- und der Abtriebsmotoren auf. Diese Erhöhungen sind teilweise größer als die des Zahneingriffs. Bei der 123. Ordnung bezüglich der Tellerradumdrehung fallen die 2. Harmonische des Zahneingriffs und die 1. Harmonische der 12fachen Antriebsfrequenz zusammen, welche die auffällige Erhöhung erklären.

Ursache für die Anregung mit 12facher Drehfrequenz stellen die Elektromotoren des Prüfstands dar. Die Asynchronmotoren besitzen 2 Polpaare, die je Umdrehung 12 Impulse in den Prüfstand einleiten.

Trotz der Störung des Messsignals durch die Motoranregung sind dennoch eindeutige Tendenzen der Drehwegabweichung bei einer Steigerung der Drehzahl beziehungsweise des Drehmoments festzuhalten. Bei beiden Belastungsmomenten führt eine Steigerung der Drehzahl von $n_{An} = 352\ min^{-1}$ auf $n_{An} = 1056\ min^{-1}$ zu einer signifikanten Reduzierung der Amplitude bei Zahneingriffsfrequenz (41. Ordnung). Aufgrund der größeren Trägheit des Schwingungssystems wird die Anregung mit steigender Drehzahl weniger in Form von Wegschwankungen, sondern vermehrt in Form von Kraft- oder Drehmomentstößen weitergeleitet.

Ebenfalls sinkt die Drehwegabweichung bei der Steigerung des Drehmoments, da sich die wirksame Überdeckung vergrößert (siehe Abb. 5.4).

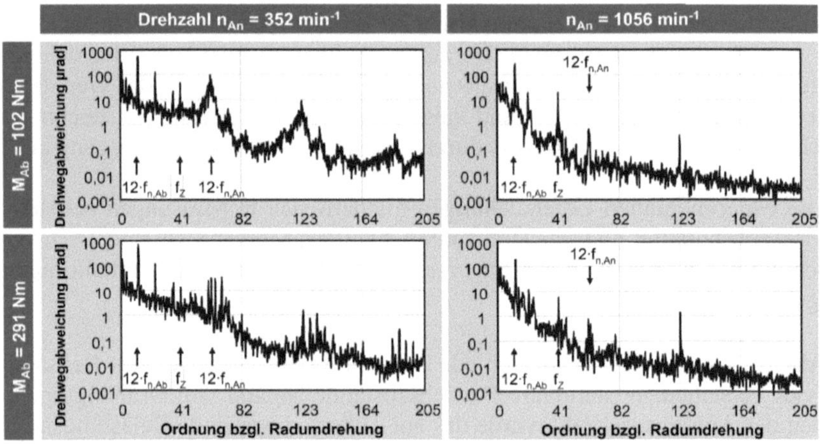

Abb. 5.36 Ordnungsspektren des Radsatzes A der Messgröße Drehwegabweichung bei Zugbelastung

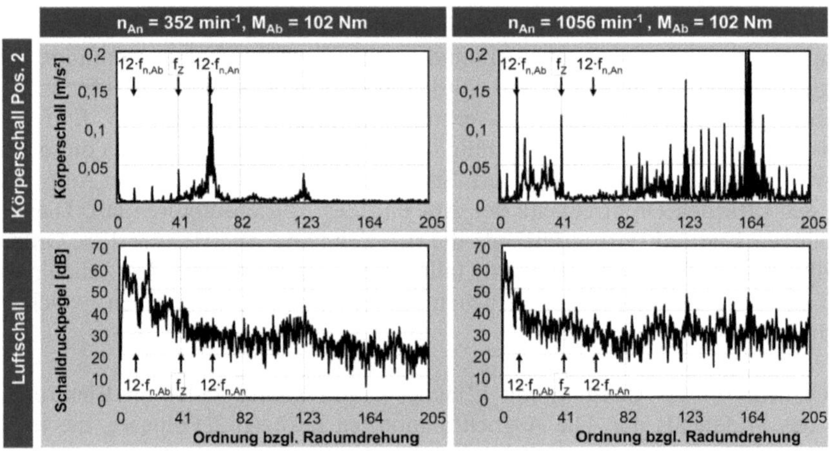

Abb. 5.37 Ordnungsspektren des Radsatzes A der Messgrößen Körper- und Luftschall bei Zugbelastung

Während die Kenngröße Drehwegabweichung auf eine Drehzahlsteigerung mit einer Senkung der Amplituden reagierte, nehmen die Amplituden von Körper- und Luftschall mit zunehmender Drehgeschwindigkeit zu (siehe Abb. 5.37). Bedingt durch die größere Drehzahl wird mehr Energie in das Schwingungssystem Hinterachse eingebracht, wodurch auch die Verlustleistung in Form von Wärme und Schwingungen gesteigert wird.

Die Untersuchungen bei stationären Betriebspunkten zeigen auf, dass das Körperschallsignal sehr stark vom gewählten Betriebspunkt abhängt. Die Ergebnisse zeigen außerdem, dass das akustische Verhalten nicht bei der alleinigen Betrachtung eines Betriebspunktes vorgenommen werden darf. Es ist daher der Betriebspunkt auf dem Prüfstand zu wählen, bei dem eine größtmögliche Korrelation zur akustischen Bewertung im Fahrzeug besteht. Aus diesem Grund wird das akustische Verhalten zusätzlich bei Drehzahlhochläufen untersucht.

In Abb. 5.38 und Abb. 5.39 sind die Signale des abtriebsseitigen Körperschalls und des in einem Meter Abstand gemessenen Luftschalls in Campelldiagrammen über der Frequenz und der Drehzahl des Ritzels aufgetragen. Während Eigenfrequenzen als vertikale Linien dargestellt werden, stellen die ansteigenden Linien die Anregung durch die Verzahnung und der Elektromotoren dar. Aufgrund der von 300 min^{-1} auf 5000 min^{-1} ansteigenden Drehzahl steigen diese Frequenzen proportional mit der Drehzahl an.

Die Campelldiagramme des Radsatzes A sind geprägt durch die Anregung des Abtriebsmotors und der Kegelradstufe sowie deren Harmonischen. Beim Radsatz B überwiegt hingegen die Schwingungsanregung der Verzahnung. Die Campelldiagramme belegen deutlich, dass eine Bewertung des akustischen Verhaltens anhand der Messgrößen Körper- und Luftschall erst bei höheren Drehzahlen sinnvoll ist. Bei hohen Drehzahlen sind zudem die Harmonischen der Zahneingriffsfrequenz stark ausgeprägt. Die in Abb. 5.36 gezeigten Spektren bei konstanten Betriebspunkten wiesen hingegen nahezu keine Harmonischen des Zahneingriffs auf.

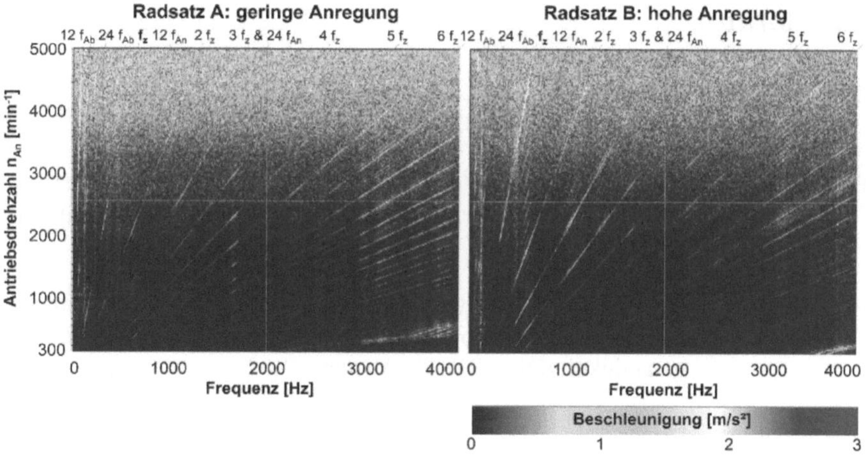

Abb. 5.38 Drehzahlhochlauf: Körperschall an der abtriebsseitigen Lagerstelle bei einem Belastungsmoment von 583 Nm

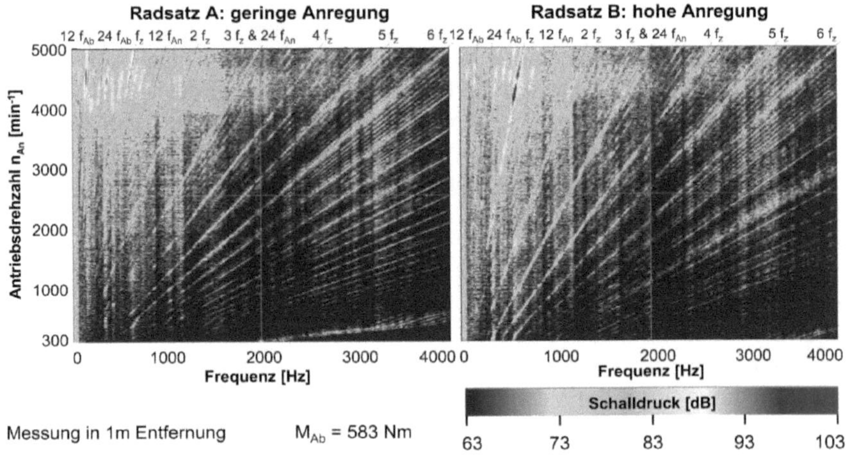

Abb. 5.39 Drehzahlhochlauf: Schalldruck an der abtriebsseitigen Lagerstelle bei einem Belastungsmoment von 583 Nm

Der Vergleich der Campelldiagramme der Radsätze A und B zeigt, dass der Radsatz B zu einer höheren Geräuschemission führt. Die Bewertung der Größen Luft- und Körperschall erfolgt nicht an einzelnen Betriebszuständen, sondern muss zwingend über den gesamten Betriebsbereich erfolgen. Hingegen ist es ausreichend, das Anregungsverhalten mittels Drehwegabweichung an wenigen stationären Betriebspunkten zu erfassen.

5.5 Literatur

[BAGH73] Bagh, P.: Über die Zahnfußtragfähigkeit spiralverzahnter Kegelräder. Dissertation RWTH Aachen, 1973

[BECK99] Becker, J.: Analyse und Optimierung des Lauf- und Geräuschverhaltens bogenverzahnter Kegelräder. Diss. RWTH Aachen, 1999

[BOSC65] Bosch, M.: Über das dynamische Verhalten von Stirnradgetrieben unter besonderer Berücksichtigung der Verzahnungsgenauigkeit. Diss. RWTH Aachen, 1965

[BREC07a] Brecher, C.; Gacka, A.: Simulationsmodell zur Abbildung des dynamischen Verhaltens von Kegelradgetrieben – Berücksichtigung weiterer Anregungsmechanismen. Tagungsband zur 48. Arbeitstagung „Zahnrad- und Getriebeuntersuchungen", RWTH Aachen, 2007

[BREC07b] Brecher, C.; Hesse, J.: Untersuchung des Geräuschverhaltens flankenmodifizierter Radsätze. Tagungsband zur 48. Arbeitstagung „Zahnrad- und Getriebeuntersuchungen", RWTH Aachen, 2007

[BREM92] Bremer, H.; Pfeiffer, F.: Elastische Mehrkörpersysteme. Teubner Stuttgart, 1992

[DALE87] Dale, A.K.: Gear Noise and the Sideband Phenomenon. In: Gear Technology, Heft Jan./Feb., S. 26-33, 1987

[DIET99] Dietz, P.; Gummersbach, F.: Lärmarm Konstruieren XVIII, Systematische Zusammenstellung maschinenakustischer Konstruktionsbeispiele. Schriftenreihe der Bundesanstalt für Arbeitsschutz und Arbeitsmedizin. Dortmund: Bundesanstalt für Arbeitsschutz und Arbeitsmedizin, 1999

[DIN87] DIN 3960: Begriffe und Bestimmungsgrößen für Stirnräder (Zylinderräder) und Stirnradpaare (Zylinderpaare) mit Evolventenverzahnung. Beuth Verlag, 1987

[EDER01] Eder, H.: Messtechnik bogenverzahnter Kegelräder in der Automobilindustrie. In: Tagungsband zum 3. Seminar „Innovation rund ums Kegelrad". Aachen 15.-16. März 2001. Aachen: Eigendruck der Aditec GmbH, 2001

[EDER05] Eder, H.: In Roll Testing Technology of Spiral Bevel and Hypoid Gear Sets. In: Gear Technology, 2005; Ausgabe Mai/Juni 2005

[FAUL68] Faulstich, H. I.: Zusammenhänge zwischen Einzelfehlern, kinematischem Einflanken-Wälzfehler und Tragbildlage evolventenverzahnter Stirnräder. Diss. RWTH Aachen, 1968

[GEIS02] Geiser, H.: Grundlagen zur Beurteilung des Schwingungsverhaltens von Stirnrädern. Diss. TU München, 2002

[GERB84] Gerber, H.: Innere dynamische Zusatzkräfte bei Stirnradgetrieben. Diss. TU München, 1984

[HAGE71] Hager, D.: Verzahnungsgenauigkeit und Laufruhe von Kegelradgetrieben. Diss. RWTH Aachen, 1971

[HEID04] N.N.: Winkelmessgeräte ohne Eigenlagerung. Informationsmaterial der Firma Heidenhain, 2004

[LAND03] Landvogt, A.: Einfluss der Hartfeinbearbeitung und der Flankentopographieauslegung auf das Lauf- und Geräuschverhalten von Hypoidverzahnungen mit bogenförmiger Flankenlinie. Diss. RWTH Aachen, 2003

[MÖLL82] Möllers, W.: Parametererregte Schwingungen in einstufigen Zylinderradgetrieben – Einfluss von Verzahnungsabweichungen und Verzahnungssteifigkeitsspektren. Diss. RWTH Aachen, 1982

[NAUM69] Naumann, D.: Untersuchung über den Einfluss von Einzelfehlern auf den Einflanken-Wälzfehler und die Tragbildlage oktoidenverzahnter Kegelräder. Diss. RWTH Aachen, 1969

[NEUP83] Neupert, B.: Berechnung der Zahnkräfte, Pressungen und Spannungen von Stirn- und Kegelradgetrieben, Diss. RWTH Aachen, 1983

[OPIT69] Opitz, H.; Faulstich, H.-I.: Zusammenhänge zwischen Einzelfehlern, Einflanken-Wälzfehler und Tragbild evolventenverzahnter Stirnräder. In: Brandt, L. (Hrsg.): Forschungsberichte des Landes NRW, Nr. 2058, 1. Aufl. Köln / Opladen: Westdeutscher Verlag, 1969

[PAUL86] Paul, M.: Einfluss von Balligkeit und Lageabweichungen auf die Zahnfußbeanspruchung spiralverzahnter Kegelräder. Diss. FZG München, 1986

[PLEW92] Plewnia, C.: Drehübertragungs- und Geräuschverhalten bogenverzahnter Kegelradgetriebe. Diss. RWTH Aachen, Seite 56-92, 1992

[REIC60] Reichardt, W.: Grundlagen der Elektroakustik. 3. Aufl. Leipzig: Akademische Verlagsgesellschaft Geest & Portig KG, 1960

[SCHW94] Schweicher, M.: Rechnerische Analyse und Optimierung des Beanspruchungsverhaltens bogenverzahnter Kegelräder. Diss. RWTH Aachen, 1994

[SMIT85] Smith, R.E.: Identification Of Gear Noise With Single Flank Composite Measurement. In: Technical Paper, no. 85FTM13, AGMA Fall Technical Meeting, San Francisco, 14. – 16. October 1985, Alexandria (USA): AGMA, 1985

[TESC69] Tesch, F.: Der fehlerhafte Zahneingriff und seine Auswirkungen auf die Geräuschabstrahlung. Diss. RWTH Aachen, 1969

[THOM80] Thompson, A.: Fourier Analysis of Gear Errors. In: Tagungsband zur Konferenz NELEX 80, Glasgow 7. – 9. Oktober 1980. Glasgow: Eigendruck National Engineering Laboratory East Kilbride, Paper Nr. 3.5, S. 1- 21, 1980

[TOPP66] Toppe, A.: Untersuchungen über die Geräuschanregung bei Stirnrädern unter besonderer Berücksichtigung der Fertigungsgenauigkeit. Diss. RWTH Aachen, 1966

[TOSH61] Toshime, Tobe: Der Stoß des Flankenpaares der Zähne als Ursache des Geräusches. In: VDI Berichte 47, S.99-101, 1961

[VDI90] Richtlinie VDI 3720; Blatt 9.1; (Januar 1990) Lärmarm Konstruieren-Leistungsgetriebe-Minderung der Körperschallanregung im Zahneingriff, 1990

[VOLL92] Vollhüter, F.: Grübchen- und Zahnfußtragfähigkeit von Kegelrädern mit und ohne Achsversatz. Diss. FZG München, 1992

[WECH87] Wech, L.: Untersuchungen zum Wirkungsgrad von Kegelrad- und Hypoidgetrieben. Diss. FZG München, 1987

[WECK92] Weck, M.; Bartsch, G.; Reuter, W.; Stadtfeld, H.J.: Verzahnungsmessung auf Mehrkoordinaten-Meßgeräten. In: Weck, M. (Hrsg.): Moderne Leistungsgetriebe. 1. Aufl. Berlin: Springer-Verlag, S. 190-212, 1992

[WECK99] Weck, M.; Landvogt, A.: Untersuchung des Einflusses von Oberflächenrauheit und Einlaufkorrekturen höherer Ordnung auf die Laufeigenschaften und das Geräusch achsversetzter Kegelräder. Abschlussbericht zum FVA Forschungsvorhaben 282 „Kegelradgetriebegeräusche“, Frankfurt a.M.: Forschungsvereinigung Antriebstechnik e.V., Heft Nr. 589, 1999

[WECK00] Weck, M.; Hohle, A.: Untersuchung des Einflusses von topologischen Abweichungen, Oberflächenstrukturen und Rauheiten auf das Geräuschverhalten von Zylinderrädern. Abschlussbericht zum FVA Forschungsvorhaben 285 „Oberflächenbeschaffenheit von Zylinderrädern“, Frankfurt a.M.: Forschungsvereinigung Antriebstechnik e.V., Heft Nr. 601, 2000

[WECK02] Weck, M.; Landvogt, A.: Bestimmung der von Kegelradverzahnungen ohne eine Beeinträchtigung des Geräuschverhaltens tolerierbaren Fertigungs- und Montageabweichungen. Abschlussbericht zum FVA Forschungsvorhaben 337 „Kegelradgeräuschtoleranz“, Frankfurt a.M.: Forschungsvereinigung Antriebstechnik e.V., Heft Nr. 668, 2002

6 Herstellprozess

6.1 Einleitung

Die Herstellverfahren für Kegelräder können in spanlose und spanende Verfahren eingeteilt werden.

Tabelle 6.1 Verfahren zur Herstellung von Kegelrädern

Spanlose Verfahren	Spanende Verfahren
Gießen	Hobeln
Sintern	Fräsen
Fließpressen	Hartschälen
Gesenkschmieden	Schleifen
Taumelschmieden	Läppen
	Honen

Spanlose Verfahren Ein großes Problem bei diesen Verfahren ist die notwendige Entformbarkeit des Werkstücks, welche die Gestaltung der Kegelradverzahnung, insbesondere Spiralkegelradverzahnung, erheblich einschränkt oder unmöglich macht.

Das Gießen wird nicht im Bereich von Leistungsgetrieben eingesetzt, sondern nur bei der Massenfertigung von Kegelrädern mit geringen Anforderungen (z.B. Kunststoff-Kegelräder).

Gesinterte Kegelräder werden in relativ großem Umfang in Handwerkzeugen, wie z. B. Winkelschleifern eingesetzt. Neben den schon genannten Einschränkungen hinsichtlich der Entformbarkeit ist es gegenüber anderen spanlosen Verfahren ein Problem, eine genügende Homogenität des Werkstoffs durch gleichmäßiges Verdichten zu erreichen [BART06]. Außerdem sind die Matrizen in der Herstellung sehr teuer und Modifikationen der Verzahnung aufwändig, wenn die Matritze verändert werden muss.

Das Fließpressen ist lediglich für geradverzahnte Kegelräder in Anwendung.

Zur Fertigung geradverzahnter Kegelräder für Differentialgetriebe werden neben spanenden Verfahren hauptsächlich Schmiedeverfahren eingesetzt. Die Anforderungen hinsichtlich der Toleranzen für die Zahnteilung und Verzahnungstopographie sind hier geringer als bei Laufverzahnungen. Auch bieten Schmiedeverfahren die Möglichkeiten bestimmter Radkörperformen, die beim spanenden Verzahnen nicht realisierbar sind. Neben diesen Vorteilen sind die hohen Werkzeugkosten und die aufwändige Prozessauslegung die Hauptnachteile des Verfahrens. Auch ist für jede Änderung der Verzahnung wie Tragbildkorrekturen, die beim Fräsen durch geänderte Maschineneinstellungen realisiert werden können, ein neues, teures Werkzeug erforderlich.

Spanende Verfahren In diesem Kapitel wird nur auf das Hobeln und Fräsen von Gerad- und Schrägkegelrädern eingegangen. Die Bearbeitungsverfahren für Spiralkegelräder finden sich in Kapitel 6.2 – 6.4 und 6.5.

Das Hobeln von Kegelrädern, gerad- oder schrägverzahnt, war in der Vergangenheit weit verbreitet. Das bekannteste Verfahren, das Wälzhobeln nach Heidenreich-Harbeck [DEGN02] wurde inzwischen durch produktivere abgelöst. Es wird nur noch in geringem Umfang in der Einzel- und Ersatzteilfertigung eingesetzt.

Fräsen von Geradzahnkegelrädern Die derzeit beim Fräsen geradverzahnter Kegelräder verwendeten Verfahren sind das Wälzfräsen und das Räumen:

Beim Wälzfräsen sind drei Verfahren im Einsatz, die sich in den verwendeten Werkzeugen unterscheiden. Sie heißen Coniflex® (Gleason), Konvoid (Modul) und Sferoid (Klingelnberg).

Kennzeichnend für alle drei Verfahren sind:

Zahnform:	veränderliche Zahnhöhe
Fertigung:	Einzelteilverfahren, Rad und Ritzel gewälzt
Werkzeug:	2 ineinandergreifende Messerköpfe mit radialen Messern
Höhenballigkeit:	Maschinenkinematik
Längsballigkeit:	gekrümmte Messerbahnen

Die Achsen der beiden Messerköpfe, einen für die Linksflanken, einen für die Rechtsflanken, stehen in einem Winkel zueinander, wobei ihre Messer abwechselnd so ineinander greifen, dass ihre Hauptschneiden ein Trapezprofil bilden. Da die Schneiden nicht genau in der Rotationsebene ihres Messerkopfes liegen, sondern auf einem schwachen Innenkegel (siehe Abb. 6.1), erhalten die Zähne eine feste Längsballigkeit und einen Zahngrund, der nicht gerade, sondern kreisbogenförmig ist. Der Winkel zwischen den Messerköpfen ergibt sich aus dem Flankenwinkel der Messer und dem konischen Zahnlückenverlauf des Kegelrades.

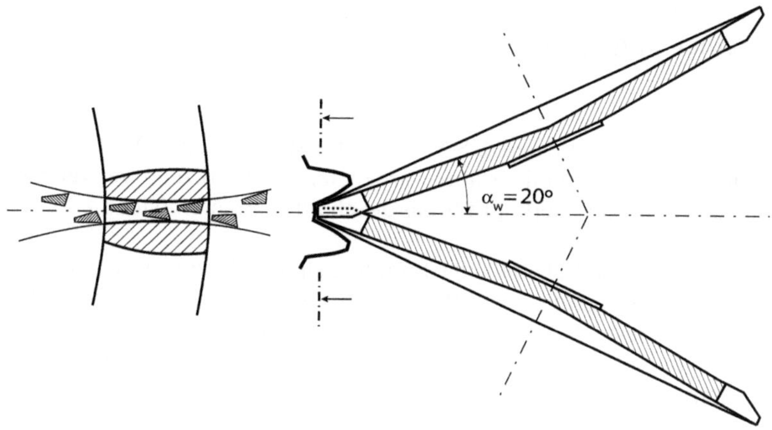

Abb. 6.1 Prinzip des Fräsens geradverzahnter Kegelräder mit ineinandergreifenden Messerköpfen

Das Räumverfahren mit der Bezeichnung Revacycle® ist das produktivste spanende Herstellverfahren für geradverzahnte Kegelräder. Da jede Übersetzung ein spezielles Werkzeug erfordert, ist es nur für die Massenfertigung geeignet. Das Werkzeug ist scheibenförmig (Durchmesser ca. 530 bis 635 mm) mit einer Vielzahl verschieden profilierter Messer (Formmesser) am Umfang, weil keine Wälzbewegung stattfindet. Jede Zahnlücke wird mit einer Umdrehung des Werkzeugs fertiggestellt. Ein erstes Kreissegment besteht aus Schruppmessern, die zueinander jeweils ein Stückchen nach außen versetzt sind. Daran schließen sich Segmente mit Schlichtmessern an und dann eine Lücke, in welcher das Werkstück um eine Teilung gedreht wird. Die Fertigmesser besitzen ein konkaves Kreisbogenprofil, das sich im Werkrad abbildet, während der Werkzeug-Mittelpunkt linear verschoben wird, wodurch ein gerader Zahngrund entsteht.

Kennzeichen des Räumverfahrens sind:

Zahnform:	veränderliche Zahnhöhe
Fertigung:	Einzelteilverfahren, Rad und Ritzel geformt
Werkzeug:	Räummesserkopf mit Messern am Umfang
Höhenballigkeit:	Werkzeug
Längsballigkeit:	Werkzeug

6.2 Fräsen von Spiralkegelrädern

6.2.1 Entwicklungsgeschichte

Im Jahre 1913 wurde in den USA die erste Spiralkegelrad-Wälzfräsmaschine entwickelt, die im Einzelteilverfahren arbeitete. Als Werkzeug verwendete diese Maschine einen Stirnmesserkopf für das 5-Schnitt-Verfahren (siehe 2.1).

Die erste kontinuierlich teilende Spiralkegelrad-Wälzfräsmaschine wurde im Jahr 1923 in Deutschland vorgestellt, sie arbeitete mit einem kegeligen Wälzfräser (siehe 1.1). Dieses Verzahnverfahren erhielt den Namen Palloid® (siehe 2.1). Für die Fertigung eines Kegelradpaares werden zwei Wälzfräser mit entgegengesetzter Gangrichtung benötigt.

Im Jahr 1946 wurde dann in der Schweiz erstmals eine Wälzfräsmaschine mit einem Messerkopf für das kontinuierliche Teilverfahren entwickelt. Deren Zähne wiesen eine konstante Zahnhöhe und eine Flankenlängslinie in Form einer verlängerten Epizykloide auf.

Seitdem gibt es einerseits Maschinen mit einteiliger Werkzeugspindel, bei denen die Längsballigkeit entweder durch besonders gestaltete Messerköpfe oder durch Neigen der Werkzeugachse erzeugt wird (siehe 2.1). Andererseits sind Maschinen mit zweiteiliger Werkzeugspindel und zweiteiligem Messerkopf entwickelt worden. Bei diesen wird durch Versatz des einen Spindelzentrums gegenüber dem anderen die Voraussetzung geschaffen, um eine entsprechende Werkzeugradien-Differenz für die Längsballigkeit zu verwirklichen. Eines dieser Herstellverfahren trägt die Bezeichnung Zyklo-Palloid® und wurde 1955 vorgestellt (siehe 2.1). Das andere Herstellverfahren ist unter dem Namen Kurvex bekannt.

Im Jahr 1967 kamen die ersten Stabmesserköpfe für die Großserien-Produktion auf den Markt.

Über Jahrzehnte hatten alle diese Verzahnmaschinen sehr komplexe Mechaniken und mechanische Antriebsstränge. Ab Mitte der 80er Jahre konnten die hochgenauen Drehantriebsstränge durch numerisch gesteuerte Antriebe, sogenannte „elektronische Getriebe", ersetzt werden. Später wurden die bis zu 10 Einstell- und Bewegungsachsen der mechanischen Maschinen durch eine Koordinaten-transformation in die Kinematik einer CNC-Maschine mit sechs Achsen überführt, die sich beim Wälzfräsen im Allgemeinen alle gleichzeitig bewegen (siehe 3.2.2).

Für die in Kapitel 2.1 erläuterten Herstellverfahren gab es also ursprünglich eine Vielzahl mechanisch unterschiedlich arbeitender Maschinen, je nachdem welche Bewegungen für ein Verfahren benötigt wurden. Dadurch gab es eine feste Zuordnung des Herstellverfahrens zu einem bestimmten Maschinenhersteller. Das Fortschreiten der CNC-Technik führte dazu, dass die Spezialmaschinen immer mehr an Bedeutung verloren. Heute werden praktisch nur noch 6-Achsen-Maschinen hergestellt, die mit entsprechenden Werkzeugen nahezu alle bekannten Herstellverfahren ausführen können.

6.2.2 Entwicklungstendenzen

Parallel zu den Wälzfräsmaschinen wurde auch die Fertigungstechnik weiter entwickelt. Seit Ende der 90er Jahre wird die bis dahin vorherrschende Nassbearbeitung mit Schneidöl stetig durch Trockenbearbeitung ersetzt. Dafür kommen nahezu ausschließlich Hartmetallwerkzeuge zum Einsatz, die meist als beschichtete Stabmesser ausgeführt sind und durch deutlich höhere Schnittgeschwindigkeiten die Bearbeitungszeiten reduzieren. Die heutigen Maschinenkonzepte sind daher speziell auf die Erfordernisse einer solchen Trockenbearbeitung abgestimmt. Besonderes Augenmerk gilt der optimalen Entsorgung der heißen Späne. Um die hohen Schnittgeschwindigkeiten auch bei kleineren Spiralkegelrädern und damit kleineren Werkzeugradien realisieren zu können, setzen sich immer mehr hochdrehende Direktantriebe durch. Die automatische Beschickung der Verzahnmaschinen mit Werkstücken gewinnt stetig an Bedeutung. Außerdem sind zunehmend Bemühungen festzustellen, weitere Prozesse in die Maschinen zu integrieren, wozu beispielsweise das Entgraten zählt.

6.2.3 Werkzeuge

6.2.3.1 Technologische Winkel der Schneidengeometrie

Die Geometrie der Kegelradflanke wird nur durch die Form und Lage der Schneidkante des Werkzeuges bestimmt. Neben der Form der Schneidkante sind die technologischen Winkel des Schneidkeils für den Herstellprozess von Bedeutung. In Abb. 6.2 ist die Definition dieser Winkel am Schneidkeil dargestellt. Der Übersichtlichkeit wegen ist der Schneidkeil mit ebenen Span- und Freiflächen und ohne Kopfrundungsradius dargestellt.

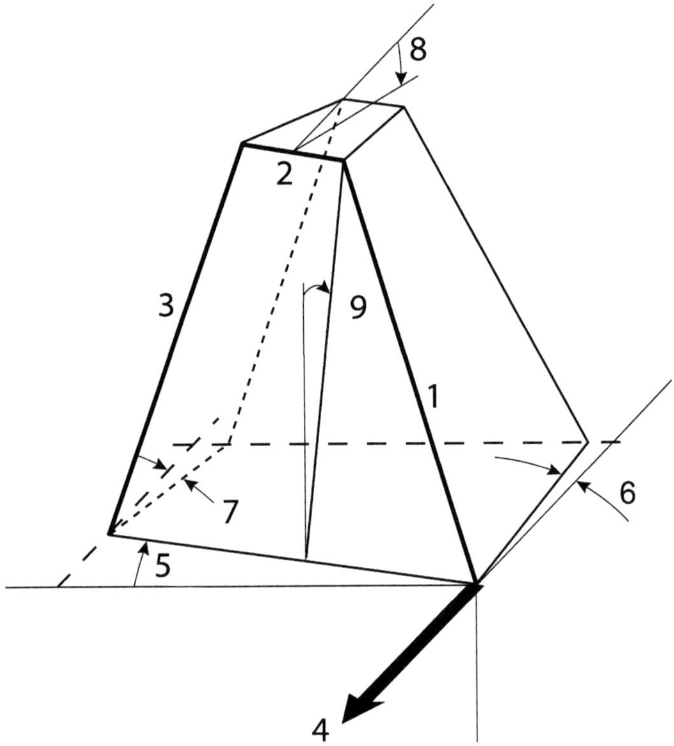

Abb. 6.2 Technologische Winkel am Schneidkeil

Die Schneide besteht aus den 3 Abschnitten Hauptschneide (1), Kopfschneide (2) und Nebenschneide (3). Die Spanfläche ist die Ebene, welche durch die Haupt- Kopf- und Nebenschneide aufgespannt wird. Sie ist um den Spanwinkel (5) gegenüber der Normalebene der Schnittrichtung (4) gedreht. Die Freifläche hinter der Hauptschneide ist gegenüber der Schnittrichtung um den Freiwinkel (6) zurückgesetzt, ebenso ist die Nebenfreifläche um den Nebenfreiwinkel (7) zurückgesetzt. Die Kopffreifläche ist gegenüber der Schnittrichtung um den Kopffreiwinkel (8) gedreht und die Spanfläche gegenüber der Normalebene der Schnittrichtung um den Kopfspanwinkel (9) geneigt.

Diese technologischen Winkel beziehen sich unabhängig von der Form des Schneidenträgers stets auf die unmittelbare Umgebung der Schneide.

6.2.3.2 Profilmesser und Messerköpfe

Hinterschliffene Profilmesser werden nur an der Spanfläche in Richtung der Messerrückseite nachgeschliffen (siehe Abb. 6.3), wodurch sich das Messerprofil nicht ändert. Das Schärfen kann so lange wiederholt werden, bis der verbleibende

Querschnitt dem Messer keine genügende Festigkeit mehr gibt. Bei den meisten Werkzeugtypen bleiben die hinterschliffenen Messer zum Nachschärfen als Einheit im Messerkopf montiert (siehe 6.2.3.5). Der Betrag eines Abschliffs muss größer sein als die Kolktiefe und größer als die Verschleißmarkenbreite der Freiflächen. Das am meisten verschlissene Messer bestimmt den Abschliffbetrag aller Messer eines Messerkopfs, da alle Profilmesser nach ihrem Scharfschliff die gleiche Spitzenhöhe aufweisen müssen.

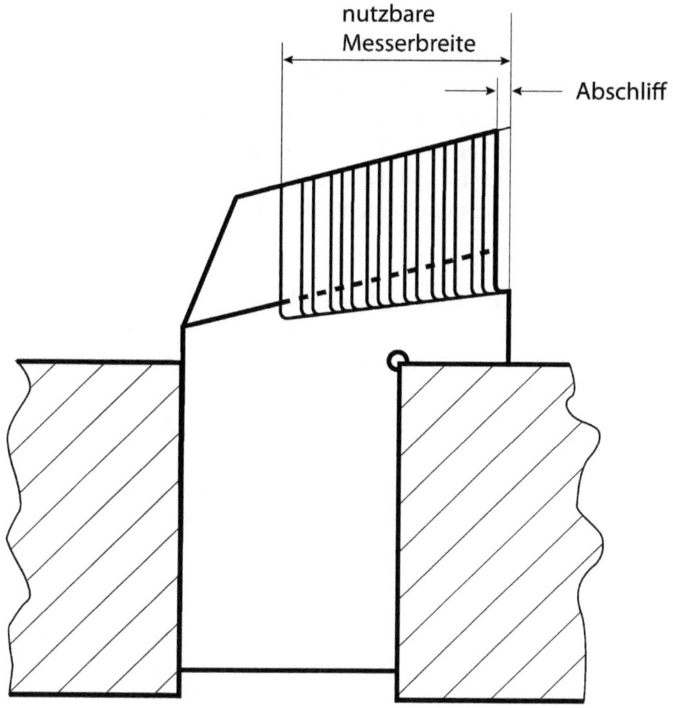

Abb. 6.3 Prinzipskizze eines hinterschliffenen Profilmessers

Bedingt durch den Abschliff S_A an der Spanfläche ergibt sich über den Kopf-Freiwinkel γ_K eine Verringerung Δ_H der Messerspitzenhöhe: $\Delta_H = S_A \tan \gamma_K$. Deshalb ist es nach dem Schärfen der Messer erforderlich, die an der Wälzfräsmaschine einstellbare Tiefenposition um Δ_H zu korrigieren, um eine gleich bleibende Zahntiefe zu erhalten.

Standardisierte Profilmesser sind bezüglich Modul, Eingriffswinkel, Spitzenbreite, Kopfrundungsradius und Protuberanz in gestuften Reihen erhältlich. Sie werden heute fast ausschließlich mit beschichteten Freiflächen ausgeführt. Nach dem Scharfschliff bleiben die Freiflächen beschichtet, die Spanfläche ist dann unbeschichtet.

Vorteile von Profilmessern:

- geringer Aufwand beim Schärfen der Messer an der Spanfläche;
- einfache und preisgünstige Flachschleifmaschine zum Schärfen;
- für Schruppoperationen ausreichende Montagegenauigkeit der Profilmesser im Messerkopf;
- für Schlichtoperationen radiale Justagemöglichkeit der Messer im Messerkopf ohne Spitzenhöhenänderung
- Scharfschleifen der Profilmesser im Messerkopf möglich

Nachteile von Profilmessern:

- aufwändige Fertigung der Profilmesser;
- geringe Anzahl möglicher Scharfschliffe im Vergleich zu Stabmessern;
- hoher Aufwand für die radiale Justage der Messer;
- nur die Freiflächen bleiben beschichtet, die Spanfläche nicht;
- keine Hartmetallmesser für die Trockenbearbeitung verfügbar;
- keine Änderung der Schneidkantengeometrie für Tragbildoptimierung möglich

Profilmesserkopf für das N-Verfahren Das Werkzeug für dieses Verfahren (siehe 2.1) ist ein einteiliger, sehr stabiler Messerkopf und hat 3 HSS-Messer je Gruppe mit Vor-, Innen- und Außenschneider. Die Profilmesser sind standardisiert und für jede Messerkopfgröße, für Eingriffswinkel 17,5°/ 20°/ 22,5° oder 25° sowie für drei verschiedene Modulbereiche ausgelegt.

Es sind vier unterschiedliche Messerkopf-Ausführungen hinsichtlich des Winkels verfügbar, mit dem ein Messer dem vorherigen folgt. Durch geeignete Wahl dieser Messerköpfe für Rad und Ritzel können verschiedene Längsballigkeiten erzielt werden. Eine Änderung des Messerfolgewinkels bewirkt zunächst eine veränderte Zahndicke. Um diese auszugleichen, wird das betreffende Messer radial verschoben. Dies wiederum erzeugt eine andere Zahnlängskurve und in Kombination mit der Gegenflanke eine geänderte Längsballigkeit. Die radiale Einstellung der einzelnen Messer erfolgt mittels Keilplatten und einer Stellschraube, die Einstellung der Messerspitzenhöhe nur mit einer Stellschraube.

Zyklo-Palloid®-Messerkopf Hier wird ein zweiteiliger Messerkopf mit HSS-Profilmessern verwendet (siehe Kap. 2.1). Im Allgemeinen sind die Messerköpfe für Ritzel und Tellerrad einsetzbar, unabhängig von der Spiralrichtung. Sie tragen 3 oder 4 Messer je Gruppe (mit 1 bzw. 2 Mittelschneidern). Die radialen Messerpositionen werden mit Parallelplatten eingestellt. Aus Platzgründen können auf dem zweiteiligen Messerkopf nur maximal fünf Messergruppen untergebracht werden (siehe Abb. 6.4).

Über die Exzentrizität Ex_B zweier Werkzeugspindeln und der beiden Messerkopfteile lässt sich die Zahndicke und Längsballigkeit des Spiralkegelrades flexibel einstellen. Der innere Teil des Messerkopfes mit den Innenmessern sitzt auf der ersten Werkzeugspindel. Der äußere Teil mit den Außenmessern ist an einer radial verstellbaren, zweiten Spindel befestigt, die über eine Oldham'sche Kupplung winkeltreu zur ersten Spindel angetrieben wird.

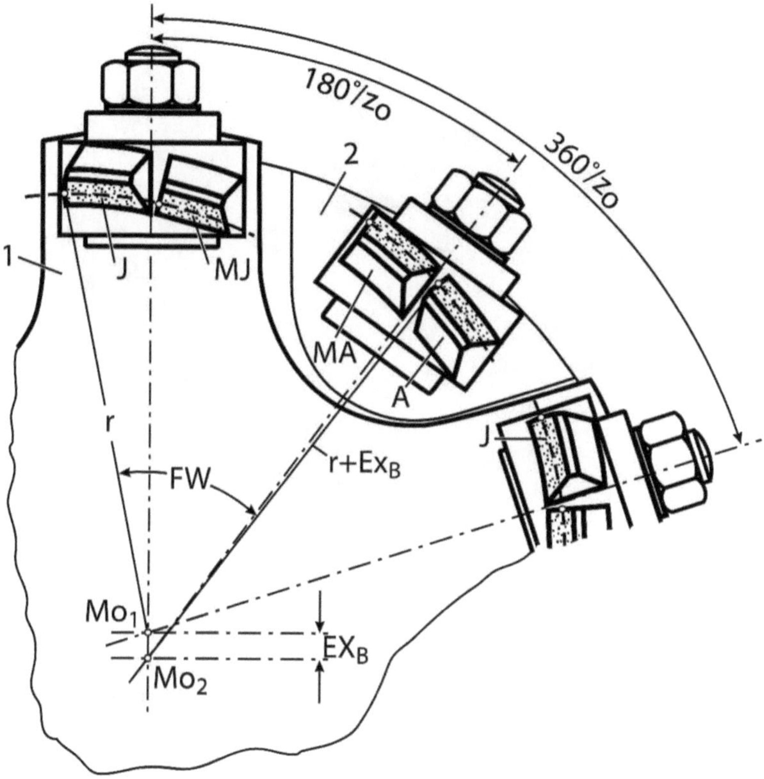

1	Innenmesserkopf	2	Außenmesserkopf	J	Innenmesser
MJ	inneres Mittelmesser	MA	äußeres Mittelmesser	A	Außenmesser
r	Radius des Innenmessers	$r{+}Ex_B$	Radius des Außenmessers		
Ex_B	Balligkeitsexzentrizität	FW	Messerfolgewinkel		

Abb. 6.4 Geometrie eines Zyklo-Palloid®-Messerkopfes

FM-Messerköpfe mit radial nicht einstellbaren Profilmessern Zu diesen Messerköpfen für das Face Milling (FM)-Verfahren existieren unterschiedliche HSS-Messertypen. Entweder werden die Messer mit Hilfe T-förmiger Klemmstücke (RIDG-AC®), wie in Abb. 6.5 zu sehen, oder durch die Verwendung von Klemmkeilen (WEDG-AC®) in den Messerkopf eingespannt. Je nach Ausführung unterscheidet sich bei gleichem Werkzeugdurchmesser die Anzahl der Messer. Es können zwei oder drei Messer je Gruppe eingesetzt und durch Parallelplatten positioniert werden.

Abb. 6.5 RIDG-AC®-Messerkopf mit eingesetzten Profilmessern

FM-Messerköpfe mit radial einstellbaren Profilmessern Für höhere Präzision gibt es einen Messerkopf, dessen HSS-Messer in radialer Position sehr genau justierbar sind (HARD-AC®). Das Ausrichten dieser Messer erfolgt mittels eines Einstell- und Kontrollgerätes, das es ermöglicht, die Messerprofile durch Keilplatten und Stellschrauben im Bereich von 1 µm zu positionieren. Je nach Typ werden zwei oder drei Messer je Gruppe eingesetzt

FM-Schlichtmesserkopf mit radial einstellbaren Profilmessern Bei diesem HSS-Werkzeug (SINGLE CYCLE®) für das Tauchfräsen von Tellerrädern sind je 5 Außen- und Innenmesser abwechselnd im Messerkopf so angeordnet, dass am Umfang ein Zwischenraum bleibt, in dem keine Messer eingesetzt sind. Die Spanabnahme bei der Bearbeitung einer Zahnlücke ist dem Räumen ähnlich, da die Messer von der ersten bis zur letzten (5.) Messergruppe jeweils seitlich etwas versetzt zueinander sind. Dadurch lässt sich eine Zahnlücke in einer einzigen Messerkopfumdrehung fertig schlichten und das Werkstück in dem Zwischenraum um eine Teilung weiterdrehen, ohne dass der konstant rotierende Messerkopf aus seiner Tiefenposition zurückgezogen werden muss.

Kompaktwerkzeug mit radial nicht einstellbaren Messern Dieser Messerkopf wird zusammen mit seinen Messern aus einem Materialstück herausgearbeitet (SOLID-Cutter). Die Schneiden können also nicht verstellt werden und sind nur für eine vorgegebene Spitzenbreite einzusetzen. Nach Ausnutzung der nachschärfbaren Messerbreite ist der gesamte Messerkopf verbraucht.

6.2.3.3 Palloid®-Fräser

Dieses Werkzeug ist hier als einziges kein Stirnmesserkopf. Der kegelige, eingängige Palloid-Wälzfräser (siehe 2.1) hat einen Teilkegelwinkel von 30° und besitzt auf seinem Umfang eine mit Spannuten versehene kegelige, eingängige Kegelschnecke mit der Steigung $\pi \cdot m_0$ (siehe Abb. 6.6). Dadurch wird das kontinuierliche Teilverfahren ermöglicht, während das Wälzen (anders als beim Stirnradwälzfräser) durch eine überlagerte Schwenkbewegung in der Planradebene entsteht. Je nach Zahnbreite des Kegelrades und der sich daraus ergebenden Schnittlänge SF wird ein Fräser der Reihe A, B oder C gewählt. Außerdem sind die Fräser nach Modulgrößen und Profilseitenverschiebung gestuft und unterscheiden sich durch ihre Schnittrichtung und ihre Steigungsrichtung.

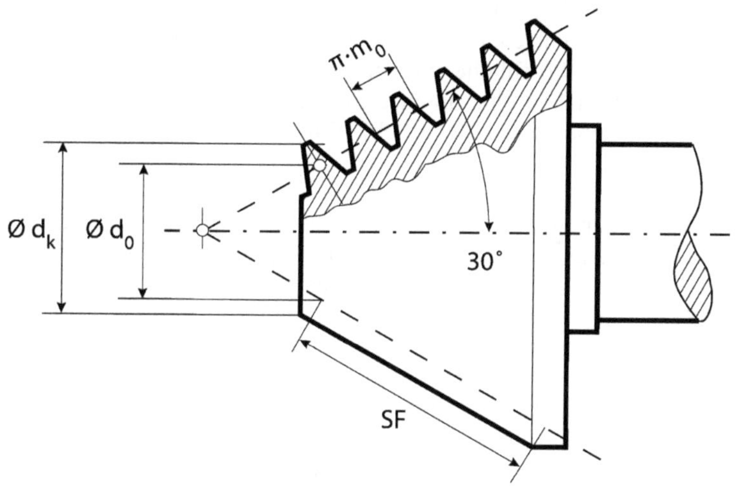

d_k – Kopfkreisdurchmesser des 1. vollen Zahns
d_0 – Teilkegel-Durchmesser des 1. vollen Zahns
m_0 – Fräsermodul
SF – Schnittlänge

Abb. 6.6 Vereinfachte Geometrie eines Palloid®-Fräsers

Die Schneidstollen des Palloid®-Fräsers sind hinterschliffen und brauchen nur an der Spanfläche nachgeschärft zu werden. Dadurch bleibt die Geometrie des einzelnen Fräserzahns bis auf die geringe Reduktion des Fräserdurchmessers erhalten. Um die Standzeit zu erhöhen, kann der Palloid-Fräser nach dem Schärfen wieder neu beschichtet werden.

6.2.3.4 Stabmesser und -Messerköpfe

Merkmale von Stabmesserköpfen Früher wurden Stabmesserköpfe aus zwei Teilen gefertigt. Das runde Innenteil besaß am Umfang genau geschliffene Schlitze, die mit einem Außenring geschlossen wurden, der entweder festgeschraubt, verschweißt oder aufgeschrumpft war. Wegen der höheren Stabilität gewinnen Monoblock-Messerköpfe, deren Kammern passgenau erodiert sind, immer mehr an Bedeutung (siehe Abb. 6.10). Die Anzahl der Befestigungsschrauben je Messerstab hängt vom Anbieter ab. Ein weiteres Merkmal ist die Geometrie des Messerstabs. Die meisten Ausführungen sind rechteckig und können so mit Parallelplatten flexibel auf den benötigten Werkzeugradius eingestellt werden. Daneben gibt es auch Messerstäbe mit fünfeckigem Querschnitt, bei denen keine Parallelplatten eingesetzt werden.

Für den gleichen Nennradius eines Werkzeugs gibt es teilweise Messerköpfe mit unterschiedlicher Messergruppenzahl. Die Auswahl wird dann nach dem zu fertigenden Modul oder nach dem Spanvolumen getroffen. Auch gemeinsame Teiler zwischen der Messergruppenzahl und der Zähnezahl des zu fertigenden Kegelrades sind oft entscheidend. Die Wahl der Stabmesserbreite richtet sich nach der benötigten Profilhöhe und der Steifigkeit des Messerquerschnitts. Zu breite Messerstäbe haben eine unnütze Schulterbreite und erhöhen den Preis des Rohlings. Es entstehen zusätzliche Schleifkosten und unnötiger Schleifscheibenverschleiß.

Beim Stabmesser sind die Flächen, die das Messerprofil bilden, an einem stabförmigen Körper angeschliffen (siehe Abb. 6.7). Zum Nachschärfen werden die Stäbe aus dem Messerkopf ausgebaut und das gesamte Messerprofil in Schaftrichtung des Stabes neu eingeschliffen. Diese Stabmesser werden in einteilige Messerköpfe eingebaut und mit Hilfe eines speziellen Einstellgerätes auf die Spitzenhöhe gebracht. Hierdurch entfällt das Kompensieren der Verzahntiefe an der Verzahnmaschine, wie es bei Profilmessern notwendig ist. Die Schneidengeometrien der Stabmesser werden nach der Anzahl zu schleifender Profilflächen unterschieden: 2-Flankenschliff oder 3-Flankenschliff.

Vorteile von Stabmessern:

- leistungsfähiges Werkzeug durch hohe Schneidenzahl im Messerkopf;
- große nutzbare Nachschlifflänge in Stabrichtung;
- flexible Gestaltung der Schneidengeometrie und der technologischen Winkel;
- einfache Beschichtung der Messerstäbe;
- einfache, kostengünstige Beschaffung der Messerrohlinge aus HSS oder HM;
- günstige Geometrie für den Einsatz von Hartmetall.

Nachteile von Stabmessern:

- spezielle Messer-Schärfmaschinen erforderlich;
- Schleifen von mindestens zwei Funktionsflächen erforderlich;
- hohe Genauigkeitsanforderungen an die Stabmessergeometrie.

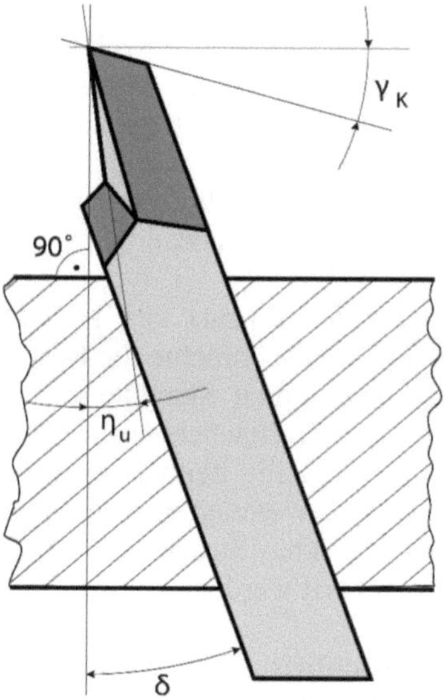

γ_K Kopffreiwinkel
η_u Kopfspanwinkel (Unterschnittwinkel)
δ Neigungswinkel des Stabmessers im Messerkopf

Abb. 6.7 Geometrie eines Stabmessers

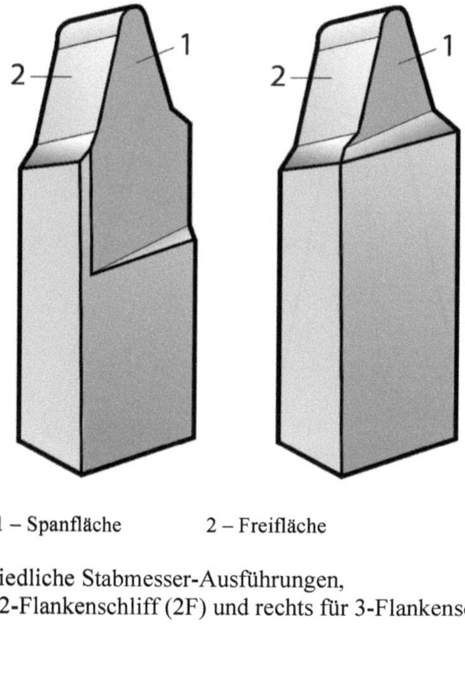

1 – Spanfläche 2 – Freifläche

Abb. 6.8 Unterschiedliche Stabmesser-Ausführungen,
links für 2-Flankenschliff (2F) und rechts für 3-Flankenschliff (3F)

Besonderheiten des 2-Flankenschliffs Beim Profilieren und Nachschärfen werden nur die zwei Freiflächen geschliffen, die Spanfläche ist bereits über die ganze nutzbare Stablänge eingearbeitet (siehe Abb. 6.8). Daraus ergibt sich zusammen mit dem Neigungswinkel des Stabmessers im Messerkopf zwangsläufig der im Prozess wirksame Spanwinkel. Er kann nicht verändert oder optimiert werden, dafür muss die Spanfläche lediglich einmal beschichtet werden. Die Freiflächen der Haupt- und Nebenschneide werden nach dem Schärfen nicht neu beschichtet und sind einem erhöhten Verschleiß ausgesetzt.

Dieses 2F-System wurde für den Einsatz von HSS-Stabmessern entwickelt. Wegen ihres typischen Kolkverschleißes brachte die Beschichtung der Spanfläche eine deutliche Steigerung der erzielbaren Standmenge. Beim Einsatz von HM-Messern, bei denen typischerweise Freiflächenverschleiß auftritt, erwies sich dieses Konzept als nicht optimal. Nachteilig beim 2F-System ist nämlich, dass sich beim Trockenverzahnen die Güte der einmal aufgebrachten Beschichtung verändert. Dadurch kommt es zu verstärkten Streuungen bei den erreichbaren Standmengen, je öfter die Messer geschärft werden.

Besonderheiten des 3-Flankenschliffs Beim Profilieren und Nachschärfen werden alle 3 Flächen geschliffen, die 2 Freiflächen und die Spanfläche. Sie wird hier je nach Werkstück in unterschiedlichen Winkeln und Lagen geschliffen und kann so dem Einsatzfall optimal angepasst werden (siehe Abb. 6.9). Da Änderungen dieser technologischen Geometrien immer eine Änderung der Schneidkantenform bedeuten, braucht man ein Berechnungssystem, mit dem sich die technologischen Winkel und die Schneidkantenform unabhängig voneinander optimieren lassen.

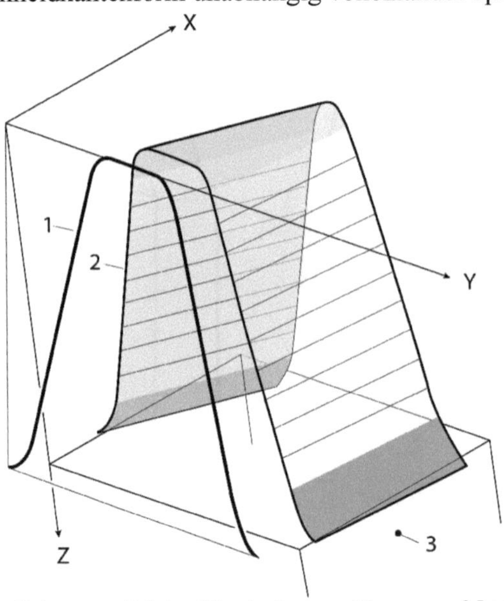

1 Soll-Profil in der Schnittebene 2 Schneidkantenform am Messer 3 Lage des Messerschaftes

Abb. 6.9 Grafische Darstellung der theoretisch berechneten Messergeometrie

Das 3F-System hat sich aufgrund vielfältiger Vorteile beim Trockenverzahnen in weiten Bereichen der Kegelradfertigung durchgesetzt. Es verwendet HM-Messerstäbe, die nach jedem Schärfen zwingend erneut zu beschichten sind. Danach hat man immer ein Messer im Neuzustand, weshalb auch keine Streuung der Standmengen auftreten. Die Beschichtung umschließt das Hartmetall und schützt es vor Kobalt-Auswaschung und thermischer Beeinflussung, wodurch sich der Freiflächenverschleiß deutlich reduziert. Auch bei vergleichbaren 2F-Messergeometrien werden mit der Vollbeschichtung doppelte bis dreifache Standmengen gegenüber der reinen Spanflächenbeschichtung erreicht. Die Hartstoffschicht erzeugt bei Vollbeschichtung eine leichte Verrundung der Schneidkante, was die Gefahr von Mikroausbrüchen vermindert.

Stabmesserköpfe mit zwei Messern je Gruppe für das Einzelteilverfahren Diese Messerköpfe für das Face Milling (FM)-Verfahren arbeiten ohne Vor- oder Mittelschneider (siehe Abb. 6.10). Sie werden meist zum Vorverzahnen von später zu schleifenden Radsätzen verwendet. Außen und innen schneidende Stabmesser wechseln sich ab und sind im Messerkopf auf konzentrischen Kreisen angeordnet. Die Messerstäbe werden überwiegend aus Hartmetall gefertigt; ein HSS-Werkstoff ist auch möglich, tritt aber immer mehr in den Hintergrund.

Abb. 6.10 Stabmesserkopf mit zwei Messern je Messergruppe für das Einzelteilverfahren

Ausführungsvarianten der Stabmessergeometrie Die gängige Gestaltung der Werkzeuge zum Kegelradfräsen hat zum Ziel, die Zerspanarbeit in jeder Zahnlücke aufzuteilen und zwar auf Außenmesser (AM), welche die konkaven Flanken schneiden und auf Innenmesser (IM), welche die konvexen Flanken schneiden (siehe Abb. 6.11). Bei dem dargestellten Beispiel handelt es sich um eine Hypoidverzahnung mit unterschiedlichen Eingriffswinkeln der beiden Flanken.

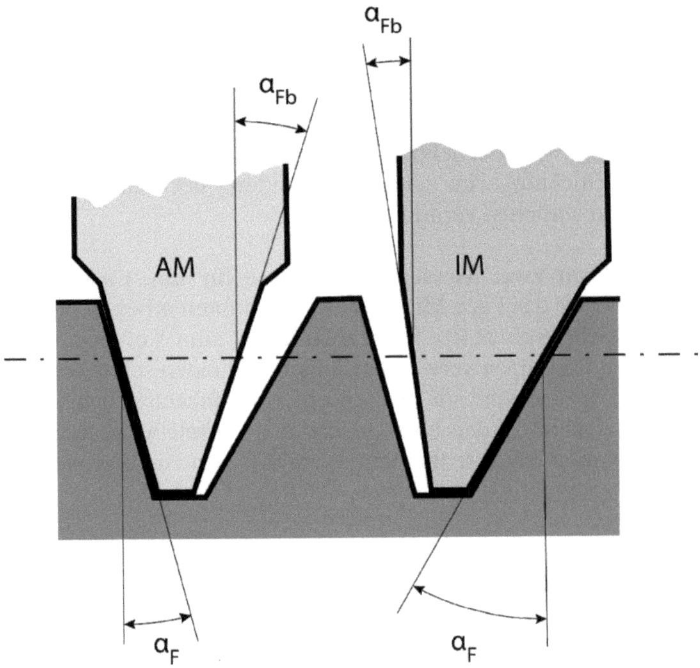

Abb. 6.11 Schemabild von außen und innen schneidenden Stabmessern (dargestellt in unterschiedlichen Zahnlücken)

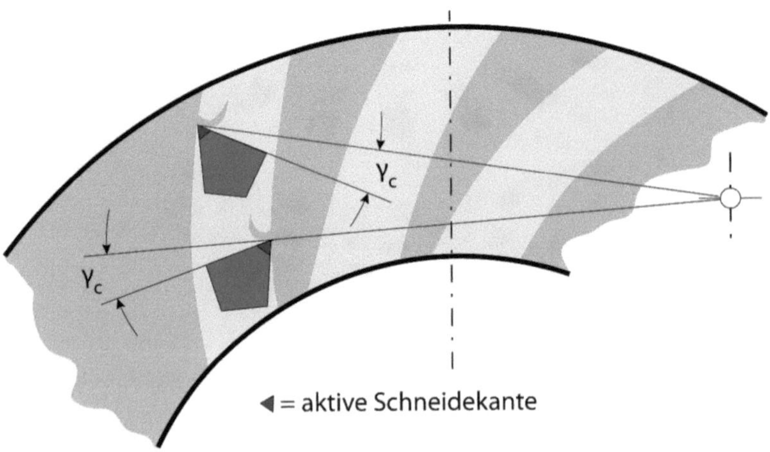

Abb. 6.12 Spanbildung bei zwei versetzt hintereinander liegenden Schneidkanten

Üblicherweise wird für die aktive Hauptschneide an jedem Messer ein positiver Spanwinkel γ_C gewählt (Abb. 6.12). Die Nebenschneide besitzt dann zwangsläufig einen negativen Spanwinkel, nimmt aber durch eine geringere Spitzenbreite s_{a0} und einen kleineren Flankenwinkel α_{Fb} praktisch nicht an der Zerspanung teil. Bei diesem Konzept muss im Kopfbereich auf den Übergang von aktiver zu inaktiver Schneide geachtet werden. Bei mangelnder Überdeckung der beiden Messerprofile im Kopfbereich kommt es zu ungünstigem Verschleißverhalten.

Neuere Stabmesserkonzepte für das Completing-Verfahren (siehe 2.1) sind so ausgeführt, dass deren Messerprofil den gesamten Zahnlückenquerschnitt ausfüllt und vollprofilig arbeitet, z.B. TwinBlade. Ein solches Messer besitzt die größtmögliche Spitzenbreite $s_{a0} = e_{fn}$ und erhält hierdurch eine optimale Steifigkeit (Abb. 6.13).

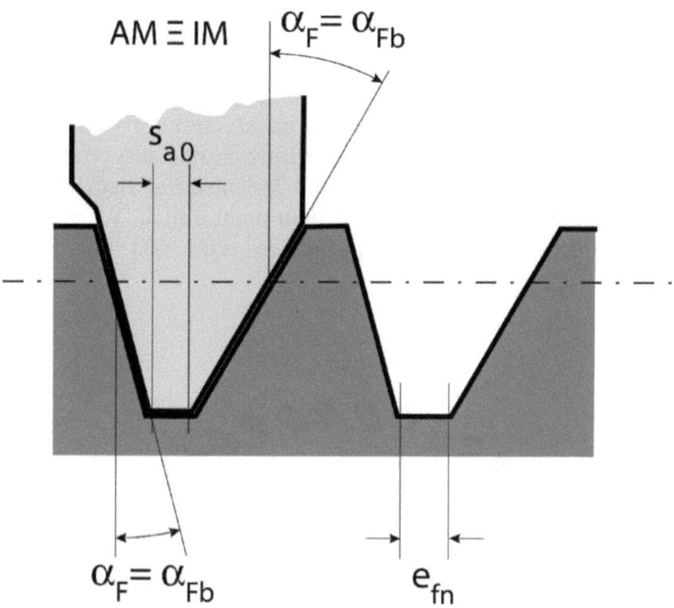

Abb. 6.13 Schemabild von einem vollprofilig arbeitenden Stabmesser

Vollprofilig schneidende Messer erfordern einen Spanwinkel nahe 0°. Obwohl diese Spanwinkel nicht optimal sind, überwiegt der Vorteil der doppelten Zerspanleistung. Darüber hinaus gleiten die Späne nicht seitlich wie bei dem herkömmlichen Konzept über die Spanfläche ab, sondern in Achsrichtung des Messerkopfs (Abb. 6.14). Dadurch werden sowohl das Verklemmen der Späne als auch resultierende Mikroabplatzungen an den Schneidkanten verhindert.

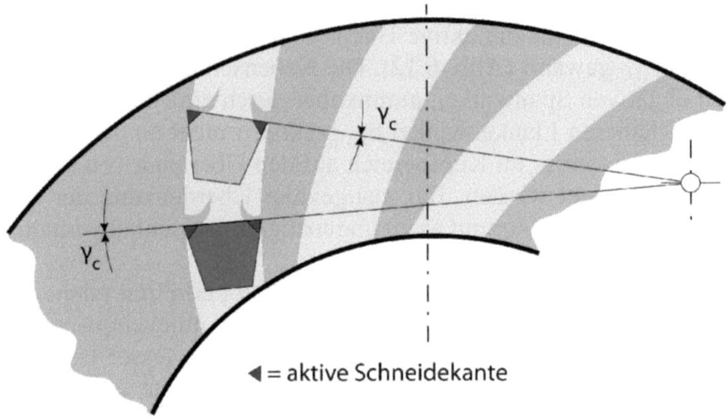

Abb. 6.14 TwinBlade-Spanbildung

Stabmesserköpfe mit 2 Messern je Gruppe für das kontinuierliche Verfahren
Diese hochgängigen Messerköpfe für das kontinuierliche Teilverfahren arbeiten ohne Vor- oder Mittelschneider (siehe Abb. 6.15). Außen und innen schneidende Stabmesser wechseln sich ab. Die Kammern im Messerkopf sind nicht zum Zentrum, sondern tangential an den Rollkreis der Epizykloide ausgerichtet (siehe Abb. 2.4). Die Teilebenenpunkte der Außen- und Innenmesser liegen auf demselben Radius. Parallelplatten sind bei diesem System nicht üblich. Wegen der geforderten hohen Oberflächengüten der Zahnflanken wird fast nur Hartmetall als Schneidstoff eingesetzt.

Abb. 6.15 Stabmesserkopf für das kontinuierliche Verfahren

Stabmesserköpfe mit 3 Messern je Gruppe für das kontinuierliche Verfahren Diese Messerkopf-Varianten werden für die Oerlikon-Verzahnverfahren FN, FH und FS eingesetzt. Das dritte Messer erzeugt nur Schruppspäne und ist nicht an der Herstellung der Endgeometrie beteiligt, sondern soll die beiden Flankenschneider optimal unterstützen.

Die FN-Messerkopfreihe weist die gleichen Abstufungen und Messergruppenzahlen wie die Profilmesserköpfe für das N-Verfahren auf (siehe 6.2.3.2).

FH-Messerköpfe waren die ersten in der Großserien-Produktion eingesetzten Stabmesserköpfe für das kontinuierliche Teilverfahren (siehe 6.2.1). Die Längsballigkeit wird nicht mehr über den Messerfolgewinkel erzeugt, dieser ist für alle Messer gleich, sondern durch Neigen des Messerkopfs auf der Wälzfräsmaschine (siehe 3.2.1).

Bei FS-Messerköpfen stehen die Messer dichter als bei den vorherigen Varianten. Die Messerfolgewinkel sind nicht mehr gleich; deshalb ist ihre Reihenfolge beim Ritzelmesserkopf Vorschneider, Außen- und Innenschneider und beim Tellerrad Außenschneider, Vorschneider und dann Innenschneider. Bei allen drei Varianten entspricht die Schneidengeometrie der des 3-Flankenschliffs.

6.2.3.5 Werkzeugaufbereitung

Verfahren zur Profilmesser-Aufbereitung Das Nachschärfen hinterschliffener Messer erfolgt meist, indem der komplette Messerkopf auf einer Spezialmaschine aufgespannt und eine Schleifscheibe parallel zur Spanfläche angestellt wird. Im Pendelschliff lässt sich dann jede Spanfläche zurücksetzen. Eine weitere Möglichkeit ist, die Messer einzeln in eine Vorrichtung einzuspannen. Wichtig ist dabei, dass alle Profilmesser einer Messerkopfbestückung den gleichen Nachschliffzustand erhalten. Das am meisten verschlissene Messer legt den Abschliffbetrag des ganzen Satzes fest. Übermäßiger Verschleiß nur eines Messers kann somit bereits hohe Werkzeugkosten verursachen.

Verfahren zur Stabmesser-Aufbereitung Ursprünglich wurden HSS-Stabmesser in eine justierbare Vorrichtung eingespannt und im Pendelschliff mit einer im Profil abgerichteten Schleifscheibe geschärft. Zum Nachschleifen der unterschiedlichen Flächen wurde die Vorrichtung entsprechend verstellt oder die Messer in veränderter Position erneut eingespannt. Eine andere Variante stellt das Einspannen in einer ringförmigen Vorrichtung und Scharfschleifen mit einer Topfscheibe dar. Höhenballigkeiten und Protuberanzen sind dadurch auf allen Schneidenflächen gleich. Um mehr Flexibilität in den Profilformen zu erreichen, wurden neue CNC-Maschinen entwickelt, die im „generierenden Konturschliff" arbeiten. Dadurch wird auch die Bearbeitung von HM-Stabmessern möglich. Bei diesen Maschinen werden die Messerstäbe einzeln in einen drehbaren Spannkopf eingelegt, zumeist mit einem Laderoboter. Dabei kommt es darauf an, dass die Anlage der Messer in der Spannvorrichtung und im Messerkopf gleich ist.

Das Schleifen der Hartmetallstäbe im generierenden Konturschliff erfolgt meist mit nicht profilierbaren Diamantscheiben in galvanisch oder keramisch gebundener Ausführung. Dabei wird die Profilform der Messerschneide durch eine CNC-gesteuerte Bahnfahrt des äußeren Diamantscheibenumfangs punktweise generiert. Die Scheibe ist so ausgerichtet, dass gleichzeitig der vorgesehene Freiwinkel entsteht. Geometrische Größen wie Profilkrümmung, Protuberanz, Kopfrücknahme, Kopfrundungsradius und Profillänge können für Haupt- und Nebenschneide (2F-Messer) sowie für die Spanfläche (3F-Messer) unterschiedlich ausgeführt werden. Um das Schleifen effizient zu machen, wird zuerst z.B. im Pendelschliff geschruppt und dann im Konturschliff mit einer schmalen Facette geschlichtet. Dies hat einen geringen Schleifdruck und geringe thermische Einflüsse zur Folge. Die im generierenden Konturschliff erreichbaren Rauheiten liegen bei Ra $\approx$ 0.2 ... 0.3 µm.

Zur Erhöhung der Schleifgenauigkeit, insbesondere bei kalter und sich erwärmender Maschine, kann die relative Lage der Schleifscheibe zur Spannvorrichtung in regelmäßigen Intervallen mittels berührungsloser Messung ermittelt und entsprechend kompensiert werden. Stabmesser-Scharfschleifmaschinen sind eine notwendige Voraussetzung dafür, dass die Messerstäbe Profilabweichungen von wenigen Mikrometern erreichen. Auf 3D-Kontrollmessgeräten können die Messerprofile mit hoher Punktdichte und Messgenauigkeit entlang der gesamten Profillänge gemessen und protokolliert werden. Über einen Regelkreis zwischen Messgerät und Schleifmaschine lassen sich eventuelle Abweichungen korrigieren.

6.2.4 Werkstoffe für Messer

Zum Fräsen von Kegelrädern werden als Messerwerkstoffe hauptsächlich Schnellarbeitsstähle (HSS) und Hartmetall-Substrate (HM) eingesetzt. Profilmesser (siehe 6.2.3.2) sind wegen ihrer aufwändigen Herstellung ausschließlich in HSS ausgeführt, heutzutage überwiegend aus pulvermetallurgisch hergestellten Varianten. Anders verhält es sich bei Stabmessern (siehe 6.2.3.4), sie lassen sich deutlich einfacher aus meist rechteckigem Halbzeug fertigen, das in HSS und HM angeboten wird.

Bis 1997 waren fast ausschließlich pulvermetallurgisch erzeugte HSS-Stabmesser im Einsatz. Durch das zunehmende Trockenfräsen von Kegelrädern hat sich seitdem der Einsatz zugunsten der HM-Stabmesser verschoben. Vorwiegend kommen zwei Hartmetallklassen zur Anwendung. Die anfangs bevorzugten Hartmetalle gehörten der feinstkörnigen (Korngröße 0,6 … 0,8 µm) K10- Klassifizierung mit ca. 6% Kobalt oder der K30-Klassifizierung mit ca. 10% Kobalt an. Um die Kombination aus Biege-Bruchfestigkeit, Bruchzähigkeit und Verschleißfestigkeit weiter zu verbessern, wurden neue ultra-feinstkörnige Substrate (Korngröße 0,3 … 0,5 µm) mit etwas höherem Kobaltgehalt entwickelt. Die Auswahl des Substrates sollte der jeweiligen Zerspanungsaufgabe, d.h. dem hauptsächlichen Verschleißkriterium, angepasst werden. Alle Hartmetallsubstrate unterliegen bei der Zerspanung von Einsatzstählen einem Diffusionsverschleiß, bei dem sich die Wolfram-Karbide auflösen. Die Beschichtung der Stabmesser, zumindest der Spanfläche, ist daher immer erforderlich, besser ist die Vollbeschichtung, wodurch die Standzeit noch deutlich verlängert.

6.2.5 Fertigungstechnologie

6.2.5.1 Charakteristik des Einzelteilverfahrens

Spiralkegelräder können am wirtschaftlichsten im Completing-Verfahren fertig verzahnt werden (siehe 2.1). Die Vorteile des Werkzeugs für das Einzelteilverfahren, bei dem alle Schneiden auf einem Kreisbogen hintereinander angeordnet sind, kommen dabei voll zur Wirkung. Zum Fräsen können die Messerschneiden gut zur Überdeckung gebracht werden und nicht aktive Schneidenbereiche werden nie in Eingriff kommen. Allerdings ist die Tragbildentwicklung dieser speziellen Verzahnung ohne Computerunterstüztung sehr mühsam. Deshalb wurden früher die meisten dieser Kegelräder für ein Mehrschnittverfahren ausgelegt, bei dem sich beide Flanken getrennt voneinander korrigieren ließen. Heutzutage werden neu ausgelegte Radsätze aus Kostengründen überwiegend so gestaltet, dass sich jedes Kegelrad in einem Schnitt fertig verzahnen lässt.

Es gibt aber auch Gründe, die ein Mehrschnittverfahren notwendig machen, z.B. wenn die Variantenvielfalt der benötigten Werkzeugausführungen reduziert werden soll oder wenn keine Werkzeugneigung angewendet werden darf, damit der Zahnfuß im Axialschnitt (siehe Abb. 3.2) geradlinig verläuft und somit theoretisch erzeugt wird. Diese Vorgaben kommen oft aus der Luftfahrtindustrie. Ein weiterer Grund kann sein, dass sich an der Verzahnmaschine manuell einfache Topographiekorrekturen durchführen lassen. Dann kann ein Mehrschnittverfahren sowohl für gewälzte als auch für getauchte Verzahnungen eingesetzt werden. Früher war es das 5-Schnitt-Verfahren (siehe 2.1), heute werden mit modernen Werkzeugsystemen nur noch drei Schnitte benötigt. Das Tellerrad wird in einem Schnitt fertigbearbeitet. Beim Ritzel wird der erste Schnitt so ausgeführt, dass er eine Zahnflanke schlichtet und der zweite Schnitt mit anderem Werkzeug und geänderter Maschineneinstellung die andere Zahnflanke schlichtet.

6.2.5.2 Charakteristik des kontinuierlichen Teilverfahrens

Bei diesem Verfahren bietet es sich an, in einem Schnitt fertig zu verzahnen. Die Zähne haben eine konstante Höhe und die Zahnlücken den gleichen konischen Längsverlauf wie die Zahndicken (siehe Abb. 2.4), so dass sich Rad und Ritzel immer korrekt paaren lassen. Allerdings kreuzen sich die Bahnen der Außen- und Innenschneider und eine komplette Überdeckung der Messerspitzen kann nicht sichergestellt werden. Schneidenbereiche, welche nicht an der Erzeugung der Endkontur der Verzahnung beteiligt sind, können vorher noch teilweise in Eingriff kommen. Dieses kann nur beim Wälzen auftreten und führt wegen ungünstiger

Schnittwinkel zu stärkerem Verschleiß der Messer, was bei der Prozessgestaltung zu beachten wäre. Radsätze für Fahrzeuggetriebe werden auch beim kontinuierlichen Teilverfahren meist im Formverfahren hergestellt (siehe Abb. 3.8).

6.2.5.3 Tauchprozess beim Formverfahren

Bei diesem Prozess bildet sich das Werkzeugprofil in der Zahnlücke des Tellerrades genau ab. Während des Tauchens liegen für jede gleichartige Schneide die gleichen Zerspanbedingungen vor, allein die Breite des Zahns nimmt mit fortschreitender Zahntiefe zu. Der Wälzwiegenwinkel, bei dem getaucht werden muss, ist derjenige, bei dem die fertige Zahnlücke durch die Mitte der Zahnbreite geht. Andernfalls gibt es Eingriffswinkelabweichungen. Der Zustellbetrag wird so gewählt, dass im Prozess möglichst lange die für den Messerwerkstoff optimale Spanstärke eingestellt bleiben kann. Diese sollte erst reduziert werden, wenn entweder die Maschinenbelastung zu stark ansteigt oder der entstandene Span so groß ist, dass der Raum zwischen zwei benachbarten Messern nicht mehr ausreicht, um den Span aufnehmen zu können. Es besteht sonst die Gefahr des Messerbruchs.

Die Schnittrichtung wird überwiegend von der Zehe zur Ferse gewählt. Ein Grund hierfür ist, dass der Grat außen am Kegelrad entsteht, wo er sich einfacher entfernen lässt. Ein weiterer Grund sind die Schnittkräfte, welche auf diese Weise gegen die Werkstückaufnahme gerichtet sind. Die Schnittgeschwindigkeiten werden bei HSS-Werkzeugen zwischen 45 und 70 m/min, bei Hartmetallwerkzeugen zwischen 160 und 280 m/min gewählt. Je geringer die Zahnbreite ist, desto höher kann die Schnittgeschwindigkeit sein, denn mit größerer Schnittlänge nimmt die thermische Belastung der Schneidkante zu. Die Materialeigenschaften des Kegelrad-Rohlings haben ebenfalls einen großen Einfluss auf die Schneidenbelastung.

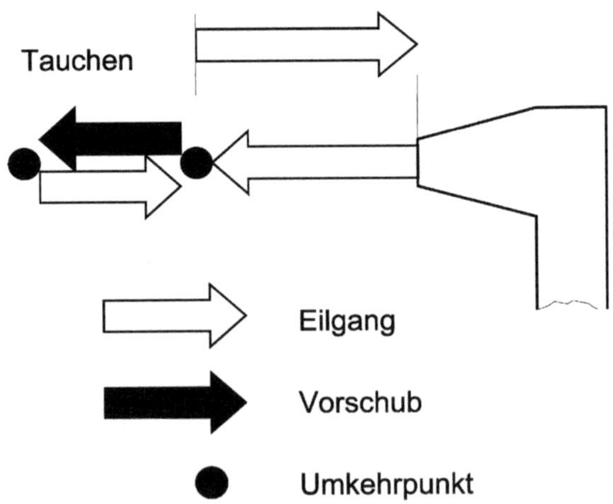

Abb. 6.16 Elemente eines Tauchprozesses

Der Tauchprozess kann fertigungstechnisch unterschiedlich gestaltet werden. Spanstärken und Schnittgeschwindigkeiten lassen sich auf modernen CNC-Maschinen in Abhängigkeit von der Tauchtiefe ändern. Auch das Freischneiden im Zahngrund am Ende des Tauchprozesses lässt sich meist durchführen (Abb. 6.16).

6.2.5.4 Wälzprozess mit vorherigem Tauchen

Bei Spiralkegelrädern, die im Wälzverfahren herzustellen sind, wird oftmals ein Tauchvorgang vorgeschaltet. Die Effektivität des Tauchfräsens wird genutzt, um vorab möglichst viel Material aus der Zahnlücke zu entfernen. Der Wälzwiegenwinkel, an der dieser Tauchprozess durchgeführt wird, beeinflusst nicht die Verzahnungsgeometrie und kann daher so gewählt werden, dass das Werkzeug am wenigsten verschleißt. Außen- und Innenschneider werden etwa gleich stark belastet. Beim Einzelteilverfahren erfolgt der Tauchprozess meistens an der Ferse, weil sich wegen der konischen Zahnlücke dort das größte zu zerspanende Volumen befindet. Die Endposition des Tauchens ist meist die Anfangsposition für das Wälzen. Die Maschine führt dann den Wälzprozess bis zum Wälzende durch. Dort wird das Werkzeug aus der entstandenen Zahnlücke herausgezogen und in die Anfangsposition zurückgefahren. Nach dem Teilvorgang folgt die nächste Lücke (Abb. 6.17).

Bei Kegelrädern nach dem kontinuierlichen Teilverfahren bestimmt das verwendete Werkzeug die beste Tauchposition. Bei einem Messerkopf mit zwei Messern je Gruppe wird nahe der Mitte des Wälzbereiches getaucht. Nur hier schneiden beide Messer unter gleicher Belastung und höchstens in geringem Maße mit der Nebenschneide. Bei einem Messerkopf mit drei Messern je Gruppe wird vorzugsweise an der Ferse getaucht, um den Vorschneider möglichst viel Material aus der Zahnlücke entfernen zu lassen. Der Vorschneider ist im Normalfall das erste Messer einer Gruppe, das in die Lücke eintritt, das aber in der Höhe etwas gekürzt ist. Dadurch würde es beim Tauchen an einer anderen Position nicht mehr effektiv arbeiten. Beim kontinuierlichen Teilverfahren ist die Endposition des Tauchens oft nicht die Wälzanfangsposition, sie muss dann erst angefahren werden. Dafür sind nach dem Ende des Wälzprozesses nicht nur eine, sondern alle Zahnlücken fertig gewälzt. Deshalb fährt die Maschine schon für den Werkstückwechsel im Eilgang in die Ausgangsposition zurück.

Der Tauchprozess kann natürlich fertigungstechnisch unterschiedlich gestaltet werden. Die Spanstärke- und Schnittgeschwindigkeit lässt sich auf CNC-Maschinen in Abhängigkeit von der Tiefenposition ändern. Auch ein Freischneiden zum Ende des Tauchprozesses ist möglich. Entsprechendes gilt für den Wälzprozess.

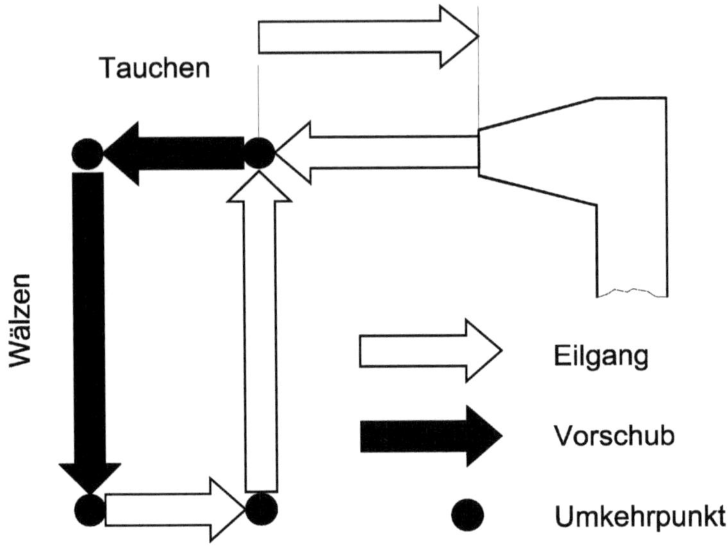

Abb. 6.17 Elemente eines kombinierten Tauch- und Wälzprozesses

6.2.5.5 Wälzprozess ohne Tauchen

Der Fertigungsprozess von gewälzten Spiralkegelrädern umfasst mindestens einen Wälzdurchgang, der zur Erzeugung der Endgeometrie benötigt wird. Um eine gute Flankenoberfläche zu erzielen, wird das Gleichlauffräsen empfohlen. Hieraus ergibt sich je nach Schnittrichtung des Werkzeugs die erforderliche Wälzrichtung. Für die bevorzugte Schnittrichtung „Zehe – Ferse“ erfolgt das Wälzen von der Ferse zur Zehe. Bei jedem Wälzprozess kommt es über den gesamten Wälzweg zu sehr unterschiedlichen Relativpositionen zwischen Werkstück und Werkzeug, so dass ganz unterschiedliche Späne entstehen. Denn während des Wälzprozesses kommen nacheinander alle Schneidenbereiche in Eingriff, besonders stark die Messerspitze.

Beim Einzelteilverfahren taucht das Werkzeug im Eilgang „neben“ dem Rohling auf volle Zahntiefe, die Wälzanfangsposition, und führt dann den Wälzprozess bis zum Wälzende durch. Dort wird das Werkzeug aus der entstandenen Zahnlücke herausgezogen und in die Anfangsposition zurückgefahren. Nach dem Teilvorgang erfolgt die nächste Lücke (Abb. 6.18). Dieser Ablauf kann an modernen Maschinen durch gleichzeitiges Bewegen mehrerer Achsen verkürzt werden.

Beim kontinuierlichen Teilverfahren ist die Wälzanfangsposition die gleiche, nur nach dem Ende des Wälzprozesses ist nicht nur eine, sondern es sind wieder alle Zahnlücken fertig gewälzt und die Maschine kehrt in die Anfangsposition zurück. Je nach Werkzeug und geforderter Oberflächengüte der Zahnflanken kann es vorkommen, dass ein einziger Wälzdurchgang nicht ausreicht. Beispielsweise können grobe Späne die Flanken zerkratzen und es muss ein zweites Mal mit einer geringen Schlichtzustellung gewälzt werden.

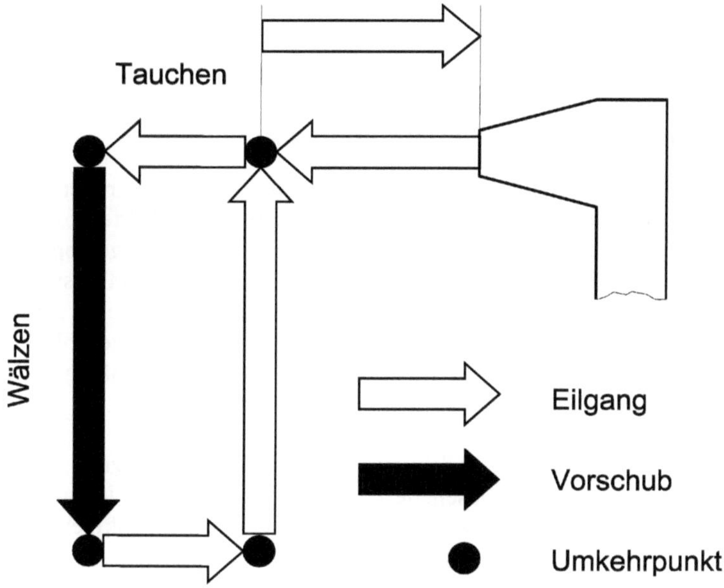

Abb. 6.18 Elemente eines kombinierten Tauch- und Wälzprozesses

Für die Festlegung der Schnittgeschwindigkeiten gelten grundsätzlich die gleichen Kriterien wie beim Tauchprozess. Da beim Wälzen die Dicke und Breite der Späne geringer sind und die Schnittlänge nicht immer über die gesamte Zahnbreite geht, kann die Schnittgeschwindigkeit beim Wälzen etwas höher gewählt werden als beim Tauchen. Die Festlegung der Wälzgeschwindigkeit richtet sich nach der Anzahl benötigter Hüllschnitte. Für einen Schlichtprozess muss sie so getroffen werden, dass die gewünschte Flankeneinhüllung der geforderten Laufruhe entspricht. Für eine stark gekrümmte Ritzelflanke werden mehr Hüllschnitte benötigt als für eine schwach gekrümmte Tellerradflanke. Bei einem Schrupp-Prozess kann die Wälzgeschwindigkeit allein nach der Werkzeugbelastung festgelegt werden.

6.2.5.6 Teilungskompensation beim Einzelteilverfahren

Bei der modernen Trockenbearbeitung mit hoher Schnittgeschwindigkeit kommt es zu einer stetigen Erwärmung und Ausdehnung des Radkörpers. Beim Einzelteilverfahren verändern sich daher während der Bearbeitung die Positionen der Zahnlücken eines Kegelrades, was zu Teilungsabweichungen führt. Am auffälligsten ist dies zwischen der zuerst und der zuletzt gefertigten Lücke. Da dieses Verhalten reproduzierbar ist, kann dagegen vorgehalten werden. CNC-Maschinen erlauben es, die Position jeder einzelnen Lücke zu modifizieren, indem die Tiefenposition des Werkzeugs geändert wird. Wenn sich die Eingriffswinkel zwischen den beiden Zahnflanken unterscheiden, muss der Tiefenänderung noch eine Drehpositionsänderung des Kegelrades überlagert werden. Beim kontinuierlichen Teilverfahren wirkt sich die Erwärmung des Werkstücks nicht in dem Maße auf die Zahnteilung aus, so dass die übliche Temperaturkompensation der Verzahnmaschine ausreicht.

6.2.5.7 Kompensation von Härteverzügen

Um eine möglichst wirtschaftliche Produktion von Spiralkegelrädern zu ermöglichen, ist ein besonderes Augenmerk auf den Einfluss des Härteprozesses auf die Endkontur zu legen. Für die Produktion von Radsätzen, die geläppt werden, ist dies besonders wichtig, weil der Härteprozess die Kontaktverhältnisse beeinträchtigt. Ein korrigierendes Läppen, um die Kontaktverhältnisse wieder zu verbessern, führt häufig zu einer geringeren Laufruhe. Bei Radsätzen, die geschliffen werden, folgt aus nicht berücksichtigten Härteverzügen ein ungleichmäßiges Schleifaufmaß, so dass sich die Schleifbrandgefahr erhöht.

Moderne Berechnungsmethoden ermöglichen es, Härteverzüge bereits in der Auslegungsphase in das vorgesehene Kegelrad einzurechnen. Je nach Größe und Richtung der berechneten Verzüge werden sowohl Maschinenkinematik als auch Werkzeuggestaltung verändert (siehe 7.1.5.3).

6.2.5.8 Auswirkungen der Fräsqualitäten auf den Schleifprozess

In der Fahrzeugindustrie werden die meisten der im Einzelteilverfahren gefrästen Kegelräder anschließend geschliffen. Der geringe Verschleiß im Kopfbereich der vollprofilig gestalteten Messer bewirkt eine hohe Konstanz in der gefrästen Zahntiefe und Fußausrundung. Diese Bereiche sind wichtig für den nachfolgenden Schleifprozess, sind sie nicht genau genug, kann es zu übermäßigem Schleifabtrag kommen. Dabei werden zum einen nachteilige Abdrängkräfte erzeugt, zum anderen entsteht ein deutlich erhöhtes Risiko zum Schleifbrand im Zahnfuß, wo er besonders kritisch ist. Es kann nur durch einen langsameren und damit kostenintensiveren Schleifprozess gemindert werden.

6.3 Wärmebehandlung

6.3.1 Grundlagen des Härtens

Der Zustand eines Stahles für Zahnräder ist entweder für die Bearbeitung während der Herstellung brauchbar oder für den späteren Einsatz im Getriebe optimal. Damit Zahnräder beanspruchungsgerechte Tragfähigkeits- und Verschleißeigenschaften haben, muss der verwendete Stahl eine harte Randschicht aufweisen, was dort einen ausreichend hohen Kohlenstoffgehalt erfordert. Stahl ist aber nur dann umformbar und wirtschaftlich zu zerspanen, wenn er möglichst geringe Festigkeit bei einer homogenen Gefügestruktur hat. Daher dient eine Wärmebehandlung dazu, den Werkstoffzustand des Stahls so zu verändern, dass vorher eine wirtschaftliche Bearbeitbarkeit und nachher eine zahnradtypische Beanspruchbarkeit sichergestellt ist.

Die Bindungskraft der metallischen Bindung in Eisen ist durch die Anziehungskraft der positiv geladenen Kerne und der negativ geladenen freien Elektronen der Hülle der Eisenatome gegeben. Der kristalline Aufbau des Eisens ist stets kubisch, und je nach Temperatur existieren allotrope Modifikationen. Bei Raumtemperatur ist reines Eisen kubisch-raumzentriert, sogenannter Ferrit. Bei einer Temperatur von 911° C findet der Übergang zu kubisch-flächenzentrierten Kristallen, dem sogenannten Austenit statt.

Da Reineisen für Zahnradanwendungen nicht tauglich ist, werden Legierungen verwendet, mit denen sich die gegensätzlichen Forderungen nach Bearbeitbarkeit und Tragfähigkeit einstellen lassen. Bei Legierungen wird im Eisengitter anstelle eines Eisenatoms ein etwa gleich großes Fremdatom substituierend eingefügt. Einige der möglichen Fremdatome sind die Elemente Chrom, Nickel, Molybdän, Vanadium, Silizium, Bor, Mangan, Wolfram und Titan. Die Einlagerung von deutlich kleineren Fremdatomen, wie beispielsweise Kohlenstoff oder Stickstoff, erfolgt in den entsprechenden Zwischenräumen des Kristallgitters. Von allen möglichen Legierungselementen hat Kohlenstoff für den hier betrachteten Verwendungsfall die größte Bedeutung.

Ein Einsatzstahl weist im Ausgangszustand ein Phasengemenge aus Ferrit und Eisenkarbid als Gefügestruktur auf. Die Phasenanteile verhalten sich proportional zum Kohlenstoff der Legierung. Erwärmt man Stahl, so wandelt sich ab einer Temperatur von 723° C das kubisch-raumzentrierte Eisen, der sogenannte Ferrit, in Austenit um. Austenit besitzt aufgrund seiner kubisch-flächenzentrierten Struktur eine wesentlich höhere Löslichkeit für Kohlenstoff. Austenit wandelt sich bei langsamer Abkühlung vollständig in Perlit um. Perlit ist ein schichtförmiges Gemisch aus Ferrit und Eisencarbid (Fe_3C), dem sogenannten Zementit. Die Beständigkeit von Ferrit und Austenit kann durch die Legierungsbestandteile Nickel, Kobalt und Mangan in weiten Grenzen verändert werden.

Kühlt man Austenit mit höherem Kohlenstoffgehalt hinreichend schnell ab, kann sich keine ferritische Struktur durch diffusionsgesteuerte Vorgänge mehr bilden. Es entsteht Martensit. Die Verzerrung des Eisengitters in das tetragonal-raumzentrierte Gitter des Martensit entsteht, weil die im kubischflächen-zentrierten Austenit-Gitter eingelagerten Kohlenstoffatome sozusagen eingefroren wurden. Je höher der Kohlenstoffgehalt des Martensit ist, desto größer sind die durch die Verzerrung erzeugten Eigenspannungen und damit umso höher ist die Härte. Es ergibt sich eine stetig ansteigende Härte bis ca. 0,6 Masse-% Kohlenstoff, darüber hinaus wirkt ein noch höherer Kohlenstoffanteil einer Härtesteigerung entgegen.

Härtbarkeit ist eine spezifische Eigenschaft der verschiedenen Stähle. Sie wird durch unterschiedliche Zusammensetzungen beeinflusst. Man unterscheidet zwischen Aufhärtbarkeit und Einhärtbarkeit. Die Aufhärtbarkeit hängt im Wesentlichen vom Kohlenstoffgehalt ab, während die Einhärtbarkeit von den weiteren Legierungselementen des Stahls abhängt.

Im Anschluss an die martensitische Umwandlung hat sich das Anlassen bei niedrigeren Temperaturen als zweckmäßig erwiesen. Anlassen reduziert die Sprödigkeit des Werkstoffes und verringert das Risiko der Rissbildung. Die Prozessfolge beim Härten besteht somit in der Regel aus den Schritten Austenitisieren, Abschrecken mit Martensitbildung und Anlassen [SIZE05], [GIES05].

6.3.2 Unterschiedliche Wärmebehandlungsverfahren

Die Wärmebehandlung unterscheidet die thermischen und die thermochemischen Verfahren, wie sie in Tabelle 6.2 aufgeführt sind.

Tabelle 6.2 Thermische und thermochemische Verfahren

Härteverfahren für Verzahnungsteile	
Thermische Härteverfahren	Thermochemische Härteverfahren
Induktionshärten	Einsatzhärten
Flammhärten	Carbonitrieren
Laserhärten	Nitrieren
Schalenhärtung	Nitrocarburieren
Vergüten	Borieren

Die thermischen Verfahren ändern in aller Regel nur die Werkstückrandeigenschaften durch eine rein martensitische Härtung. In [DIN-EN10052] ist hierfür der Begriff Randschichthärtung vorgesehen. Zur Durchhärtung sind nur bestimmte Legierungssysteme geeignet. Eine Härtung des gesamten Bauteilquerschnittes ist für Zahnräder ohnehin eine Ausnahme. Die chemische Zusammensetzung des Werkstoffes ist bei thermischen Verfahren über den gesamten Bauteilquerschnitt gleich. In der Praxis sind Induktions- und Flammhärteverfahren sowie Laserhärten von Bedeutung. Diese Verfahren sind durch einen relativ einfachen Anlagenaufbau, leichte Durchführbarkeit und hohen Stückzahldurchsatz gekennzeichnet.

Bei thermochemischen Verfahren kann man die chemische Zusammensetzung des Werkstoffes im oberflächennahen Bereich spezifisch gestalten. Somit lassen sich die zahnradtypischen Härteprofile für Verschleißbeständigkeit der Oberfläche und Zähigkeit im Kern differenziert einstellen. Die Verschleißbeständigkeit der Oberflächen wird durch Härten erreicht, die Festigkeit und Zähigkeit des Kerns mit einer geeigneten Legierung.

6.3.3 Thermische Verfahren

6.3.3.1 Induktionshärten

Die Wärmeübertragung in das Material erfolgt durch Wechselstrominduktion mit unterschiedlichen Frequenzen. Die Frequenz des Wirbelstroms bestimmt wie der Abstand des Induktors von der Oberfläche die Eindringtiefe und so die erreichbare Randschichthärtetiefe. Form und Relativbewegung der Induktoren zur Werkstückoberfläche bestimmen die Ausbildung der gehärteten Randschicht. Verfahren mit kurzen Taktzyklen wie beispielsweise Vorschub- und Umlaufhärten erzeugen wegen der Gestalt der Zähne des Rades einen ungleichmäßigen Wärmeeintrag und damit eine ungleichmäßige Randschichthärtetiefe. Dies führt bei Zahnrädern zu der Gefahr überhitzter Zahnkopfkanten bei gleichzeitig unzureichender Härtung des Zahngrundes. Diese Schwierigkeit lässt sich nur mit speziell geformten Induktoren verringern.

6.3.2.2 Flammhärten

Beim Flammhärten wird die zur Austenitisierung benötigte Energie von außen an den Stellen zugeführt, die gehärtet werden sollen. Dazu verwendet man spezielle Brennersysteme. Die erforderliche hohe Energiedichte der Flamme an der Werkstückoberfläche und ihre starke Richtungsabhängigkeit beim Energieeintrag in das Werkstück sind die Grenzen für die Anwendbarkeit dieses Verfahrens. Setzt man die Werkstückoberfläche zu lange der Flamme aus, kommt es dort zu unerwünschten Abbränden. Ist die Einwirkzeit der Flamme zu kurz, erreicht man nicht die nötigen Temperaturen. Somit lässt sich das Flammhärten nur bei geringen Qualitätsansprüchen und geringen Härtetiefen anwenden.

6.3.2.3 Laser- und Elektronenstrahlhärten

Beim Laser- und Elektronenstrahlhärten wird durch den Strahl ein beinahe punktförmiger Bereich der Oberfläche erhitzt. Die notwendige Abkühlung erfolgt durch die schnelle Abfuhr der Wärme in das Werkstück. Die Einschränkung dieses Verfahrens liegt in der Zugänglichkeit der Oberfläche für den Laser- oder Elektronenstrahl. Nur wenn dieser senkrecht oder wenigstens unter einem konstanten Winkel auf die Oberfläche trifft, erhält man über die gesamte Zahnflanke eine gleichmäßige Härteschicht. Elektronenstrahlhärten ist gegenüber Laserhärten zwar leistungsfähiger, benötigt aber ein Vakuum. Wegen dieser Verfahrensgrenzen lassen sich Zahnräder nur sehr eingeschränkt Laser- oder Elektronenstrahlhärten.

6.3.4 Thermochemische Verfahren

6.3.4.1 Vorteile des Verfahrens

Die zahnradtypischen Beanspruchungen des Werkstoffes sind im Wesentlichen die Oberflächenbeanspruchung auf der Zahnflanke und die Biegebeanspruchung im Zahnfuß. In Kap. 3.5.3 wurde dieser Einfluss auf die Werkstoffauswahl mit dem scheinbar widersprüchlichen Ergebnis beschrieben, dass Zahnräder einen Werkstoff benötigen, der hart, zäh und fest ist.

Mit thermochemischen Verfahren lassen sich auch solche widersprüchlichen Werkstoffeigenschaften erreichen, so dass sich von der Oberfläche an bis in das Werkstückinnere der Verlauf der Härte, der Duktilität und der Festigkeit graduell verändert. Unterschiedliche chemische Zusammensetzung am Rand und im Kern des Kegelrades ermöglichen differenzierte Werkstoffzustände hinsichtlich Flankentragfähigkeit und Biegebeanspruchung.

In [DIN-EN10052] wird als Wärmebehandlung mit einem geeigneten Mittel die Änderung der chemischen Zusammensetzung des Grundwerkstoffs durch Stoffaustausch mit dem Mittel definiert. Dafür gibt es eine Reihe unterschiedlicher Diffusionsverfahren, welche die Legierungselemente unter Zufuhr von Wärme in den Grundwerkstoff eindringen lassen und so dessen Zusammensetzung und die damit in Verbindung stehenden Eigenschaften verändern. Bis auf sehr wenige Nischenanwendungen benötigen diese Diffusionsverfahren neben dem Konzentrationsgradienten für die Diffusion auch eine vollständige Erwärmung des Werkstücks.

Mit thermochemischen Verfahren ist nicht nur die Kombination widersprüchlicher Eigenschaften möglich, sondern darüber hinaus auch ein Eigenspannungsprofil, welches für die Biegebelastung des Zahnfußes beste Voraussetzungen bietet. In Abb. 6.19 sind die Zusammenhänge zwischen Eigenspannung und Biegespannung dafür dargestellt. Entlang der Ordinate sind die Zugeigenspannungen dargestellt. Die gestrichelte Linie 2 zeigt den Eigenspannungsverlauf, die gepunktete Linie 3 stellt schematisch die lastbedingte Vergleichsspannung dar und die Linie 1 die resultierende Gesamtspannung jeweils im Schnitt A-A. Es ist zu erkennen, dass die durch die Wärmebehandlung induzierten Druckeigenspannungen auf der Lastseite des Zahnes die Zugspannungen im Zahnfuß reduzieren.

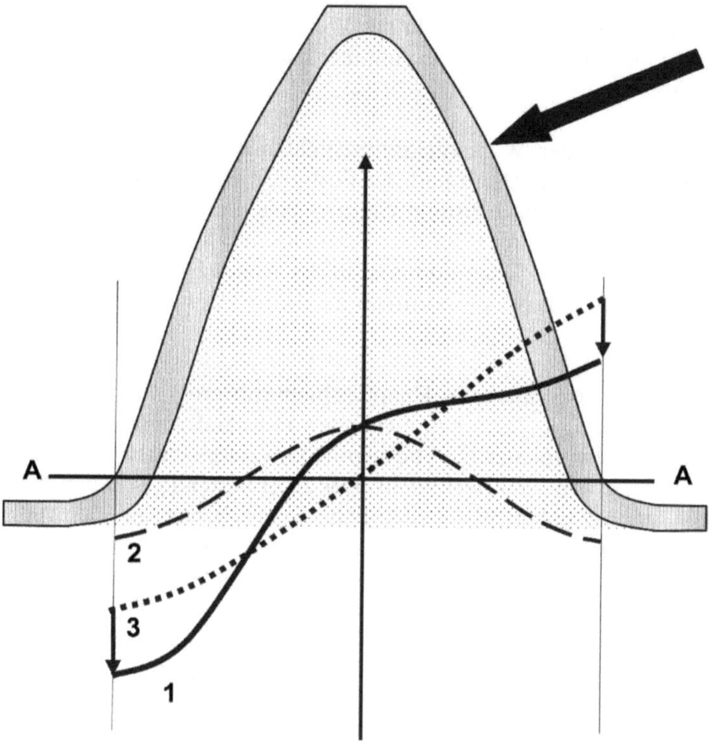

Abb. 6.19 Schematische Darstellung der Eigenspannung und Biegespannung im Zahnfuß

Die Ausprägung derartiger Profile lässt sich mit der Konzentration der eingebrachten Legierungselemente im Randbereich und dem Gradienten zum Kerngefüge einstellen. Sie sind somit über die Prozessparameter der Diffusionsbehandlung zu steuern und leicht anzupassen. Für Zahnräder haben sich Stickstoff und Kohlenstoff als geeignete Anreicherungselemente in vielen Verfahrensvariationen durchgesetzt.

6.3.4.2 Nitrieren

Nitrierverfahren finden ihre Anwendung immer dort, wo tendenziell dünnere, sehr harte und verschleißfeste Nitrier- und Nitrocarburierschichten den zu erwartenden Beanspruchungen gerecht werden.

Wegen der niedrigen Prozesstemperaturen dieses Verfahrens sind nur sehr geringe Verzüge zu erwarten. Dafür begrenzen der Härteverlauf der Schicht und deren geringe Dicke den Abtrag einer späteren Hartfeinbearbeitung. In der Praxis erhalten nitrierte Zahnräder bereits in der Weichbearbeitung die endgültige Flankenform und Oberfläche, so dass sie unmittelbar nach dem Nitriervorgang fertig bearbeitet sind.

Die Anreicherung der Werkstückrandschicht mit elementarem Stickstoff bewirkt eine Steigerung der Härte und der Festigkeit des Basiswerkstoffs. Im Gegensatz zur martensitischen Härtung resultiert dies jedoch aus den Mechanismen einer Ausscheidungshärtung. Mit der Härte in der aufgestickten Randschicht steigt auch die Festigkeit. Dazu kommen in der Regel Druckeigenspannungen in der Randschicht. Umgekehrt proportional zur Härte entwickelt sich das Formänderungsvermögen.

Dieses Merkmal zeigt auch das Hauptproblem nitrierter Zahnräder. Wegen der großen Härte und wegen des unzureichenden Formänderungsvermögens breiten sich kleinste Risse bei lokaler Überbeanspruchung sehr schnell aus und begünstigen so die Bildung von Graufleckigkeit. Der zu erwartende Schaden bei stoßartiger Überlast ist mit hoher Wahrscheinlichkeit ein Bruch im Zahnfuß. Nitrierschichten werden daher vorzugsweise dort eingesetzt, wo vor allem Schutz gegen adhäsiven und abrasiven Verschleiß und gegen Korrosion gefordert ist. Wird beim Nitrocarburieren neben Stickstoff auch Kohlenstoff in die Oberfläche eingebracht, entsteht eine Oberfläche mit sehr geringem Reibwert. Dies erhöht den Wirkungsgrad im Getriebe und die Zahnflankentragfähigkeit.

Die Prozessbedingungen werden durch Temperaturen von üblicherweise 500-580° C und eine vornehmlich durch Ammoniakzugabe erreichte Stickstoffquelle vorgegeben. Als Umgebungsbedingung herrscht Normaldruck beim Gasnitrieren, es sind aber auch Unterdruckverfahren mit und ohne Plasmaunterstützung einer Glimmentladung im Einsatz. Ebenfalls verbreitet sind Salzbadverfahren mit flüssigen Reaktionspartnern in Form von Cyaniden als Stickstoff- und Kohlenstoffspendern.

Je nach verwendetem Werkstoff sind Nitriertiefen bis zu einem Millimeter möglich. Die oben erwähnte Rissneigung im Zahnfuß lässt sich bis zu einem gewissen Grad durch die Verwendung eines hochvergüteten Werkstoffgrundzustandes reduzieren. Allerdings führt die Verwendung speziell legierter Nitrierstähle nicht zwangsläufig zu einer Lösung des Problems, da stickstoffaffine Elemente zwar die Oberflächenhärte steigern, aber gleichzeitig der Festigkeitsgradient zum Inneren des Bauteils steiler und damit kritischer verläuft. Ferner wird bei karbid- und nitridbildenden Legierungselementen der Kohlenstoff durch den aufgenommenen Stickstoff verdrängt, so dass er sich an Korngrenzen als Ausscheidung sammelt. Damit sinkt die Zähigkeit des Werkstoffes.

6.3.4.3 Aufkohlen

Im Getriebebau ist für hochbeanspruchte Verzahnungskomponenten das Einsatzhärten unter der Verwendung spezieller Einsatzstähle die optimale Kombination. Der Werkstoff lässt sich vor der Wärmebehandlung gut umformen und zerspanen und zeigt nach der Wärmebehandlung das beste Eigenschaftsprofil für die zahnradtypischen Beanspruchungen. Einsatzhärten ist ein thermochemisches Diffusionsverfahren mit einer Vielzahl an Variationsmöglichkeiten.

Einsatzstählen wird der für die Aufhärtung notwendige Kohlenstoff erst nach der Weichbearbeitung zugeführt. Sie haben einen geringen Grundkohlenstoffgehalt und sind je nach Beanspruchung zur Verbesserung der Härtbarkeit oder der Kernzähigkeit legiert. Damit lassen sich die mechanischen Eigenschaften für die gegebenen Einsatzzwecke differenziert einstellen.

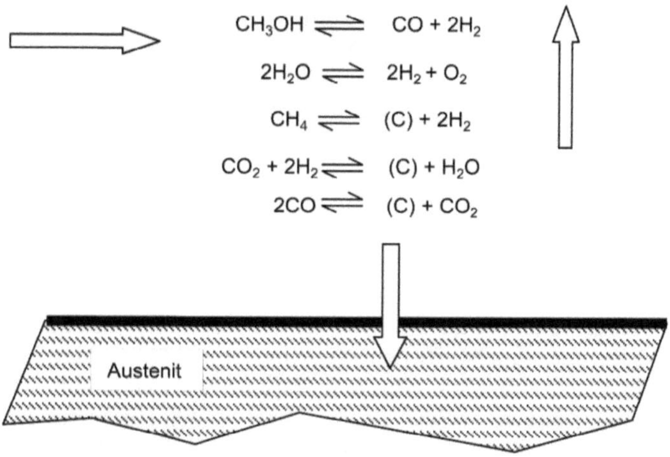

Abb. 6.20 Reaktionsschema des Kohlenstoff-Übergangs

Das Aufkohlen oder Einsetzen genannte Verfahren verwendet feste, flüssige oder gasförmige Kohlenstoffträger und arbeitet bei Temperaturen, die so hoch sind, dass das Stahlgefüge austenitisch ist. Hier ist die Löslichkeit des Kohlenstoffs im Eisengitter mehr als eine Größenordnung höher als im ferritischen Gefüge. Der Mechanismus des Kohlenstoffübergangs ist sehr gut erforscht und bietet aufgrund seiner Reaktionskinetik gleich mehrere Messgrößen, die zur Auswertung und Steuerung des Prozesses herangezogen werden. Dabei spielt es letztlich keine Rolle, welche Kohlenwasserstoffträger für den Reaktionsmechanismus angewendet werden.

Aus der thermischen Spaltung ergibt sich die in Abb. 6.20 dargestellte Reaktion. Die entstehenden Reaktionsprodukte CO, H_2, C, CO_2, H_20, und O_2 sind jeweils einer Messung zugänglich. Als Verfahren eignen sind Sauerstoffpartialdruck-, Infrarotleitfähigkeits- oder Taupunktmessungen. Jedes dieser Verfahren liefert in unterschiedlicher Genauigkeit und Reproduzierbarkeit eine Angabe zur jeweils herrschenden Kohlenstoffaktivität in der Gasatmosphäre. Setzt man mehrere Verfahren ein, hat man ein redundantes Überwachungssystem und so die Garantie für Sicherheit und hohe Reproduzierbarkeit der Aufkohlungsprozesse.

Aufgrund der hohen Konzentrationsgradienten zwischen Atmosphäre und Werkstück und der hohen Prozesstemperatur geht die Anreicherung der Randschicht mit Kohlenstoff zunächst sehr zügig voran. Intelligente Regelalgorithmen lassen eine äußerst präzise Prozessführung zu, so dass Aufkohlungstiefen von mehr als 5 mm zu erreichen sind, ohne dass unerwünschte Nebeneffekte die Randschicht beeinflussen [WUEN68], [WEIS94], [WYSS95]. Voraussetzung dafür ist eine Stahlerzeugung mit einer qualitativ hochwertigen Schmelzmetallurgie, die eine geringe Streubreite der Legierungselemente und eine hohe Feinkornstabilität sicherstellt. Dennoch sind besonders für Schiffsgetriebe noch höhere Einsatztiefen gewünscht. Diese würden bei konventioneller Prozessführung die Grenzen der Werkstoffkunde sprengen. Dazu werden spezielle Mikrolegierungssysteme verwendet, welche die Feinkornstabilität dadurch verbessern, dass bei noch höheren Temperaturen das Aufkohlen in kürzerer Zeit durchgeführt wird. Es bleibt allerdings festzuhalten, dass diese Prozessführung derzeit nur für kleine Proben im Laborbetrieb auf keramischen Chargiergestellen durchführbar ist.

Ein weiteres Potenzial für die Verkürzung von Prozesszeiten bieten moderne Unterdruckverfahren, die durch den Einsatz sauerstofffreier Kohlenstoffträger mit erheblich höheren Kohlenstoffaktivitäten arbeiten und die völlig ohne Randzonenbeeinflussung der Werkstücke eingesetzt werden. Dieser Prozess kann zusätzlich in einem Plasma unterstützt werden. Leider gibt es zur Zeit keine zuverlässige Sensorik für die sauerstofflosen Reaktionsprodukte, so dass die Prozesssteuerung rein durch empirisch ermittelte Parameter durchgeführt werden muss. Die empirischen Faktoren werden durch Variation der Parameter mit mehreren Testchargen ermittelt. Für wiederkehrende Bauteile ist dieses Verfahren eine interessante Alternative, da die Unterdruckaufkohlung mit anschließendem Gashochdruckabschrecken sehr wirtschaftlich und hinreichend erprobt ist. Da keine Hilfsstoffe mit ihren Emissionen die Bauteile verunreinigen, lässt sich diese Technologie gut in Fertigungslinien integrieren.

Auch beim Aufkohlen ist die Kombination von Stickstoff und Kohlenstoff möglich. Das Verfahren wird Carbonitrieren genannt und erzeugt in der Randschicht einen Werkstoff mit deutlich höherer Härtbarkeit. Das wird durch ein wesentlich trägeres Umwandlungsverhalten von Austenit in Martensit erreicht, allerdings tritt eine größere Neigung zu höheren Restaustenitgehalten und damit geringerer Oberflächenhärte auf. Senkt man, um dem entgegenzuwirken, die Behandlungstemperatur ab, besteht die Gefahr, dass das Kerngefüge aus einem heterogenen Gemenge aus Martensit und Ferrit besteht. Dieser Zustand wird als Unterhärtung bezeichnet. Beim Carbonitrieren ist demzufolge die auf die Temperaturführung abgestimmte Mengenführung des Stickstoffträgers wichtig.

6.3.5 Temperaturprofile beim Einsatzhärten

Damit Martensit überhaupt entstehen kann, muss eine hinreichend hohe Abkühlgeschwindigkeit von der Austenitisierungstemperatur bis zum Erreichen der Martensitstarttemperatur eingestellt werden. Die Martensitstarttemperatur ist von der Legierung abhängig. Die optimale Abschreckgeschwindigkeit soll gerade so groß sein, dass die maximal mögliche Martensitmenge entsteht.

Mit unterschiedlichen Temperaturprofilen kann eine ganze Reihe von Werkstückeigenschaften beeinflusst werden. So können beispielsweise unerwünschte Eigenspannungsverläufe in Folge ungünstiger Querschnittsübergänge des Werkstücks durch gestufte Abschreckvorgänge verbessert werden.

Die heute übliche Verfahrenskombination ist die Aufkohlung in reaktiven Schutzgasen und das Abschrecken in flüssigen Medien. Je nach Zeitfolge und Temperaturprofil spricht man dabei von Direkthärtung oder Einfachhärtung, wie in Abb. 6.21 dargestellt. Eine Abwandlung der Einfachhärtung stellt die Härtung nach isothermischer Umwandlung dar. Die zweimalige Austenit-Ferrit-Umwandlung sorgt für ein feines Austenitkorn vor dem Härten.

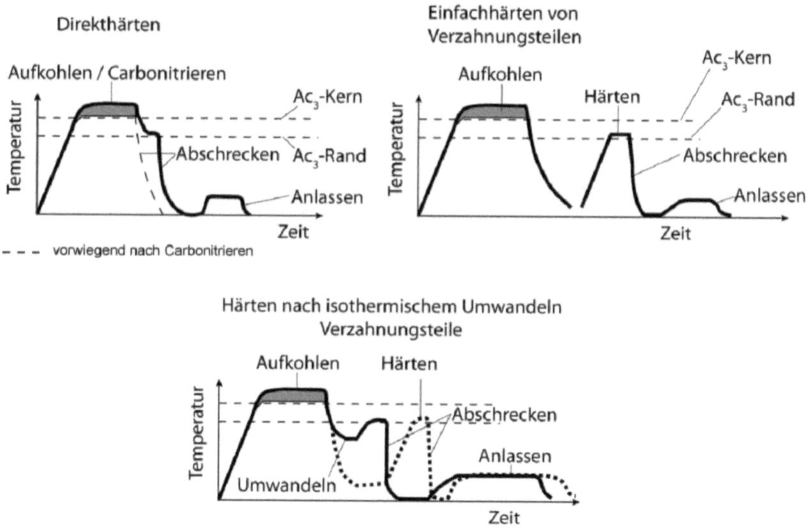

Abb. 6.21 Direkthärten, Einfachhärten und Härten nach isothermischer Umwandlung [DIN-EN10052]

Mit Blick auf die zu erwartenden Maß- und Formänderungen stellt die Direkthärtung die wirtschaftlichste Möglichkeit dar. Erst bei Einsatzhärtetiefen von mehr als 3 mm treten unerwünschte Gefügebestandteile auf, so dass dann zu Lasten der Wirtschaftlichkeit eine aufwändigere Prozessführung zu wählen ist.

Als Abschreckmedium kommen Salzschmelzen, Mineral- und Synthetiköle sowie wässrige Polymerlösungen zum Einsatz. Bei der Auswahl muss stets ein Kompromiss zwischen Abschreckgeschwindigkeit, Rissgefahr, Brandgefahr, Verzugsneigung, Arbeitssicherheit, ökologischen Einschränkungen, Produktivität und Ergonomie gefunden werden.

6.3.6 Härteverzüge

Bei der Wärmebehandlung treten immer mehr oder weniger große maßliche Änderungen des Werkstücks, sogenannte Härteverzüge auf. Als Verzug wird die Summe aller geometrischen Veränderungen des Werkstücks bezeichnet. Diese treten als lineare Maßänderung und als nichtlineare plastische und elastische Verformungen auf. Abbildung 6.22 klassifiziert die Anteile des Verzuges. Lineare Maßänderungen sind durch Volumenänderungen der martensitischen Härtung bedingt, die ein Volumenwachstum von ca. 1% aufweisen. Sie zählen zu den unvermeidbaren Maß- und Formänderungen.

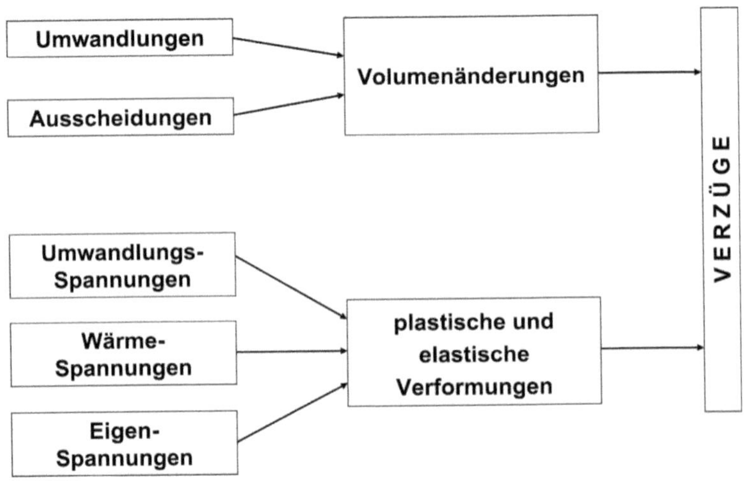

Abb. 6.22 Klassifizierung der Härteverzüge

Nichtlineare Veränderungen dagegen sind streng genommen vermeidbar, da sie durch plastische und elastische Verformungen verursacht werden. Sie entstehen durch Eigenspannungen, Inhomogenitäten des Werkstoffes, unsymmetrische Formen des Bauteils, asymmetrische Formgebung beim Schmieden oder durch ungleichmäßige Temperaturprofile bei der Wärmebehandlung.

Grundsätzlich gilt, dass nur dann mit geringen Verzügen gerechnet werden kann, wenn das Werkstück ein niedriges und homogenes Eigenspannungsniveau aufweist. Hohe Eigenspannungen erhöhen darüber hinaus die Gefahr der Rissbildung und sind denkbar schlechte Voraussetzungen für den Härteprozess.

Vermeidbare Verzüge werden hauptsächlich durch thermische Spannungen sowie durch Eigen- und Bearbeitungsspannungen verursacht. Damit diese beherrschbar werden, müssen sowohl an den Werkstoff, die konstruktive Ausführung des Kegelrades und auch an die Wärmebehandlung bestimmte Anforderungen gestellt werden.

Nur ein möglichst homogenes Ausgangsmaterial wird die geringsten Eigenspannungen aufweisen. Inhomogenitäten, wie beispielsweise Seigerungen, führen zu Spannungen, die während der Bearbeitung oder der Wärmebehandlung freiwerden können. Eigenspannungen können auch durch ungeeignete Schnittbedingungen oder stumpfe Werkzeuge im Werkstück induziert werden und führen, wenn sie frei werden, stets zu Verzügen.

Neben dem Spannungszustand hat die Form des Kegelrades einen bedeutenden Einfluss. Eine verzugsarm optimierte Konstruktion wird eine gleichmäßige Massenverteilung und sanfte Querschnittsübergänge vorsehen.

Mit der Chargierung für die Wärmebehandlung kann unter Umständen durch das Gestell ein Formzwang auf die zu härtenden Werkstücke vorliegen. Da Einsatzstahl eine relativ geringe Warmstreckgrenze bei den erforderlichen Prozesstemperaturen hat, können Verformungen des Einsatzgestelles sich am Werkstück irreversibel abbilden. Verzugssteigernd sind ferner starke Temperaturgradienten innerhalb der Werkstücke, die bei zu hohen Aufheizgeschwindigkeiten zu zeitlich und lokal versetzten thermischen Effekten führen.

Von Bedeutung sind ebenfalls Packungsdichte und Massenverteilung auf dem Chargiergestell, da die Umströmung der Werkstücke durch die Prozessmedien und die Umströmung durch das Abschreckmedium beeinflusst wird. Dies ist besonders bei Kegelrädern ein kritischer Punkt, da am Zahnkopf und im Zahnfuß stark unterschiedliche geometrische Verhältnisse für die Umströmung vorliegen.

Das Abschrecken in verdampfenden Medien wie Ölen oder wässrigen Polymerlösungen hat ein erhebliches Verzugspotenzial. Alle flüssigen Abschreckmedien haben eine Siedetemperatur, die deutlich unterhalb der Werkstücktemperatur zu Beginn des Abschreckvorganges liegt. Somit benetzt das Abschreckmedium die Werkstückoberfläche nicht, vielmehr wird es durch einen Dampfmantel mit niedriger Wärmeleitfähigkeit von der Oberfläche abgehalten. Dieses sogenannte Leidenfrost-Phänomen sorgt für lokal stark unterschiedliche Abkühlungsgeschwindigkeiten, wenn der Dampffilm nicht mehr stabil ist. In Abb. 6.23 sind die unterschiedlichen Phasen des Abschreckvorganges dargestellt. Zu Beginn des Abschreckens ist die gesamte Oberfläche des Werkstückes durch die Dampfhaut vom Abschreckmedium isoliert. Mit sinkender Temperatur bildet sich die Kochphase, bei welcher sowohl das Abschreckmedium selbst als auch einzelne kleine

Dampfblasen das Werkstück weiter abkühlen. Liegt die Werkstücktemperatur unterhalb der Siedetemperatur, bildet sich die Konvektionsphase, bei der eine Oberflächenströmung des Abschreckmediums das Werkstück weiter abkühlt.

Mit dem Fortschreiten der Wiederbenetzungsfront über die Oberfläche wandert auch der Ort der maximalen Volumenänderung durch thermische Kontraktion. Diese Grenze kann an mehreren Orten zeitgleich vorhanden sein. Die 3 Phasen des Abschreckvorganges mit jeweils unterschiedlichen Abkühlgeschwindigkeiten erzeugen somit einen äußerst inhomogenen Spannungszustand im Kegelrad. Darüber hinaus stören die Zähne eine gleichmäßige Umströmung der Oberfläche, zusätzlich können sich Dampfblasen in den Zahnlücken festsetzen und damit den zeitlichen Ablauf der Martensitbildung verzögern. Abhilfe schaffen hier komplexe Agitationssysteme innerhalb des Abschreckbeckens, die den Zusammenbruch des Dampffilmes unterstützen, ohne den Wärmeübergang durch zu starke Strömung über die Maßen zu forcieren.

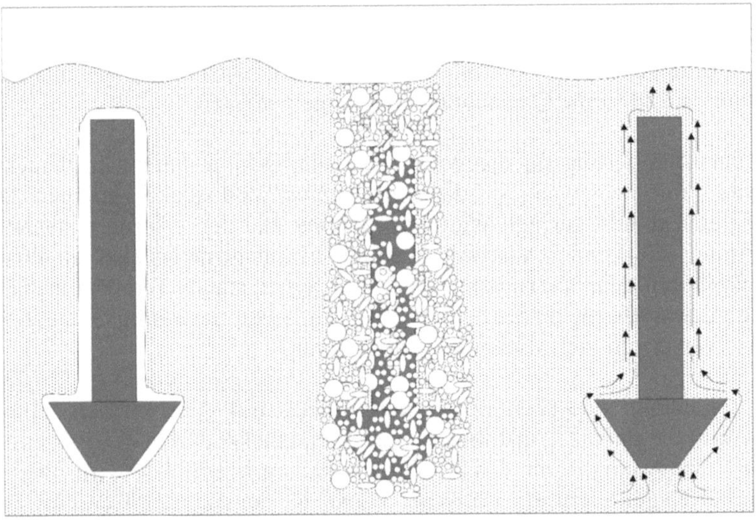

Abb. 6.23 Dampfhaut-, Koch- und Konvektionsphase des Abschreckvorganges

Diese Problematik stellt sich bei nicht verdampfenden Medien, wie Gasen, Salz- oder Metallschmelzen, nicht ein. Sie bieten den Vorteil der guten Regelbarkeit, allerdings ist die Kühlleistung beim Abschrecken wesentlich geringer. So ist beispielsweise für eine Gashochdruckabschreckung selbst mit Wasserstoff oder Helium die mögliche Werkstückmasse begrenzt. Der Einsatz von Salz- oder Metallschmelzen als nicht verdampfende Abschreckmedien bietet wegen der höheren Wärmeleitfähigkeit des Mediums ein günstiges Abschrecken, dafür sind diese Stoffe hinsichtlich ihrer Umwelteinflüsse bedenklich.

6.3.7 Fixturhärten

Die Forderung nach immer geringerer Masse eines Kegelradsatzes widerspricht den Voraussetzungen für ein möglichst verzugsarmes Härten. Besonders bei Tellerrädern, die aus Gewichtsgründen sehr flach gehalten werden, muss mit erheblichen Verzügen gerechnet werden. Diese Verzüge zeigen sich hauptsächlich in einem Planschlag und einer unrunden Bohrung. Bei Kegelradsätzen, die nach der Wärmebehandlung nicht geschliffen oder hartgeschält werden, ist ein hinreichend genauer Rund- und Planlauf an den Tellerrädern Voraussetzung für den Läppprozess.

Dies lässt sich nur mit Härten unter Formzwang, dem sogenannten Fixturhärten erreichen. Dazu wird das Tellerrad während des Abschreckens an mehreren Stellen fixiert, um den Planschlag und die Unrundheit der Bohrung möglichst klein zu halten.

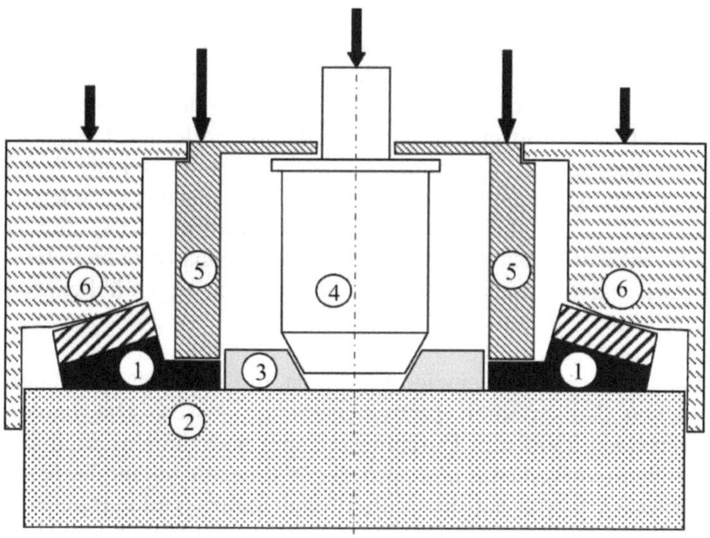

Abb. 6.24 Beispiel einer Härtevorrichtung

In Abb. 6.24 ist eine Härtevorrichtung für Tellerräder dargestellt. Vor dem Härten ist die Vorrichtung geöffnet, wobei die runden Teile 4,5 und 6 angehoben sind. Dann wird das auf Härtetemperatur erwärmte Tellerrad 1 –am besten mit einem Handlingsautomaten- über den Spreizdorn 3 auf die Grundplatte 2 gelegt und die Vorrichtung geschlossen. Dabei weitet der kegelige Dorn 4 den vielteiligen Spreizdorn 3 auf, richtet das Kegelrad aus und das Abschreckmedium beginnt das Kegelrad zu umströmen. Dann werden der Dorn 4 und die beiden Planringe 5 und 6 mit jeweils definierten Kräften beaufschlagt. Somit wird die Tellerradbohrung durch den runden Spreizdorn fixiert und der Planlauf des Tellerrades im Zahnkopfbereich und am Montageflansch plan gehalten. Während des Abschreckvorganges wird damit ein unkontrolliertes maßliches Verändern des Tellerrades weitgehend ausgeschlossen. Dabei muss die zeitliche und örtliche Wechselwirkung von thermischen Spannungen und Umwandlungsspannungen berücksichtigt werden. Das spezielle Know-how liegt neben der geometrieabhängigen Wahl der Stützpunkte der Krafteinleitung in der zeitlichen Steuerung der Kraft und in der Gestaltung des Fixturwerkzeuges. Dieses muss geeignete Kanäle für das Abschreckmedium enthalten, die vor allem ein gleichmäßiges und genügend schnelles Abschrecken zulassen und darüber hinaus einfach zu rüsten sind.

Härtevorrichtungen für wellenförmige Ritzel sind wesentlich komplexer. Die Geradheit des Ritzelschaftes lässt sich nur durch eine Drehbewegung der Welle zwischen mehreren kraft- und weggesteuerten Rollen während des Abschreckvorganges erreichen.

6.4 Hartschälen

Unter der Bezeichnung Hartschälen oder auch Schälwälzfräsen wird ein Bearbeitungsverfahren verstanden, bei dem mit besonderen Schneidwerkzeugen bereits gehärtete Zahnflanken nachgefräst werden. Der besondere Vorteil besteht darin, dass sich damit die Härteverzüge der Verzahnung entfernen lassen. Es werden grundsätzlich die gleichen Maschinen und Werkzeuge wie für die Weichbearbeitung eingesetzt, lediglich die Schneidkanten bestehen aus einem anderen Material. In der Praxis hat sich polykristallines kubisches Bornitrid (CBN) als Schneidstoff bewährt. Die anfänglich befürchteten schädlichen Neuhärtezonen treten nicht auf. Die beim Hartschälen erreichten Oberflächenrauheiten liegen üblicherweise unter denen geschliffener Flanken.

Hartschälen ist derzeit das einzige Verfahren, mit dem sich Spiralkegelräder im kontinuierlichen Teilverfahren hartfeinbearbeiten lassen. Die heute üblichen Großkegelräder bis 2300 mm Durchmesser sind ausnahmslos nach dem Zyklo-Palloid-Verfahren vorverzahnt und nach der Wärmebehandlung hartgeschält. Das kontinuierliche Verfahren hat den Vorteil einer hohen Teilungsgenauigkeit, und das universelle Werkzeugsystem gestattet die wirtschaftliche Fertigung selbst bei Losgröße 1. Die einzige Voraussetzung für das Hartschälen ist ein gewälztes Tellerrad. Getauchte Tellerräder lassen sich wegen der Länge und Breite der Späne nicht hartschälen.

Die Werkzeuge für das Hartschälen unterscheiden sich beim HPG-S-Verfahren (siehe 2.1) nicht wesentlich von den Zyklo-Palloid-Messerköpfen. Statt des Profilmessers (siehe Abb. 6.4) wird zum Hartschälen ein Schneidleistenträger in eine Klemmvorrichtung gesetzt, der auf den Messerkopf montiert wird. Diese Klemmvorrichtung ist um den Kopf-Freiwinkel gegenüber der Messerkopf-Oberflläche geneigt. Die radiale Einstellung der Schneide geschieht mit Unterlegplatten. Nach jedem Scharfschliff der CBN-Schneide an der Spanfläche wird der Schneidleistenträger im Klemmhalter so verschoben, dass er wieder die richtige Höhe hat.

6.5 Schleifen von Spiralkegelrädern

6.5.1 Entwicklungsgeschichte

Die erste Schleifmaschine zum Schleifen von Tellerrädern wurde in den 30er Jahren in den USA entwickelt, kurz danach folgte eine Ritzelmaschine mit Neigungsachse für das Werkzeug [HOFM39]. Die später weiterentwickelten Schleifmaschinen wurden fast ausschließlich für gewälzte Spiralkegelräder in der Luftfahrtindustrie eingesetzt und sind in diesem Bereich trotz ihres Alters noch vereinzelt in Produktionsbetrieben anzutreffen. Bei Luftfahrtanwendungen werden wegen des Leichtbaus der Getriebegehäuse und der daraus resultierenden großen Verformungen höchste Anforderungen an die Flankentopographie und die Zahnteilung gestellt. Das Schleifen als Hartfeinbearbeitung dieser Verzahnungen ist daher fast unumgänglich.

Versuche in den 70er und 80er Jahren, die neueren Schleifmaschinen in der Fahrzeugindustrie einzusetzen, scheiterten, weil die langen Bearbeitungs- und Rüstzeiten nicht wirtschaftlich waren. Zudem war der Einsatz dieser Maschinen, bei denen sich das Werkzeug nicht mehr neigen ließ, auf das 5-Schnittverfahren beschränkt.

Erst mit dem Einsatz von CNC-Maschinen und flexiblen Berechnungsverfahren gelang der Durchbruch in der Großserienfertigung. Als Pionier des CNC-Kegelradschleifens entwickelte Wiener 1982 eine Schleifmaschine für das Tauchschleifen von Tellerrädern mit einer Schleifspindel, die eine zweite, angetriebene exzentrisch angeordnete Lagerhülse besaß (siehe 6.5.5.2). Damit lässt sich Flächenkontakt zwischen Schleifscheibe und Zahnflanke vermeiden. Noch im gleichen Jahr folgte eine Maschine für die Ritzelbearbeitung. Die Schleifscheiben wurden hier noch nicht bahngesteuert profiliert, der Flankenwinkel ließ sich zwar ändern, jedoch nicht die Profilballigkeit. Etwa zeitgleich wurden auf modifizierten mechanischen Fräsmaschinen Versuche unternommen, Spiralkegelräder mit CBN beschichteten Schleifscheiben zu schleifen. Die notwendige Konstanz bei der Beschichtung dieser Scheiben fehlte jedoch und die erzielte Oberflächengüte war noch mangelhaft, so dass diese Methode nur zum Vorschleifen für ein anschließendes Strukturläppen benutzt wurde.

1985 entwickelte Wiener eine Kegelradschleifmaschine mit einem bahngesteuerten Abrichtgerät, wodurch eine wesentlich höhere Flexibilität erzielt wurde. Das Besondere war die Ausführung mit zwei Schleifspindeln, damit sich Werkstücke, die für das 5-Schnittverfahren vorgesehen waren, in einer Aufspannung bearbeiten ließen.

Im Jahr 1989 kam in den USA eine neu entwickelte CNC-Schleifmaschine auf den Markt. Konzeptionelle Besonderheit an dieser Maschine war, dass sich das

Schwenken und Neigen der Werkzeugachse, das für die Bearbeitung im Duplex-Verfahren notwendig ist, durch die zusätzliche Schwenkbewegung des Maschinenreitstocks vermeiden lässt. Diese maschinentechnische Ausführung, die weiter entwickelten Berechnungsverfahren und die Entwicklung standfester keramisch gebundener Schleifscheiben verbesserten den wirtschaftlichen Einsatz des Kegelradschleifens in der Großserie.

In den Jahren 1988 bis 1990 wurden in der Schweiz Versuche unternommen, Spiralkegelräder nach dem kontinuierlichen Teilverfahren zu schleifen [STADT90]. Die Idee war, als Werkzeug eine zum Werkstück konjugierte Verzahnung mit großem Achsversatz herzustellen, mit einem Schleifmittel zu belegen und mit dem Werkstück in Eingriff zu bringen. Durch hohe Antriebsdrehzahlen sollte sich eine Gleitgeschwindigkeit ergeben, die das Schleifen der Kegelradflanken ermöglichte. Die Achskopplung zwischen Werkzeug und Kegelrad war bei diesen Drehzahlen jedoch nicht stabil genug und die Herstellung des Werkzeugs so aufwändig, dass die Versuche gescheitert sind.

Seit der Jahrtausendwende sind neue Maschinenkonzepte auf dem Markt, bei denen die für das Schleifen notwendigen Bewegungsachsen an einem zentralen Ständer angeordnet sind, wodurch das bisherige Maschinenbett entfiel. Außerdem wurde die Maschinendynamik durch Direktantriebe verbessert. Das Konzept eines anderen Herstellers weist eine vertikale Schleifspindel oberhalb des Werkstücks auf. Dadurch ergibt sich eine deutlich bessere Späneabfuhr, die Antriebs- und Messsysteme liegen über der Bearbeitungsstelle und der Arbeitsraum ist gut zugänglich. Beide Maschinenkonzepte konnten sich in der Automobilindustrie durchsetzen und werden dort häufig mit Hilfe automatischer Beladung in komplette Fertigungsstraßen eingebunden.

Seit 2005 werden auch Schleifmaschinen für die Bearbeitung von großen Kegelrädern bis zu einem Durchmesser von 1100 mm hergestellt.

6.5.2 Entwicklungstendenzen

Das Schleifen als Hartfeinbearbeitungsverfahren für Spiral- und Hypoidkegelräder hat sich in mehreren Anwendungsgebieten durchgesetzt. In der Luftfahrtindustrie werden traditionell auch heute nahezu alle Kegelradverzahnungen geschliffen, bei Anwendungen im allgemeinen Getriebebau nimmt die Zahl der geschliffenen Verzahnungen zu. In der Automobilindustrie wird je nach Hersteller das Kegelradschleifen in unterschiedlich hohen Prozentanteilen an der gesamten Kegelradproduktion durchgeführt. Die Ausrüstung des Maschinenparks, die Qualitätsanforderungen und das Bedienpersonal in Verbindung mit dem Firmen-Know-how werden als Gründe für die jeweils verwendete Fertigungsmethode angeführt. Eine generelle Tendenz ist schwer zu erkennen. Wirtschaftliche Aspekte und Vorteile geschliffener Verzahnungen bei der Optimierung des Lasttragverhaltens sind die Ursachen, dass das Schleifen vor allem bei Verzahnungen für hohe Belastungen an Bedeutung gewinnt.

6.5.3 Werkzeuge

Kegelradschleifen erfolgt ausschließlich im Einzelteilverfahren mit topf- oder kegelförmigen Schleifscheiben. Wegen des Preis-/Leistungsverhältnisses werden hauptsächlich keramisch gebundene Scheiben mit Sinterkorund als Schneidstoff eingesetzt, für einige Anwendungen werden CBN-Schleifscheiben verwendet. Keramisch gebundene Scheiben haben in der Regel einen Boden, so dass diese auf der Maschine adaptiert werden können.

Topfschleifscheiben Topfschleifscheiben werden beim Tauch- und Wälzschleifen verwendet (Abb. 6.25). Der nominelle Durchmesser der Schleifscheibe wird in der Auslegungsrechnung festgelegt und hauptsächlich von der Verzahnungsgröße und vom gewünschten Verlagerungsverhalten bestimmt. Der Schleifscheibendurchmesser ist gleich dem bei der Weichbearbeitung verwendeten Messerkopfdurchmesser. Für die meisten Anwendungen werden die Durchmesser in Zoll (gemäß der Einteilung für Kreisbogen-Messerköpfe) gestuft. In der früheren Sowjetunion und in China sind auch metrisch gestufte Werkzeugsysteme im Einsatz.

Geometrisch sind Topfschleifscheiben als Hohlzylinder zu betrachten, die um ihre Achse rotieren. Dabei entstehen Fliehkräfte, die bei keramisch gebundenen Topfschleifscheiben ab einer bestimmten Drehzahl zum Bersten des Schleifkörpers führen können. Die zulässige Umfangsgeschwindigkeit für keramisch gebundene Topfschleifscheiben ist daher nach FEPA-Standard auf 32 m/sec festgelegt. Höhere Umfangsgeschwindigkeiten sind nur zulässig, wenn vom Hersteller ein Bersttest durchgeführt und eine entsprechende Eignung nachgewiesen wird.

Abb. 6.25 Topfschleifscheibe für das Kegelradschleifen

Flared-Cup-Schleifscheiben Für das 1986 von Krenzer [KREN91] vorgestellte Flared-Cup-Schleifverfahren werden kegelstumpfförmige Schleifscheiben zum Bearbeiten von Tellerrädern eingesetzt. Kennzeichnend für dieses Verfahren ist, dass mit einer CNC-gesteuerten Bewegung eine dem Tauchverfahren identische Verzahnungsgeometrie erzeugt wird. Die Geometrie der dazu verwendeten Schleifscheibe ist in Abb. 6.26 gezeigt. Das Verfahren wurde inzwischen überwiegend durch das wirtschaftlichere Tauchschleifen abgelöst.

Abb. 6.26 Flared-Cup-Schleifscheibe

6.5.4 Schleifmittel

6.5.4.1 Schleifscheibenwerkstoffe

Generell einsetzbar sind:

- Korund, Halbedelkorund, Edelkorund
- Sinterkorund
- Siliziumkarbid
- Kubisches Bornitrid (CBN)

Aufgrund ihrer positiven Eigenschaften haben sich die im Folgenden beschriebenen Schneidstoffe in der Praxis durchgesetzt.

Edelkorund Dieser universell einsetzbare Schneidstoff mit hoher Splitterneigung ist in unterschiedlicher Zusammensetzung verfügbar. Für die Bearbeitung gehärteter Stähle ist Edelkorund geeignet, es können jedoch nur begrenzte Spanvolumina abgetragen werden. Edelkorund ist gut zum Schleifen ungehärteter Werkstoffe einsetzbar.

Einsatzbereich:	universell für Bearbeitung von ungehärteten und gehärteten Stählen
Schnittgeschwindigkeit:	15 – 30 m/sec
Tiefenzustellung:	0.05 – 0.15 mm
Abrichtgeschwindigkeit:	20 – 250 mm/min
Abrichtbetrag:	0.1 bis 0.2 mm

Sinterkorund Hierbei handelt es sich um ein aus Aluminiummonohydrat erzeugtes Al_2O_3, welches nach dem Trocknen und Brechen in mehreren Prozessen gesintert wird. Sinterkorund hat eine extrem kleine Kristallitgröße von 0,0002 bis 0,0005 mm. Das führt zum selbstschärfenden Effekt. Im Schnitt splittern unterschiedlich große Kristallitbrocken ab und geben dahinter scharfe Schneidkanten frei. Sinterkorund erreicht deswegen deutlich höhere Standzeiten. Die Oberflächenrauheit kann gezielt verbessert werden, wenn der Abrichtbetrag verkleinert bzw. die Geschwindigkeit verringert wird. Sinterkorundscheiben werden häufig in offenporiger Bindung angeboten, so kann mehr Kühlschmiermittel in den Kontakt gelangen und die Schleifleistung erhöht werden.

Einsatzbereich:	Hochleistungsschleifen gehärteter Stähle
Schnittgeschwindigkeit:	15 – 35 m/sec
Tiefenzustellung:	0.1 – 0.5 mm
Abrichtgeschwindigkeit:	100 – 400 mm/min
Abrichtbetrag:	0.03 bis 0.1 mm

Siliziumkarbid Im Vergleich zu Korunden weist Siliziumkarbid höhere Härte und geringere Zähigkeit auf. Eingesetzt werden hellgrünes Siliziumkarbid (extrem schneidfreudig) und dunkles Siliziumkarbid (extrem hart und weniger spröde). Siliziumkarbid weist eine hohe Wärmeleitfähigkeit auf und wird deswegen besonders für die Bearbeitung von wärmeempfindlichen Werkstoffen eingesetzt.

Einsatzbereich:	hochlegierte und zähe Werkstoffe, Titanlegierungen
Schnittgeschwindigkeit:	15 – 35 m/sec
Tiefenzustellung:	0.1 – 0.5 mm
Abrichtgeschwindigkeit:	20 – 300 mm/min
Abrichtbetrag:	0.08 bis 0.15 mm

CBN Kubisches Bornitrid (CBN) wurde 1969 als Schleifmittel auf den Markt gebracht. CBN wird künstlich hergestellt und in monokristalliner und mikrokristalliner Form angeboten. Vorteile sind die hohe Eigenhärte von 4700 N/mm^2 nach Knoop (Diamant 7000 N/mm^2) und die daraus resultierende hohe Standzeit sowie die hohe thermische Stabilität.

Für abrichtbare Schleifscheiben wird CBN keramisch gebunden. Die Abrichtbeträge sind deutlich kleiner als bei Sinterkorundscheiben, man spricht vom Konditionieren. Profiländerungen sind dabei nur eingeschränkt umsetzbar. Eine Alternative ist die galvanische Beschichtung von Stahlgrundkörpern mit CBN. Der

Stahlgrundkörper gibt das Profil vor, welches anschließend im Positivverfahren beschichtet wird. Über die Nutzungsdauer des Werkzeuges verändert sich die Schnittigkeit des CBN und verschleißbedingt die Geometrie der Schleifscheibe. Im Umkehrverfahren (Negativbeschichtung) hergestellte Schleifscheiben sind bisher nicht im Einsatz.

Einsatzbereich:	Hochleistungsschleifen gehärteter Stähle
Schnittgeschwindigkeit:	30 – 70 m/sec
Tiefenzustellung:	0.1 – 0.5 mm
Abrichtgeschwindigkeit:	100 – 300 mm/min (bei keramisch gebundenem CBN)
Abrichtbetrag:	0.005 bis 0.01 mm (bei keramisch gebundenem CBN)

6.5.4.2 Schleifmittelparameter

Korngröße Die Korngrößenangabe erfolgt nach FEPA-Standard [FEPA06] oder in US-Mesh. Geforderte Zerspanleistung und Oberflächengüte sind bestimmend für die Auswahl der Korngröße. Dabei gilt die Faustregel: Je größer das Korn, desto höher die Zerspanleistung und desto höher ist die Scheibenstandzeit. Dies gilt jedoch nur bedingt, weil auch die Abrichtparameter einen entscheidenden Einfluss darauf haben. Für das Kegelradschleifen werden üblicherweise Körnungen von 60 (Korndurchmesser 250 μm bis 297 μm) bis 120 (Korndurchmesser 88 μm bis 105 μm) verwendet. Zum Einsatz kommen zunehmend Mischkörnungen, die einige Vorteile grober und feiner Körnung in sich vereinen.

Bindung Die Bindung ermöglicht den Zusammenhalt aller Scheibenbestandteile. Die als Grünling gepresste Scheibe wird im Brennofen gesintert, bei diesem Prozess nimmt die Bindung ihre endgültigen Eigenschaften an.

Mögliche Bindungstypen:

Bindungen für CBN und Diamant:
- keramische Niederbrandbindung (V)
- Kunstharzbindung (B)
- spröde Bronzebindung (Sintermetallbindung)
- galvanische Bindung

Bindungen für Korund und Siliziumkarbid:
- keramische Bindung (V)
- Kunstharzbindung (B)
- faserstoffverstärkte Kunstharzbindung (BF)
- Gummibindung (R)
- Polyurethanbindung (P)

Für abrichtbares CBN, Korund, Siliziumkarbid und Sinterkorund wird fast ausschließlich die keramische Bindung verwendet, die entscheidende Vorteile hat:

- einziger Bindungstyp mit steuerbarer Struktur
- bei entsprechender Wahl der Bindung bester Spänetransport und sehr gute Kühlschmiermittelzufuhr
- Bindungshärte, Porengröße (Struktur) und Porenvolumen sind exakt beeinflussbar
- höhere Abtragsleistungen als mit Kunstharzbindungen möglich

Härte, Struktur und Porosität Die zum Ausbrechen eines Kornes aus der Bindung erforderliche Kraft ist das Maß für die statische Härte. Die statische Härte ist bestimmt durch Kornanteil, Bindungsmasse, Struktur bzw. Porosität, evtl. zusätzliche Porenbildner und die Fertigungsmethode. Die statische Härte wird nach ISO- oder FEPA-Standard definiert:

Tabelle 6.3 Statische Härte nach ISO- oder FEPA-Standard

Kennbuchstabe	Härtegrad
A – D	äußerst weich
E – F	sehr weich
G – I	weich
J – M	mittel hart
N – Q	hart
R – T	sehr hart
U – Z	äußerst hart

Prozessbestimmend ist jedoch die dynamische Härte, die ausgehend von der statischen Härte zusätzlich von der Schnittgeschwindigkeit beeinflusst wird. Die dynamische Härte steigt mit zunehmender Schnittgeschwindigkeit an. Für das Schleifen von Kegelrädern werden in der Regel Scheiben mit statischer Härte F bis K eingesetzt.

Schleifscheiben werden mit unterschiedlicher Struktur verwendet. Eine feine Struktur ist einzusetzen, wenn geringe Oberflächenrauheiten gefordert sind. Eine poröse Struktur lässt größeres Zeitspanvolumen zu, weil damit mehr Schleifabtrag aus dem Schleifkontakt gefördert werden und die Scheibe mehr Kühlschmiermittel aufnehmen kann. Für Leistungsschleifen werden üblicherweise poröse Schleifscheiben eingesetzt.

Bezeichnung von Schleifscheiben Die Bezeichnung von Schleifscheiben wird von den Herstellern unterschiedlich ausgeführt. In den meisten Fällen sind folgende Angaben zu finden:

Schleifmittel	Struktur	Körnung
Härte	Bindung	Porosität

Beispiel: 93A 60 H 15 VH [WINT05]

93A	Schleifmittel	Sinterkorund
60	Körnung	mittel
H	Härte	weich
15	Struktur	poröse Struktur
V	Bindung	keramisch
H	Porosität	hohe Porosität

6.5.5 Schleiftechnologie

6.5.5.1 Berechnung des bezogenen Zeitspanvolumens

Das bezogene Zeitspanvolumen ist eine wichtige Größe zur Bewertung eines Schleifprozesses. Zeitbezogen wird das pro Millimeter Kontaktbreite zerspante Werkstoffvolumen angegeben. So können unterschiedliche Schleifverfahren und -prozesse verglichen werden.

Das Zerspanungsvolumen V_w ist ein Maß für das durch die Schleifbearbeitung zerspante Werkstückvolumen, welches sich aus der Fläche der Zahnflanke und dem abgetragenen Schleifaufmaß berechnet. Gegenüber einem Standard-Schleifverfahren wie z.B. dem Flachschleifen sind die Einflussgrößen, Zustellung a_e und Schleifscheibenbreite b, für das bezogene Zeitspanvolumen nicht konstant. Bei genauer Betrachtung der Verhältnisse muss die über die Profilhöhe unterschiedliche Zustellung und die über der Zahnbreite veränderliche Berührlinie zwischen Werkzeug und Werkrad berücksichtigt werden. Daraus ergibt sich nur ein punktweise berechenbares bezogenes Zeitspanvolumen, welches über der Zahnfläche als Raumfläche dargestellt werden kann. Berechnungen für Stirnräder hierzu wurden durch Klocke [KLOC02] durchgeführt.

Durch vereinfachte Betrachtung kann versucht werden, die Verhältnisse bei Spiralkegelrädern an einen Standardschleifprozess anzunähern.

Tabelle 6.4 Vereinfachte Berechnung des bezogenen Zeitspanvolumens für eine Zahnflanke

Bezeichnung	**Formel**	**Nr.**
Fläche einer Zahnflanke ohne Zahngrund	$A_z = \dfrac{h_m \cdot b_t}{\cos\alpha_n}$	(6.1)
	mit: b_t = Zahnbreite in Bogenlänge α_n = Eingriffswinkel nach Abb. 2.20 $b_t = \dfrac{r_{co} \cdot \pi}{90} \cdot \arcsin\left(\dfrac{b}{\cos\beta_m \cdot 2 \cdot r_{co}}\right)$	
abgetragenes Volumen	$V_w = A_z \cdot a_e$	(6.2)
	mit: a_e = Flankenaufmaß normal zur Flanke	
Zeitspanvolumen	$Q_w = \dfrac{dV_w}{dt}$	(6.3)
Bei konstanter Wälzgeschwindigkeit v_w (Wälzwiegendrehgeschwindigkeit) und dem Wälzintervall $\Delta\alpha$ ergibt sich:		
Zeitspanvolumen für gewälzte Verzahnungen	$Q_w = \dfrac{V_w \cdot v_w}{\Delta\alpha}$	(6.4)
Bei konstanter Tauchgeschwindigkeit v_t ergibt sich:		
Zeitspanvolumen für getauchte Verzahnungen	$Q_w = \dfrac{V_w \cdot v_t \cdot \sin\alpha_n}{a_e}$	(6.5)
bezogenes Zeitspanvolumen für Wälzschleifen	$Q'_w = \dfrac{Q_w}{h_m \cdot \sin\alpha_n} = \dfrac{V_w \cdot v_w}{\Delta\alpha \cdot h_m \cdot \sin\alpha_n}$	(6.6)
bezogenes Zeitspanvolumen für Tauchschleifen	$Q'_w = \dfrac{V_w \cdot v_t}{a_e \cdot h_m}$	(6.7)

6.5.5.2 Prozessparameter

Wälzgeschwindigkeit, Tauchvorschub Dies sind die Prozessgrößen für den Wälz- bzw. Tauchprozess, die maßgeblich das bezogene Zeitspanvolumen bestimmen.

Beim Wälzen einer Flanke (Lücke) führen Wälzwiege und Werkstück eine gekoppelte Bewegung aus, woraus als Ergebnis das oktoide Flankenprofil entsteht. Die Geschwindigkeit der Wälzwiegendrehung wird als Wälzgeschwindigkeit bezeichnet. Der Betrag der Wälzgeschwindigkeit wird bestimmt vom Modul der Verzahnung und der Zustellung pro Rundgang (Richtwert: 5-20°/sec).

Der Tauchvorschub definiert die Geschwindigkeit, mit der das Werkzeug in seiner Achsrichtung in die Verzahnung eintaucht. Der Betrag des Tauchvorschubs wird bestimmt vom Modul der Verzahnung und der Tiefenzustellung pro Rundgang (Richtwert: 10-100 mm/min).

Mögliche Probleme bei zu großer Wälzgeschwindigkeit oder zu großem Tauchvorschub sind Schleifbrand, Oberflächendefekte (beim Wälzen) und ein unverhältnismäßig großer Werkzeugverschleiß.

Zustellung Das beim Verzahnungsschleifen abzutragende Flankenaufmaß, die vorhandenen Härteverzüge und die Plan- und Rundlaufabweichungen legen die notwendige Tiefenzustellung fest. Beim Leistungsschleifen von Verzahnungen mit mittleren Ansprüchen an die Oberflächengüte erfolgt die Tiefenzustellung in einem Rundgang (Flankenaufmaß hier 0,1mm bis 0,12mm). Bei größerem Aufmaß wird die Tiefenzustellung auf mehrere Umläufe aufgeteilt.

Als Richtwerte für den Zustellbetrag pro Umlauf gelten für das Tauchschleifen 0,4 bis 0,6 mm, für das Wälzschleifen 0,05 bis 0,3 mm.

Schnittgeschwindigkeit Als Schnittgeschwindigkeit bezeichnet man die Umfangsgeschwindigkeit der Schleifscheibe am aktiven Durchmesser. Eine Vergrößerung der Schnittgeschwindigkeit hat folgende Effekte:

- Der Spanungsquerschnitt und die kinematische Schneidenzahl werden reduziert, dadurch ergeben sich geringere Schnittkräfte.
- Durch den verminderten Spanungsquerschnitt wird die Belastung der Schleifscheibe reduziert, es tritt weniger Verschleiß auf. Wachsende Reibgeschwindigkeiten vergrößern jedoch die Reibleistung.
- Die Rauheit der geschliffenen Oberfläche verringert sich aufgrund der kleineren Spanungsquerschnitte trotz sinkender kinematischer Schneidenzahl.
- Durch den Anstieg der Schnittgeschwindigkeit wird die thermische Belastung erhöht, zudem wird das zugeführte Kühlschmiermittel durch erhöhte Zentrifugalkräfte stärker von der Schleifscheibe abgeschleudert.

Als Richtwerte für die Schnittgeschwindigkeit gelten beim Wälzschleifen 18 bis 25 m/sec, beim Tauchschleifen: 16 bis 20 m/sec.

Exzenterbewegung nach Waguri 1967 wurde in Japan die Entwicklung einer oszillierenden Zusatzbewegung für das Schleifen veröffentlicht. Die Schleifspindel ist dabei in einer exzentrischen Buchse gelagert, die separat angetrieben wird. Der Betrag der Exzentrizität ist nicht variabel. Ist der Exzenterantrieb aktiv, führt die Scheibe zusätzlich zur Hauptrotation (Schnittbewegung) eine oszillierende Bewegung aus, die den Kontakt der Schleifscheibe zum Werkstück unterbricht. Dadurch ist eine bessere Kühlschmiermittelzufuhr möglich; dies ist insbesondere beim Tauchschleifen von Vorteil. Beim Wälzschleifen kann mit Hilfe der Exzenterbewegung die Oberflächenstruktur beeinflusst werden. Das Verhältnis zwischen Schleifscheiben- und Exzenterdrehzahl ist variabel, wird Exzenterfaktor genannt und ist in Abhängigkeit vom Schleifscheibendurchmesser zu wählen (siehe Tabelle 6.5). Dabei ist zu berücksichtigen, dass die Oszillation der Schleifscheibe die Schleifmaschine nicht in einem ungünstigen Frequenzbereich anregen darf, da sich sonst das Schleifergebnis qualitativ verschlechtert.

Tabelle 6.5 Richtwerte für den Exzenterfaktor

Schleifscheibendurchmesser [mm]	Exzenterfaktor
50 bis 70	0,2 bis 0,35
70 bis 100	0,35 bis 0,8
100 bis 150	0,5 bis 1,3
150 bis 220	0,5 bis 1,8
220 bis 300	0,7 bis 2,5
über 300	1,1 bis 3,0

Drehrichtung Schleifscheibe Die Drehrichtung der Schleifscheibe sollte im Allgemeinen entgegengesetzt der Wälzrichtung sein, weil somit Materialstau vermieden wird. Lässt die Verzahnungsgeometrie dies nicht zu oder wird tauchgeschliffen, ist die Drehrichtung zu wählen, die eine bessere Versorgung des Kontaktes mit Schleiföl ermöglicht.

Aufmaßaufteilung und -reduzierung Um Schleifzeit und Schleifbrandrisiko auf ein Minimum zu reduzieren, ist es wichtig, den Schleifabtrag gleichmäßig zwischen konkaver und konvexer Flanke aufzuteilen. Bei Duplex-Verzahnungen wird dies durch eine schräge Zustellbewegung erreicht.

Eine Aufmaßreduzierung ist nur dann möglich, wenn die gesamte Prozesskette Weichverzahnen → Härten → Planflächen- und Bohrungsbearbeitung → Verzahnungsschleifen optimiert wird. Das minimale Aufmaß ist abhängig von dem Verzahnverfahren und der Verzahnungsgröße. Bei gängigen Anwendungen in der Fahrzeugindustrie (mittlerer Normalmodul 3,5 bis 10) kann das Flankenaufmaß im Idealfall auf 80 bis 120 μm reduziert werden.

Schleifleistung Die Schleifleistung als Funktion des bezogenen Zeitspanvolumens kann durch die Verzahnmaschine überwacht und ausgewertet werden. Eine entsprechende Maschinensoftware ermöglicht zum Schutz von Werkzeug und Werkstück eine Notreaktion, wenn im Prozess die Grenze der Schleifleistung überschritten wird.

Maßnahmen zur Reduzierung der Schleifleistung sind eine geringere Zustellung pro Rundgang, eine verminderte Wälz-/Tauchgeschwindigkeit, eine besser geeignete Schleifscheibe, höhere Abrichtgeschwindigkeit für eine rauere Schleifscheibe sowie die Überprüfung bzw. Korrektur der Schleifölversorgung.

Verschleißkompensation Insbesondere beim Hochleistungsschleifen in einem Rundgang ist ein Verschleiß der Schleifscheibe zwischen der zuerst und der zuletzt geschliffenen Lücke zu beobachten, der zu einem Teilungssprung führt (siehe 5.3.1). Die Software von Kegelradschleifmaschinen bietet die Möglichkeit, diesen Verschleiß zu kompensieren. Dazu ist im Normalfall eine Kombination aus Zustellung in axialer Schleifscheibenrichtung und aus einer Werkstückverdrehung erforderlich. Diese Kompensationsbeträge lassen sich aus dem Teilungsdiagramm einer Messmaschine berechnen.

6.5.5.3 Kühlschmiermittel

Zum Schleifen von Kegelrädern können Schleiföle auf Mineralölbasis sowie halb- und vollsynthetische Öle eingesetzt werden. Um den Anforderungen beim Leistungsschleifen gerecht zu werden, sind Hochleistungsschleiföle, die durch Additivierung auf den Einsatz speziell abgestimmt sind, einzusetzen. Als Alternative zu mineralölbasierenden Kühlschmiermitteln bietet der Markt wasserbasierende Schleifemulsionen an. Aufgrund des beim Verzahnungsschleifen üblichen Zeitspanvolumens ist ein wirtschaftlicher Einsatz dieser Emulsionen nicht möglich.

Schleiföle sind in großer Anzahl von verschiedenen Herstellern auf dem Markt erhältlich. Ihre Verwendbarkeit wird durch die chemisch-physikalischen Eigenschaften bestimmt. Bei der Auswahl des Schleiföles sind die Empfehlungen der Maschinenhersteller und der Öllieferanten zu beachten.

Aufbereitung Die korrekte Zuführung des Schleiföles ist ein entscheidender Bestandteil der Prozessoptimierung. Ein Hochleistungsschleifprozess setzt voraus, dass das Kühlschmiermittel in ausreichender Menge, mit konstanter Temperatur und an der richtigen Position zugeführt wird. Zur Reinigung und Kühlung des Schleiföles werden separate Filteranlagen eingesetzt, die nach unterschiedlichem Prinzip arbeiten können. In der Anlage wird das Öl beruhigt (Luft kann entweichen), gefiltert und auf die notwendige Zuführungstemperatur gekühlt.

Im Allgemeinen wird das Öl über einen Volumen- und einen separaten Hochdruckkreislauf zugeführt. Der Volumenstrom wird dabei über Rohre und Düsen jeweils vor und hinter die Kontaktzone gerichtet. Der Hochdruckkreislauf versorgt eine V-förmige Reinigungsdüse, die über dem aktiven Profil der Scheibe platziert wird. Damit wird erreicht, dass die Poren der Schleifscheibe vom eingelagerten Materialabtrag freigespült werden und wieder Kühlöl aufnehmen können.

Bei der Gestaltung von Rohren und Düsen für die Kühlschmierstoffzuführung hat es sich bewährt, die Ölaustrittsgeschwindigkeit so zu wählen, dass diese näherungsweise der Umfangsgeschwindigkeit der Schleifscheibe entspricht. Bei zu kleiner oder zu großer Ölaustrittsgeschwindigkeit wird das Öl nicht effektiv der Schleifzone zugeführt.

Tabelle 6.6 Berechnung der Ölaustrittsgeschwindigkeit $v_{öl}$

Bezeichnung	**Formel**	**Nr.**
Ölaustrittsgeschwindigkeit	$v_{öl} = \varphi \cdot \sqrt{2 \cdot \frac{p}{\rho}}$ φ = Flüssigkeits-Reibungsbeiwert ρ = Dichte des Öles p = Druck in der Versorgungsleitung	(6.8)

Nach dieser Formel ergibt sich für eine Ölaustrittsgeschwindigkeit und Umfangsgeschwindigkeit von 20 m/sec ein notwendiger Druck von ca. 6-8 bar für die Kühlölversorgung.

6.5.5.4 Abrichten

Das Abrichten der Schleifscheibe ist aus folgenden Gründen erforderlich:

- Die Schleifscheibe verschleißt im Prozess, durch das Abrichten wird die Formgenauigkeit der Scheibe wieder hergestellt.
- Die Schleifscheibe setzt sich im Prozessverlauf mit dem abgetragenen Material zu und die Schleifkörner stumpfen ab. Durch das Abrichten werden die Schneiden geschärft und die Schleifscheibe von Materialabtrag freigespült.
- Durch Variation der Abrichtparameter kann die Oberfläche der Schleifscheibe und damit die erzielte Oberflächenrauheit beeinflusst werden.

Im Prozess wird ein- oder mehrmals pro Werkstück abgerichtet. Zur Verbesserung der Oberflächengüte und der Teilungsgenauigkeit wird bei der Bearbeitung in mehreren Rundgängen im letzten oder den letzten Rundgängen nicht mehr abgerichtet.

Abrichtwerkzeug Keramisch gebundene Schleifscheiben werden in CNC-gesteuerten Kegelrad-Schleifmaschinen fast ausschließlich mit rotierender Abrichtrolle profiliert. Alternativ kann ein stehendes Abrichtwerkzeug (Einzeldiamant) eingesetzt werden. Mit diesem Einzeldiamant erzielt man wegen der geringen Überdeckung bessere Oberflächengüten. Der systembedingte, höhere Verschleiß des Einzeldiamanten führt aber nach kurzer Einsatzdauer zu Formabweichungen an der profilierten Scheibe.

Beim Kegelradschleifen werden üblicherweise Diamantabrichtrollen mit der in Abb. 6.27 dargestellten Geometrie verwendet. Der Durchmesser der Abrichtrolle ist abhängig vom Durchmesser der abzurichtenden Schleifscheibe; gängig sind Durchmesser zwischen 35 und 100 mm. Der Radius der Diamantierung wird vom Einsatzfall bestimmt und liegt üblicherweise zwischen 0,15 mm und 6 mm.

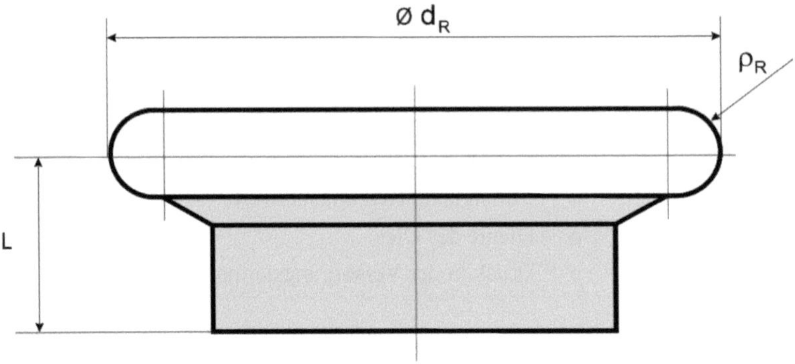

Abb. 6.27 Geometrie einer Abrichtrolle

Die verwendeten Diamantarten zur Belegung unterscheiden sich grundlegend im Gefügeaufbau und lassen sich wie folgt einteilen:

Tabelle 6.7 Einteilung von Diamantabrichtrollen

	Natur-diamant	**MKD**	**mit Bindephase**	**ohne Bindephase**
Herstellung	natürlich	Hochdruck-synthese	Sinterprozess	Gasphasenab-scheidung
Härte [Knoop]	6000 – 9000	8000 – 9000	4000 – 5500	8500 – 9000
Anwendung	alle Diamant-werkzeuge	Stehende Abrichter	Kantenverstärkung für Formrollen Verschleißschutz	Formrollen mit kleinen Radien und Winkeln

Diamantabrichtrollen werden im direkten (Positiv-) Verfahren oder Umkehr- (Negativ-)verfahren hergestellt. Bei Verwendung des Positivverfahrens wird ein profilierter Grundkörper mit Diamanten in zumeist regelloser Anordnung belegt, Bindungsmaterial ist Nickel. Vorteilhaft ist, dass im Positivverfahren hergestellte Werkzeuge wiederbelegbar sind.

Bei Verwendung des Negativverfahrens werden hochpräzise Formen aus Metall oder Graphit verwendet, in welche die Diamanten einschichtig eingebracht werden. In einem galvanischen Prozess wird eine Nickelschicht abgeschieden, die als Bindung für die Diamanten dient und diese mit dem Stahlgrundkörper verbindet. Eine Alternative zum galvanischen Prozess ist das Sintern. Hier werden die Diamanten in eine Form aus Graphit gesetzt oder gestreut. Der Hohlraum zwischen Diamantbelag und Grundkörper wird mit einem wolframhaltigen, verschleißfesten Pulver ausgefüllt und bei hohen Temperaturen gesintert. Temperaturbedingte Verzüge müssen vorgehalten werden [LIER03].

Abrichtprozess Der Abrichtprozess und damit die erzielte Schleifscheibenstruktur werden definiert durch:

- Verhältnis der Umfangsgeschwindigkeiten der Schleifscheibe und der Abrichtrolle (Abrichtverhältnis)
- Abrichtbetrag
- Abrichtgeschwindigkeit und dem daraus resultierenden Überdeckungsgrad

Abrichtverhältnis q_d Der Quotient aus den Umfangsgeschwindigkeiten der Abrichtrolle v_R und der Schleifscheibe v_S wird als Abrichtverhältnis q_d bezeichnet.

$$q_d = \frac{v_R}{v_S} \quad (6.9)$$

Abrichten ist im Gleichlauf (positives Abrichtverhältnis) oder Gegenlauf (negatives Abrichtverhältnis) möglich. Durch das Abrichtverhältnis werden die Ausbildung der Schneidbahnen der einzelnen Abrichtdiamanten und damit die Wirkrauhtiefe der Schleifscheibe entscheidend beeinflusst. Die Überlagerung beider Rotationsbewegungen bewirkt eine zykloidenähnliche Form der Bahnkurve der einzelnen Abrichtdiamanten. Ein positiver Quotient hat steilere Flanken der Wirkbahnen zur Folge, so dass das Abrichten im Gegenlauf tendenziell eine geringere Schleifscheibenrauheit erzeugt [KLOC05], [WESS07].

Als Richtwert für das Abrichtverhältnis q_d gilt beim Gleichlauf 0,4 bis 1,6, beim Gegenlauf – 0,5 bis -1,2.

Abrichtbetrag a_d Der Abrichtbetrag a_d bestimmt die Abtragsmenge in Achsrichtung der Schleifscheibe, das entspricht dem Betrag, um den die Scheibe bei einem Abrichtvorgang gekürzt wird.

Abrichtzustellung a_{ed} Die Abrichtzustellung a_{ed} ist eine Funktion des Abrichtbetrages a_d und des Flankenwinkels der jeweiligen Schleifscheibenflanke und bestimmt den tatsächlichen Abrichtbetrag an der Flanke in Normalenrichtung.

$$a_{ed} = a_d \cdot \sin \varphi_S \quad (6.10)$$

Der Richtwert für den Abrichtbetrag ist für keramisch gebundene Sinterkorundscheiben 0,05 bis 0,15 mm und für keramisch gebundene CBN-Scheiben 0,005 bis 0,010 mm.

Tabelle 6.8 Erläuterungen zu den Abb. 6.28, Abb. 6.29 und Abb. 6.30

Bezeichnung		Einheit
a_d	Abrichtbetrag	mm
φ_S	Profilwinkel der Schleifscheibe	Grad
d_S	Schleifscheibendurchmesser	mm
d_R	Abrichtrollendurchmesser	mm
v_S	Schleifscheiben-Umfangsgeschwindigkeit	m/s
v_R	Abrichtrollen-Umfangsgeschwindigkeit	m/s
v_{fd}	Abricht-Vorschubgeschwindigkeit	mm/min
ρ_R	Abrichtrollen-Abrundungsradius	mm
W_{Stheo}	theoretische Schleifscheibenwelligkeit	mm
n_S	Drehzahl der Schleifscheibe	U/min

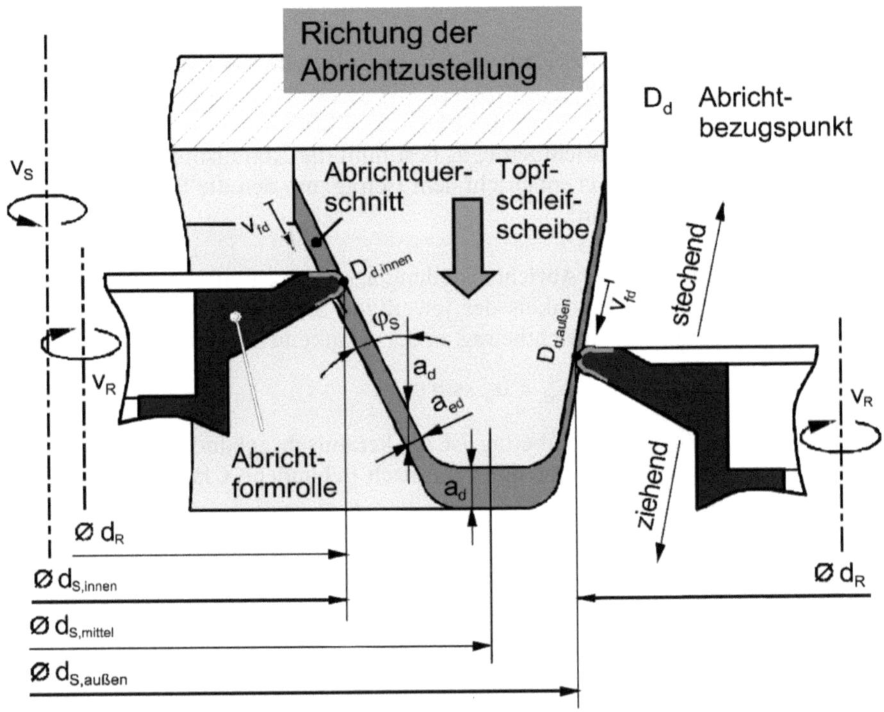

Abb. 6.28 Abrichtbetrag, und Abrichtzustellung [WESS07]

Überdeckungsgrad u_d und Abrichtgeschwindigkeit v_{fd} Der Überdeckungsgrad u_d ist definiert als Quotient aus der Eingriffsbreite der Abrichtrolle und dem Abrichtvorschub (siehe Abb. 6.29). Der Überdeckungsgrad ist eine allgemeingültige Größe für Abrichtprozesse und erlaubt einen Vergleich zwischen unterschiedlichen Verfahren und Prozessen. Der Überdeckungsgrad beschreibt, wie dicht die einzelnen Spuren der beim Abrichten entstehenden Vorschubspirale aneinander liegen [TUER02].

Tabelle 6.9 Berechnung des Überdeckungsgrades

Bezeichnung	Formel	Nr.
Eingriffsbreite	$a_{pd} = \frac{b_d + s_d}{2}$	(6.11)
Wirkbreite	$b_d = 2\sqrt{\rho_R{}^2 - (\rho_R - a_d \cdot \sin\varphi_S)^2}$	(6.12)
Abrichtvorschub	$s_d = \frac{v_{fd}}{n_S}$	(6.13)
Überdeckungsgrad	$u_d = \frac{a_{pd}}{s_d}$	(6.14)

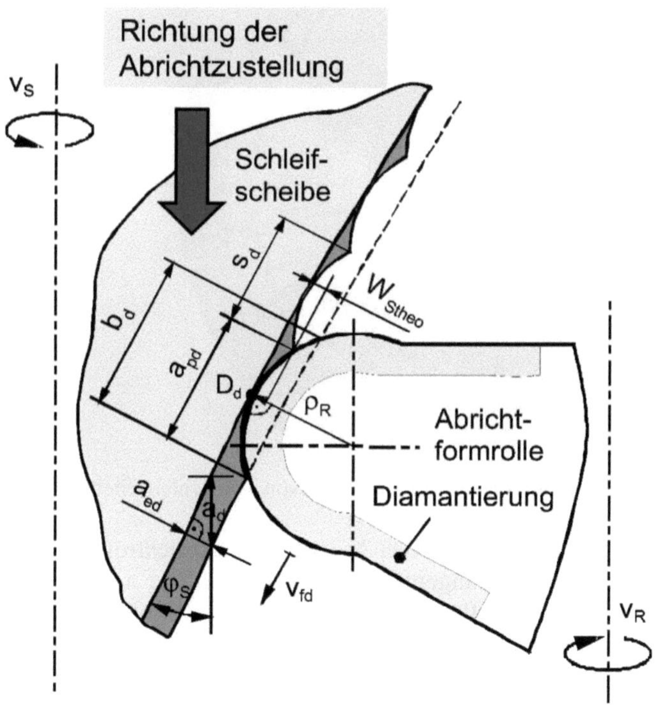

Abb. 6.29 Überdeckungsgrad beim Abrichten [WESS07]

Die Abrichtgeschwindigkeit v_{fd} ist einstellbar und kann für Innen- und Außenseite sowie für die Spitze der Schleifscheibe unterschiedlich sein. Zur Gewährleistung einer gleichmäßigen Schleifscheiben-Oberfläche ist die Abrichtgeschwindigkeit so zu wählen, dass der Überdeckungsgrad $u_d > 1$ ist.

Eine Besonderheit beim Abrichten von Topfschleifscheiben ergibt sich durch die unterschiedlichen Kontaktbedingungen an Innen- und Außenflanke der Schleifscheibe. Abbildung 6.30 veranschaulicht, dass der Eingriffsbogen beim Abrichten der Innenflanke deutlich länger ist als beim Abrichten der Außenflanke. Dies ist vergleichbar mit den Unterschieden beim Innen- und Außenrundschleifen, hier wird der äquivalente Schleifscheibendurchmesser zum Vergleichen der Prozesse verwendet [CZEN00].

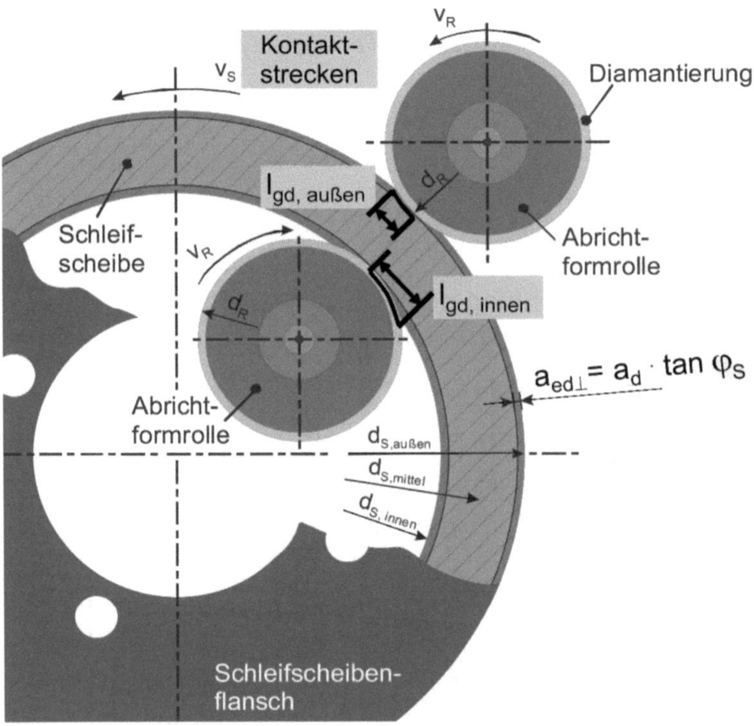

Abb. 6.30 Kontaktbedingungen beim Abrichten von Topfschleifscheiben [WESS07]

In Analogie dazu kann man den äquivalenten Abrichtrollendurchmesser d_{eqd} berechnen, der neben der tangentialen Abrichtzustellung a_{ed} in die Bestimmung der geometrischen Kontaktlänge l_{gd} zwischen Abrichtrolle und Schleifscheibe eingeht. Die unterschiedliche geometrische Kontaktlänge führt zu unterschiedlichen theoretischen Schleifscheibenwelligkeiten der beiden Schleifscheibenflanken.

Tabelle 6.10 Berechnung der Kontaktlänge

Bezeichnung	**Formel**	**Nr.**
äquivalenter Abrichtrollendurchmesser Außenflanke	$d_{eqd} = \dfrac{d_S \cdot d_R}{d_S + d_R}$	(6.15)
äquivalenter Abrichtrollendurchmesser Innenflanke	$d_{eqd} = \dfrac{d_S \cdot d_R}{d_S - d_R}$	(6.16)
Kontaktlänge	$l_{gd} = \sqrt{a_d \cdot \tan\varphi_S \cdot d_{eqd}}$	(6.17)

Einen deutlichen Einfluss auf die erzielbare Oberflächenrauheit am Kegelrad haben die unterschiedlichen Flankenwinkel der Schleifscheibe. Beim Abrichten der Schleifscheibenaußenseite mit dem kleineren Flankenwinkel ergeben sich geringere Spandicken. Im Ergebnis wird die Schleifscheibenoberfläche feiner profiliert und eine messbar feinere Oberfläche geschliffen als an der Innenseite mit dem größeren Flankenwinkel.

Daraus folgt, dass mit unterschiedlichen Abrichtparametern zu arbeiten ist, um für beide Flanken die gleichen Oberflächenrauheiten zu erzeugen. Dies kann durch Variation des Überdeckungsgrades erfolgen (Richtwert für den Überdeckungsgrad $u_d = 1 \ldots 6$).

6.6 Läppen

6.6.1 Entwicklungsgeschichte

In den 30er Jahren wurden in Deutschland und in den USA Läppverfahren für Kegelräder entwickelt. Ausgehend von ersten Maschinen, die den Kegelradsatz antreiben und unter Zusatz von Läppmasse abrollen konnten, wurden kurz darauf Läppmaschinen entwickelt, die während der Drehung die Ritzelachse zusätzlich oszillieren ließen [KRUM41]. Hierdurch wurde die Bildung von Läppkanten in Profilhöhe deutlich reduziert. Eine weitere Verbesserung brachte das Überlagern mit einer kleinen Schwingbewegung der Radachse und später auch der Ritzelachse (Schwingläppen). Damit war es möglich, den Kontaktbereich zwischen Rad und Ritzel längs der Zahnflanke zu verschieben und so die Zahnflanke auch in dieser Richtung variabel zu läppen [PREU60]. In Grenzen konnte damit erstmals die Tragbildlage und die Balligkeit beeinflusst werden.

Nach dem Zweiten Weltkrieg stieg der Einsatz von Hypoidgetrieben in PKW-Hinterachsen. Die höheren Gleitgeschwindigkeiten haben die Voraussetzungen geschaffen, die Produktivität des Läppverfahrens deutlich zu erhöhen. In den 50er Jahren wurde das Schwingläppen in den USA so vereinfacht, dass sich nur noch der Achswinkel aufgrund einer schwingenden Ritzelachse veränderte (swinging pinion cone: SPC). Dieses Verfahren wurde mit der Entwicklung des „V und H"-Läppens in der Schweiz abgelöst. Hierbei kann durch eine geeignete periodische Veränderung der Einbaudistanzen von Ritzel und Rad und des Achsversatzes der Kontaktbereich auf der gesamten Zahnflanke verschoben werden (siehe 3.4.3). Der Läppabtrag entlang der Zahnflanke ließ sich mit diesem Verfahren deutlich besser steuern, weshalb es bis heute im Einsatz ist. Die zuerst noch hydraulisch und nach Schablonen gesteuerten Achswege wurden in den 70er Jahren durch elektronische Steuerungen ersetzt. Eine wesentliche Verfeinerung der Prozessführung wurde 1988 in der Schweiz durch die erste CNC-gesteuerte Läppmaschine erreicht.

6.6.2 Verfahrensbeschreibung

Das Läppen zählt zu den geometrisch nicht bestimmten Hartfeinbearbeitungsverfahren und wird in der Kegelradherstellung eingesetzt, um das Lauf- und Geräuschverhalten des Radsatzes nach dem Härten zu verbessern.

Beim Kegelradläppen werden Ritzel und Tellerrad mit geringem Drehmoment und hoher Drehzahl abgerollt, so dass die in der Läppmasse enthaltenen Körner in der Kontaktzone Material von den Zahnflanken abtragen (Abb. 6.31). Während des Läppens wird die Kontaktzone durch Ändern der Relativlage von Ritzel und Tellerrad verlagert, um möglichst die ganze Flanke zu läppen und den Materialabtrag an gewünschten Stellen gezielt zu verstärken.

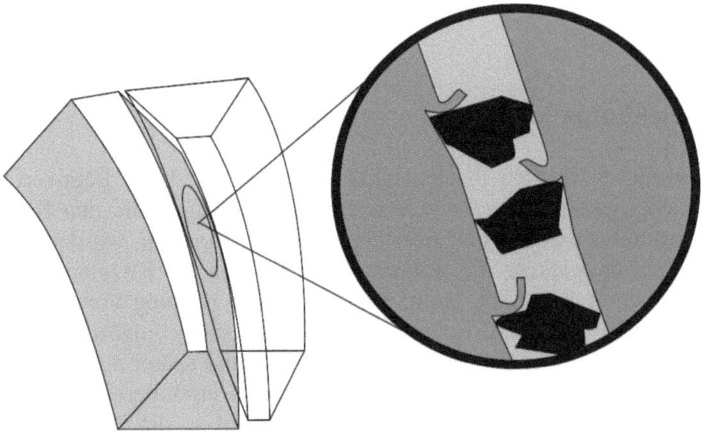

Abb. 6.31 Materialabtrag durch das Läppen

Über das Drehmoment wird die Flankenpressung erzeugt, die zusammen mit der Gleitgeschwindigkeit den Materialabtrag bewirkt.

6.6.3 Läppmittel

6.6.3.1 Läppöl

Die Aufgabe des Läppöls ist es, das Läppkorn in den Zahneingriff zu transportieren und eine ausreichende Schmierwirkung zu erreichen, die das Fressen des Radsatzes verhindert. Zusätzlich soll das Läppöl das Absinken des Läppkorns im Läppmittel-Behälter reduzieren und trotzdem nach dem Läppen leicht vom Radsatz abwaschbar sein. Es wird empfohlen, ein Öl mit thixotroper Eigenschaft zu verwenden, wodurch die Läppkörner in der Schwebe gehalten werden.

6.6.3.2 Läppkorn

Das Läppkorn beeinflusst maßgeblich den Materialabtrag. In der Praxis hat sich Siliziumkarbid wegen der hohen Härte und der scharfkantigen Körner sowie wegen des guten Preis-Leistungsverhältnisses bewährt. Weniger gebräuchlich sind Läppkörner aus Aluminiumoxid oder Bornitrid.

Die gewählte Korngröße ist abhängig vom Einsatzfall. Grundsätzlich kann mit einem großen Korn schneller ein großer Materialabtrag erzielt werden. Dafür muss aber eine größere Rauheit der Flanke in Kauf genommen werden. In der Automobilindustrie wird üblicherweise eine Korngröße von 280 (für Modul = 2.5 mm) oder 240 (für Modul > 5 mm) verwendet. Das Mischungsverhältnis von Läppöl zu Läppkorn beträgt üblicherweise 1 Teil Öl zu 1,4 bis 1,5 Teile Läppkorn (Masseverhältnis).

6.6.4 Prozessparameter

6.6.4.1 Zuführung des Läppmittels zum Radsatz

Der Läppmittelstrahl wird in der Regel nicht direkt in den Zahneingriff geführt, sondern – je nach Drehrichtung des Radsatzes – davor eingebracht. Er wird auf die Tellerradzehe gerichtet, um zusammen mit dem Schleudereffekt eine günstige Verteilung des Läppmittels über die Zahnbreite zu erreichen.

Die Läppdüsen werden radial so ausgerichtet, dass ihr Querschnitt zu 2/3 von der Zahnbreite überdeckt werden. Der Abstand der Düsen von der Verzahnung soll etwa 10 bis 15 mm in Richtung der Tellerradachse betragen (Abb. 6.32).

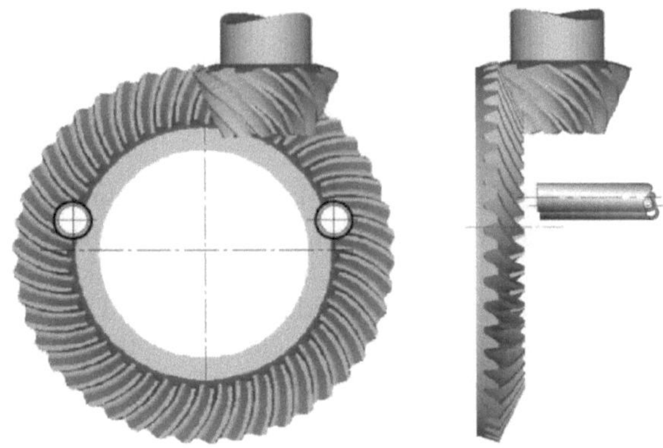

Abb. 6.32 Stellung der Läppdüsen

6.6.4.2 Einflüsse der Radsatzauslegung

Der Werkzeugradius bestimmt maßgeblich das lastfreie Verlagerungsverhalten des Radsatzes (siehe 3.4.4). Daraus ergibt sich für das Läppen, dass sich die Kontaktzone bei einem relativ großen Werkzeugradius gut verändern lässt, während dies bei einem relativ kleinen Werkzeugradius nur einschränkt möglich ist.

Der Achsversatz beeinflusst die örtlichen Gleitgeschwindigkeiten, die über die Zahnflanke variabel sind (siehe 2.4.3). Da bei einem Spiralkegelrad ohne Achsversatz auf dem Teilkegel kein Gleiten, sondern nur Abrollen stattfindet (Abb. 6.33), hat dies zur Folge, dass auf dem Teilkegel kaum Läppabtrag möglich ist. Bei zu langem Läppen bleibt an dieser Stelle eine deutliche Erhebung.

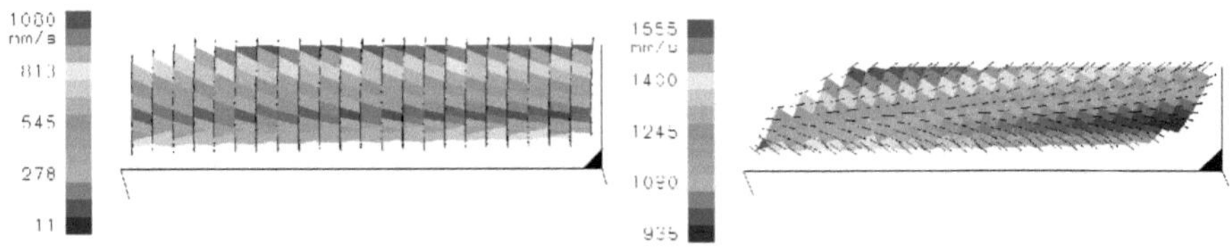

Abb. 6.33 Gleitgeschwindigkeiten für Spiral- und Hypoidkegelrad

Da das Ritzel mit steigender Übersetzung einen entsprechend höheren Materialabtrag aufweist, wird das Werkzeug für das Ritzelfräsen üblicherweise mit einer Protuberanz versehen, um eine Läppkante im Ritzelzahnfuß zu vermeiden. Die Protuberanzhöhe wird so gewählt, dass nach dem Läppen am Zahnkopf des Rades eine geringe ungeläppte Zone verbleibt.

Eine höhere Oberflächenhärte des Ritzels wirkt dem größeren Läppabtrag entgegen.

Abbildung 6.34 beschreibt für unterschiedliche Werkzeugradien und Achsversätze die anzustrebenden Tragbildlagen vor dem Läppen. Die dargestellten Tragbildlagen nach dem Läppen müssen auf das Getriebeumfeld abgestimmt sein und sind hier nur exemplarisch dargestellt (siehe 3.4.5).

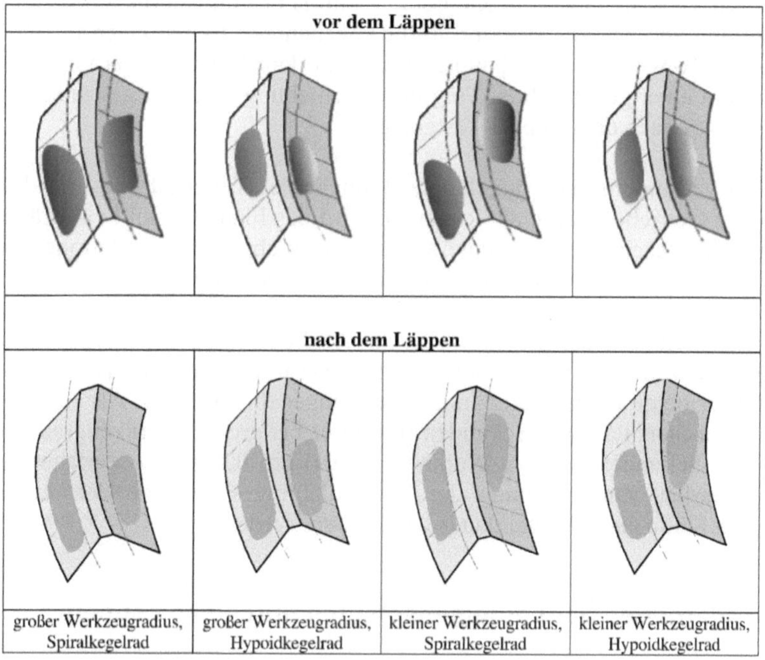

Abb. 6.34 Tragbildlagen am Tellerrad vor und nach dem Läppen

6.6.4.3 Maschinenparameter

Einstellparameter der Läppmaschine sind die Drehzahl, das Bremsmoment, die Läppzeit und die Läppbewegung. Die Drehzahl wird über die gewünschte Umfangsgeschwindigkeit für den jeweiligen mittleren Durchmesser des Radsatzes ermittelt. Bei älteren mechanischen Maschinen liegt die zulässige Umfangsgeschwindigkeit bei 3 bis 4 m/s, bei modernern CNC-Maschinen bei 7 bis 10 m/s.

Das Drehmoment ist, ähnlich wie die Drehzahl, abhängig vom Maschinentyp, aber auch von den Teilungsqualitäten von Ritzel und Tellerrad, welche Drehschwingen anregen können. Für CNC-Maschinen sind Werte von 2,5 bis 4 Nm pro 100 mm Tellerraddurchmesser üblich. Um das Läppergebnis zu beeinflussen, können sowohl die Drehzahl als auch das Drehmoment während des Läppprozesses variiert werden, soweit dies maschinentechnisch möglich ist.

Großen Einfluss auf den Läppprozess hat die Läppbewegung. Sie setzt sich aus den Verlagerungswerten und der angefahrenen Reihenfolge zusammen. Neben der Verlagerungsgeschwindigkeit beeinflusst die Verweildauer in den einzelnen Positionen das Ergebnis.

Die Achsverschiebungen in Richtung V und H bestimmen die Verlagerung der Kontaktzone von der Startposition in die sogenannten Extremlagen (siehe 3.4.3). Die V- und H-Werte werden hauptsächlich mit dem VH-Check ermittelt und zusammen mit einer gewünschten Tragbildverschiebung und dem gewünschten Bias des Radsatzes nach dem Läppen festgelegt.

Um zu verhindern, dass ungeläppte Bereiche des Tellerradfußes mit dem Ritzelkopf im Getriebe in Kontakt kommen, wird das Flankenspiel beim Läppen reduziert. Dies geschieht durch eine axiale Verschiebung des Tellerrades, welche das Verdrehflankenspiel typischerweise um 30 % reduziert.

Die Läppzeit „pro halbe Runde" beschreibt die Zeit, die benötigt wird, um die Kontaktzone von der Startposition in eine Extremlage und zurück zu bewegen. Sie kann für beide Extremlagen individuell eingegeben werden. Als Anhaltswerte können zwischen 1,5 bis 2 Sekunden (mittlerer bis großer Werkzeugradius) bzw. 0,8 bis 1,5 Sekunden (kleiner Werkzeugradius) pro 0,1 mm V-Verlagerung verwendet werden. Zur Erhöhung des Materialabtrages kann an der jeweils gewünschten Stelle eine Verweildauer vorgesehen werden.

6.6.5 Änderungen der Laufeigenschaften durch das Läppen

Durch den ungleichmäßigen Materialabtrag auf der Zahnflanke ändert sich die Flankentopographie von Ritzel und Tellerrad. Bei einem für die Automobilindustrie typischen Läppprozess werden die Längsballigkeiten um 30% bis 40% und die Höhenballigkeiten um 50% bis 70% reduziert. Die Verwindung weist nach dem Läppen in der Regel ein für das Laufverhalten vorteilhaftes Bias-In-Verhalten auf (siehe 3.4.3), welches durch das Läppen verstärkt oder verringert werden kann.

Der Drehfehler wird durch das Läppen üblicherweise zwischen 60% bis 90% verkleinert. Der Materialabtrag pro Flanke beträgt in der Zahnmitte etwa 5 μm bis 30 μm und vergrößert das Tragbild.

Die beim Läppen erzielbare Rauheit hängt maßgeblich von der Korngröße und der Läppzeit ab. Bei Verwendung eines 280-er Korns lässt sich eine Rauheit Rz zwischen 6 und 8 μm erreichen. Die Oberflächenstruktur weist eine Orientierung in Richtung des Gleitens auf, was für den Wirkungsgrad günstig sein kann.

6.7 Literatur

[BART06] Barth, W.: Fräsen, Fließpressen und Sintern von Kegelrädern für Power Tools – Ein Wettbewerb der Technologien. Innovation rund ums Kegelrad, 2006

[CZEN00] Czenkusch, C.: Technologische Untersuchungen und Prozessmodelle zum Rundschleifen. Diss. Universität Hannover, 2000

[DEGN02] Degner, W.: Spanende Formung. Theorie, Berechnung, Richtwerte. Carl Hanser Verlag, 2002

[DIN-EN10052] DIN-EN 10052, Ausgabe 1994-01: Begriffe der Wärmebehandlung von Eisenwerkstoffen

[FEPA06] FEPA: FEPA-Standard 42-1 / 2006; \\www.fepea-abrasives.org

[GIES05] Giessman, Horst: Wärmebehandlung von Verzahnungsteilen, Expert-Verlag, ISBN3-8169-1928-6

[HOFM39] Hofmannn, F.: Gleason Spiralkegelräder, Springer Verlag, Berlin, 1939

[KECK57] Keck, K.F.: Gleason Kegelräder in der Feinmechanik, Carl Hanser Verlag München, 1957

[KLOC05] Klocke, F.; König, W.: Fertigungsverfahren Band 2 – Schleifen, Honen, Läppen. 4. Aufl.; VDI-Verlag, Düsseldorf, 2005

[KREN91] Krenzer, T.: CNC Bevel Gear Generators and Flared Cup Formate Gear Grinding, AGMA Technical Paper 91 FTM 1, 1991

[KRUM41] Krumme, W.: Klingelnberg Palloid-Spiralkegelräder, Verlag Julius Springer, 1941

[LAND03] Landvogt, A.: Einfluss der Hartfeinbearbeitung und der Flankentopographieauslegung auf das Lauf- und Geräusch-verhalten von Hypoidverzahnungen mit bogenförmiger Flankenlinie. Diss. RWTH Aachen, 2003

[LIER03] Lierse, Tjark: Abrichten von Schleifwerkzeugen für die Verzahnungsbearbeitung; Seminar: Feinbearbeitung von Stirnrädern in Serie 3./4.12.2003 Aachen

[PRRE60] Preuger, E.; Reindl, R.: Technisches Hilfsbuch Klingelnberg, 14. Auflage

[SIZ05] Stahl-Informations-Zentrum: Merkblatt 450, Postfach 10 48 42, 40039 Düsseldorf, 2005

[STAD90] Stadtfeld, H.J.; Kotthaus, E.: Das kontinuierliche Schleifen gehärteter Kegelräder mit bogenförmiger Flankenlinie. In: Bartz, W.J. (Hrsg.): Kegelradgetriebe. 1. Aufl. Ehningen, Expert Verlag, S.145-163, 1990

[TUER02] Türich, A.: Werkzeug-Profilerzeugung für das Verzahnungsschleifen. Diss. Universität Hannover, 2002

[WEIS94] Weissohn, K.H: Die Technik der C-Pegel-Regelung, HTM 49, 1994

[WESS07] Wessels, N.: Analyse des Abrichtprozesses von Korund-Topfscheiben für das Kegelradschleifen. 48. Arbeitsstagung „Zahnrad- und Getriebeuntersuchungen" WZL, Aachen 23./24. 05. 2007

[WINT06] Winterthur Schleifscheiben Handbuch, 2006

[WUEN69] Wüning, J.: Weiterentwicklung der Gasaufkohlungstechnik, HTM 23, 1968

[WYSS95] Wyss, U.: Regelung des Härteverlaufs in der aufgekohlten Werkstück-Randschicht, HTM 50, 1995

7 Qualitätssicherung

7.1 Messen und Korrigieren

7.1.1 Messaufgaben

Beim Messen von Kegel- und Hypoidrädern stehen zwei Aufgaben im Vordergrund. Die eine Aufgabe ist die Sicherung der Qualitätsvorgaben des Fertigungsauftrages im Rahmen der Zertifizierung nach den Vorschriften der ISO 9000 ff. und ISO 14000 ff. Diese Aufgabe wird für den Hersteller immer wichtiger, da diese Vorschriften sicherstellen, dass die Qualität seiner Erzeugnisse ständig dokumentiert ist. Deshalb müssen viel häufiger Messungen durchgeführt werden, als dies in früheren Jahren für notwendig erachtet wurde. Die Kegelradmessung spielt eine wichtige Rolle bei der Durchführung von Maschinenfähigkeitsuntersuchungen, die ein bestimmendes Abnahmekriterium für alle Arten von Produktionsmaschinen darstellen.

Die zweite Aufgabe der Kegelradmessung ist die Ermittlung der tatsächlich hergestellten Geometrie der Zahnflanken, um zu gewährleisten, dass die zuvor rechnerisch entwickelten Flankenformen einschließlich aller Modifikationen auch wirklich im Herstellprozess erreicht wurden. Falls sich Toleranzüberschreitungen zeigen, müssen die Einstellparameter der Herstellmaschinen korrigiert werden. Früher wurden diese Korrekturen meist aufgrund einer Tragbildprüfung visuell bestimmt und manuell an der Maschine eingestellt. Seit den 90er-Jahren hat sich jedoch die Produktion durch einen Qualitätsregelkreis, den Closed Loop (siehe 7.1.5), gewandelt, indem aus den Messergebnissen automatisch Korrekturwerte berechnet und an die Maschine übertragen werden. Die Kegelradproduktion ist damit im Bereich der Verzahnungsherstellung wesentlich flexibler und progressiver als die anderer Verzahnungsarten.

7.1.2 Teilungsmessung

Die Messung der Kreisteilung von Kegelrädern erfolgt im Prinzip genauso wie bei Stirnrädern. Solch eine Messung ließe sich mit Hilfe einfacher Teilungsprüfgeräte ohne Detailkenntnis der Auslegung durchführen. Inzwischen ist es jedoch üblich, diese Messung zusammen mit der Flankenform auf 3D-Verzahnungsmessgeräten durchzuführen. Die Teilung wird im Stirnschnitt allgemein in der Mitte der Zahnflanke gemessen. Abhängig von der gewählten Norm muss die Auswertung auf den Punkt umgerechnet werden, auf den sich die zugehörigen Toleranzen beziehen.

Für die Bewertung der Teilungsqualität von Kegelrädern gibt es beispielsweise die DIN 3965 [DIN3965]. Die darin enthaltenen Tabellen weisen die gleichen zulässigen Werte auf wie die entsprechende Stirnradnorm [DIN3962], gestehen den Kegelrädern jedoch eine Qualitätsstufe „Bonus" zu. Das bedeutet, dass ein Kegelrad eine Qualität besser eingestuft wird als ein Stirnrad gleicher Größe mit exakt der gleichen Teilungsabweichung. Da die Toleranzen nach DIN fertigungs- und nicht funktionsorientiert sind, berücksichtigt diese Maßnahme den erhöhten Aufwand zur Herstellung eines Kegelrades, welches die gleichen Abweichungen wie ein entsprechendes Stirnrad aufweist. Wie bei allen älteren Verzahnungsnormen sind die Tabellen nach Modul und Durchmesser gestuft. Wenn man ähnliche Kegelräder miteinander vergleicht, kann dies zu einem Sprung in der Qualitätsstufe führen. Da sich die DIN 3965 ausdrücklich auf DIN 3961 bezieht, gelten die Teilungstabellen für eine Messung am mittleren Teilkreis-Durchmesser und selbstverständlich auch nur für den Stirnschnitt. Diese Tatsache wird aber in DIN 3965 nicht wörtlich erwähnt. Deshalb kann man in der Praxis immer wieder beobachten, dass die Teilungsergebnisse in den Normalschnitt umgerechnet und mit den in den Tabellen enthaltenen Stirnschnittwerten verglichen werden. Mit dieser – allerdings unzulässigen – Methode „gewinnt" man etwa eine Qualitätsstufe.

Seit 2006 ist mit der [ISO17485] eine internationale Norm für Kegelradtoleranzen veröffentlicht worden, welche die zuvor beschriebenen Nachteile der DIN nicht mehr hat. In der ISO werden durchgängig Formeln zur Berechnung der zulässigen Toleranzwerte verwendet, so dass keine Stufensprünge bei Modul und Durchmesser mehr vorkommen. Außerdem wird nun ausdrücklich darauf hingewiesen, dass alle Toleranzwerte der Teilung nur im Stirnschnitt gelten. Die Auswertung erfolgt am sogenannten Toleranzdurchmesser (siehe Tabelle 7.1), der in der Mitte der Zahnbreite auf der halben wirksamen Zahnhöhe liegt und damit auch stets als direkter Messpunkt verwendet werden kann. Die ISO 17485 ist relativ nahe an die Tabellen der [ISO1328] für Stirnräder angelehnt und stuft die Kegelräder – wie die DIN – auch eine Qualität besser ein. Die berechneten Toleranzen entsprechen recht gut denen der DIN 3965.

Tabelle 7.1 Toleranzdurchmesser nach [ISO17485]

Bezeichnung	**Formel**	**Nr.**
Toleranzdurchmesser, Ritzel	$d_{T1} = d_{m1} + 2 \cdot (0{,}5 h_{mw} - h_{am2}) \cos\delta_1 = d_{m1} + 2 \cdot (h_{am1} - h_{am2}) \cos\delta_1$	(7.1)
Toleranzdurchmesser, Tellerrad	$d_{T2} = d_{m2} + 2 \cdot (0{,}5 h_{mw} - h_{am2}) \cos\delta_1 = d_{m2} + 2 \cdot (h_{am2} - h_{am1}) \cos\delta_2$	(7.2)

Jede Teilungs-Einzelabweichung f_{pt} ist die Differenz der gemessenen Ist-Position einer Flanke zur theoretischen Kreisteilung. Ist der Messwert größer als der Sollwert, so ist die Abweichung positiv und umgekehrt (siehe Abb. 7.1). Diese Differenzen ermittelt man von Zahn zu Zahn und trägt die Einzelwerte, beginnend mit null bei Zahn 1, additiv hintereinander in ein Diagramm ein. Dann lässt sich daraus sowohl die Teilungs-Einzelabweichung f_{pt} des Kegelrades, der Maximalbetrag aller positiven und negativen Einzelwerte in µm, als auch die Teilungs-Gesamtabweichung F_p, die Differenz des größten und kleinsten Summenwertes, bestimmen (siehe Abb. 7.2).

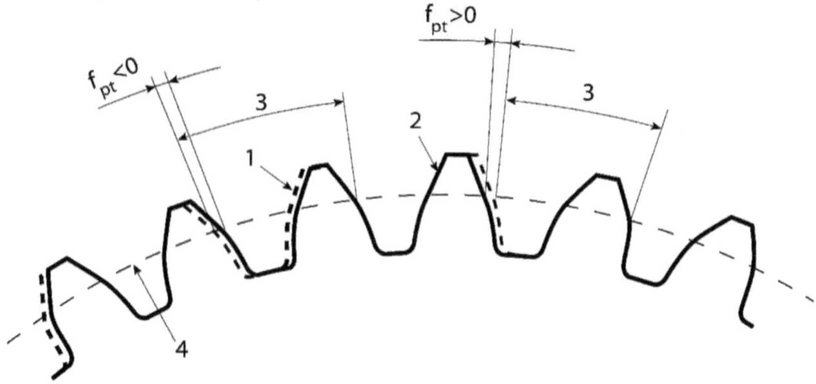

1 theoretische Position der Flanke   2 tatsächliche Flanke
3 theoretische Kreisteilung   4 Toleranzdurchmesser

Abb. 7.1 Definition der Teilungsabweichung

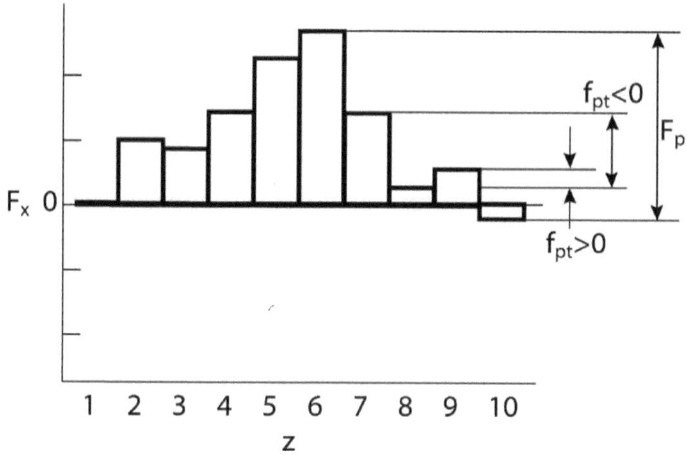

z Nummer des Zahns f_{pt} Teilung-Einzelabweichung
F_x Teilungsabweichung F_p Teilungs-Gesamtabweichung

Abb. 7.2 Bestimmung der Teilungs-Einzel- und -Gesamtabweichung

Die Teilungstoleranz lässt sich für eine Qualitätsstufe, die mit B bezeichnet wird, nach den Formeln aus Tabelle 7.2 bestimmen. Der Faktor zwischen den Stufen beträgt $\sqrt{2}$. Dabei kommen folgende Rundungsregeln zur Anwendung:

- Ist das Ergebnis größer als 10 µm, dann wird auf ganze Zahlen gerundet.
- Ist das Ergebnis größer als 5 µm, aber kleiner als 10 µm, dann wird das Ergebnis auf 0,5 µm gerundet.
- Ist das Ergebnis kleiner als 5 µm, dann wird auf 0,1 µm gerundet.

Tabelle 7.2 Teilungs-Toleranzen nach [ISO17485]

Bezeichnung	**Formel**	Nr.
Teilungs-Einzelabweichungs-Toleranz	$f_{ptT} = (0{,}003 d_T + 0{,}3 m_{mn} + 5)\left(\sqrt{2}\right)^{(B-4)}$	(7.3)
Teilungs-Gesamtabweichungs-Toleranz	$F_{pT} = (0{,}025 d_T + 0{,}3 m_{mn} + 19)\left(\sqrt{2}\right)^{(B-4)}$	(7.4)
	mit: $2 \leq B \leq 11$ $1{,}0\ \text{mm} \leq m_{mn} \leq 50\ \text{mm}$ $5 \leq z \leq 400$ $5\ \text{mm} \leq d_T \leq 2500\ \text{mm}$ Für andere m_{mn}, z und d_T können die Formeln zwar sinngemäß angewandt werden, die Ergebnisse sind dann aber außerhalb der ISO Norm. Gleiches gilt für die Qualitätsstufen 1 und 12.	

7.1.3 Flankenformmessung

7.1.3.1 Grundlagen

Bei Stirnrädern wird das Zahnprofil im Allgemeinen gegen die Soll-Evolvente gemessen, die im Messdiagramm als Gerade dargestellt wird. Entsprechend wird auch die Ist-Flankenlinie gegen die als Gerade abgewickelte Soll-Flankenlinie gemessen. Bei balligen Stirnrädern werden die Abweichungen in Form von Schablonen (K-Profilen) toleriert. Kegelräder haben, auch ohne die typischerweise in alle Richtungen vorhandene Balligkeit, kein Evolventenprofil und – zumindest Spiralkegelräder – auch keine gerade Flankenlinie. Deshalb lassen sich ihre Zahnflanken grundsätzlich nicht so messen wie bei Stirnrädern. Es gibt zwar Ansätze, bei Kegelrädern in ähnlicher Weise vorzugehen, indem einzelne Profil- und Flankenlinien gegen die berechnete konjugierte Gegenflanke gemessen werden. Da das Ergebnis einer solchen Messung gleichzeitig die erreichte Balligkeit und die Abweichung darstellt, ist die Aussagekraft eher gering. Daher hat sich für Kegelräder die 3D-Messung der Flankentopographie gegen die berechneten Solldaten der Flanke durchgesetzt.

7.1.3.2 Flankenformdaten und Messgitter

Mit Hilfe eines Flankengenerators (siehe 3.3.1), der auch alle Flankenmodifikationen berücksichtigt, können für jeden Flankenpunkt exakte 3D-Koordinaten und der zugehörige Normalenvektor errechnet werden. Die Berechnung erfolgt nur an den Punkten eines vorgegebenen Messgitters, zusammen mit einer Angabe der Soll-Zahndicke in Form des Zahndickenwinkels (siehe Abb.7.3). Diese Sollmessdaten werden einem 3D-Verzahnungsmessgerät zur Verfügung gestellt.

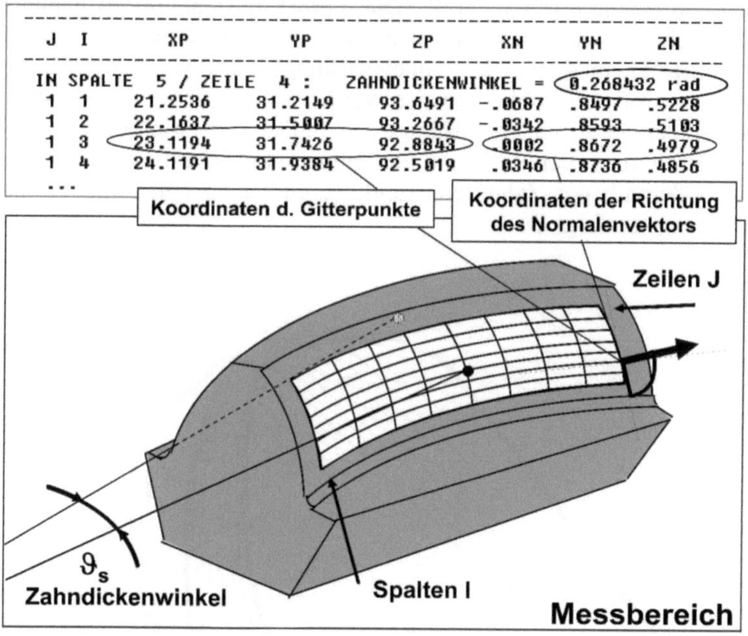

Abb. 7.3 Flanken-Sollmessdaten

Um für eine Bewertung des Messergebnisses ausreichende Informationen zu erhalten, muss das Messgitter fein genug sein und den Bereich der Flanke möglichst vollständig abdecken. Üblicherweise werden folgende Messgitter verwendet:

- Für Maschinenfähigkeitsuntersuchungen und Fertigungskontrollen genügt oft ein Messgitter mit 5 Zeilen und 9 Spalten.
- Genauere Analysen können mit Messgittern bis zu 39 mal 39 Punkten ausgeführt werden, wobei natürlich längere Messzeiten entstehen. Noch höhere Punktdichten bringen meist keine Verbesserung mehr.

- Sowohl für die Spalten als auch die Zeilen werden meist ungerade Zahlen verwendet, um einen eindeutigen Mittelpunkt zu bekommen. Dieser Punkt soll dann in unmittelbarer Nähe zum Toleranzdurchmesser d_T (siehe Tabelle 7.1) liegen und gleichzeitig zur Bestimmung des tatsächlichen Zahndickenwinkels genutzt werden.
- Üblicherweise ist die Projektion der ausgeführten Zahnflanke in den Achsschnitt kein Rechteck oder Trapez. Sie weisen vielmehr typische Änderungen, wie zylindrische Abdrehungen, Kopfkürzungen etc. auf. Um in solchen Fällen mit der Tastkugel nicht über die tatsächliche Flanke hinaus zu geraten oder durch übertriebene Randabstände zu viel Information zu verlieren, werden in modernen Berechnungsprogrammen die tatsächlichen Flankenberandungen berücksichtigt (siehe Abb. 7.4).
- Von den Rändern (Kopf, Fuß, Zehe, Ferse) muss allerdings genügend Abstand gehalten werden, um nicht irrtümlich an Abkantungen, Fasen oder einem Grat zu messen. Die Randeinrückungen des Messgitters sollten aber nicht zu groß sein, üblicherweise werden sie halb so groß wie der Durchmesser der verwendeten Tastkugel zuzüglich der Fasenbreite gewählt. Im Zahnfuß wird in der Regel so weit eingerückt, dass die Messung in jedem Fall außerhalb der Zahnfußausrundung und auch einer ggf. vorhandenen Protuberanz erfolgt.

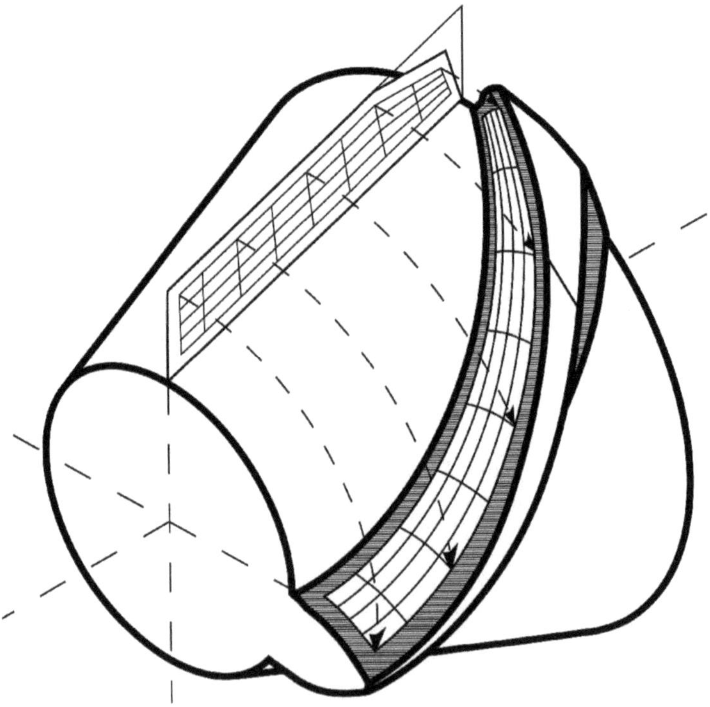

Abb. 7.4 Projektion des vorgesehenen Messgitters auf die Zahnflanke

7.1.3.3 Messung und Auswertung

Die Messung der Zahnflanken erfolgt mit Hilfe von 3D-Verzahnungsmessgeräten unter Berücksichtigung des Tastkugelradius und der Flankennormalen exakt an den in den Sollmessdaten definierten Punkten. Dazu sucht das Messgerät zunächst die Zahnlücke und setzt die Abweichung in einem Referenzpunkt zu null, für den oft der mittlere Gitterpunkt gewählt wird. Danach werden die einzelnen Sollmesspunkte angefahren und relativ zum Referenzpunkt die Abweichungen in Normalenrichtung ermittelt. Die Ist-Positionen der Flankenpunkte werden in derselben Form wie die Sollmessdaten gespeichert und stehen damit zur Analyse von Ist-Tragbildern und zur Berechnung von Maschinenkorrekturen (siehe 7.1.5.2) zur Verfügung. Zusätzlich lassen sich Graphiken ausgeben, auf denen die Sollflanke als ideale Ebene wiedergegeben ist und die gemessenen Abweichungen dazu in der Normalenrichtung dieser Ebene dargestellt sind (siehe Abb. 7.5). Typischerweise misst man drei oder vier Zähne, gleichmäßig am Umfang verteilt, wobei man für die Korrekturberechnungen nur die Mittelwerte aus diesen Messungen verwendet.

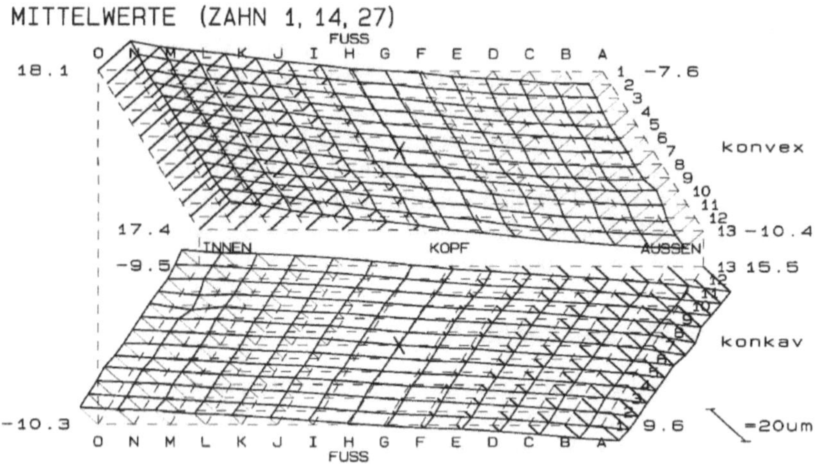

Abb. 7.5 Messergebnis einer Flankenformmessung

Zusätzlich können zur quantitativen Bewertung die gleichen 5 Kennwerte ausgegeben werden, die man auch zur Beurteilung des Ease-Off heranzieht (siehe Abb. 3.15). Hier beziehen sich diese Kennwerte nicht auf den entstehenden Ease-Off zwischen Ritzel und Rad, sondern auf die gemessenen Abweichungen zwischen Soll- und Istflanke. Toleranzen für die Flankenform von Kegelrädern sind derzeit weder in der DIN 3865 noch in der ISO 17485 festgelegt.

Ein weiteres Ergebnis der Flankenformmessung an Kegelrädern ist die Abweichung der Zahndicke im Stirnschnitt, die sich aus der Differenz des theoretischen Zahndickenwinkels (siehe Abb. 7.3) und dem tatsächlich gemessenen Zahndickenwinkel ergibt. Diese Differenz lässt sich in die Abweichungen der üblicherweise verwendeten Normalzahndicke s_{mn} oder der Zahndickensehne s_{mnc} umrechnen.

7.1.4 Zusätzliche Messaufgaben

7.1.4.1 Kopf- und Fußkegel

Zusätzlich zu den Sollmessdaten der Flanke werden Koordinaten für Messpunkte auf dem Zahnkopf und im Zahnfuß berechnet und dem Messgerät zur Verfügung gestellt.

Das Ergebnis der Kopfkegelmessung ist vom Verzahnprozess unabhängig und nur eine Kontrolle der Drehlingsform, die aber Ursache für andere Abweichungen sein kann.

Das Ergebnis der Fußkegelmessung ist jedoch vom Verzahnprozess abhängig und kann somit zur Kontrolle dieses Prozesses herangezogen werden. Dabei ist zu beachten, dass ältere Berechnungsprogramme die Fußmesspunkte entlang des theoretischen Fußkegels mit der Geometrieberechnung nach Kapitel 2.2 bestimmen. Dies führt aber im Falle von Verzahnungen, die mit größeren Modifikationen wie Tilt und Helical Motion gefertigt werden, zu Fehlinterpretationen. Deshalb sollten diese Sollpunkte immer auf der sich aus den Maschinenbewegungen ergebenden Zahnfußkurve berechnet werden (siehe Abb. 3.2).

7.1.4.2 Zahnhöhe und Zahntiefe

Die Zahnhöhe wird nicht direkt gemessen, sondern ergibt sich aus der Differenz der Messungen an einem Punkt des Zahnkopfes und dem zugehörigen Punkt des Zahnfußes. Da die Zahnkopfmessung nur von der Genauigkeit des Drehlings abhängt, sagt die Zahnhöhe nichts über den Verzahnprozess aus. Deshalb wird mit einer Abstandsmessung, z.B. des mittleren Punktes der Zahnfußkurve von der Kegelradachse, die tatsächlich erreichte Zahntiefe bestimmt. Diese Messung ergibt nur dann ein sinnvolles Ergebnis, wenn der Sollmesspunkt alle Zahnfußmodifikationen enthält. Dann lässt sich mit dieser Messung unter anderem beurteilen, ob das Verzahnwerkzeug die korrekte Spitzenhöhe aufweist.

7.1.4.3 Rundlauf

Die Rundlaufmessung an Stirnrädern ist nach DIN als direkte Messung der Eindringtiefe eines Prüfkörpers, z.B. einer Kugel, in die Zahnlücke definiert (siehe Abb. 7.6).

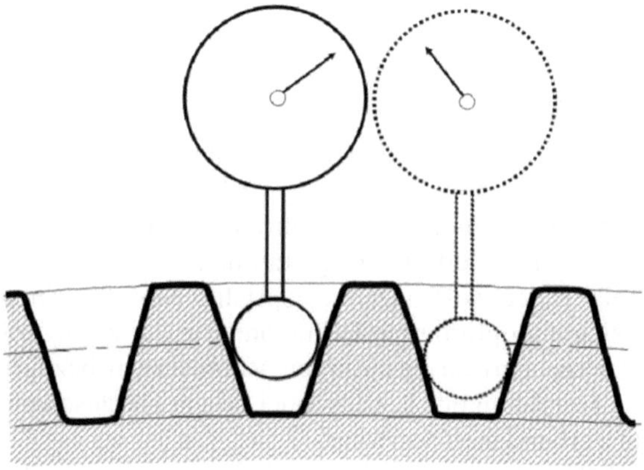

Abb. 7.6 Rundlaufmessung

Bei Kegelrädern muss diese Messung senkrecht zum Teilkegel erfolgen. In der Praxis wird diese Rundlaufmessung heutzutage nur als erste Kontrolle direkt neben der Verzahnmaschine verwendet, um eine schnelle Aussage über die aktuelle Zahnlückenweite bzw. Zahndicke oder eine fehlerhafte Aufspannung des Rohlings zu erhalten. Eine zahlenmäßige Auswertung des Rundlaufs wird meist aus den Ergebnissen der Teilungsmessung errechnet. Zulässige Toleranzen zur Bestimmung der Rundlaufqualität sind sowohl in DIN 3965 als auch in ISO 17485 angegeben (siehe Tabelle 7.3).

Tabelle 7.3 Rundlauf-Toleranz nach [ISO17485]

Bezeichnung	**Formel**	**Nr.**
Rundlauf-Toleranz	$F_{rT} = 0{,}8\left(0{,}025 d_T + 0{,}3 m_{mn} + 19\right)\left(\sqrt{2}\right)^{(B-4)}$	(7.5)

Bei der Rundlaufabweichung F_r, der Differenz zwischen dem Größtwert und dem Kleinstwert der Rundlaufmessung, handelt es sich um eine Größe, die immer von beiden Zahnflanken bestimmt wird. Sie ist damit eigentlich ein Maß für die Schwankung der Zahnlückenweite. Verschiedentlich wird auch ein sogenannter Einzelrundlauf für die Rechts- oder Linksflanken ausgegeben. Dieser ebenfalls aus der entsprechenden Teilungsmessung errechnete Wert ist nicht nach Norm toleriert und damit keiner Qualität zuzuordnen, erlaubt aber bei sorgfältiger Analyse, wie auch die Teilung selbst, Rückschlüsse auf das Laufverhalten des Kegelrades.

7.1.5 Fertigung im Closed Loop

7.1.5.1 Grundlagen

Die Serienproduktion bogenverzahnter Kegelräder erfolgt heutzutage in einem Regelkreis, dem Closed Loop. Ziel dieser Technologie ist es, eine gleichmäßige Qualität der gefertigten Bauteile zu gewährleisten [TRAP02]. Damit soll sichergestellt werden, dass ein gefertigtes Kegelrad dem vorausgegangenen Entwurf am Rechner innerhalb enger Toleranzen entspricht. Nur das genaue Einhalten der während der Auslegung optimierten Feingeometrie der Zahnflanken gewährleistet die Gültigkeit der rechnerisch bestimmten Voraussagen bezüglich des Zahnkontaktes bis hin zu Tragfähigkeit, Lebensdauer sowie Geräuschanregung und rechtfertigt den damit verbundenen Aufwand.

Um toleranzhaltige Kegelräder zu fertigen, reicht es nicht aus, den letzten Prozessschritt der Produktion zu überwachen. Vielmehr müssen möglichst sämtliche Prozessschritte – von der Vorverzahnung über das Härten bis zur Fertigverzahnung – hinsichtlich der Qualität des jeweiligen Zwischenergebnisses im Vergleich zu Sollvorgaben gesteuert werden. So ist es beispielsweise für das Schleifen wichtig, dass das beabsichtigte Schleifaufmaß tatsächlich vorhanden und gleichmäßig verteilt ist. Natürlich ist die erforderliche Genauigkeit für die einzelnen Schritte unterschiedlich. Das Fräsen einer Verzahnung, die abschließend geschliffen wird, erfordert sicherlich nicht die gleiche Genauigkeit wie das Fräsen als Vorstufe zum Läppen.

Fertigung im Closed Loop bedeutet, den Produktionsprozess anhand von Sollvorgaben und Toleranzen für die einzelnen Schritte zu kontrollieren und automatisch korrigierend einzugreifen, wenn es erforderlich ist. In diesem Zusammenhang muss erwähnt werden, dass das Läppen als geometrisch unbestimmtes Hartfein-Bearbeitungsverfahren nicht in diesem Sinne geregelt werden kann.

7.1.5.2 Maschinenkorrektur

Die Umsetzung des Prinzips „Closed Loop“ bei der Verzahnung auf Fräs- bzw. Schleifmaschinen ist in Abb. 7.7 schematisch veranschaulicht: Ausgangspunkt bilden die Maschinen- und Werkzeugeinstellungen als Ergebnis der Auslegungsberechnung sowie die zugehörigen sogenannten theoretischen Solldaten.

Eine ideale Verzahnmaschine würde mit den vorgegebenen Einstellungen ein Kegelrad erzeugen, das den theoretischen Solldaten exakt entspricht. Jedoch führt der Herstellprozess auf einer realen Verzahnmaschine mit diesen Einstellungen zu Abweichungen gegenüber den Solldaten. Ursache dafür ist erstens, dass jede reale Verzahnmaschine aufgrund von Toleranzen und Eigenverformungen selbst fehlerbehaftet ist. Zweitens ist der Herstellprozess dynamischen und thermischen Effekten unterworfen, welche in der Regel auch von technologischen Parametern wie Vorschub- und Wälzgeschwindigkeiten abhängen.

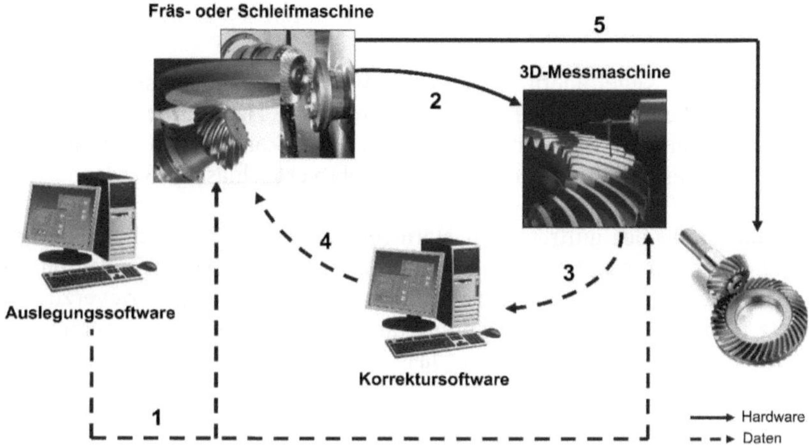

1 theoretische Daten 2 unkorrigiertes Kegelrad 3 Ist-Messdaten
4 Korrekturdaten 5 toleranzhaltige Kegelräder

Abb. 7.7 Schema für das Kegelradverzahnen im Closed Loop

Die Abweichungen eines erzeugten Bauteils von den zu erzielenden Solldaten werden durch Messung auf 3D-Verzahnungsmessgeräten ermittelt. Über Fertigungstoleranzen wird gesteuert, ob das Bauteil den Qualitätsanforderungen genügt oder ob eine sogenannte Maschinenkorrektur erforderlich ist.

Ihre Aufgabe ist die Bestimmung von Korrekturwerten für die Maschinen- und ggfs. auch für die Werkzeugeinstellungen, welche dann mit den soeben verwendeten Einstellungen verrechnet werden. Ziel ist dabei, dass mit den neuen, modifizierten Einstellungen ein Bauteil erzeugt wird, dessen Abweichungen gegenüber den theoretischen Solldaten die vorgegebenen Toleranzen nicht überschreiten.

Im Rahmen von Maschinenkorrekturen sind bestimmte Korrekturwerte maschinen- und prozessspezifisch, d. h., sie gelten nur für eine konkrete Verzahnmaschine und nur für die bei der Herstellung verwendeten Prozessparameter. Werden jedoch bereits korrigierte Maschinen- und Werkzeugeinstellungen auf eine andere Verzahnmaschine desselben Typs unter Beibehaltung der Prozessparameter übertragen, so wird in der Regel nur eine geringe Nachkorrektur erforderlich sein, um die sich ändernden Maschinengrundfehler zu kompensieren.

Die klassische Maschinenkorrektur umfasst die Korrektur von Topographie- und Zahndickenabweichungen. Wenn eine korrekte Zahntiefenmessung durchgeführt werden kann, ist ebenfalls die automatische Korrektur der Zahntiefe denkbar, wird aber derzeit kaum praktisch durchgeführt. In den Bereich der Maschinenkorrektur fällt auch die Korrektur von Teilungsabweichungen, welche oft als Teilungskompensation bezeichnet wird (siehe auch 6.2.5.6).

7.1.5.3 Härte-Vorkorrektur

Beim Härten von Kegelrädern kommt es zu Verformungen, den sogenannten Härteverzügen (siehe 6.3.6). Diese verändern die für die Hartbearbeitung vorgesehene Ausgangsgeometrie der Bauteile teilweise signifikant und können deshalb bei der Steuerung des Gesamtherstellprozesses nicht vernachlässigt werden.

Art und Größe des auftretenden Härteverzugs können nur schwer durch Berechnungen vorhergesagt werden. Oft streuen die Härteverzüge der einzelnen Bauteile um einen Mittelwert. Praktisch wird dieser mittlere Härteverzug durch Messung mehrerer gehärteter Kegelräder auf 3D-Verzahnungsmessgeräten ermittelt. Hierbei muss beachtet werden, dass bei der vorangehenden Weichbearbeitung der Kegelräder nach theoretischen Solldaten gefertigt wird. Nur so können die aus dem Härteverzug resultierenden Abweichungen von den maschinenbedingten Fertigungsabweichungen getrennt und durch eine sogenannte Härtevorkorrektur kompensiert werden.

Wie Abb. 7.8 zeigt, erfolgt auch die Härtevorkorrektur nach dem Closed Loop-Prinzip. Ausgangspunkt bilden Maschinen- und Werkzeugeinstellungen gemäß Auslegung mit den zugehörigen theoretischen Solldaten, nach denen die Kegelräder im Maschinen-Closed Loop gefertigt und anschließend gehärtet werden. Die darauf folgende Messung und Mittelung erlaubt die Erfassung des mittleren Härteverzugs in Form von Abweichungen. Auf der Grundlage dieser Abweichungen können die Maschinen- und Werkzeugeinstellungen nun derart modifiziert werden, dass das aus den neuen Einstellungen theoretisch resultierende Kegelrad nach dem Härten nahezu die ursprüngliche Zielgeometrie aufweist.

Um auch große Härteverzüge kompensieren zu können, ist eine Anpassung des verwendeten Werkzeugs notwendig. Beim Fräsen kann eine solche Modifikation der Werkzeuggeometrie nur während der eigentlichen Prozessentwicklung erfolgen. In dieser Phase wird der Zyklus der Härtevorkorrektur in der Regel nur einmal durchlaufen. Im laufenden Prozess erfolgen dann bei Bedarf lediglich geringe Nachkorrekturen mit Hilfe modifizierter Maschineneinstellungen.

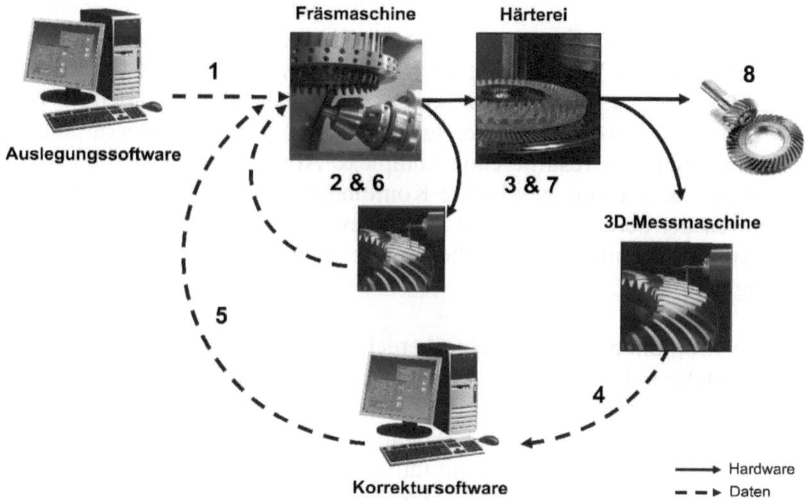

1 theoretische Solldaten
2 Fräsen im Closed Loop
3 Härten
4 Ist-Messdaten des gehärteten Kegelrades
5 geänderte Solldaten, die den Härteverzug kompensieren
6 Fräsen im Closed Loop mit geänderten Solldaten
7 Härten des kompensierten Kegelrades
8 toleranzhaltige Kegelräder

Abb. 7.8 Härte-Vorkorrektur

7.1.5.4 Berechnung von Korrekturen

Die Berechnung von Maschinen- und Härtevorkorrekturen ist sehr eng mit der Berechnung von Flankenmodifikationen wie etwa zur Tragbildentwicklung verwandt. Der Einfluss von Zusatzbewegungen auf die Flankenform (siehe 3.3.4) zeigt die prinzipiellen Möglichkeiten der kinematischen Gestaltung der Flankenform auf.

Der Grundansatz jeglicher Korrekturberechnungen besteht darin, die gegenüber den theoretischen Solldaten gemessenen Abweichungen durch Fertigung mit korrigierten Maschinen- und ggfs. auch Werkzeugeinstellungen vorzuhalten. Hierzu müssen die erforderlichen Korrekturen derart bestimmt werden, dass sie theoretisch möglichst nahe an eine Zielgeometrie heranführen, welche durch „Spiegelung" der gemessenen Abweichungen an der theoretischen Zielgeometrie erhalten wird. Diese Spiegelung kann z.B. für die Flankentopographie punktweise entlang der jeweiligen Flankennormalen erfolgen, indem jede gemessene Abweichung in entgegengesetzter Richtung entlang der Normalen abgetragen wird. Ebenso kann für die Zahntiefe verfahren werden. Für die Betrachtung der Zahndicke bietet es sich an, den Fehler des Zahndickenwinkels zu spiegeln.

Die Lösung des soeben beschriebenen inversen Problems der Bestimmung von korrigierten Maschinen- und Werkzeugeinstellungen zu einer vorgegebenen Zielgeometrie, also die gezielte Berechnung von Flankenmodifikationen, ist im Allgemeinen nicht trivial. Während Geometriefehler der Maschine in der Regel vom erfahrenen Ingenieur und Maschinenbediener von Hand durch Änderung von ein bis zwei Maschineneinstellungen korrigiert werden können, erfordern gerade aus der Maschinendynamik resultierende komplexe Abweichungen den Einsatz von Rechentechnik, da oft eine geschickte Kombination von mehreren Einstellungen oder mehreren der bereits erwähnten Zusatzbewegungen die Lösung darstellt. Zu beachten ist hierbei außerdem, dass bestimmte Abweichungen auch grundsätzlich nicht korrigierbar sind.

Moderne Programme zur Korrekturberechnung nutzen ableitungsbasierte, numerische Verfahren der nicht linearen Optimierung, um die Abweichung zur (virtuellen) Zielgeometrie und damit die Herstellabweichungen zu minimieren [VOGE07]. Die dabei verwendeten Ableitungen werden auch als Sensitivitäten bezeichnet und beschreiben den quantitativen Einfluss der einzelnen Maschinen- und Werkzeugeinstellungen auf die Zielgrößen.

Die Korrigierbarkeit von Abweichungen hängt entscheidend davon ab, welche Maschinen- und Werkzeugeinstellungen variiert werden können. Beispielsweise stehen beim Fräsen die Werkzeugeinstellungen in der laufenden Produktion nicht zur Korrektur zur Verfügung. Rein mechanische Herstellmaschinen sind hinsichtlich der Korrekturmöglichkeiten gegenüber modernen CNC-Maschinen, welche zumindest theoretisch alle kinematischen Freiheiten haben, deutlich eingeschränkt. Das Ergebnis einer Korrekturberechnung ist eine Prognose über die zu erwartenden Fertigungsabweichungen nach Anwendung der Korrektur. In der Regel sind diese Prognosen sehr gut. Jedoch ist gerade bei großen Ausgangsabweichungen oder stark ausgeprägten dynamischen Effekten, aufgrund des verwendeten nur linearen Ansatzes der Abweichungsspiegelung, oft eine Nachkorrektur notwendig.

7.2 Kegelradsatzprüfung

7.2.1 Grundlagen

Zu den Anforderungen der Industrie an ein Prüfverfahren zur Beurteilung der Fertigungsqualität von Kegelradsätzen zählen unter anderem:

- Reproduzierbarkeit der Ergebnisse,
- kurze Prüfzeiten,
- gute Nachbildung der Einbausituation,
- einfache Gut/Schlecht Beurteilung.

Bei Laufprüfungen von Kegelradsätzen handelt es sich um Sammelprüfverfahren, bei denen viele fertigungsbedingte Abweichungen zeitgleich erfasst werden. Die Prüfung von Ritzel und Rad kann paarweise oder gegen entsprechende Meisterräder erfolgen. In den meisten Fällen werden Kegelräder paarweise geprüft, so dass dann die Bewertung für den Radsatz gilt.

In der Vergangenheit sind eine Vielzahl von Laufprüfverfahren entwickelt worden. Sie lassen sich in subjektive und objektive Laufprüfverfahren einteilen [EDER01]. Zu den subjektiven Verfahren zählen die Geräuschprüfung, die ein Prüfer wahrnimmt, und die visuelle Tragbildprüfung. Objektive Verfahren sind die Einflanken- und die Zweiflanken-Wälzprüfung sowie die Körperschallprüfung. Als Beurteilungskriterien werden die Tragbildform und -lage, das empfundene Getriebegeräusch sowie genormte und nicht genormte Kennwerte der verschiedenen objektiven Laufprüfverfahren herangezogen. Auf dieser Basis kann neben der Beurteilung des Laufverhaltens in einer bestimmten Einbaulage zusätzlich die optimale Einbaulage des Radsatzes ermittelt werden. Hierzu wird das Ritzeleinbaumaß während der Prüfung schrittweise verändert und für jede Position eine Bewertung durchgeführt. Gegenüber der Flankenformmessung bietet die Laufprüfung den Vorteil geringer Messzeiten und zuverlässiger Aussagekraft über das Laufverhalten des Radsatzes bei einfachem, kostengünstigem Prüfaufbau.

7.2.2 Tragbildprüfung

Das Tragbild einer Verzahnung ist der Bereich einer Zahnflanke, der an der Kraft- und Bewegungsübertragung beteiligt ist. Die Tragbildprüfung an Kegelrädern kennzeichnet meist den Endzustand eines Radsatzes und ist eine integrierende Größe. Noch heute ist die Tragbildprüfung die einfachste und häufigste Prüfung, die entweder auf einem Laufprüfstand (Tester) oder am montierten Radsatz im Getriebegehäuse durchgeführt werden kann. Dazu wird auf die Flanken des Tellerrades (oder Ritzels) Tuschierpaste oder ein Tragbildlack gleichmäßig dünn aufgetragen und damit das Tragbild sichtbar gemacht. Ein oder mehrmaliges Vor- und Zurückwälzen der tuschierten Flanken verdrängt an den berührenden Stellen die Paste. Daher ist das Tragbild auf der eingestrichenen Flanke am besten zu erkennen. Bei der Verwendung eines Lackes wird er während eines kurzen Prüflaufes im Bereich des Zahnkontaktes abgetragen und nicht wie die Paste verdrängt.

Die Tragbilder werden verfälscht, wenn die Paste ungleichmäßig oder zu dick aufgetragen wird oder durch viele Überrollungen ein Summentragbild entsteht, das sich durch Taumel- und Rundlaufabweichungen bei jedem Zahneingriff etwas verschoben und in der Summe vergrößert hat. Die Tragbildlage und -größe hängt von der Prüflast ab, weshalb in Kontakt-, Teillast- und Volllasttragbild unterschieden wird. Allerdings können aus einem Tragbild keine Rückschlüsse über die exakte Höhe der Beanspruchung gezogen werden.

Der Vorteil der Tragbildprüfung ist, dass sie mit wenig Aufwand und schnell durchgeführt werden kann. Das Lasttragbild lässt sich sogar im montierten Getriebe unter den gegebenen Einbau- und Einsatzbedingungen prüfen. Die Beurteilung des Tragbildes bleibt jedoch dem subjektiven Eindruck und der Erfahrung des jeweiligen Prüfers überlassen. Von Nachteil ist, dass sich ein Tragbild nur dokumentieren lässt, indem ein Abzug mit einem Klebestreifen gemacht oder das Tragbild fotografiert wird [KLEI89]. Die Verhältnisse ändern sich, wenn die Tragbildprüfung mit einer Thermokamera durchgeführt wird (siehe 4.4.2.1).

7.2.3 Einflankenwälzprüfung

Bei diesem Verfahren werden Ritzel und Rad entsprechend ihrer späteren Einbaulage im Getriebe in Eingriff gebracht – es kommt nur jeweils eine Flanke in Kontakt – und miteinander abgewälzt. Das Messprinzip der Einflankenwälzprüfung ist in Abb. 7.9 dargestellt. Die Datenbasis für alle Auswertungen ist die gemessene Übersetzungsschwankung zwischen Ritzel und Rad, die als Drehfehler oder Einflanken-Wälzabweichung bezeichnet wird. Zur messtechnischen Erfassung sind an Ritzel- und Tellerradspindel hoch auflösende Winkelschrittgeber angeschlossen. Die Ritzelspindel wird angetrieben und die Tellerradspindel gebremst. Ein Steuergerät wandelt die sinusförmigen Signale der Winkelschrittgeber so um, dass sie von einem Analyserechner ausgewertet werden können. Unter Berücksichtigung des Übersetzungsverhältnisses bildet dieser die Differenz zwischen dem gemessenen Drehwinkel des Tellerrades und dem Soll-Drehwinkel, der sich aus dem gemessenen Drehwinkel des Ritzels und dem Zähnezahlverhältnis ergibt.

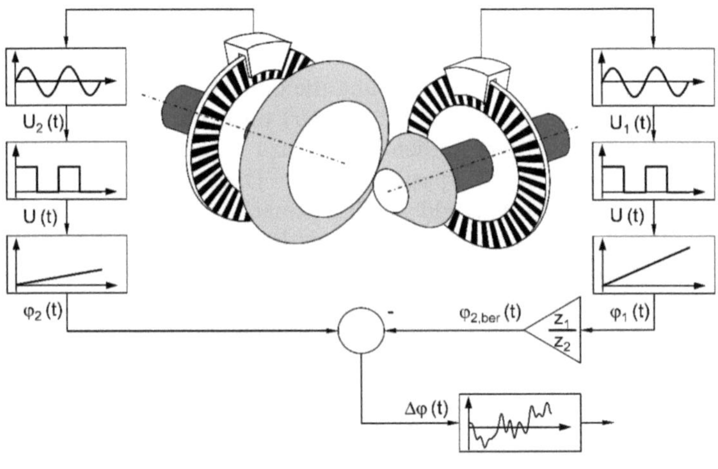

Abb. 7.9 Messprinzip der Einflankenwälzprüfung

Bei der Einflankenwälzprüfung sind Ritzeldrehzahl und Tellerradmoment so einzustellen, dass dynamische Einflüsse weitestgehend ausgeschlossen werden.

Die Prüfung ist bei quasistatischen Bedingungen unter definiertem Flankenkontakt durchzuführen. In der VDI-Richtlinie 2608 werden aus diesem Grund Ritzeldrehzahlen von 5 bis 30 min^{-1} bei Bremsmomenten von 1 bis 5 Nm vorgeschlagen. In der Praxis werden Automobilradsätze üblicherweise bei höheren Drehzahlen um 60 min^{-1} und Bremsmomenten von 20 Nm geprüft. Aufgrund der geforderten Taktzeit wird die Einflankenwälzprüfung teilweise bei noch höheren Drehzahlen durchgeführt. Die Aussagekraft höherfrequenter Signalanteile nimmt allerdings mit der Prüfgeschwindigkeit ab [SCHA98].

Da es sich bei der Einflankenwälzprüfung um ein Sammelprüfverfahren handelt, werden die Einzelabweichungen bei der Messung überlagert. Diese Superposition kann einerseits zu einer gegenseitigen Verstärkung, andererseits aber auch zu einer gegenseitigen Aufhebung der Einzelabweichungen führen.

Hinsichtlich der Messdauer wird die Messung über eine ganze Überrollung empfohlen, was bei teilerfremden Zähnezahlverhältnissen bedeutet, dass während der Messung jeder Zahn des Ritzels einmal mit jedem Zahn des Tellerrades in Eingriff kommt. Damit ist sichergestellt, dass alle geometrischen Abweichungen, die sich auf das Übertragungsverhalten auswirken, erfasst werden. In der Praxis sind aber auch Messungen über wenige Tellerradumdrehungen üblich, um die Prüfzeit zu verkürzen [EDER05].

Die Darstellung der Messergebnisse erfolgt im Zeitbereich als Drehfehlerverlauf über den gemessenen Umdrehungen und im Frequenz-/Ordnungsbereich in Form von Spektren. Mittelungen über eine Ritzel- oder eine Tellerradumdrehung dienen zur Identifikation der Drehfehleranteile, die vom Rad oder vom Ritzel verursacht werden. Ein Beispiel für einen auf eine Radumdrehung gemittelten Drehfehlerverlauf ist in Abb. 7.10 oben dargestellt.

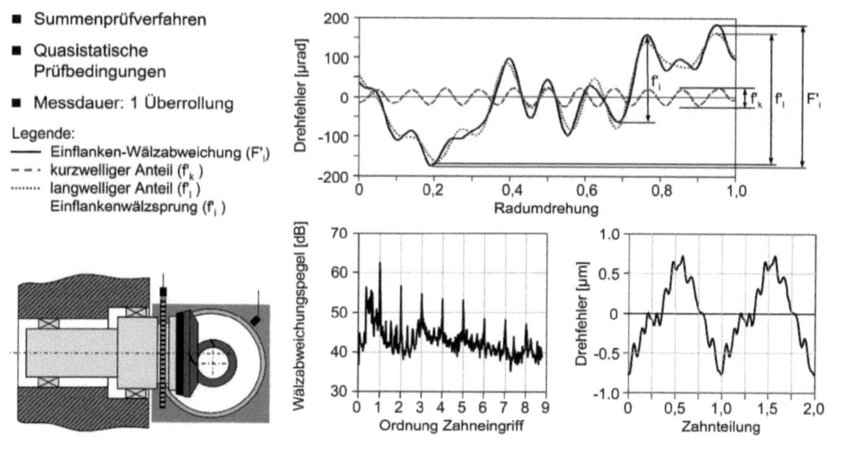

Abb. 7.10 Auswertungsgrößen der Einflankenwälzprüfung nach DIN 3960 oder VDI 2608

In DIN 3960 sind vier objektive Kennwerte für die Einflankenwälzprüfung festgelegt. Die Einflanken-Wälzabweichung F'_i ist die Differenz von maximalem und minimalem Drehfehler. Eine Tiefpassfilterung mit einer Fensterbreite von drei Zahneingriffen liefert einen ausmittelnden Linienzug des Drehfehlersignals. Dieser sogenannte langwellige Anteil des Drehfehlers liefert den entsprechenden Kennwert f'_l. Die Differenz aus Gesamtsignal und langwelligem Anteil ergibt den kurzwelligen Einflankenwälzfehler. Die maximale Abweichung innerhalb eines Zahneingriffs stellt der Einflankenwälzsprung f'_i dar.

In vielen Fällen hat sich eine andere Auswertung der Einflankenwälzprüfung durchgesetzt. Analog zur Akustik werden die Drehfehlersignale einer Fast-Fourier-Analyse unterzogen und auf die Tellerraddrehzahl bezogen. Charakteristisch für die sich ergebenden Ordnungsspektren ist eine starke Ausprägung der Zahneingriffsordnung und deren Harmonischen [MARQ95], [VDI01].

Der Drehfehler kann als Winkel angegeben werden. Alternativ ist die Angabe als Bogenlänge üblich, wobei als Bezugsdurchmesser der Tellerraddurchmesser des Teilkegels im Berechnungspunkt angegeben wird [VDI01]. Vorteilhaft bei dieser Darstellung ist, dass die Drehfehlerverläufe einfacher mit der Ease-Off-Darstellung abgeglichen werden können. Eine weitere Option ist die Pegelung des Drehfehlers auf einen Bezugswert. Analog zur Akustik, in der die gemessenen Schalldrücke bzw. Körperschallsignale gepegelt dargestellt werden, ist dann der Vergleich der Signalverläufe einfacher.

Die Mittelung auf einen Zahneingriff eliminiert nahezu alle langwelligen Einflüsse. Somit können die Einflüsse der Topographieabweichungen auf den Drehfehlerverlauf pro Zahneingriff betrachtet werden. Zu den Auswirkungen von Verzahnungsabweichungen auf den Drehfehler sind eine Vielzahl von Untersuchungen und Veröffentlichungen durchgeführt worden [FAUL68], [SMITH84], [LAND03]. Auf die fertigungsbedingten Drehfehler und die Auswirkungen auf das Geräuschverhalten wird in Kapitel 5.3 im Detail eingegangen.

7.2.4 Zweiflankenwälzprüfung

Bei der Zweiflankenwälzprüfung werden Radsätze unter veränderlichem Achsabstand miteinander abgewälzt, so dass immer Zweiflankenkontakt besteht. Messgröße ist bei diesem Verfahren der veränderliche Wälzachsabstand $\Delta a''$. Das Prinzip der Zweiflankenwälzprüfung ist im linken Teil von Abb. 7.11 dargestellt. Während des Abwälzens wird ein Abheben der Zahnflanken durch eine Prüfkraft in Richtung des Achsabstands verhindert.

Die Messung und Auswertung der Zweiflankenwälzprüfung erfolgt analog zur Einflankenwälzprüfung. Als Messdauer ist ebenfalls die Messung über eine Überrollung sinnvoll. Allerdings wird, um die Prüfzeit zu reduzieren, üblicherweise nur über eine Tellerradumdrehung gemessen und ausgewertet.

Der Kennwert der Zweiflankenwälzabweichung F''$_i$ ergibt sich aus der Differenz von Maximal- und Minimalwert des Achsabstands. Ein ausmittelnder Linienzug liefert die Wälz-Rundlaufabweichung F''$_r$, die im oberen Teil der Abb. 7.11 eingezeichnet ist.

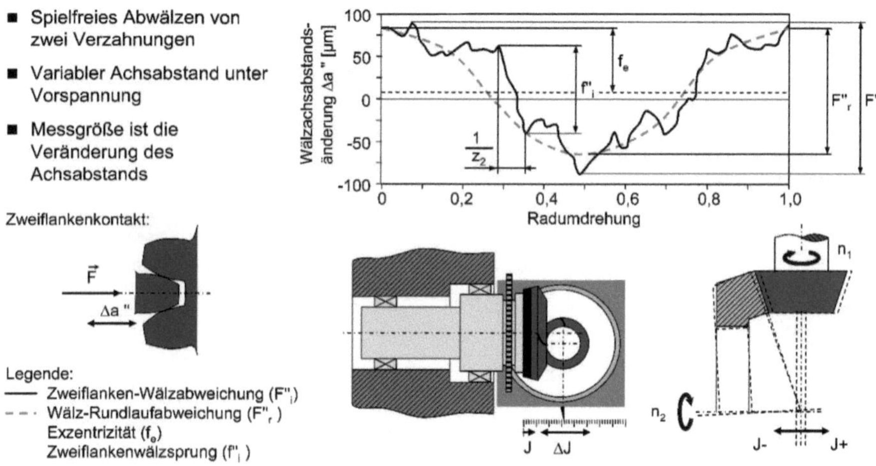

Abb. 7.11 Auswertegrößen der Zweiflankenwälzprüfung nach DIN 3960 oder VDI 2608

Der Zweiflankenwälzsprung f''$_i$ gibt die maximale Veränderung des Achsabstands während eines Zahneingriffs an. Im Vergleich zur Einflankenwälzprüfung wird bei der Zweiflankenwälzprüfung kein kurzwelliger Signalanteil ausgewertet. Stattdessen wird in der VDI Richtlinie 2608 die Exzentrizität f_e definiert. Diese stellt die Amplitude der nahezu sinusförmigen Wälz-Rundlaufabweichung dar.

Als Prüfverfahren von Kegelrädern wird die Zweiflankenwälzprüfung als schnelle Vorprüfung bei Läpp- und Prüfmaschinen eingesetzt. Gemessen wird die Veränderung des Tellerradeinbaumaßes bei spielfreiem Abwälzen von Tellerrad und Ritzel. Ziel der Zweiflankenwälzprüfung ist in erster Linie die schnelle Erfassung von Rundlaufabweichung und Beschädigungen an Tellerrad und Ritzel. Aufgrund des Zweiflankenkontaktes ist keine Aussage hinsichtlich des Laufverhaltens durch dieses Verfahren möglich.

7.2.5 Körperschallprüfung

Ein weiteres objektives Verfahren zur Beurteilung der Radsatzlaufruhe im Einflankenkontakt stellt die Körperschallprüfung dar. Im Vergleich zu den bisher vorgestellten Prüfverfahren beruht diese Qualitätsbewertung der Kegelradsätze nicht auf Ermittlung geometrischer Abweichungen, sondern auf der Erfassung von Beschleunigungskräften. Daher sind die Prüfdrehzahlen bei der Körperschallmessung gegenüber den quasistatischen Verfahren deutlich höher, was zu verkürzten Prüfzeiten führt. Bei der Interpretation der Versuchsergebnisse ist jedoch das dynamische Verhalten der Prüfmaschine zu berücksichtigen, da das Messergebnis vom gesamten Schwingungssystem, d.h. Radsatz und Maschine, beeinflusst wird. Das Prinzip der Körperschallmessung ist in Abb. 7.12 dargestellt.

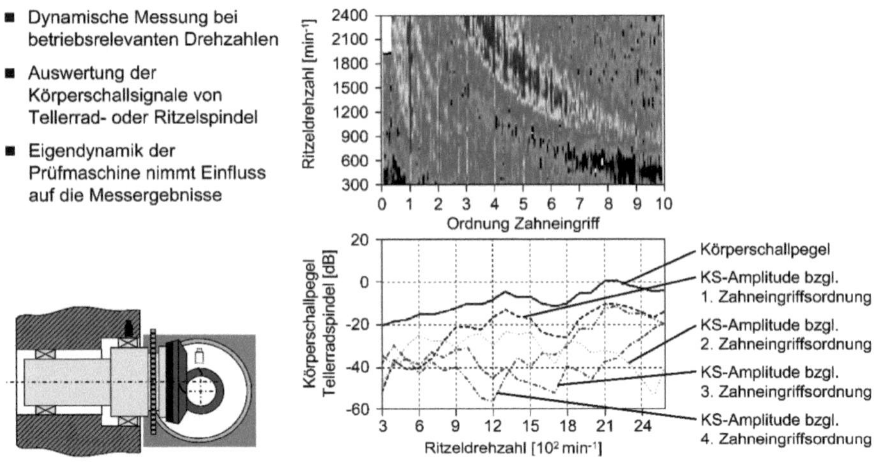

Abb. 7.12 Körperschallprüfung bei betriebsrelevanten Drehzahlen

In den meisten Anwendungen wird die Radialbeschleunigung im Bereich des Gehäuses der Tellerradspindel aufgezeichnet. Zusätzlich verfügen einige Prüfzentren über Beschleunigungsaufnehmer an der Ritzelspindel.

Bei dynamischen Prüfmethoden wie der Körperschallmessung hat die Prüfdrehzahl einen großen Einfluss auf die ermittelten Kennwerte. Üblicherweise werden bei der Körperschallprüfung die Amplituden der Zahneingriffsordnung und deren Harmonischen ausgewertet. Entscheidend für die Auswertung der Amplituden der verschiedenen Ordnungen ist die genaue Kenntnis der Eigenfrequenzen der Prüfmaschine. Trifft eine Zahneingriffsordnung oder deren Harmonische eine Eigenfrequenz der Prüfmaschine, werden deren Amplituden deutlich verstärkt. Die Messung erfolgt üblicherweise bei einem festen Drehzahlniveau. Möglich ist die Auswertung einzelner Ordnungen des Körperschallsignals im Resonanzbereich der Prüfmaschine. Der Vorteil einer Messung im Resonanzbereich ist, dass sich hier die Unterschiede im Lauf- und Geräuschverhalten verschiedener Radsätze am deutlichsten zeigen. Nachteilig ist, dass in diesem Betriebspunkt die Reproduzierbarkeit der Messergebnisse aufgrund des hohen Amplitudengradienten relativ schlecht ist. Alternativ kann die Prüfung in einem Betriebspunkt durchgeführt werden, in dem die dominierenden Anregungsfrequenzen und die Maschineneigenfrequenzen voneinander abweichen. Hierdurch sind die Messergebnisse stabiler und besser reproduzierbar.

Üblicherweise wird in Vorversuchen der optimale Betriebsbereich des Kegelrad-Testers ermittelt, um die für die Einbausituation kritischen Frequenzbereiche des Körperschalls bestimmen zu können.

7.2.6 Vergleich der Abroll-Prüfverfahren

Für die in Kapitel 7.2 beschriebenen Prüfverfahren gibt es spezielle Einzweckgeräte. Moderne Kegelradtester sind mit Messsystemen für die Ein- und die Zweiflankenwälzprüfung sowie mit Sensoren für Körperschallprüfungen ausgestattet. In der Automobilindustrie werden üblicherweise die Prüfparameter nach dem jeweiligen Anwendungsfall festgelegt, so dass alle hier vorgestellten Prüfverfahren für Kegelräder zum Einsatz kommen können [STAH04]. Ein kurzer Überblick über die Stärken und Schwächen der verschiedenen Verfahren wird in Tabelle 7.4 gegeben.

Tabelle 7.4. Vergleich von drei Laufprüfverfahren

	Einflanken-wälzprüfung	**Zweiflanken-wälzprüfung**	**Körperschall-prüfung**
Messdauer	–	+	+
Apparativer Aufwand	–	+	–
Reproduzierbarkeit	+	+	–
Geräuschvorhersage	0	–	0
Kombination mit Tragbildprüfung	+	–	+

Aufgrund der Drehzahlbeschränkung ist die Messdauer der Einflankenwälzprüfung gegenüber der dynamischen Körperschallprüfung größer. Der apparative Aufwand ist bei diesen beiden Verfahren ungefähr gleich groß.

Die Reproduzierbarkeit der Körperschallprüfung ist unbefriedigend [EDER05], da das Problem in der Abhängigkeit der Messergebnisse von der Eigendynamik des Kegelradtesters liegt. Die Ergebnisse, die auf unterschiedlichen Testern erzielt wurden, lassen sich schlechter miteinander vergleichen als die von quasistatischen Messungen. Diese Tatsache erfordert eine individuelle Festlegung der Grenzwerte für jeden Tester.

Eine letzte Bewertungsgröße der drei Laufprüfverfahren ist ihre Kombinationsmöglichkeit mit der Tragbildprüfung, die nach wie vor eine hohe Aussagekraft für die Fertigungsqualität eines Kegelradsatzes hat. Aufgrund der korrekten

Einbaulage ist die Kombination nur mit der Einflankenwälzprüfung und der Körperschallprüfung möglich. In vielen Fällen wird durch diese beiden Verfahren erst die optimale Einbauposition ermittelt.

7.3 Literatur

[DIN87] Norm DIN 3960: Begriffe und Bestimmungsgrößen für Stirnräder (Zylinderräder) und Stirnradpaare (Zylinderpaare) mit Evolventenverzahnung, Beuth Verlag, 1987

[DIN3961] Toleranzen für Stirnradverzahnungen – Grundlagen, Deutsche Norm, August 1978

[DIN3962] Toleranzen für Stirnradverzahnungen, Deutsche Norm, August 1978

[DIN3965] Toleranzen für Kegelradverzahnungen, Deutsche Norm, August 1986

[EDER01] Eder, H.: Messtechnik bogenverzahnter Kegelräder in der Automobilindustrie. In: Tagungsband zum 3. Seminar „Innovation rund ums Kegelrad“. Aachen 15.-16. März 2001. Aachen: Eigendruck der Aditec gGmbH, 2001

[EDER05] Eder, H.: In Roll Testing Technology of Spiral Bevel and Hypoid Gear Sets. In: Gear Technology, 2005; Ausgabe Mai/Juni 2005

[FAUL68] Faulstich, H. I.: Zusammenhänge zwischen Einzelfehlern, kinematischem Einflanken-Wälzfehler und Tragbildlage evolventenverzahnter Stirnräder. Diss. RWTH Aachen, 1968.

[ISO1328] Cylindrical Gears – ISO system of accuracy, 1995

[ISO17485] Bevel Gears – ISO system of accuracy; First edition 2006-06-15

[LAND03] Landvogt, A.: Einfluss der Hartfeinbearbeitung und der Flankentopographieauslegung auf das Lauf- und Geräuschverhalten von Hypoidverzahnungen mit bogenförmiger Flankenlinie. Diss. RWTH Aachen, 2003.

[LAND04] Landvogt, A.: Qualitätsregelkreise in Fertigung und Montage. In: Tagungsband zum 4. Seminar „Innovation rund ums Kegelrad“. Aachen 2.-3. März 2004. Aachen: Eigendruck des WZLforum gGmbH, 2004

[MARQ95] Marquardt, R.: Einflankenwälzprüfung – Ein Weg zur Lösung von Geräuschproblemen bei Fahrzeuggetrieben. In: wt-Produktion und Management 85, 1995

[SCHA98] Schaber, G.: Einflankenwälzfehlermessung und schnelle Wälzprüfung in der Serienfertigung. In: Tagungsband zum 1. Seminar „Innovation rund ums Kegelrad". Aachen 25.-26. März 1998. Aachen: Eigendruck der Aditec gGmbH, 1998

[SMIT05] Smith, R.E.: What Single Flank Measurement Can Do For You. In: Fall Technical Meeting Wahington, DC, 15.-17. Oktober 1984

[STAH04] Stahl, K.: Flexibilisierung in der Radsatzfertigung für PKW-Achsgetriebe. In: Tagungsband zum 4. Seminar „Innovation rund ums Kegelrad". Aachen 2.-3. März 2004. Aachen: Eigendruck des WZLforum gGmbH, 2004

[TRAP02] Trapp, H.-J.: Mess- und Korrekturstrategien für die CLOSED LOOP-Zahnradfertigung, VDI-Bericht 1673, 2002

[VDI01] Richtlinie VDI/VDE 2608 Einflanken- und Zweiflanken-Wälzprüfung an Zylinderrädern, Kegelrädern, Schnecken und Schneckenrädern. Beuth Verlag, 2001

[VOGE07] Vogel, O.: Gear-Tooth-Flank and Gear-Tooth-Contact Analysis for Hypoid Gears, Diss. Humboldt-Universität Berlin, Shaker Verlag, Aachen, 2007

8 Dynamik von Werkzeugmaschinen

8.1 Einleitung

Häufig ist es bei Werkzeugmaschinen das statische und dynamische Nachgiebigkeitsverhalten, das bei steigender Zerspanleistung die Werkstückqualität begrenzt. Die Arbeitsgenauigkeit wird durch die an der Schnittstelle zwischen Werkzeug und Werkstück auftretenden Abweichungen von den vorgegebenen Arbeitsbewegungen bestimmt. Diese geometrischen und kinematischen Abweichungen werden durch statische und dynamische Kräfte bewirkt, welche die im Kraftfluss der Maschine liegenden Bauteile wie Gestelle, Betten, Schlitten, Spindeln usw. verformen [QUEI05].

Mit modernen Rechenverfahren ist es möglich, schon während der Konzeptphase die statischen Steifigkeiten der im Kraftfluss liegenden Maschinenbauteile genau zu berechnen. Bei der Vorherbestimmung dynamischer Maschineneigenschaften sind dagegen die Dämpfungswerte der Füge- und Koppelstellen zwischen den einzelnen Strukturbauteilen recht unsicher. Zur Beurteilung des dynamischen Nachgiebigkeitsverhaltens von Werkzeugmaschinen ist man in der industriellen Praxis auf messtechnische Untersuchungen angewiesen [BREC06.1]. Teilweise können dann Optimierungsansätze direkt aus den Messergebnissen abgeleitet werden. Daher muss es das Ziel von Forschungs- und Entwicklungsarbeiten sein, die strukturellen Eigenschaften einer Maschine soweit wie möglich bereits im Rahmen der Maschinenentwicklung vorherzubestimmen. Nur so lassen sich frühzeitig Optimierungsmaßnahmen einleiten und aufwändige Anpasskonstruktionen vermeiden [BREC05].

In diesem Kapitel soll ein Überblick über die Grundlagen des statischen und dynamischen Maschinenverhaltens gegeben, gängige Verfahren zur messtechnischen Analyse vorgestellt und auf Besonderheiten bei der Untersuchung von Verzahnmaschinen eingegangen werden.

8.2 Statisches Maschinenverhalten

Die Maß- und Formgenauigkeit eines Werkstücks wird u.a. durch das statische Nachgiebigkeitsverhalten einer Maschine bestimmt. Für die messtechnische Untersuchung wird die relative Verlagerung an der Zerspanstelle infolge einer simulierten statischen Prozesslast ausgewertet. Im Falle einer Fräsmaschine wird z.B. zwischen Maschinentisch und Spindel mit Hilfe eines sogenannten Aktors eine langsam ansteigende Kraft in die Maschine eingebracht. Mit einem Verlagerungssensor wird die daraus resultierende Verlagerung zwischen Spindel und Tisch aufgezeichnet, so dass anschließend das Last-Verformungs-Verhalten in Diagrammform als statische Kennlinie dargestellt werden kann (Abb. 8.1) [BREC6.1].

Nach der Überwindung des Spiels in Lager-, Führungs- und Fügestellen wird die Nachgiebigkeit des Systems im Allgemeinen mit zunehmender Belastung geringer, was auf nicht lineare Verhältnisse in den genannten Kontaktstellen zurückzuführen ist. Bei der Entlastung bildet sich auf Grund veränderter Kontaktbedingungen häufig eine Hysterese aus, so dass die Last-Verformungs-Kennlinie der Entlastung nicht mit jener der Belastung übereinstimmt. Zur Bestimmung des räumlichen Nachgiebigkeitsverhaltens wird die statische Nachgiebigkeit nacheinander für alle drei Koordinatenrichtungen ermittelt.

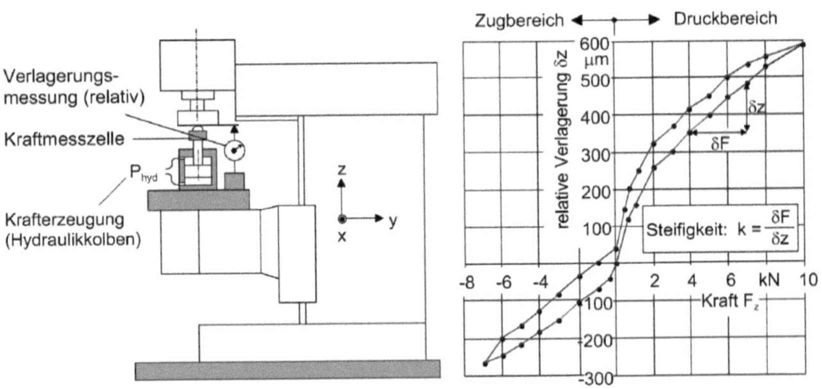

Abb. 8.1 Messung des statischen Nachgiebigkeitsverhaltens

Nachteilig bei der Messung statischer Kennlinien ist, dass lediglich die an der Krafteinleitungsstelle relativ zwischen Werkzeug und Werkstück summarisch messbaren Nachgiebigkeiten bzw. Steifigkeiten ermittelt werden können. Eine Aussage über die Anteile der im Kraftfluss liegenden Bauteile und Fügestellen an dieser Gesamtverformung ist damit nicht möglich. Um diese Fragestellung beantworten zu können, muss die Relativ- bzw. die Absolutbewegung der einzelnen Bauteile an vielen Punkten der Maschinenstruktur gemessen werden. Der Aufwand für eine derartige statische Last-Verformungs-Analyse ist jedoch relativ groß. Der Messaufbau, bei dem eine Vielzahl von Messtastern mit Hilfe eines

Messgerüstes um die Maschine angeordnet wird, kann zudem durch Temperaturschwankungen und Erschütterungen der Umgebung beeinflusst werden. Statische Last-Verformungs-Analysen von Gesamtmaschinen in Form von Simulationsrechnungen werden den experimentellen daher in der Regel vorgezogen.

8.3 Dynamisches Maschinenverhalten

8.3.1 Simulationsmethoden

Unausgeglichene dynamische Eigenschaften einer Maschine können zu Prozessinstabilitäten, d.h. zu Schwingungserscheinungen, führen, deren Folgen neben einer schlechten Oberflächenqualität des Werkstücks und erhöhtem Maschinen- und Werkzeugverschleiß, Werkzeugbruch und Beschädigung von Werkstück und Werkzeugmaschine sein können. Vor diesem Hintergrund ist das dynamische Nachgiebigkeitsverhalten einer Maschine gegenüber wechselnder Belastung als ein Kriterium ihrer Leistungsfähigkeit anzusehen.

Werkzeugmaschinen sind aus einzelnen Maschinenteilen aufgebaut. Sie stellen hinsichtlich des dynamischen Verhaltens einen Mehrmassenschwinger dar. In vielen Fällen ist das Maschinenverhalten unter dynamischer Belastung jedoch näherungsweise durch ein System entkoppelter Einmassenschwinger beschreibbar. Daher lässt sich eine Charakterisierung dynamischer Maschineneigenschaften am Beispiel eines Einmassenschwingers demonstrieren [HEYL03]. Der Einmassenschwinger ist in Abb. 8.2 dargestellt [BREC6.1]. Die Bewegungsgleichungen des Einmasseschwingers sind in Tabelle 8.1 aufgeführt.

Die Transformation dieser Differentialgleichung in den Frequenzbereich führt zur Beschreibung des dynamischen Verhaltens in Form des Nachgiebigkeitsfrequenzgangs $G(j\omega)$ (Formel 8.3). Es handelt sich dabei um den komplexen Quotienten aus der dynamischen Verlagerung $x(j\omega)$ und der sie hervorrufenden dynamischen Kraft $F(j\omega)$. Der Nachgiebigkeitsfrequenzgang lässt sich in den Amplituden- und den Phasengang aufteilen (Abb. 8.3). Der Amplitudengang stellt den Betrag der Nachgiebigkeit in Abhängigkeit von der Frequenz dar. Bei der Frequenz $f = 0$ Hz lässt sich die statische Nachgiebigkeitsamplitude, d.h. der Kehrwert der statischen Steifigkeit $1/k$, ablesen. Bei der Resonanzstelle f_R besitzt das System die maximale Nachgiebigkeit. Der Phasengang beschreibt den zeitlichen Versatz zwischen der anregenden Kraft und der resultierenden Verlagerung.

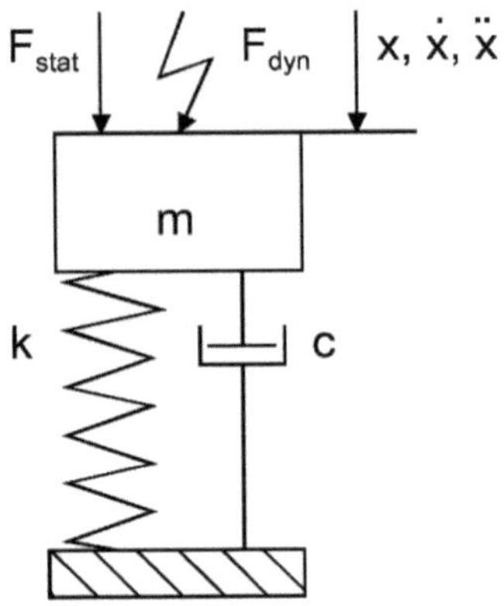

Abb. 8.2 Prinzipskizze des Nachgiebigkeitsfrequenzgangs

Tabelle 8.1 Differentialgleichung des Frequenzbereiches

Bezeichnung	Formel	Nr.
Zeitbereich	$m\ddot{x}+c\dot{x}+k\left(x_{dyn}+x_{stat}\right)=F_{stat}+F_{dyn}$	(8.1)
Frequenzbereich	$\left[m\hat{x}(j\omega)^2+c\hat{x}(j\omega)+k\hat{x}\right]e^{j(\omega t+\varphi)}=\hat{F}e^{j\omega t}$	(8.2)
Frequenzgang	$G(j\omega)=\dfrac{x(j\omega)}{F(j\omega)}=\dfrac{1}{m(j\omega)^2+c(j\omega)+k}$	(8.3)

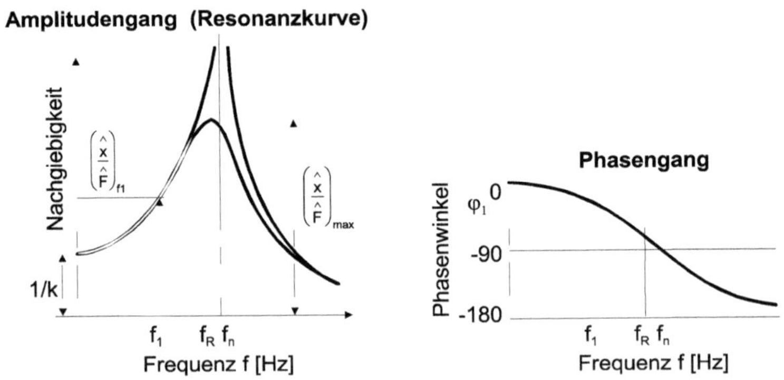

f_1 Frequenz mit dem Phasenwinkel φ_1 f_R Resonansfrequenz des gedämpften Systems
f_n Resonanzfrequenz des ungedämpften Systems bei φ= -90°
D Dämpfungsmaß mit $D = c/2m\omega_n$

Abb. 8.3 Amplituden- und Phasengang

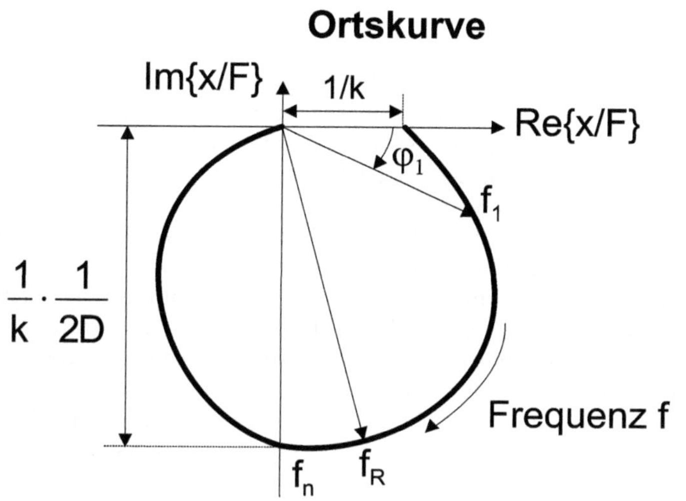

Abb. 8.4 Ortskurve

Eine dem Amplituden- und Phasengang äquivalente Darstellungsform ist die in Abb. 8.4 abgebildete Ortskurve. Der Abstand eines Ortskurvenpunktes vom Koordinatenursprung ist der Betrag der Nachgiebigkeit, während die Drehung dieses Ortsvektors gegenüber der positiven reellen Achse die Phase darstellt. Aufgrund der passiven Systemcharakteristik handelt es sich immer um ein zeitliches Nacheilen der Verlagerung gegenüber der Kraft. Dies bedingt negative Phasenwerte im Phasengang und eine Frequenzparametrisierung der Ortskurve im Uhrzeigersinn, d.h. in mathematisch negativer Drehrichtung.

Bei Maschinenschwingungen wird grundsätzlich zwischen zwei verschiedenen Schwingungsarten unterschieden: fremd- und selbsterregte Schwingungen. Die fremderregten Schwingungen sind auf Störkräfte zurückzuführen, die innerhalb oder außerhalb der Maschine entstehen. Diese Schwingungen sind z.B. solche, die

- über das Fundament eingeleitet werden,
- von den Aggregaten der Maschine (z.B. durch Unwuchten) herrühren,
- durch einen unterbrochenen Schnitt verursacht werden.

Eigenfrequenzen der Maschine, die im Bereich der fremderregten Schwingungen liegen, erhöhen die Gefahr der Resonanz. Diese Schwingungen wirken sich um so stärker aus, je höher die Nachgiebigkeit der Maschine bei der betreffenden Anregungsfrequenz ist.

Im Gegensatz zu den fremderregten Schwingungen wird bei selbsterregten Schwingungen die Energie nicht von außen zugeführt, sondern entstammt aus dem Prozess selbst. Dabei steht das Auftreten selbsterregter Schwingungen in einem engen Zusammenhang mit dem dynamischen Nachgiebigkeitsverhalten des Werkzeugmaschinensystems.

Die wohl häufigste Ursache selbsterregter Schwingungen ist der sogenannte Regenerativeffekt, der bei Zerspanprozessen mit definierter und undefinierter Schneide auftreten kann. Der Regenerativeffekt beruht darauf, dass die Maschinenstruktur im Bereich ausgeprägter Resonanzstellen zu Schwingungen angeregt wird, die sich in Form von Welligkeiten auf der Werkstückoberfläche niederschlagen. Bei einem wiederholten Einschneiden des Werkzeugs in die zuvor aufgeschnittenen Welligkeiten kommt es zu einer erneuten Anregung der Maschinenstruktur, die bei unzureichender Systemdämpfung zu einem instabilen Prozessverhalten führen kann. Zur Anfachung des Regenerativeffektes reichen bereits kleinste Anregungskräfte, wie das stets vorhandene Schnittkraftrauschen, aus. Neben der Systemdämpfung bzw. dem dynamischen Nachgiebigkeitsverhalten der Maschine wird die Prozessstabilität außerdem durch die gewählten Bearbeitungsparameter bestimmt. Während bei der Zerspanung mit definierter Schneide nur der werkstückseitige Regenerativeffekt auftritt, kann beim Schleifen verschleißbedingt auch die Schleifscheibe Träger des Regenerativeffektes sein.

Die Kenntnis der Schwingungsursachen ist daher von entscheidender Bedeutung. Bearbeitungsversuche geben Aufschluss darüber, ob bei einem zu untersuchenden Prozess fremd- oder selbsterregte Schwingungen dominieren. Hierzu wird die spektrale Zusammensetzung der während des Bearbeitungsprozesses auftretenden Schwingungen analysiert.

Während bei fremderregten Schwingungen die Werkzeugmaschine mit der Eingriffsfrequenz des Werkzeuges oder einer Harmonischen derselben schwingt, zeigt das Spektrum im Falle von selbsterregten Schwingungen vor allem Anteile nahe einer Maschinen-Resonanzfrequenz. Ein für die Praxis wichtiges Unterscheidungsmerkmal ist, dass bei Änderung der Anregungsfrequenz aus dem Prozess – z.B. durch Variation der Fräserdrehzahl – im Falle selbsterregter Schwingungen nur geringfügige Änderungen in der Frequenz der Maschinenschwingung deutlich werden, während sich im Falle fremderregter Schwingungen die dominante Maschinenfrequenz proportional zur Drehzahl ändert. So kann bei fremderregten Schwingungen eine Änderung der Werkzeugdrehfrequenz häufig bereits zu einer Stabilisierung des Prozesses führen.

Eine Schwingungssimulation während der Konstruktionsphase kann schon vor dem Bau einer neuen Maschine die Frequenz und Amplitude von Maschinenschwingungen ermitteln. Eine anschließende messtechnische Ermittlung des dynamischen Maschinenverhaltens in Form von Nachgiebigkeitsfrequenzgängen kann dann zur Verbesserung der Modellbildung für nachfolgende Konstruktionen genutzt werden. Hierfür wird mit Hilfe eines Aktors eine alternierende Kraft in die Maschinenstruktur eingeleitet. Neben absolut wirkenden Aktoren kommen vor allem relativ wirkende zum Einsatz. Sie werden zwischen Werkzeug und Werkstück mit einer statischen Vorlast eingespannt, um den statischen Schnittkraftanteil im Prozess zu simulieren und den Einfluss von Spiel auf das Messergebnis zu eliminieren (Abb. 8.5).

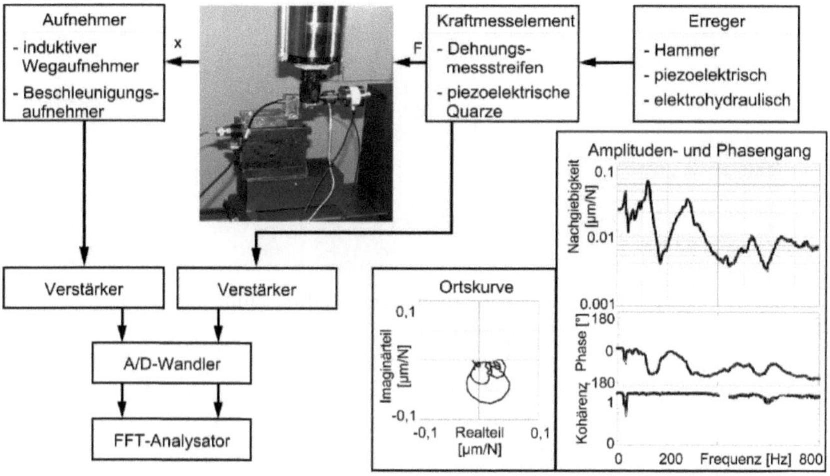

Abb. 8.5 Messung von Nachgiebigkeitsfrequenzgängen an Werkzeugmaschinen

Gleichzeitig wird die relative Verlagerung über einen induktiven Wegaufnehmer und das werkstückseitige sowie das werkzeugseitige Beschleunigungssignal mit Hilfe von Beschleunigungsaufnehmern erfasst.

Häufig werden die Sensoren und der Aktor einzeln am Werkzeug und am Werkstück befestigt. Der Messaufbau, der in jeweils drei zueinander senkrechten Richtungen wiederholt werden muss, ist relativ zeitaufwendig.

Eine Besonderheit bildet das in Abb. 8.6 dargestellte Messsystem, bei dem alle Sensoren und der Schwingungserreger in ein Gehäuse integriert sind. Neben dem Vorteil eines übersichtlichen und zeitsparenden Messaufbaus sind die Montageart und die Positionen der Sensoren unabhängig von der zu untersuchenden Maschine immer gleich, was die Reproduzierbarkeit der Messungen deutlich erhöht [BREC06.2], [HANN06].

Insbesondere bei Verzahnmaschinen empfiehlt es sich häufig, zur Realisierung eines stabilen Messaufbaus das Werkzeug oder das Werkstück durch Dummyelemente zu ersetzen, die eine sichere Abstützung des Erregersystems erlauben. In Abb. 8.6 ist dies am Beispiel einer Verzahnungsschleifmaschine dargestellt. Die Schleifscheibe wurde durch ein Ersatzwerkzeug vergleichbarer Masse ersetzt.

Abb. 8.6 Beispielaufbau an einer Verzahnungsschleifmaschine

Es existieren verschiedene Signalarten zur Ansteuerung von Aktoren bei Frequenzgangmessungen [EWIN03]. Die Zielsetzung ist in jedem Fall, möglichst im relevanten Frequenzbereich eine gleichmäßige Verteilung der Schwingungsenergie zu erreichen, d.h. die Maschine mit allen interessierenden Frequenzen ausreichend anzuregen. Neben der periodischen Anregung mit einem frequenzveränderlichen Sinussignal kann auch ein Rauschsignal mit stochastischer Verteilung der Anregungsfrequenzen verwendet werden. Um gezielt bestimmte Frequenzbereiche einer Maschine stärker als andere anzuregen, wird dem stochastischen Signal ein periodisches Signal überlagert.

Auch eine impulsförmige Anregung mit einem sogenannten Impulshammer ist möglich. Bei der Werkstoffwahl für die Aufschlagfläche des Hammers muss das gewünschte Anregungs-Frequenzspektrum berücksichtigt werden, da die Impulsdauer bei der Verwendung eines relativ weichen Materials länger als bei Verwendung eines harten Materials ist. Die maximale Anregungsfrequenz ist umgekehrt proportional zur Impulslänge, so dass mit einer Aufschlagfläche z.B. aus Gummi niedrigere Frequenzen als mit einer Fläche aus Stahl angeregt werden. Neben dem relativ einfachen messtechnischen Aufbau beim Einsatz des Impulshammers und der Möglichkeit, auch filigrane Bauteile wie z.B. schlanke Werkzeuge und Werkstücke zu vermessen, muss als Nachteil genannt werden, dass eine statische Vorspannung wie im Falle des relativ wirkenden Aktors nicht möglich ist.

Zur Ermittlung des Nachgiebigkeitsfrequenzgangs $G(j\omega)$ werden die gemessenen Beschleunigungssignale durch zweifache Integration in Verlagerungen umgerechnet. Die aufgenommenen Kraft- und Wegsignale werden anschließend mit Hilfe der Fast-Fourier-Transformation in den Frequenzbereich überführt. Die relativen Extrema des Nachgiebigkeitsfrequenzgangs, in denen die Amplitude häufig ein Vielfaches der statischen Nachgiebigkeit betragen kann, stellen die Resonanzstellen der Maschine dar. Für die Prozessstabilität kritisch können jene Resonanzen der Maschinenstruktur sein, bei denen ein großer Phasenversatz zwischen anregender Kraft und resultierender Verlagerung auftritt. Bei ungünstiger

Phasenlage mit Werten kleiner -90° besteht bei Werkzeugmaschinen für die Zerspanung grundsätzlich die Gefahr von selbsterregten Schwingungen.

Ein wichtiges Maß für die Güte der Messungen ist der Kohärenzwert. Dieser Wert gibt an, inwieweit die gemessenen Verlagerungen mit den eingeleiteten Kraftsignalen korrelieren (ideale Korrelation: Kohärenzwert = 1; keine Korrelation: Kohärenzwert = 0). Vertrauenswürdige Messungen sollten demnach über das gesamte untersuchte Frequenzspektrum Kohärenzwerte größer als 0,8 aufweisen. Andernfalls ist eine Überprüfung der messtechnischen Aufbauten vorzunehmen. Abbildung 8.7 zeigt die Messung des dynamischen Nachgiebigkeitsverhaltens an der Abrichtspindel einer Verzahnungsschleifmaschine.

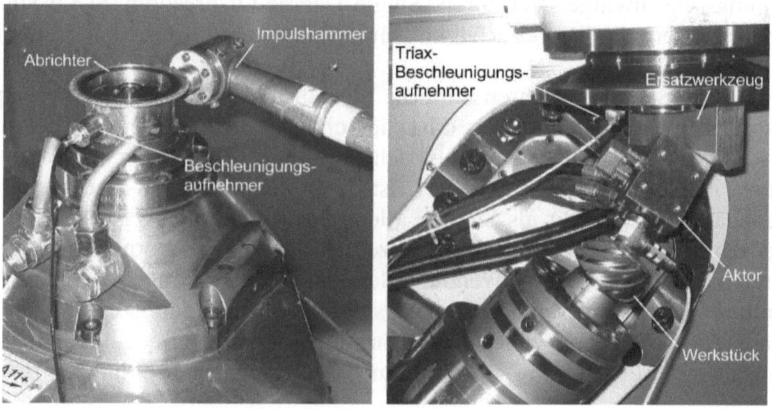

Abb. 8.7 Nachgiebigkeitsmessung an einer Abrichtspindel (links) und räumlicher Messaufbau für eine Modalanalyse (rechts)

8.3.2 Modalanalyse

Bei der Modalanalyse wird in einem ersten Schritt die Geometrie der Maschine durch eine Netzstruktur approximiert. Die Netzknoten bilden Messpunkte, an denen anschließend die Verlagerungen in den drei Koordinatenrichtungen der einzelnen Maschinenbauteile aufgenommen werden. Für diese Untersuchung bietet sich meist eine räumliche Krafteinleitung in die Maschine relativ zwischen Werkzeug und Werkstück an, um im Rahmen einer Analyse alle Eigenschwingungsformen der Struktur erfassen zu können. Wie bei der Frequenzgangmessung kommen in der Regel stochastische Anregungssignale im Bereich zwischen 0 Hz und 1.000 Hz zum Einsatz. Die Verlagerungen in der Maschine werden mit Beschleunigungsaufnehmern an jedem der Messpunkte in vorzugsweise Maschinenkoordinatenrichtungen gemessen und auf die eingeleiteten Kräfte bezogen. Die auf diese Weise ermittelten Übertragungsfunktionen werden anschließend im Bereich der dominanten Resonanzfrequenzen, welche zuvor aus den Nachgiebigkeitsfrequenzgängen entnommen wurden, hinsichtlich der Amplitudenüberhöhungen und Phasenlagen ausgewertet [EWIN03].

Im Anschluss an die Ermittlung der Übertragungsfunktionen für jeden Strukturpunkt erfolgt das sogenannte "Curve-Fitting" [KIRC89]. Das Ziel des Fitting-Prozesses ist eine mathematische Beschreibung der gemessenen Übertragungsfunktionen. Bei dieser Approximation der Übertragungsfunktionen durch komplexe analytische Gleichungen werden für jede wichtige Eigenschwingungsform, jeden Strukturpunkt und jede Richtung der komplexe Nachgiebigkeitsvektor, die Frequenz und die Dämpfung benötigt. Es existiert eine Vielzahl unterschiedlicher Fit-Verfahren, wobei allgemein zwei Kategorien unterschieden werden, [NATK92]:

- Einmassenschwinger-Verfahren (Single-Degree-Of-Freedom, SDOF) und
- Mehrmassenschwinger-Verfahren (Multiple-Degree-Of-Freedom, MDOF).

Im Fall der SDOF-Verfahren wird die Struktur durch ein System entkoppelter Einmassenschwinger beschrieben, d.h., die Schwingungsform bei jeder Resonanzfrequenz wird so ermittelt, als ob es sich um die einzige Resonanzfrequenz der Struktur handeln würde. Dabei lässt sich der Gesamt-Nachgiebigkeitsfrequenzgang der Struktur als Summe aller Einzelfrequenzgänge beschreiben. Es sei hier darauf hingewiesen, dass die einzelnen Schwingungsformen der zu untersuchenden Struktur für die Anwendung der Einmassenschwinger-Verfahren deutlich entkoppelt sein müssen. Dies äußert sich in den Nachgiebigkeitsfrequenzgängen dadurch, dass die einzelnen Resonanzstellen mit Bezug auf ihre Frequenzen weit auseinander liegen und sich somit nur geringfügig gegenseitig beeinflussen.

SDOF-Verfahren führen sehr schnell zu Ergebnissen und benötigen Computer mit nur geringen Rechenleistungen. Sie sind aufgrund der nur in sehr seltenen Fällen zutreffenden Voraussetzung entkoppelter Systeme zumeist wesentlich ungenauer als MDOF-Verfahren. Diese ermitteln simultan die Resonanzstellen, die Dämpfungen und die Schwingungsamplituden für mehrere Schwingungsformen. So kann eine wesentlich genauere Beschreibung des dynamischen Verhaltens erzielt werden, da auch gekoppelte und stark gedämpfte Schwingungsformen ermittelt werden können [LMS00].

Durch die Zuordnung dieser Werte zu den einzelnen Messpunkten im Geometrienetz ist es möglich, die Schwingungsformen der Maschine bei den einzelnen Resonanzfrequenzen in animierter Form darzustellen. Im Zusammenhang mit den Nachgiebigkeitsfrequenzgängen, die quantitative Aussagen über die Schwingungsamplituden zulassen, bildet die Modalanalyse somit ein wichtiges Werkzeug zur Bewertung des dynamischen Maschinenverhaltens.

8.4 Literatur

[BREC05] Brecher, C.; Weck, M.: Werkzeugmaschinen – Konstruktion und Berechnung, Band 2, Springer-Verlag, Berlin, 2005

[BREC06.1] Brecher, C.; Weck, M.: Werkzeugmaschinen – Messtechnische Untersuchung und Beurteilung, Band 5, Springer-Verlag, Berlin, 2006

[BREC06.2] Brecher, C.; Hannig, S.: Entwicklung eines Systems zur Stabilitätsanalyse und Prozessauslegung von Schleifprozessen, Abschlussbericht FWF Forschungsvorhaben Nr. AiF 14185N, 2006

[EWIN03] Ewins, J. D.: Modal Testing: Theory, Practise and Application. 2nd Edition. Research Studies Press ISBN 0863802184, 2003

[HANN06] Hannig, S.: Analysis and Modelling of the Dynamic Behaviour of Grinding Processes, Fortschritt-Berichte VDI Nr. 660, Bremen, 2006

[HEYL03] Heylen, W.; Lammens, S.; Sas, P.: Modal Analysis Theory and Testing, KU Leuven, ISBN 90-73802-61-X, 2003

[KIRC89] Kirchknopf, P.: Ermittlung modaler Parameter aus Übertragungsfrequenzgängen; Diss. TU München, 1989

[LMS00] Theory and Background, Firmenschrift, LMS International, 2000

[NATK92] Natke, H. G.: Einführung in Theorie und Praxis der Zeitreihen- und Modalanalyse; Wiesbaden, Vieweg Verlag, 1992

[QUEI05] Queins, M.: Simulation des dynamischen Verhaltens von Werkzeugmaschinen mit Hilfe flexibler Mehrkörpermodelle, Diss. RWTH Aachen, 2005

Stichwortverzeichnis

Markenregister

Coniflex	Registriert für The Gleason Works, Rochester / NY (USA)
FORMATE	Registriert für The Gleason Works, Rochester / NY (USA)
Palloid	Registriert für Klingelnberg GmbH, Hückeswagen (D)
PENTAC	Registriert für The Gleason Works, Rochester / NY (USA)
Phoenix	Registriert für The Gleason Works, Rochester / NY (USA)
Revacycle	Registriert für The Gleason Works, Rochester / NY (USA)
RIDG-AC	Registriert für The Gleason Works, Rochester / NY (USA)
SINGLE CYCLE	Registriert für The Gleason Works, Rochester / NY (USA)
Spirac	Registriert für Klingelnberg AG, Zürich (CH)
TRI-AC	Registriert für The Gleason Works, Rochester / NY (USA)
TwinBlade by Klingelnberg	Registriert für Klingelnberg GmbH, Hückeswagen (D)
WEDGE-AC	Registriert für The Gleason Works, Rochester / NY (USA)
Zerol	Registriert für The Gleason Works, Rochester / NY (USA)
Zyklomet	Registriert für Klingelnberg GmbH, Hückeswagen (D)
Zyklo-Palloid	Registriert für Klingelnberg GmbH, Hückeswagen (D)

MIX
Papier aus verantwortungsvollen Quellen
Paper from responsible sources
FSC® C105338

If you have any concerns about our products,
you can contact us on
ProductSafety@springernature.com

In case Publisher is established outside the EU,
the EU authorized representative is:
Springer Nature Customer Service Center GmbH
Europaplatz 3, 69115 Heidelberg, Germany

Printed by Libri Plureos GmbH
in Hamburg, Germany